21 世纪本科院校电气信息类创新型应用人才培养规划教材

信号与系统（Matlab 版）

主 编　雷大军　姚　敏　黄健全

副主编　周桂珍　董　辉　谢光奇

北京大学出版社

PEKING UNIVERSITY PRESS

内 容 简 介

本书系统地介绍了信号与系统分析的基本概念、理论、方法及其应用.书中主要讲述了信号与系统的基本概念及其线性时不变系统的分析方法,连续时间系统与离散时间系统的时域分析,连续时间傅里叶变换,信号与系统的频域分析,离散时间信号的频域分析及其应用,拉普拉斯变换和离散时间系统的 z 域分析.本书还精选和配套了相关的 Matlab 程序,这些程序实例既是对信号与系统相关概念和理论的诠释,又可以更好地帮助读者解决实际问题.

本书可作为高等院校电气工程、电子、通信、信号处理、自动控制、计算机等专业"信号与系统"课程的教材或参考书,也可供从事相关领域工作的工程技术人员参考.

图书在版编目(CIP)数据

信号与系统:Matlab 版/雷大军,姚敏,黄健全主编.—北京:北京大学出版社,2021.9
21 世纪本科院校电气信息类创新型应用人才培养规划教材
ISBN 978-7-301-32339-7

Ⅰ.①信…　Ⅱ.①雷…②姚…③黄…　Ⅲ.①信号系统—高等学校—教材　Ⅳ.①TN911.6

中国版本图书馆 CIP 数据核字(2021)第 144767 号

书　　　　名	信号与系统(Matlab 版)
	XINHAO YU XITONG (MATLAB BAN)
著作责任者	雷大军　姚　敏　黄健全　主编
策 划 编 辑	郑　双
责 任 编 辑	杜　鹃　郑　双
标 准 书 号	ISBN 978-7-301-32339-7
出 版 发 行	北京大学出版社
地　　　　址	北京市海淀区成府路 205 号　100871
网　　　　址	http://www.pup.cn　新浪微博　@北京大学出版社
电 子 信 箱	pup_6@163.com
电　　　　话	邮购部 010-62752015　发行部 010-62750672　编辑部 010-62750667
印 刷 者	河北滦县鑫华书刊印刷厂
经 销 者	新华书店
	787 毫米×1092 毫米　16 开本　22 印张　550 千字
	2021 年 9 月第 1 版　2021 年 9 月第 1 次印刷
定　　　　价	58.00 元

前 言

"信号与系统"是通信和电子信息类专业的核心基础课之一,其中的概念和分析方法广泛应用于通信、自动控制、电气工程、电路与系统、电磁场与微波技术等领域.该课程是引导学生向专业课程学习转移的重要桥梁,同时也是学生系统学习变换理论的课程.编者在结合自身教学领悟和学生的反馈,并参阅国内外相关优秀教材的基础上编写了本书.

本书从基本概念出发,遵循从连续到离散、从信号到系统的分析方法,系统地介绍了连续时间和离散时间信号与系统的分析方法.第1章介绍了信号与系统分析中涉及的基本概念,以及连续时间信号和离散时间信号的数学描述.第2章和第3章分别介绍了连续时间系统和离散时间系统的时域分析方法及线性时不变系统的卷积理论.第4章和第5章分别介绍了连续时间傅里叶级数和变换理论,以及信号与系统的频域分析,包括无失真传输、滤波、取样.第6章介绍了离散时间傅里叶级数、离散时间傅里叶变换和离散傅里叶变换.第7章介绍了拉普拉斯变换,并分析了傅里叶变换和拉普拉斯变换之间的关系.第8章介绍了 z 变换,并分析了 z 变换与拉普拉斯变换之间的关系.每一章还配套了相关的 Matlab 程序,我们认为这些程序实例既是对信号与系统相关概念和理论的诠释,又可以更好地帮助读者解决实际问题.本书的所有 Matlab 程序代码都在 R2009b 版本上验证过.

本书依托湖南省高校科技创新团队、湖南省高校产学研合作示范基地、湖南省一流本科专业建设点、湖南省普通高校创新创业教育中心(基地)、教育部产学合作协同育人项目,由湘南学院雷大军、姚敏、黄健全担任主编,周桂珍、董辉、谢光奇担任副主编.

本书在编写过程中参考了大量国内外的优秀教材,在取材上吸取了它们的优点,这些文献均在书末一一列出,在此对其作者表示诚挚的谢意!

由于编者学识有限,书中难免存在疏漏之处,恳请读者批评指正.

编 者
2021 年 6 月

目　　录

第 1 章　信号与系统

信号与系统的概念出现在各种领域中,本章介绍信号与系统的基本概念及其分类. 在时域,对于连续时间信号,介绍了具有重要地位的冲激函数和阶跃函数;对于离散时间信号,则介绍了同等地位的单位序列和单位阶跃序列. 在频域,介绍了连续时间信号和离散时间复指数信号. 它们既是表示或构成相当广泛的连续时间信号和离散时间信号的两类基本信号,又分别是系统时域分析方法和变换域分析方法的基础.

基于线性时不变系统的特性,介绍了系统的数学描述方法和分析方法,即描述连续时间系统的数学模型是微分方程,而描述离散时间系统的数学模型是差分方程. 对于线性时不变系统,主要介绍了线性、时不变性、因果性和稳定性等基本性质.

1.1　引　　言

信号(signal)以各种不同的形式存在于日常生活的方方面面. 对于信号我们并不陌生,如上课铃声——声信号,十字路口的红绿灯——光信号,电视机天线接收的电视信息——电信号,广告牌上的文字——图像信号,等等.

人们常常通过信号来获得信息,也就是说信号是信息的载体,通过信号传递信息. 为了有效地传播和利用信息,常常需要将信息转换成便于传输和处理的信号. 因此,信号是指信息的物理表现形式. 表现各种不同信息的信号都有一个共同点,即信号是一个或多个独立变量的函数. 例如,人声、手语、莫尔斯电码(morse code)、交通信号、电话线中的电压、无线电或者电视发射机发出的电场、电话或计算机网络中光纤内光强度的变化等,即信号所包含的信息总是依附在某种变换形式的波形之中. 在前面介绍的上课铃声,表示该上课了;十字路口的红绿灯,表示交通的通行与否;电视机天线接收的电视信息,表示视频信号.

自古以来,人类就在寻求各种方法将信息具体化为信号,以实现信息的传输、记忆、处理、转化和留传. 最原始的信息记忆方法是结绳记事,绳结作为一个信号虽然会产生歧义,但它在对人类进行信息提示上有过不可磨灭的作用. 人类学会把要表达的信息转化为文字信号,是人类在信息记忆与留传方面的第一次大飞跃. 我国古代利用烽火台的狼烟报警,这是利用光信号来传递信息的早期范例.

人类在信息传输等方面的长足进步是与人类对电信号的研究分不开的. 19 世纪初,人类开始研究将信息具体化为电信号的问题. 1837 年,莫尔斯(F. B. Morse)发明了莫尔斯电码和有线电报,开启了电通信时代;1876 年,贝尔(A. G. Bell)发明了电话;1901 年,马可尼(G. Marconi)成功地实现了横跨大西洋的长距离无线电通信. 现在,电话、无线电等电信号通信已经成为我们日常生活不可缺少的内容,人类不仅实现了环绕地球的全球电信号通信,而且实现了太阳系范围的电信号通信.

信号的产生、传输和处理需要一定的物理装置,这样的物理装置常称为系统(system). 一般而言,系统可定义为一个能对信号进行控制和处理以实现某种功能的整体. 系统是物理器件的集合体,它在受到输入信号激励时,会产生一个或多个输出信号.例如,手机、电视机、通信网、计算机网等都可以看成系统.它们所传送的语音、音乐、图像、文字等都可以看成信号.信号的概念与系统的概念常常紧密地联系在一起.

系统的基本作用是对输入信号进行加工和处理,将其转换为所需要的输出信号.输入信号常称为激励(excitation),输出信号常称为响应(response),如图 1-1 所示.

图 1-1　系统的方框图表示

在电子系统中,系统通常是电子线路,信号通常是随时间变化的电压或电流.从数学观点考虑,这类信号是独立变量 t 的函数 $f(t)$.在光学成像系统中,系统由透镜组成,信号是分布于空间各点的灰度,它是二维空间坐标 x,y 的函数.如果图像信号是运动的,则可表示为空间坐标 x,y 和时间 t 的函数 $f(x,y,t)$.如果信号仅用一个自变量表示,则称为一维信号;如果信号是 n 个独立变量的函数,就称为 n 维信号.对于一维信号,人们习惯用时间变量来刻画,即基本物理量随时间变化,如用 $f(t)$ 来表示信号.本书只讨论一维信号.

1.2　信号的分类

信号是信息的一种物理体现.它一般是随时间或空间变化的物理量.信号常可表示为时间的函数(或序列),该函数的图像称为信号的波形.在讨论信号的有关问题时,"信号"与"函数(或序列)"两个词常互相通用.如果信号可以用一个确定的时间函数(或序列)表示,就称为确定信号.当给定某一时刻值时,这种信号有确定的数值.在实践中经常遇到的信号一般都是幅度不可预知但又服从一定统计特性的信号,即随机信号.研究随机信号要用概率、统计的观点和方法.研究确定信号是十分重要的,这是因为它是一种理想化的模型,不仅适用于工程应用,也是研究随机信号的重要基础.本书只讨论确定信号.

信号按物理属性可分为电信号和非电信号.它们可以相互转换.电信号容易产生,便于控制,易于处理.本书主要讨论电信号,简称"信号".

1.2.1　连续时间信号和离散时间信号

1. 连续时间信号

对信号进行分类的一种方法是基于这些信号如何定义为时间的函数.如果一个信号在连续的时间范围内($-\infty < t < \infty$)有定义,则称该信号为连续时间信号(continuous time signal),简称连续信号.实际中也常称为模拟信号.这里的"连续"指函数的定义域——时间是连续的,但可含间断点,至于信号的值域可以是连续的,也可以是不连续的.图 1-2 给出了一些连续时间信号的例子.

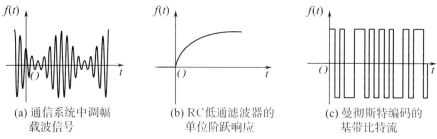

(a) 通信系统中调幅　　　(b) RC 低通滤波器的　　　(c) 曼彻斯特编码的
载波信号　　　　　　　单位阶跃响应　　　　　　基带比特流

图 1-2　连续时间信号举例

注意:"连续"一词是指在定义域内(除有限个间断点外)信号变量是连续可变的.至于信号的取值,在值域内可以是连续的,也可以是跳变的.若信号表达式中的定义域为 $(-\infty,\infty)$ 时,则可省去不写.也就是说,凡没有标明时间区间时,均默认其定义域为 $(-\infty,\infty)$.

2. 离散时间信号

仅在一些离散的瞬间才有定义的信号称为离散时间信号(discrete time signal),简称离散信号.实际中也常称为数字信号.这里的"离散"指信号的定义域——时间是离散的,它只在某些规定的离散瞬间给出函数值,其余时间无定义.图 1-3 给出了一些离散时间信号的例子.

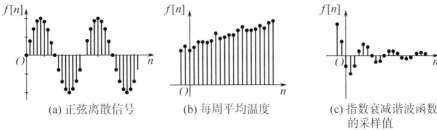

|(a) 正弦离散信号 | (b) 每周平均温度 | (c) 指数衰减谐波函数的采样值|

图 1-3　离散时间信号举例

相邻离散点的间隔 $T_n = t_{n+1} - t_n$ 可以相等也可不等.通常取等间隔 T,离散信号可表示为 $f[nT]$,简写为 $f[n]$,这种等间隔的离散信号也常称为序列.其中 n 称为序号.

注意:"离散"一词表示自变量只取离散的数值,相邻离散时刻点的间隔可以是相等的,也可以是不相等的.在这些离散时刻点以外,信号无定义.信号的值域可以是连续的,也可以是不连续的.

为了区分这两类信号,我们用 t 表示连续时间变量,而用 n 表示离散时间变量.连续时间信号用圆括号() 把自变量括在里面,而离散时间信号则使用方括号[] 来表示.图 1-4 就给出了一个连续时间信号 $f(t)$ 和一个离散时间信号 $f[n]$ 的例子.

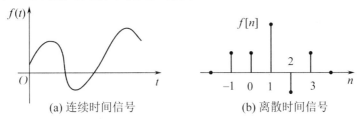

(a) 连续时间信号　　　　(b) 离散时间信号

图 1-4　信号的图形表示

除了用图 1-4(b) 的图形化方法来表示离散时间信号外,还有一些其他表示方法,主要有:

(1) 函数表示,如

$$f[n] = \begin{cases} 1, & n \geqslant 0 \\ 0, & n < 0 \end{cases}$$

(2) 表格表示,如

n	$\cdots$ -2 -1 0 1 2 3 $\cdots$
$f[n]$	$\cdots$ 0 0 1 2 5 0 $\cdots$

(3) 序列表示

一个有限长序列,它的时间零点由符号 $\uparrow$ 表示,这样序列可以表示为

$$f[n] = \{\cdots 0, 0, \underset{\uparrow}{1}, 2.6, 3.8, 5, 0, 0.2 \cdots\}$$

一个离散时间信号 $f[n]$ 可以表示一个其自变量本身就是离散的现象,诸如每周的平均温度就是这样的一个例子.其次,离散信号也可以是通过对连续时间信号采样得到的.这时该离散时间

信号 $f[n]$ 表示一个自变量连续变换的连续时间信号在离散时刻点上的样本值. 由于计算机技术的迅猛发展, 离散信号变得越来越重要.

如上所述, 信号的自变量（时间或其他量）的取值可以是连续的或离散的, 信号的幅值（函数值或序列值）也可以是连续的或离散的. 时间和幅值均为连续的信号称为模拟信号（analogy signal）; 时间和幅值均为离散的信号, 称为数字信号（digital signal）. 在实际应用中, 模拟信号经过采样、量化、编码转换为数字信号, 如图 1-5 所示.

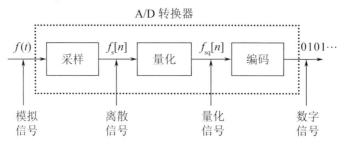

图 1-5　A/D 转换器的基本组成部分

模拟信号往往是连续值、连续时间信号. 采样过程就是连续时间信号到离散时间信号的转换过程, 通过对连续时间信号在离散时间点处取样本值来获得. 量化过程就是离散时间连续值信号转换为离散时间离散值（数字）信号的转换过程. 即对每一个采样值从有限离散数值中选择一个与它最接近的数值来近似, 从而得到离散值、离散时间信号. 最后, 将各个离散时间、离散值信号转换成一系列的二进制序列表示, 从而得到数字信号. 整个过程如图 1-6 所示, 其中, 编码采用三位二进制补码表示, 最高位为符号位. 通常, 连续信号与模拟信号两个词常常不予区分, 离散信号与数字信号两个词也常互相通用.

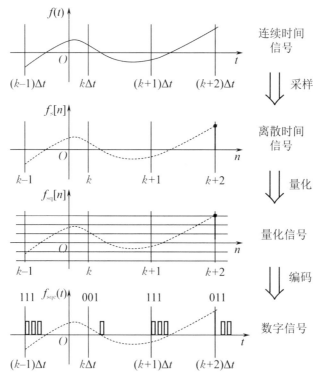

图 1-6　模拟信号经过采样、量化、编码转换为数字信号

1.2.2　偶信号和奇信号

如果一个连续时间信号 $f(t)$ 对所有的 t 满足

$$f(-t) = f(t) \tag{1-1}$$

则称该连续信号为偶信号(even signal).

如果信号 $f(t)$ 对所有的 t 满足

$$f(-t) = -f(t) \tag{1-2}$$

则称该连续信号为奇信号(odd signal). 可以看出,偶信号关于纵轴对称,而奇信号关于原点对称.

给定一个任意的信号 $f(t)$,可以将其分解成偶函数和奇函数两部分,即

$$f(t) = f_{\text{od}}(t) + f_{\text{ev}}(t) \tag{1-3}$$

式中,$f_{\text{od}}(t)$ 表示奇函数部分,$f_{\text{ev}}(t)$ 表示偶函数部分. 由于

$$f(-t) = f_{\text{od}}(-t) + f_{\text{ev}}(-t) = -f_{\text{od}}(t) + f_{\text{ev}}(t)$$

所以有

$$f_{\text{od}}(t) = \frac{1}{2}\left[f(t) - f(-t)\right] \tag{1-4}$$

$$f_{\text{ev}}(t) = \frac{1}{2}\left[f(t) + f(-t)\right] \tag{1-5}$$

同样,离散时间信号也可以用奇偶性分类. 其定义也类似于连续时间信号的奇偶性. 如果有

$$f[-n] = f[n]$$

则 $f[n]$ 是偶信号;如果有

$$f[-n] = -f[n]$$

则 $f[n]$ 是奇信号. 离散时间信号 $f[n]$ 的偶部和奇部可以用与连续时间信号完全相同的方法得到,

$$f_{\text{od}}[n] = \frac{1}{2}\{f[n] - f[-n]\} \tag{1-6}$$

$$f_{\text{ev}}[n] = \frac{1}{2}\{f[n] + f[-n]\} \tag{1-7}$$

图 1-7 所示为一个离散时间信号分解为偶部和奇部的例子.

$$f[n] = \begin{cases} 1, & n \geqslant 0 \\ 0, & n < 0 \end{cases} \qquad f_{\text{ev}}[n] = \begin{cases} \dfrac{1}{2}, & n < 0 \\ 1, & n = 0 \\ \dfrac{1}{2}, & n > 0 \end{cases} \qquad f_{\text{od}}[n] = \begin{cases} -\dfrac{1}{2}, & n < 0 \\ 0, & n = 0 \\ \dfrac{1}{2}, & n > 0 \end{cases}$$

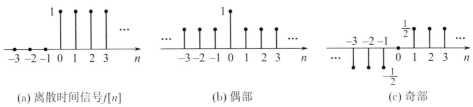

(a) 离散时间信号 $f[n]$　　　　　　(b) 偶部　　　　　　(c) 奇部

图 1-7　离散时间信号的奇偶分解

例 1-1　　求出信号 $f(t) = \mathrm{e}^{-2t}\cos t$ 的偶函数和奇函数部分.

解:　　在 $f(t)$ 的表达式中用 $-t$ 代替 t,得

$$f(-t) = \mathrm{e}^{2t}\cos(-t) = \mathrm{e}^{2t}\cos t$$

将 $f(t)$ 和 $f(-t)$ 代入式(1-4)和式(1-5),得

$$f_{\mathrm{od}}(t) = \frac{1}{2}(\mathrm{e}^{-2t}\cos t - \mathrm{e}^{2t}\cos t) = -\sinh(2t)\cos t$$

$$f_{\mathrm{ev}}(t) = \frac{1}{2}(\mathrm{e}^{-2t}\cos t + \mathrm{e}^{2t}\cos t) = \cosh(2t)\cos t$$

式中,$\cosh(2t)$ 和 $\sinh(2t)$ 分别是时间 t 的双曲余弦函数和双曲正弦函数.

对于复信号(complex signal),可以定义其共轭对称性.如果一个复信号 $f(t)$ 满足

$$f(-t) = f^*(t) \qquad\qquad (1-8)$$

则称该复信号是共轭对称信号.式中的星号(*)表示复共轭,记为

$$f(t) = \mathrm{Re}(t) + \mathrm{jIm}(t)$$

其中,$\mathrm{Re}(t)$ 和 $\mathrm{Im}(t)$ 分别是 $f(t)$ 的实部和虚部,则 $f(t)$ 的复共轭为

$$f^*(t) = \mathrm{Re}(t) - \mathrm{jIm}(t)$$

将 $f(t)$ 和 $f^*(t)$ 代入式(1-8),得

$$\mathrm{Re}(-t) + \mathrm{jIm}(-t) = \mathrm{Re}(t) - \mathrm{jIm}(t)$$

比较上式两边的实部和虚部,得

$$\mathrm{Re}(-t) = \mathrm{Re}(t), \quad \mathrm{Im}(-t) = -\mathrm{Im}(t)$$

因此,如果一个复信号的实部是偶函数而虚部是奇函数,则该复信号是共轭对称信号.

1.2.3　周期信号和非周期信号

如果一个连续时间信号 $f(t)$ 对所有的 t 满足

$$f(t) = f(t+mT), \quad m = 0, \pm 1, \pm 2, \cdots \qquad\qquad (1-9)$$

则称该信号 $f(t)$ 是周期信号(periodic signal),式中 T 是一个正的常数.满足上述关系的最小正值 T 称为该信号的基波周期.基波周期的倒数称为周期信号 $f(t)$ 的基波频率,它描述周期信号 $f(t)$ 重复的快慢,记为

$$f = \frac{1}{T} \qquad\qquad (1-10)$$

频率 f 的单位是赫兹(Hz).由于一个完整的循环对应于 2π 弧度,故定义角频率

$$\omega = 2\pi f = \frac{2\pi}{T} \qquad\qquad (1-11)$$

其单位是 rad/s.对于 $f(t)$ 为常数的情况,基波周期无定义,因为这时对任意 T 来说,$f(t)$ 都是周期的,所以不存在最小的正值 T.

对于任意信号 $f(t)$,如果找不到满足式(1-9)的 T 值,则称 $f(t)$ 为非周期信号(nonperiodic signal).图 1-8(a) 和图 1-8(c) 表示两个连续时间周期信号.

在离散时间情况下,如果一个离散时间信号 $f[n]$ 对所有的整数 n 满足

$$f[n] = f[n+mN], \quad m = 0, \pm 1, \pm 2, \cdots \qquad\qquad (1-12)$$

则称 $f[n]$ 是周期的,满足上述关系的最小正整数 N 称为该信号的基波周期.离散时间信号的基波角频率为

$$\Omega = \frac{2\pi}{N} \qquad\qquad (1-13)$$

其单位为 rad.图 1-8(b) 和图 1-8(d) 表示两个离散时间周期信号.

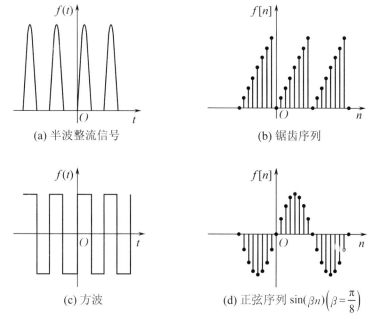

(a) 半波整流信号　　　　　　　　　　　　(b) 锯齿序列

(c) 方波　　　　　　　　　　　　(d) 正弦序列 $\sin(\beta n)\left(\beta = \dfrac{\pi}{8}\right)$

图 1-8　连续周期信号和离散周期信号

必须注意,连续周期信号的周期 T 可取任意正值,而离散周期信号的周期 N 只可取正整数. 常数信号(即通常说的直流信号)或序列也属于周期信号,显然,对于任何 T 和 N,它们都分别满足式(1-9)和式(1-12).但是,根据其信号值恒定不变的性质,习惯上把它们看成周期为无限大的周期信号和序列,即看成零频率的周期信号和序列.

例 1-2　判断下列信号是否为周期信号,若是,确定其周期:

(1) $f_1(t) = \sin(2t) + \cos(3t)$;　　　　　　　(2) $f_2(t) = \cos(2t) + 2\sin(\pi t)$;

(3) $f_3[n] = \cos\left(2n + \dfrac{\pi}{3}\right)$;　　　　　　　(4) $f_4[n] = \cos\left(\dfrac{\pi n}{4}\right) + 2\sin(3\pi n)$.

解:　(1)$\sin(2t)$ 是周期信号,其角频率和周期分别为 $\omega_1 = 2$ rad/s,$T_1 = \dfrac{2\pi}{\omega_1} = \pi$ s. $\cos(3t)$ 是周期信号,其角频率和周期分别为 $\omega_2 = 3$ rad/s,$T_2 = \dfrac{2\pi}{\omega_2} = \left(\dfrac{2}{3}\pi\right)$s. 由于 $\dfrac{T_1}{T_2} = \dfrac{3}{2}$ 为有理数,故 $f_1(t)$ 为周期信号,其周期为 T_1 和 T_2 的最小公倍数 2π.

(2)$\cos(2t)$ 的周期是 $T_1 = \dfrac{2\pi}{2}$ s $= \pi$ s,$\sin(\pi t)$ 的周期是 $T_2 = \dfrac{2\pi}{\pi}$ s $= 2$ s,由于 $\dfrac{T_1}{T_2} = \dfrac{\pi}{2}$ 是无理数,即 T_1 与 T_2 不存在最小公倍数,故 $f_2(t)$ 为非周期信号.

(3)$\Omega = 2$,$N = \dfrac{2\pi}{\Omega} = \dfrac{2\pi}{2} = \pi$ 为无理数,故 $f_3(n)$ 为非周期信号.

(4)$\cos\left(\dfrac{\pi n}{4}\right)$ 的周期为 $N_1 = \dfrac{2\pi}{\pi/4} = 8$,$\sin(3\pi n)$ 的周期为 $N_2 = \dfrac{2\pi}{3\pi} = \dfrac{2}{3}$,故 $f_4(n)$ 为周期信号,其周期为 N_1 和 N_2 的最小公倍数 8.

1.2.4　能量信号和功率信号

在电系统中,一个信号既可代表电压又可代表电流. 如果 $v(t)$ 和 $i(t)$ 分别是阻值为 R 的某一电阻上的电压和电流,则消耗在电阻上的瞬时功率就是

$$P(t) = v(t)i(t) = i^2(t)R = \frac{v^2(t)}{R} \qquad (1-14)$$

可见,当用 $f(t)$ 表示电信号时,不管其表示的是电压还是电流,瞬时功率 $P(t)$ 都正比于信号幅度的平方. 如果电阻 R 的阻值为 $1\,\Omega$,则它们的数学形式完全相同. 因此,常常研究信号(电压或电流)在单位电阻上的能量或功率,称为归一化能量或功率. 有时,用复数表示信号往往更方便.

在此基础上,定义连续时间信号 $f(t)$ 的总能量为

$$E = \lim_{T \to \infty} \int_{-T/2}^{T/2} |f(t)|^2 \mathrm{d}t = \int_{-\infty}^{\infty} |f(t)|^2 \mathrm{d}t \qquad (1-15)$$

其中,$|f(t)|$ 为 $f(t)$ 的模. 它的平均功率表示为

$$P = \lim_{T \to \infty} \frac{1}{T} \int_{-T/2}^{T/2} |f(t)|^2 \mathrm{d}t \qquad (1-16)$$

由式(1-16)可见,基波周期为 T 的周期信号 $f(t)$ 的平均功率为

$$P = \frac{1}{T} \int_{-T/2}^{T/2} |f(t)|^2 \mathrm{d}t \qquad (1-17)$$

对于离散时间信号 $f[n]$,用求和代替上面的积分,可得 $f[n]$ 的总能量定义为

$$E = \lim_{N \to \infty} \sum_{n=-N}^{N} |f[n]|^2 = \sum_{n=-\infty}^{\infty} |f[n]|^2 \qquad (1-18)$$

平均功率定义为

$$P = \lim_{N \to \infty} \frac{1}{2N+1} \sum_{n=-N}^{N} |f[n]|^2 \qquad (1-19)$$

类似地,基波周期为 N 的周期信号 $f[n]$ 的平均功率为

$$P = \frac{1}{N} \sum_{n=0}^{N-1} |f[n]|^2 \qquad (1-20)$$

一个信号被称为能量信号(energy signal),当且仅当该信号的总能量满足条件

$$0 < E < \infty$$

对于能量信号,其平均功率 $P = 0$,例如单脉冲信号.

一个信号被称为功率信号(power signal),当且仅当该信号的平均功率满足条件

$$0 < P < \infty$$

对于功率信号,其能量 E 趋于无穷大,例如周期正弦信号.

能量信号和功率信号是互不相容的,能量信号的平均功率为零,而功率信号的总能量则为无穷大. 周期信号和随机信号通常都是功率信号,而既是非周期信号又是确定信号的通常是能量信号. 还有一类信号的能量和功率都不是有限的,一个例子就是信号 $f(t) = t$.

1.3　信号的基本运算

信号和系统研究的一个重要的内容就是利用系统对信号进行加工处理,常遇到的信号基本运算有加法、乘法、微分、积分、反转、平移和尺度变换等.

1.3.1　信号的加法、乘法、微分和积分

1. 加法(addition)

设信号 $f_1(t)$ 与 $f_2(t)$ 是两个连续时间信号,则 $f_1(t)$ 和 $f_2(t)$ 相加的结果 $y(t)$ 是指同一瞬时

两个信号之值对应相加所构成的"和信号",即

$$y(t) = f_1(t) + f_2(t) \tag{1-21}$$

连续时间信号的加法如图 1-9(a) 所示. 在实际应用中,调音台是信号相加的一个实际例子,它将音乐和语言混合到一起. 对于离散时间信号有

$$y[n] = f_1[n] + f_2[n] \tag{1-22}$$

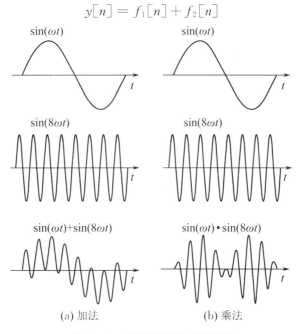

(a) 加法   (b) 乘法

图 1-9   连续时间信号的运算

2. 乘法(multiplication)

设信号 $f_1(t)$ 与 $f_2(t)$ 是两个连续时间信号,则 $f_1(t)$ 和 $f_2(t)$ 相乘的结果 $y(t)$ 是指

$$y(t) = f_1(t) \cdot f_2(t) \tag{1-23}$$

即 $y(t)$ 在任意时刻 t 的值是 $f_1(t)$ 与 $f_2(t)$ 相应时刻的值的乘积,连续时间信号的乘法如图 1-9(b) 所示. 收音机的调幅信号 $y(t)$ 是音频信号 $f_1(t)$ 与载波信号 $f_2(t)$ 相乘的结果.

对于离散时间信号有

$$y[n] = f_1[n] \cdot f_2[n] \tag{1-24}$$

3. 微分(differentiation)与差分(difference)

设 $f(t)$ 是连续时间信号,则 $f(t)$ 对时间 t 的导数由下式定义:

$$y(t) = \frac{\mathrm{d}}{\mathrm{d}t} f(t) \tag{1-25}$$

能实现微分运算最简单的器件是电感. 如图 1-10(a) 所示,设流过电感的电流为 $i(t)$,该电感的电感量为 L,则电感两端的电压 $v(t)$ 为

$$v(t) = L \frac{\mathrm{d}}{\mathrm{d}t} i(t) \tag{1-26}$$

与连续时间信号的微分运算相对应,离散时间信号有差分运算,设有序列 $f[n]$,定义一阶前向差分为

$$\Delta f[n] = f[n+1] - f[n] \tag{1-27}$$

定义一阶后向差分为

$$\nabla f[n] = f[n] - f[n-1] \tag{1-28}$$

此处仅对差分进行简单介绍,详细讨论见第 3 章.

4. 积分(integration)与序列求和(sum)

设 $f(t)$ 是连续时间信号,则 $f(t)$ 对时间 t 的积分由下式定义:

$$y(t) = \int_{-\infty}^{t} f(\tau) \mathrm{d}\tau \tag{1-29}$$

其中,τ 是积分变量.能实现积分运算最简单的器件是电容,如图1-10(b)所示,设流过电容的电流为 $i(t)$,该电容的电容量为 C,则电容两端的电压 $v(t)$ 为

$$v(t) = \frac{1}{C} \int_{-\infty}^{t} i(\tau) \mathrm{d}\tau \tag{1-30}$$

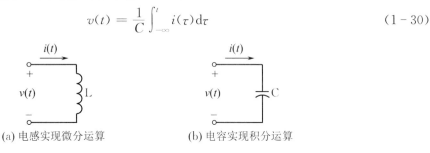

(a) 电感实现微分运算　　　　(b) 电容实现积分运算

图 1-10　微分电路和积分电路

与连续时间信号的积分运算相对应,离散时间信号有序列求和运算,这时有

$$y[n] = \sum_{k=-\infty}^{n} f[k] \tag{1-31}$$

1.3.2　反转和平移

将信号 $f(t)$(或 $f[n]$)中的自变量 t(或 n)替换为 $-t$(或 $-n$),其物理含义是将信号 $f(t)$(或 $f[n]$)以纵坐标为轴反转(reversal),如图1-11所示.从图形上看是将 $f(t)$(或 $f[n]$)以纵坐标为轴反转 180°.如果 $f(t)$(或 $f[n]$)是偶信号,其反转后与原信号相同;如果 $f(t)$(或 $f[n]$)是奇信号,其反转后为原信号取负值.

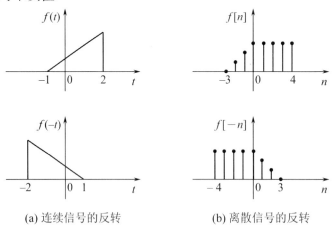

(a) 连续信号的反转　　　　(b) 离散信号的反转

图 1-11　信号的反转

平移(shifting)也称移位,对于连续信号 $f(t)$,若有常数 $t_0 > 0$,延时信号 $f(t-t_0)$ 是将原信号沿 t 轴正方向平移 t_0 时间,而 $f(t+t_0)$ 是将原信号沿 t 轴负方向平移 t_0 时间,如图1-12(a)所示.对于离散时间信号 $f[n]$,若有整常数 $n_0 > 0$,延时信号 $f[n-n_0]$ 是将原序列沿 n 轴正方向平移 n_0 单位,而 $f[n+n_0]$ 是将原序列沿 n 轴负方向平移 n_0 单位,如图1-12(b)所示.

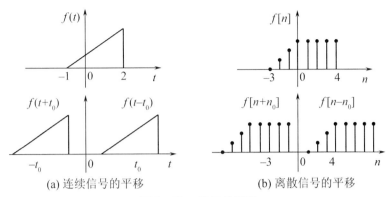

(a) 连续信号的平移　　　　　　　　(b) 离散信号的平移

图 1 - 12　信号的平移

1.3.3　尺度变换

将信号 $f(t)$ 横坐标的尺寸展宽或压缩[常称为尺度变换(time scaling)],可用变量 at(a 为非零常数)替代原信号 $f(t)$ 的自变量,得到信号 $f(at)$. 若 $a>1$,则信号 $f(at)$ 将原信号 $f(t)$ 以原点 ($t=0$)为基准,沿横轴压缩到原来的 $\frac{1}{a}$;若 $0<a<1$,则 $f(at)$ 表示将 $f(t)$ 沿横轴展宽至 $\frac{1}{a}$ 倍. 图 1 - 13(a)给出了原信号 $f(t)$,而图 1 - 13(b)和图 1 - 13(c)分别画出了 $f(2t)$ 和 $f\left(\frac{t}{2}\right)$ 的波形. 若 $a<0$,则 $f(at)$ 表示将 $f(t)$ 的波形反转并压缩或展宽至 $\left|\frac{1}{a}\right|$. 图 1 - 13(d)画出了信号 $f(-2t)$ 的波形.

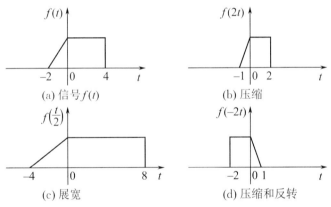

(a) 信号 $f(t)$　　　　　　　　(b) 压缩

(c) 展宽　　　　　　　　(d) 压缩和反转

图 1 - 13　连续信号的尺度变换

如果 $f(t)$ 代表一盘已录制在磁带上的声音信号,则 $f(-t)$ 就代表同样一盘磁带倒过来放(即从末尾向前倒放)产生的信号,而 $f(2t)$ 是磁带以两倍的速度播放产生的信号,$f\left(\frac{t}{2}\right)$ 则表示将磁带的放音速度降低一半所产生的信号.

对于离散时间信号,可类似地定义 $f[kn]$,$k>0$. 这里仅在 kn 为整数时才有定义. 如果 $k>1$,则离散时间信号 $f[kn]$ 将丢失部分信息,因此离散信号通常不进行展缩运算. 图 1 - 14 表示的是 $k=2$ 的情形. 在 $f[kn]$ 中,令 $k=2$,将丢失 $f[n]$ 在 $n=\pm1,\pm3,\cdots$ 时的样本值.

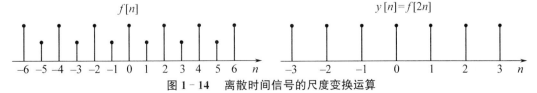

图 1 - 14　离散时间信号的尺度变换运算

例 1-3 已知信号 $f(t)$ 的波形如图 $1-15$(a) 所示,求 $f(t+1)$,$f(-t+1)$,$f(-2t+1)$ 的波形.

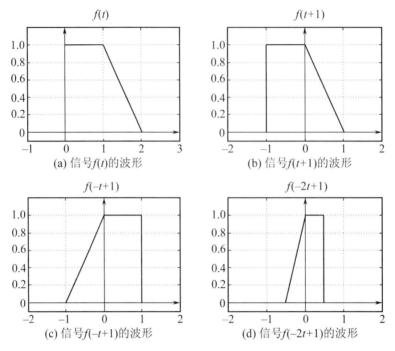

图 1-15 连续时间信号的自变量变换

解: $f(t+1)$ 就是 $f(t)$ 沿 t 轴左移一个单位,如图 $1-15$(b) 所示.

$f(-t+1)$ 就是 $f(t+1)$ 的时间反转,如图 $1-15$(c) 所示.

$f(-2t+1)$ 就是 $f(-t+1)$ 信号的压缩,压缩因子为 2,如图 $1-15$(d) 所示.

对于一个给定信号 $f(t)$,如果既有时移又有尺度变换的情况,如想求得一个形如 $f(\alpha t+\beta)$ 的信号,其中,α 和 β 都是给定的数.一种较好的途径是首先根据 β 的值将 $f(t)$ 延时或超前,然后根据 α 的值来对这个已经延时或超前的信号进行时间尺度变换和时间反转.如果 $|\alpha|<1$,就将该已被延时或超前的信号进行线性扩展;如果 $|\alpha|>1$,就进行线性压缩.而若 $\alpha<0$,就再进行时间反转.当然,也可以采用先以 α 对 $f(t)$ 进行时间尺度变换得到 $f(\alpha t)$,再将 $f(\alpha t)$ 进行平移 β/α[也即用 $t+(\beta/\alpha)$ 置换 t] 得到 $f\{\alpha[t+(\beta/\alpha)]\}=f(\alpha t+\beta)$.

例如,信号 $f(2t-6)$ 可用两种方法得到:一种方法是将 $f(t)$ 延时 6 得到 $f(t-6)$,然后压缩因子 2(用 $2t$ 置换 t)就得到 $f(2t-6)$;另一种方法是先将 $f(t)$ 以因子 2 进行时间压缩得到 $f(2t)$,然后将 $f(2t)$ 延时 3(以 $t-3$ 置换 t) 得到 $f(2t-6)$.

1.4 基 本 信 号

在信号与系统的研究中,有几种很重要的基本信号.不仅是因为这些信号可以作为很多实际物理信号的模型而经常出现,更重要的是它们可以作为基本的信号单元通过线性组合来构成许多其他信号.

1.4.1 指数信号

一个最普通的实指数信号(exponential signal) 表示为

$$f(t) = Ce^{at} \tag{1-32}$$

其中,C 和 a 均为实数,C 是指数信号在 $t = 0$ 时刻的幅度.a 可以取正值也可以取负值.若 a 为正实数,那么 $f(t)$ 随 t 的增加而呈指数增长;若 a 为负实数,则 $f(t)$ 随 t 的增加而呈指数衰减. 这两种信号的波形如图 1-16 所示. 如果 $a = 0$,信号 $f(t)$ 简化为幅度为 C 的直流信号.

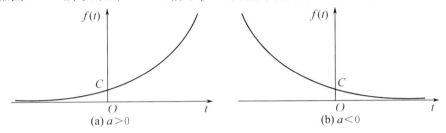

图 1-16　连续时间实指数信号

对离散时间信号而言,实指数信号可以写为

$$f[n] = C\alpha^n \tag{1-33}$$

其中,C 和 α 均为实数.若 $|\alpha| > 1$,则信号随 n 呈指数增长;若 $|\alpha| < 1$,则信号随 n 呈指数衰减.

图 1-17 显示的是分别对应于 $|\alpha| > 1$ 的指数增长离散时间信号和对应于 $|\alpha| < 1$ 的指数衰减离散时间信号. 另外,若 $\alpha > 0$,则 $f[n]$ 的所有值都具有同一符号;若 $\alpha < 0$,则 $f[n]$ 的符号交替变化;若 $\alpha = 1$,则 $f[n]$ 就是常数 C.

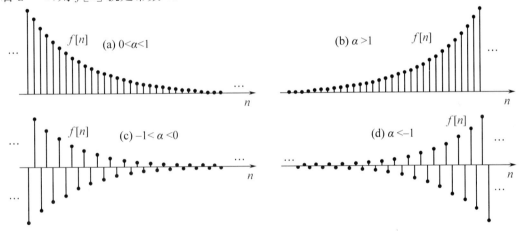

图 1-17　实指数信号 $f[n] = C\alpha^n$

1.4.2　正弦信号

连续时间正弦信号(sinusoidal signal)表示为

$$f(t) = A\sin(\omega t + \varphi) \tag{1-34}$$

其中,A 是幅度,ω 是角频率,φ 是初相位. 图 1-18 表示一个正弦信号. 正弦信号是周期信号,其周期为

$$T = \frac{2\pi}{\omega} \tag{1-35}$$

利用欧拉公式(Euler's Formula),复指数信号可以用与其相同基波频率的正弦信号来表示,即

$$e^{j\omega t} = \cos\omega t + j\sin\omega t \tag{1-36}$$

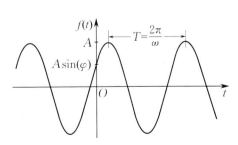

图 1-18　连续时间正弦信号

而式(1-34)的正弦信号也能用相同基波周期的复指数信号来表示，即

$$A\sin(\omega t + \varphi) = \frac{A}{2j}e^{j\varphi}e^{j\omega t} - \frac{A}{2j}e^{-j\varphi}e^{-j\omega t} \qquad (1-37)$$

离散时间正弦信号可表示为对连续时间正弦信号式(1-34)的采样，假设采样间隔为 T_s，在时间坐标上表示为 $\cdots, -2T_s, -T_s, 0, T_s, 2T_s, \cdots$，即

$$f(nT_s) = A\sin(\omega nT_s + \varphi) \qquad (1-38)$$

如果 n 取无量纲，令 $\Omega = \omega T_s$，则离散时间正弦信号表示为

$$f[n] = A\sin(\Omega n + \varphi) \qquad (1-39)$$

可以看出，Ω 和 φ 的量纲都应是弧度。为了和 ω 区分开，Ω 称为数字角频率(digital angular frequency)。这个离散时间正弦信号既可以是周期信号，也可以是非周期信号。如果离散时间正弦信号的周期为 N，

$$f[n+N] = A\sin(\Omega n + \Omega N + \varphi) \qquad (1-40)$$

为了满足周期函数的条件，必须有

$$\Omega N = 2\pi m \qquad (1-41)$$

或

$$\Omega = \frac{2\pi m}{N} \quad (m, N\ 为整数) \qquad (1-42)$$

需要注意的是，与连续时间正弦信号不同，Ω 取任意值的所有离散时间正弦信号并不都是周期信号。对于式(1-39)描述的离散时间信号，如果是周期信号，其角频率 Ω 必须满足式(1-42)，即是一个有理数的 2π 倍。图 1-19 给出了一个周期的离散时间正弦信号，其角频率为 $\frac{\pi}{6}$。

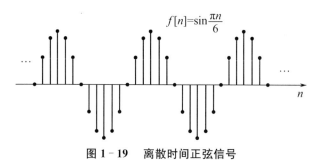

$$f[n] = \sin\frac{\pi n}{6}$$

图 1-19 离散时间正弦信号

1.4.3 一般复指数信号

对于连续时间信号，考虑最一般的复指数信号(complex exponential signal) $f(t) = Ce^{st}$，将 C 用极坐标表示，s 用笛卡儿坐标表示，分别有

$$C = |C|e^{j\theta} \qquad (1-43)$$

和

$$s = \sigma + j\omega \qquad (1-44)$$

那么

$$Ce^{st} = |C|e^{j\theta}e^{(\sigma+j\omega)t} = |C|e^{\sigma t}e^{j(\omega t+\theta)} \qquad (1-45)$$

利用欧拉公式(Euler's identity)，式(1-45)可展开为

$$Ce^{st} = |C|e^{\sigma t}\cos(\omega t + \theta) + j|C|e^{\sigma t}\sin(\omega t + \theta) \qquad (1-46)$$

由此可见，若 $\sigma = 0$，则复指数信号的实部和虚部都是正弦型的；若 $\sigma > 0$，其实部和虚部则是一个振幅呈指数增长的正弦信号；若 $\sigma < 0$，则为振幅呈指数衰减的正弦信号。$\sigma > 0$ 和 $\sigma < 0$ 两种情况如图 1-20 所示，图中的虚线对应于函数 $\pm|C|e^{\sigma t}$。由式(1-45)知道 $|C|e^{\sigma t}$ 是复指数信号的振幅，可见 $|C|e^{\sigma t}$ 起着一种振荡变化的包络作用，也就是说每次振荡的峰值正好落在这两条虚线上。

这样,包络线给我们提供了一个十分方便的工具,使得我们可以看出振荡幅度的变化趋势.

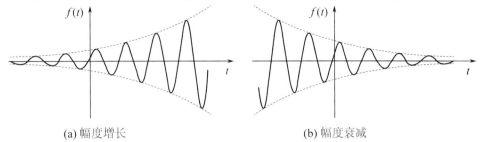

(a) 幅度增长　　　　　　　　　　　　(b) 幅度衰减

图 1-20　连续时间正弦信号

一般离散时间复指数信号可以表示为

$$x[n] = C \cdot z^n \tag{1-47}$$

其中 z 为复数,将 C 和 z 均以极坐标形式给出,即

$$C = |C| e^{j\theta} \tag{1-48}$$

和

$$z = r e^{j\Omega} \tag{1-49}$$

r 为模,Ω 为辐角,则有

$$Cz^n = |C||r|^n \cos(\Omega n + \theta) + j|C||r|^n \sin(\Omega n + \theta) \tag{1-50}$$

于是,若 $|r| = 1$,复指数序列的实部和虚部都是正弦序列.若 $|r| < 1$,其实部和虚部为正弦序列乘以一个按指数衰减的序列.若 $|r| > 1$,则乘以一个按指数增长的序列.图 1-21 所示为这些信号的例子.

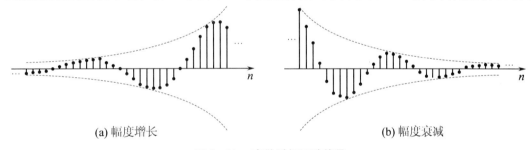

(a) 幅度增长　　　　　　　　　　　　(b) 幅度衰减

图 1-21　离散时间正弦信号

离散时间指数信号 z^n 与连续时间指数 e^{st} 相对应,连续时间指数 e^{st} 有

$$e^{st} = e^{(\sigma+j\omega)t}$$

令 $t = nT$,有

$$e^{st} = e^{(\sigma+j\omega)nT} = e^{(\sigma T+j\omega T)n} = e^{\sigma Tn} e^{j\omega Tn}$$

而 $z^n = (re^{j\Omega})^n = r^n e^{j\Omega n}$,故可得

$$r = e^{\sigma T}, \quad \Omega = \omega T \tag{1-51}$$

1.4.4　离散时间复指数序列的周期性质

连续时间信号和离散时间信号之间有很多相似之处,但也存在一些重要的差别.连续时间信号 $e^{j\omega_0 t}$ 具有以下两个性质:① 具有不同 ω_0 值的信号,其振荡频率不一样,ω_0 越大,信号振荡的频率就越高;② 具有任何 ω_0 值的 $e^{j\omega_0 t}$ 都是周期的.而与之对应的离散时间信号 $e^{j\Omega_0 n}$ 却具有不一样的特性.

第一个不同点,对于离散时间信号 $e^{j\Omega_0 n}$ 有

$$e^{j(\Omega_0+2\pi)n} = e^{j2\pi n} e^{j\Omega_0 n} = e^{j\Omega_0 n} \tag{1-52}$$

式(1-52)表明,离散时间复指数信号在频率 $\Omega_0 + 2\pi$ 与频率 Ω_0 时是完全一样的,表明其频率是 2π

的周期函数. 即具有频率 Ω_0 的复指数信号与 $\Omega_0 \pm 2\pi, \Omega_0 \pm 4\pi, \cdots$ 这些频率的复指数信号是一样的. 而对连续时间信号 $e^{j\omega_0 t}$, 不同的 ω_0 就对应着不同的信号. 因此, 在考虑这种离散时间复指数信号时, 仅需要在某一个 2π 间隔内选择 Ω_0 即可. 在大多数情况下, 总是利用 $0 \leqslant \Omega_0 \leqslant 2\pi$, 或者 $-\pi \leqslant \Omega_0 < \pi$ 这样一个区间.

由式(1-52)指出的周期性质表明, $e^{j\Omega_0 n}$ 不具有随 Ω_0 在数值上的增加而不断增加其振荡速率的特性. 事实上如图 1-22 所示, 随着 Ω_0 从 0 开始增加, 其振荡速率越来越快, 直到 $\Omega_0 = \pi$ 为止, 然后, 继续增加 Ω_0, 其振荡速率就会下降, 直到 $\Omega_0 = 2\pi$ 为止, 这时, 又得到与 $\Omega_0 = 0$ 时同样的结果. 因此, 离散时间复指数信号的低频部分位于 Ω_0 在 $0, 2\pi$ 和任何其他 π 的偶数倍值附近; 而高频部分则位于 $\Omega_0 = \pm \pi$ 及其他任何 π 的奇数倍值附近. 值得注意的是, 在 Ω_0 等于 π 的奇数倍时, 有

$$e^{j\pi n} = (e^{j\pi})^n = (-1)^n \tag{1-53}$$

以至于信号在每一点上都改变符号, 产生剧烈振荡.

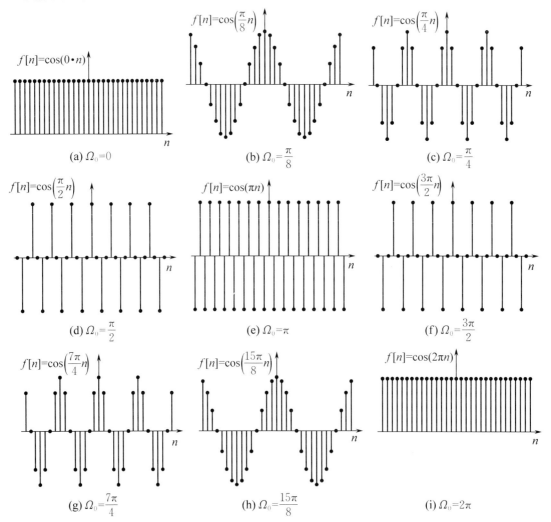

图 1-22　对应于几个不同频率时的离散时间正弦序列

离散时间复指数序列的第二个不同点是周期的问题. 如果信号 $e^{j\Omega_0 n}$ 是周期的, 根据周期函数的定义, 那么就有

$$e^{j\Omega_0 (n+N)} = e^{j\Omega_0 N} e^{j\Omega_0 n} = e^{j\Omega_0 n} \tag{1-54}$$

这就等效于

$$e^{j\Omega_0 N} = 1 \tag{1-55}$$

为了使式(1-55)成立，$\Omega_0 N$ 必须是 2π 的整数倍，也就是说必须有一个整数 m 满足

$$\Omega_0 N = 2m\pi \tag{1-56}$$

或者

$$\frac{\Omega_0}{2\pi} = \frac{m}{N} \tag{1-57}$$

根据式(1-57)，若 $\dfrac{\Omega_0}{2\pi}$ 为一个有理数，$e^{j\Omega_0 n}$ 就是周期函数，且其周期 N 为

$$N = m\left(\frac{2\pi}{\Omega_0}\right) \tag{1-58}$$

若 $\dfrac{\Omega_0}{2\pi}$ 不是一个有理数，$e^{j\Omega_0 n}$ 就不是周期函数.

1.4.5　抽样信号

抽样信号 $Sa(t)$ 是指 $\sin t$ 与 t 之比构成的信号，它的定义为

$$Sa(t) = \frac{\sin t}{t} \tag{1-59}$$

抽样信号的波形如图 1-23 所示.

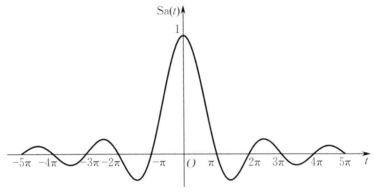

图 1-23　$Sa(t)$ 信号

不难证明，$Sa(t)$ 信号为偶函数，当 $t \to \pm\infty$ 时，振幅衰减，且 $Sa(\pm n\pi) = 0$，其中 n 为整数. $Sa(t)$ 信号还有以下性质：

$$\int_0^\infty Sa(t)\,\mathrm{d}t = \frac{\pi}{2} \tag{1-60}$$

$$\int_{-\infty}^{\infty} Sa(t)\,\mathrm{d}t = \pi \tag{1-61}$$

与 $Sa(t)$ 信号类似的是 $sinc(t)$ 信号，它的表示式为

$$sinc(t) = \frac{\sin(\pi t)}{\pi t} \tag{1-62}$$

1.5　单位阶跃函数和单位冲激函数

函数本身有不连续点(跳变点)或其导数与积分有不连续点的一类函数称为奇异函数. 普通函数描述的是自变量与因变量间的数值对应关系. 如果要考察某些物理量在空间或时间坐标上集中

于一点的物理现象，普通函数的概念就不够用了，而单位冲激函数就是描述这类现象的理想化模型．本节主要讨论单位阶跃函数和单位冲激函数．

1.5.1　单位阶跃函数

连续时间的单位阶跃函数（unit step function）由下式定义：

$$u(t) = \begin{cases} 1, & t > 0 \\ 0, & t < 0 \end{cases} \tag{1-63}$$

单位阶跃函数 $u(t)$ 的波形如图 $1-24$(a) 所示．由图可见，单位阶跃函数在 $t=0$ 处有一个不连续点，称为跳变点，$u(t)$ 的值由 0 跳变到 1．对于 $u(t)$ 在跳变点 $t=0$ 的函数值，一般不定义，但也可定义为 1/2．从信号处理的角度看，连续时间信号在有限个孤立时刻上的有限数值不会导致信号能量上的差异，从而不会导致处理结果的不同．

单位阶跃函数 $u(t)$ 是一个应用特别简单的信号．例如，在 $t=0$ 时刻上合上开关接入直流电源．同时，单位阶跃函数 $u(t)$ 也是一个非常有用的测试信号，系统对阶跃输入函数的响应揭示了该系统对突然变化的输入信号的快速反应能力．其次，如果想让一个信号在 $t=0$ 开始（即$t<0$ 时，其值为零），只需要将该信号乘以 $u(t)$ 就能实现．

离散时间的单位阶跃序列由下式定义：

$$u[n] = \begin{cases} 1, & n \geqslant 0 \\ 0, & n < 0 \end{cases} \tag{1-64}$$

图 $1-24$(b) 是其图形表示．离散时间的单位阶跃序列所起的作用和连续时间单位阶跃函数是一样的．

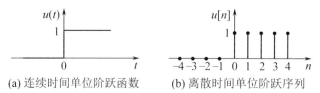

(a) 连续时间单位阶跃函数　　　　　(b) 离散时间单位阶跃序列

图 1-24　单位阶跃函数

1.5.2　单位冲激函数

连续时间单位冲激函数（unit impulse function）由以下两个联立的式子定义：

$$\delta(t) = 0, \quad t \neq 0 \tag{1-65}$$

和

$$\int_{-\infty}^{\infty} \delta(t)\mathrm{d}t = 1 \tag{1-66}$$

其图形如图 $1-25$(a) 所示．式($1-65$)指出，单位冲激信号 $\delta(t)$ 除原点外处处为零．式($1-66$)表明，单位冲激信号 $\delta(t)$ 与横轴间的总面积为 1．单位冲激函数 $\delta(t)$ 又称狄拉克（Dirac）函数或 δ 函数．

离散时间单位序列定义为

$$\delta[n] = \begin{cases} 1, & n = 0 \\ 0, & n \neq 0 \end{cases} \tag{1-67}$$

它只在 $n=0$ 处取值为 1，而在其余各点均为零，如图 $1-25$(b) 所示．单位序列也称单位样值（或取样）序列或单位脉冲序列．它是离散系统分析中最简单的，也是最重要的序列之一．它在离散时间系统中的作用，类似于单位冲激函数 $\delta(t)$ 在连续时间系统中的作用，因此在不致发生误解的情况下,也可称单位脉冲序列为单位冲激序列.但是,作为连续时间信号的 $\delta(t)$ 可理解为脉宽趋近于零,幅度趋于无限大的信号,或由广义函数定义;而离散时间信号 $\delta[n]$,其幅度在 $n=0$ 时为有限值,其值为 1.

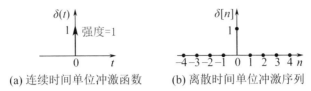

(a) 连续时间单位冲激函数 (b) 离散时间单位冲激序列

图 1 - 25 单位冲激函数

离散时间单位冲激序列 $\delta[n]$ 的图形很直观.然而,连续时间单位冲激信号 $\delta(t)$ 就不一样了.采用的方法是将 $\delta(t)$ 看成如图 1-26 所示的单位面积矩形脉冲的极限.当矩形脉冲的宽度减小时,其幅度相应增加,但矩形脉冲下面的面积保持不变,为单位面积 1.随着脉冲宽度的进一步减小,矩形脉冲便慢慢逼近单位冲激函数.实际上,可以由下式得到单位冲激信号:

$$\delta(t) = \lim_{\Delta \to 0} x_\Delta(t) \tag{1-68}$$

其中,$x_\Delta(t)$ 是宽度为 Δ,面积为 1 的矩形脉冲.在单位冲激函数的近似中也可以利用任何时间为 t 的偶函数的脉冲,如三角脉冲、高斯脉冲等.脉冲下面的面积定义为冲激的强度.这样,单位冲激函数 $\delta(t)$ 是指其强度为 1.单位冲激函数的重要特点并不在它的形状,而是在它的有效持续期趋于零的同时,它的面积保持为 1.事实上,$\delta(t)$ 没有持续期,但有面积,因此用图 1-25(a) 的符号,在 $t=0$ 处用箭头指出脉冲的面积集中在 $t=0$,用箭头旁边的高度"1"表示该冲激的面积,称为冲激强度.

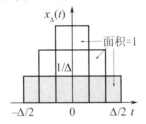

图 1 - 26 单位面积的矩形脉冲演化为单位冲激函数

连续时间单位冲激函数 $\delta(t)$ 与单位阶跃函数之间存在密切的关系,即连续时间单位阶跃函数是单位冲激函数的积分函数.式 (1-65) 和式 (1-66) 可知

$$\begin{cases} \displaystyle\int_{-\infty}^{t} \delta(\tau)\mathrm{d}\tau = 1, & t > 0 \\ \displaystyle\int_{-\infty}^{t} \delta(\tau)\mathrm{d}\tau = 0, & t < 0 \end{cases} \tag{1-69}$$

将式 (1-69) 与 $u(t)$ 的定义式比较,可得出

$$u(t) = \int_{-\infty}^{t} \delta(\tau)\mathrm{d}\tau \tag{1-70}$$

反过来,连续时间单位冲激函数是单位阶跃函数的一次微分,即

$$\delta(t) = \frac{\mathrm{d}u(t)}{\mathrm{d}t} \tag{1-71}$$

式 (1-70) 的积分关系可用图 1-27 来说明.由于连续时间单位冲激函数 $\delta(\tau)$ 的面积集中在 $\tau = 0$ 时刻,因此,在积分区间从 $-\infty$ 开始到 $t < 0$ 时,其积分值都是 0;在 $t > 0$ 时,其积分值为 1.

离散时间情况下,离散时间阶跃序列是单位样值序列的求和函数,即

$$u[n] = \sum_{m=-\infty}^{n} \delta[m] \tag{1-72}$$

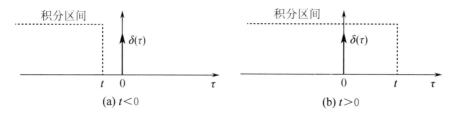

图 1-27   单位冲激函数的积分

而离散时间单位脉冲是单位阶跃的一次差分,即

$$\delta[n] = u[n] - u[n-1] \tag{1-73}$$

式(1-72)的求和关系可用图 1-28 来说明.由于单位序列 $\delta[m]$ 仅在 $m = 0$ 时的值才为1,因此如果求和区间在 $n < 0$ 时,其求和值为 0;而如果求和区间在 $n \geq 0$ 时,其求和值为 1.

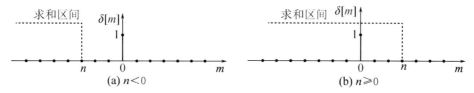

图 1-28   单位冲激序列的求和

1.5.3   单位冲激函数和单位冲激序列的性质

(1)单位冲激函数具有单位面积,单位冲激序列求和为 1,即

$$\int_{-\infty}^{\infty} \delta(t) \mathrm{d}t \quad 和 \quad \sum_{n=-\infty}^{\infty} \delta[n] = 1 \tag{1-74}$$

(2)抽样特性.

如果单位冲激信号 $\delta(t)$ 与一个在 $t = 0$ 点连续且处处有界的信号 $f(t)$ 相乘,则其乘积仅在 $t = 0$ 处得到 $f(0)\delta(t)$,其余各点之乘积均为零,即

$$f(t)\delta(t) = f(0)\delta(t) \tag{1-75}$$

于是对于单位冲激函数有如下性质:

$$\int_{-\infty}^{\infty} \delta(t) f(t) \mathrm{d}t = \int_{-\infty}^{\infty} \delta(t) f(0) \mathrm{d}t = f(0) \int_{-\infty}^{\infty} \delta(t) \mathrm{d}t = f(0) \tag{1-76}$$

一般情况下,对于延迟 t_0 的单位冲激信号有

$$\int_{-\infty}^{\infty} \delta(t-t_0) f(t) \mathrm{d}t = \int_{-\infty}^{\infty} \delta(t-t_0) f(t_0) \mathrm{d}t = f(t_0) \int_{-\infty}^{\infty} \delta(t) \mathrm{d}t = f(t_0) \tag{1-77}$$

式(1-76)和式(1-77)表明单位冲激函数的抽样特性.连续时间信号 $f(t)$ 与单位冲激信号 $\delta(t)$ 相乘并在 $-\infty$ 到 ∞ 区间内取积分,可以得到 $f(t)$ 在 $t = 0$ 点(抽样时刻)的函数值 $f(0)$,也即"筛选"出 $f(0)$.若将单位冲激延迟 t_0 时刻,则抽样值取 $f(t_0)$.

离散时间单位序列具有类似抽样性质,即

$$f[n]\delta[n] = f[0]\delta[0] = f[0] \quad 和 \quad \sum_{n=-\infty}^{\infty} f[n]\delta[n] = f[0] \tag{1-78}$$

即任何离散时间信号与单位序列相乘并在 $-\infty$ 到 ∞ 区间内求和,得到该序列在 $n = 0$ 点的序列值.将 $\delta[n]$ 平移 $n_0(n_0 > 0)$,有

$$f[n]\delta[n-n_0] = f[n_0]\delta[n-n_0] \quad 和 \quad \sum_{n=-\infty}^{\infty} f[n]\delta[n-n_0] = f[n_0] \tag{1-79}$$

（3）单位冲激函数是偶函数.

从 $\delta(t)$ 和 $\delta[n]$ 函数的定义式,可以得到单位冲激函数 $\delta(t)$ 和 $\delta[n]$ 是偶函数,即

$$\delta(-t) = \delta(t) \quad \text{和} \quad \delta[-n] = \delta[n] \tag{1-80}$$

该性质可以利用下式证明:

$$\int_{-\infty}^{\infty} \delta(-t) f(t) \mathrm{d}t = \int_{\infty}^{-\infty} \delta(\tau) f(-\tau) \mathrm{d}(-\tau) = \int_{-\infty}^{\infty} \delta(\tau) f(0) \mathrm{d}\tau = f(0) = \int_{-\infty}^{\infty} \delta(t) f(t) \mathrm{d}t$$

这里,用到变量置换 $\tau = -t$.

（4）尺度变换特性.

单位冲激信号 $\delta(t)$ 的另一个特性是尺度变换特性,描述如下:

$$\delta(at) = \frac{1}{|a|} \delta(t) \tag{1-81}$$

为了证明式(1-81),用 at 代替式(1-68)中的 t,得

$$\delta(at) = \lim_{\Delta \to 0} x_\Delta(at)$$

选择如图 1-29(a) 所示的矩形脉冲作为 $x_\Delta(t)$,其宽度为 Δ,幅度为 $\frac{1}{\Delta}$,因此为单位面积. 首先进行时间变换运算,当 $a > 1$ 时,经时间变换后的函数 $x_\Delta(at)$ 如图 1-29(b) 所示;进行时间变换时,$x_\Delta(at)$ 的幅度保持不变,但横坐标宽度压缩为原来的 $\frac{1}{a}$,所以经变换后的面积,也就是强度为 $\frac{1}{a}$,即

$$\lim_{\Delta \to 0} x_\Delta(at) = \frac{1}{a} \delta(t)$$

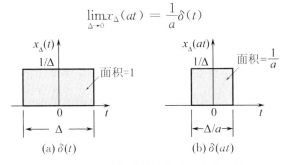

图 1-29　单位冲激信号时间变换特性

1.5.4　冲激函数的导数

冲激函数的导数将呈现正、负极性的一对冲激,称为冲激偶(doublet),用 $\delta'(t)$ 表示. 可以利用一个普通函数取极限的概念引出 $\delta'(t)$,如图 1-30 左上端所示. 三角形脉冲 $s(t)$ 的底宽为 2τ,高度为 $\frac{1}{\tau}$,当 $\tau \to 0$ 时,$s(t)$ 成为单位冲激函数 $\delta(t)$. 在图 1-30 左下端画出 $\frac{\mathrm{d}s(t)}{\mathrm{d}t}$ 的波形,它是正、负极性的两个矩形脉冲,称为脉冲偶对. 其宽度都为 τ,高度分别为 $\pm \frac{1}{\tau^2}$,面积都是 $\frac{1}{\tau}$. 随着 τ 减小,脉冲偶对宽度变窄,幅度增高,面积为 $\frac{1}{\tau}$. 当 $\tau \to 0$ 时,$\frac{\mathrm{d}s(t)}{\mathrm{d}t}$ 是正、负极性的两个冲激函数,其强度均为无限大.

冲激偶的一个重要性质是

$$\int_{-\infty}^{\infty} \delta'(t) f(t) \mathrm{d}t = -f'(0) \tag{1-82}$$

这里,$f'(0)$ 为 $f(t)$ 导数在零点的取值. 此关系式可利用分部积分来证明:

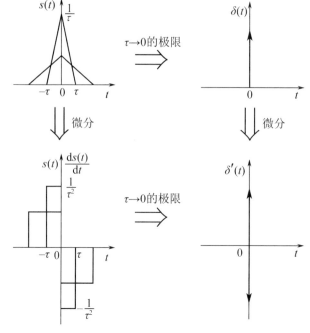

图 1 - 30　冲激偶的形成

$$\int_{-\infty}^{\infty} \delta'(t) f(t) \mathrm{d}t = \delta(t) f(t) \Big|_{-\infty}^{\infty} - \int_{-\infty}^{\infty} f'(t) \delta(t) \mathrm{d}t = - f'(0)$$

对于延迟 t_0 的冲激偶 $\delta'(t-t_0)$,同样有

$$\int_{-\infty}^{\infty} \delta'(t-t_0) f(t) \mathrm{d}t = - f'(t_0) \tag{1-83}$$

冲激偶函数的另一个性质是,它所包含的面积等于零,这是因为正、负两个冲激的面积相互抵消了. 于是有

$$\int_{-\infty}^{\infty} \delta'(t) \mathrm{d}t = 0 \tag{1-84}$$

此外,还可定义 $\delta(t)$ 的 n 阶导数 $\delta^{(n)}(t) = \dfrac{\mathrm{d}^n \delta(t)}{\mathrm{d}t^n}$ 为

$$\int_{-\infty}^{\infty} \delta^{(n)}(t) f(t) \mathrm{d}t = (-1)^n \int_{-\infty}^{\infty} \delta(t) f^{(n)}(t) \mathrm{d}t = (-1)^n f^{(n)}(0) \tag{1-85}$$

1.6　系统及其表示

　　一般而言,系统是一个能对信号进行控制和处理以实现某种功能的整体. 对于一个给定系统,如果在任一时刻的输出信号仅取决于该时刻的输入信号,而与其他时刻的输入信号无关,称为即时系统或无记忆系统;否则,称为动态系统或记忆系统. 例如,只有电阻元件组成的系统是即时系统,包含动态元件(如电容、电感、寄存器等)的系统是动态系统. 如果系统只有单个输入信号和单个输出信号,则称为单输入-单输出系统. 如果含有多个输入、输出信号,就称为多输入-多输出系统.

　　如果系统的输入、输出信号都是连续时间信号,则称为连续时间系统(continuous time system),简称连续系统. 这样的系统可用图 1 - 31(a) 来表示,图中 $f(t)$ 是输入,而 $y(t)$ 是输出,所以也常用下面的符号来表示连续时间系统的输入-输出关系:

$$f(t) \rightarrow y(t); \quad f(t) \rightarrow \boxed{H} \rightarrow y(t); \quad y(t) = H[f(t)]$$

其中 $H[\cdot]$ 可看作一种算子,不同的系统对应不同的算子. 类似地,如果系统的输入、输出信号都是离散时间信号,就称为离散时间系统(discrete time system),简称离散系统,可用图 1-31(b) 来表示. 也可以用下面的符号来表示离散时间系统的输入-输出关系:

$$f[n] \rightarrow y[n]; \quad f[n] \rightarrow \boxed{H} \rightarrow y[n]; \quad y[n] = H\{f[n]\}$$

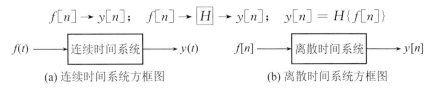

(a) 连续时间系统方框图　　　　　　　(b) 离散时间系统方框图

图 1-31　系统的方框图表示

1.6.1　系统的数学模型

描述连续动态系统的数学模型是微分方程,而描述离散动态系统的数学模型是差分方程. 建立分析和设计系统的一般方法的最重要根据之一就是:很多不同应用场合的系统都具有非常类似的数学描述形式. 分析下面几个简单的例子.

图 1-32 所示为 RLC 串联电路,如果将电压源 $u_s(t)$ 看作激励,选电容两端电压 $u_C(t)$ 作为响应,由基尔霍夫电压定律(KVL) 有

$$u_L(t) + u_R(t) + u_C(t) = u_s(t) \tag{1-86}$$

根据单个元件两端电压与电流的关系,有

$$i(t) = Cu'_C(t)$$

$$u_R(t) = Ri(t) = RCu'_C(t)$$

$$u_L(t) = Li'(t) = LCu''_C(t)$$

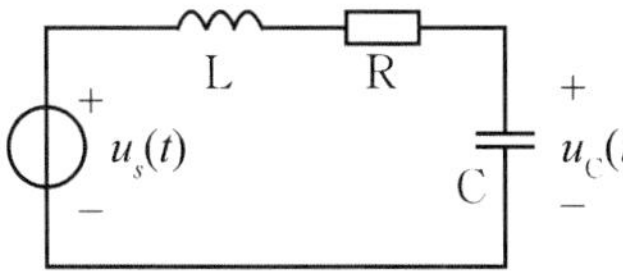

图 1-32　简单电路系统

将它们代入式(1-86) 并整理,得

$$u''_C(t) + \frac{R}{L}u'_C(t) + \frac{1}{LC}u_C(t) = \frac{1}{LC}u_s(t) \tag{1-87}$$

图 1-33 所示为一个简单的力学系统. 有一个弹簧,它的上端固定,下端挂一个质量为 m 的物体. 当物体处于静止状态时,作用在物体上的重力与弹性力大小相等、方向相反. 这个位置就是物体的平衡位置. 取 x 轴铅直向下,并取物体的平衡位置为坐标原点.

如果使物体具有一个初始速度 $v_0 \neq 0$,那么物体便离开平衡位置,并在平衡位置附近做上下振动. 在振动过程中,物体的位置 x 随时间 t 变化,即 x 与 t 之间存在函数关系:$x = x(t)$. 要确定物体的振动规律,就要求出函数 $x = x(t)$.

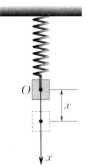

弹簧使物体回到平衡位置的弹性回复力 f(它不包括在平衡位置时和重力 mg 相平衡的那一部分弹性力) 和物体离开平衡位置的位移 x 成正比:

图 1-33　力学系统

$$f = -kx$$

其中,k 为弹簧的劲度系数,负号表示弹性回复力的方向和物体位移的方向相反.

另外,物体在运动过程中还受到阻尼介质(如空气、油等) 的阻力作用,使得振动逐渐趋向停止. 由实验知道,阻力 R 的方向总与运动方向相反,当运动速度不大时,其大小与物体运动的速度成正比,设比例系数为 μ,则有

$$R = -\mu \frac{\mathrm{d}x}{\mathrm{d}t}$$

根据上述关于物体受力情况的分析,由牛顿第二定律得

$$m \frac{\mathrm{d}^2 x}{\mathrm{d}t^2} = -kx - \mu \frac{\mathrm{d}x}{\mathrm{d}t}$$

移项整理,则上式化为

$$\frac{\mathrm{d}^2 x}{\mathrm{d}t^2} + \frac{\mu}{m} \frac{\mathrm{d}x}{\mathrm{d}t} + \frac{k}{m}x = 0$$

这就是在有阻尼的情况下,物体自由振动的微分方程. 如果物体在振动过程中,还受到铅直干扰力

$$F = H\sin(\omega t)$$

的作用,则有

$$\frac{\mathrm{d}^2 x}{\mathrm{d}t^2} + \frac{\mu}{m} \frac{\mathrm{d}x}{\mathrm{d}t} + \frac{k}{m}x = \frac{H}{m}\sin(\omega t) \tag{1-88}$$

这就是强迫振动的微分方程.

一般情况下,凡表示未知函数、未知函数的导数与自变量之间关系的方程,叫作微分方程. 微分方程中所出现的未知函数的最高阶导数的阶数,叫作微分方程的阶. 比较上面两个例子可以看到,虽然系统的具体内容各不相同,但描述各系统的数学模型都是二阶常系数线性微分方程

$$a_2 \frac{\mathrm{d}^2 y(t)}{\mathrm{d}t^2} + a_1 \frac{\mathrm{d}y(t)}{\mathrm{d}t} + a_0 y(t) = f(t) \tag{1-89}$$

其中,$f(t)$ 是输入,$y(t)$ 是输出,a_0、a_1、a_2 都是常数. 因此在系统分析中,常抽去具体系统的物理含义,而作为一般意义下的系统来研究,以便于揭示系统共有的一般特性.

作为离散时间系统一个简单例子,考虑某一银行账户按月结余的一个简单模型. 令 $y[n]$ 为第 n 个月末的结余,假设 $y[n]$ 按月依下列方程变化:

$$y[n] = 1.02y[n-1] + x[n]$$

或者写为

$$y[n] - 1.02y[n-1] = x[n] \tag{1-90}$$

式中,$x[n]$ 代表第 n 个月当中的净存款,而 $1.02y[n-1]$ 则代表每月利息增长 2%.

离散系统的第二个例子是由兔子繁殖而引入的斐波那契(Fibonacci) 序列 $\{0,1,1,2,3,5,8,13,\cdots\}$,又称为"兔子序列". 该序列可写成如下形式:

$$y[n] = y[n-1] + y[n-2] \tag{1-91}$$

一般情况下,差分方程是关于变量 n 的未知序列 $y[n]$ 及其各阶差分的方程式. 差分的最高阶为 n 阶,称为 n 阶差分方程. 由以上数例可见,虽然系统的内容各不相同,但描述这些离散系统的数学模型都是差分方程,因而也能用相同的数学方法来分析.

以上例子表明,许多看起来完全不同的系统,却有着相同的数学描述. 在系统分析中,它们相互可以看作等价或等效系统,有着相同的系统功能或特性. 反之,一种系统的数学描述可以对应着许多相互等价或等效的不同系统,它们不仅可用相同的数学工具来分析,而且可以预期,就这些系统的输入(激励)和输出(响应)而言,它们的特性是相同的. 正是由于这一点,为在信号与系统分析中建立广为适用的方法提供了强大的动力.

1.6.2 系统的框图描述

1.3.1小节从数学角度来说代表了某些运算关系:相乘、微分、相加运算. 将这些基本运算用一

些理想部件符号表示出来并相互连接表征上述方程的运算关系,这样画出的图称为模拟框图,简称框图. 表示系统功能的常用基本单元有:积分器(用于连续系统) 或迟延单元(用于离散系统) 以及加法器和数乘器(标量乘法器),对于连续系统,有时还需用延迟时间为 T 的延时器. 它们的表示符号如图 1-34 所示.

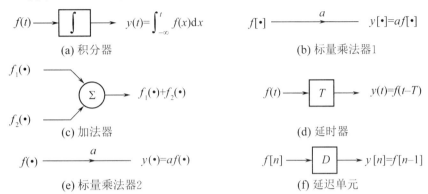

图 1-34　框图的基本单元

例 1-4　某连续系统的框图如图 1-35 所示,写出该系统的微分方程.

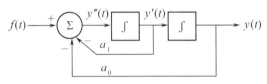

图 1-35　某连续系统的框图

解:　系统框图中有两个积分器,故描述该系统的是二阶微分方程. 由于积分器的输出是其输入信号的积分,因此积分器的输入信号是其输出信号的一阶导数. 图 1-35 中设右方积分器的输出信号为 $y(t)$,则其输入信号为 $y'(t)$,则左方积分器的输入信号为 $y''(t)$.

由加法器的输出,得

$$y''(t) = -a_1 y'(t) - a_0 y(t) + f(t)$$

整理得

$$y''(t) + a_1 y'(t) + a_0 y(t) = f(t) \tag{1-92}$$

式(1-92)就是描述图 1-35 所示连续系统的微分方程.

例 1-5　某离散系统的框图如图 1-36 所示,写出该系统的差分方程.

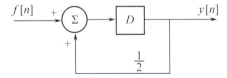

图 1-36　某离散系统的框图

解:　系统框图 1-36 中有一个延迟单元,因而该系统是一阶系统. 设延迟单元的输入为 $x[n]$.

$$x[n] = f[n] + \frac{1}{2} y[n]$$

$$y[n] = x[n-1]$$

消去中间变量 $x[n]$ 及其移位,可得

$$y[n+1] = \frac{1}{2}y[n] + f[n]$$

也可写成

$$y[n+1] - \frac{1}{2}y[n] = f[n] \tag{1-93}$$

式(1-93)就是描述图 1-36 所示离散系统的差分方程.

1.6.3　系统的互联

将一个复杂系统看作它的各组成部分的互联,就可以利用各组成部分的系统特性,以及它们是如何互联的情况来分析整个系统的工作情况和特性表现.另外,借助于一些较简单系统的互联来描述一个系统,还可以用一种有用的方式来综合出由这些较为简单的基本构造单元所组成的复杂系统.

虽然可以构造各式各样的系统互联,但是有几种基本的形式会经常遇到.两个系统的串联(series interconnection)或级联(cascade interconnection),如图 1-37(a)所示.这里系统 1 的输出就是系统 2 的输入,而整个系统变换输入信号是首先由系统 1 处理,然后由系统 2 处理.最常用级联系统的例子就是一台无线电接收机串联一个放大器.当然也可依此来定义三个或更多个系统的级联.

两个系统的并联(parallel interconnection)如图 1-37(b)所示,此时,系统 1 和系统 2 具有相同的输入.图中的符号"$\sum$"表示相加,所以并联后的输出是系统 1 和 2 的输出之和.并联系统的一个例子是若干个拾音器共用一个放大器和扬声器系统的简单音频系统.

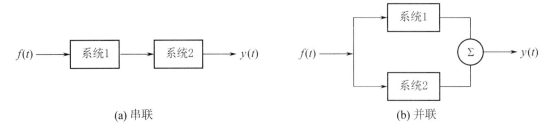

(a) 串联　　　　　　　　　　　　　　　　(b) 并联

图 1-37　两个系统的互联

反馈互联(feedback interconnection)是系统互联的另一种重要类型,如图 1-38 所示.这里系统 1 的输出是系统 2 的输入,而系统 2 的输出又反馈回来与外加的输入信号一起组成系统 1 的真正输入.反馈系统的应用极为广泛,例如放大器的正负反馈.

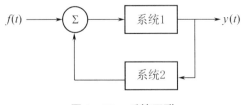

图 1-38　反馈互联

1.7　基本系统性质

连续的或离散的动态系统,按其基本特性可分为线性的与非线性的、时变的与时不变(非时变)的、因果的与非因果的、稳定的与不稳定的等. 本书主要讨论线性时不变(linear time-invariant,LTI) 系统.

从数学的角度看,系统可以被看成一种将输入信号变为输出信号的运算. 信号可以是连续时间信号,也可以是离散时间信号,或是两者的混合. 设运算符 H 表示系统的运算,则施加一个连续时间信号 $f(t)$ 到系统的输入端将得到一个输出信号

$$y(t) = H\{f(t)\} \tag{1-94}$$

图 1-39(a) 用方框图表示了连续系统.类似地,对于离散时间信号,有

$$y[n] = H\{f[n]\} \tag{1-95}$$

如图 1-39(b) 所示. 其中,离散时间信号 $f[n]$、$y[n]$ 分别代表输入信号和输出信号.

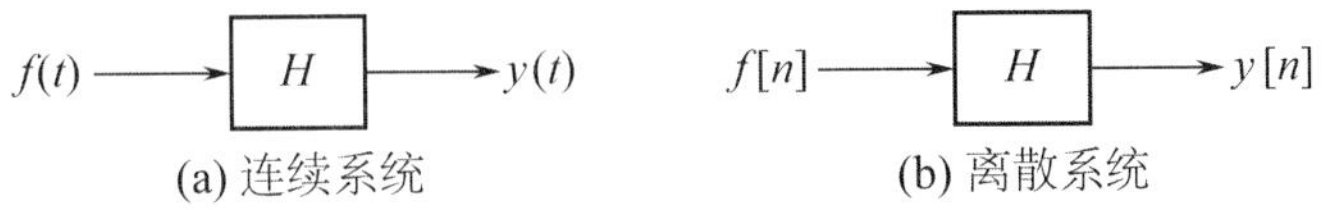

图 1-39　运算符作用与系统的方框图

1.7.1　线性

设某系统的激励 $f(t)$ 与其响应 $y(t)$ 之间的关系表示为

$$y(t) = H\{f(t)\} \tag{1-96}$$

如果激励增大 a 倍,则其响应也增大 a 倍,即

$$ay(t) = H\{af(t)\} \tag{1-97}$$

则称该系统具有齐次性.

如果

$$y_1(t) = H\{f_1(t)\}, \quad y_2(t) = H\{f_2(t)\} \tag{1-98}$$

有

$$y_1(t) + y_2(t) = H\{f_1(t) + f_2(t)\} \tag{1-99}$$

则称该系统是可加的.

若系统既是齐次的又是可加的,则称该系统是线性的. 如有激励 $f_1(t)$、$f_2(t)$ 和任意常数 α_1、α_2,则对于线性系统有

$$\alpha_1 y_1(t) + \alpha_2 y_2(t) = H\{\alpha_1 f_1(t) + \alpha_2 f_2(t)\} \tag{1-100}$$

类似地,对于离散时间系统,线性性质定义为:如果 $y_1[n] = H\{f_1[n]\}$,$y_2[n] = H\{f_2[n]\}$,则

$$\alpha_1 y_1[n] + \alpha_2 y_2[n] = H\{\alpha_1 f_1[n] + \alpha_2 f_2[n]\} \tag{1-101}$$

其中,α_1 和 α_2 是任意常数.

对于动态系统,其响应不仅决定于系统的激励,而且与系统的初始状态有关. 可以将初始状态看作系统的另一种激励. 为了简便,不妨设初始时刻为 $t = t_0 = 0$. 系统在初始时刻的状态用 $x(0)$ 表示,如果系统有多个初始状态 $x_1(0),x_2(0),\cdots,x_n(0)$,就简记为 $\{x(0)\}$. 这样,动态系统在任意时刻 $t \geqslant 0$ 的响应 $y(t)$ 可以由初始状态 $\{x(0)\}$ 和 $[0,t]$ 上的激励 $\{f(t)\}$ 完全地确定.这样,系统的响应将取决于两种不同的激励,输入信号 $\{f(t)\}$ 和初始状态 $\{x(0)\}$. 因此,系统的完全响应可写为

$$y(t) = H\{\{x(0)\},\{f(t)\}\} \tag{1-102}$$

根据线性性质,线性系统的响应是 $\{f(t)\}$ 与 $\{x(0)\}$ 单独作用所引起的响应之和. 若令输入信号 $\{f(t)\}$ 全为零时,仅由初始状态 $\{x(0)\}$ 引起的响应为零输入响应(zero input response),用 $y_{zi}(t)$ 表示,即

$$y_{zi}(t) = H\{\{x(0)\}, \{f(t)\} = 0\} \tag{1-103}$$

令初始状态全为零时,仅由输入信号$\{f(t)\}$引起的响应为零状态响应(zero state response),用$y_{zs}(t)$表示,即

$$y_{zs}(t) = H\{\{x(0)\} = 0, \{f(t)\}\} \tag{1-104}$$

则线性连续系统的完全响应为

$$y(t) = y_{zi}(t) + y_{zs}(t) \tag{1-105}$$

式(1-105)表明,线性系统的全响应可分成两个分量:分量 $y_{zi}(t)$ 是令输入全为零时得到的,它完全由初始状态决定,称为零输入响应;分量 $y_{zs}(t)$ 是令初始状态全为零时得到的,它完全由输入信号引起,称为零状态响应.线性系统的这一性质,可称为分解特性.对于线性离散系统,其全响应为

$$y[n] = y_{zi}[n] + y_{zs}[n] \tag{1-106}$$

综上所述,一个既具有分解特性又具有零状态线性和零输入线性的系统称为线性系统,否则称为非线性系统.描述线性连续系统的数学模型是线性微分方程,描述线性离散系统的数学模型是线性差分方程.1.6 节中所列举的各例中,无论是连续系统还是离散系统,均为线性系统.

线性性质是线性系统所具有的本质性质,它是分析和研究线性系统的重要基础,以后各章所讨论的内容就建立在线性性质的基础上.

例 1-6　考虑一个系统 S,其输入 $f(t)$ 和输出 $y(t)$ 的关系为 $y(t) = f(-t)$,该系统是否为线性系统?

解:　设输入为 $f_1(t)$、$f_2(t)$ 时,系统的输出分别为

$$y_1(t) = f_1(-t), \quad y_2(t) = f_2(-t)$$

当系统输入为 $f_3(t) = af_1(t) + bf_2(t)$ 时,系统的输出为

$$y_3(t) = f_3(-t) = af_1(-t) + bf_2(-t) = ay_1(t) + by_2(t)$$

故系统的响应满足线性,所以该系统是线性系统.

系统的线性性质可以简化线性系统的分析.在连续系统中,若将激励 $f(t)$ 表示成一些较为简单的函数之和,

$$f(t) = a_1 f_1(t) + a_2 f_2(t) + \cdots + a_m f_m(t) \tag{1-107}$$

那么,凭借线性性质,系统的响应 $y(t)$ 为

$$y(t) = a_1 y_1(t) + a_2 y_2(t) + \cdots + a_m y_m(t) \tag{1-108}$$

其中,$y_k(t)(k = 1, 2, \cdots, m)$ 是对输入 $f_k(t)$ 的零状态响应.线性性质对分析线性系统是极为有用的,并且开辟了新的途径.

例如,考虑一个如图 1-40(a) 所示的任意输入 $f(t)$.这个输入 $f(t)$ 能用宽度为 Δt 和不同高度的一系列矩形脉冲之和近似.当这些矩形脉冲变成相距为 $\Delta t(\Delta t \to 0)$s 的冲激时,这个近似就会随 $\Delta t \to 0$ 而变得准确.因此,任意激励都能用一组相距 $\Delta t(\Delta t \to 0)$ 的加权冲激之和代替.于是,若知道对一个单位冲激的系统响应,那么通过对 $f(t)$ 的每个冲激分量的系统响应相加能确定系统对任意激励 $f(t)$ 的响应.

另一种类似的情况如图 1-40(b) 所示. 这里将 $f(t)$ 近似为不同幅度和相距 Δt s 的一组阶跃函数之和, 随着 Δt 越来越小, 近似越精确. 因此, 若知道系统对一个单位阶跃激励的响应, 就能计算系统对任意激励 $f(t)$ 的响应.

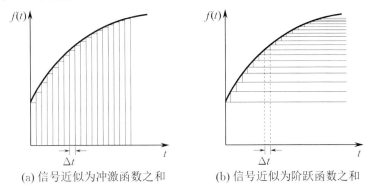

(a) 信号近似为冲激函数之和　　　　　　(b) 信号近似为阶跃函数之和

图 1-40　利用冲激分量和阶跃分量表示信号

1.7.2　时不变性

1. 时不变性

从概念上讲, 若系统的特性和行为不随时间而变, 该系统就是时不变的. 例如, 图 1-32 的 RLC 电路, 如果其 R, L 和 C 的值不随时间而变, 它就是时不变的. 我们可以预期: 今天用这个电路做一个实验所取得的结果与明天做同一个实验所取得的结果是相同的. 描述线性时不变系统的数学模型是常系数线性微分(或差分)方程, 而描述线性时变系统的数学模型是变系数线性微分(或差分)方程.

时不变性质用语言描述就是, 如果在输入信号上有一个时移, 而在输出信号中产生同样的时移, 那么这个系统就是时不变的. 由于时不变系统的参数不随时间变化, 故连续系统的零状态响应 $y_{zs}(t)$ 的形式就与输入信号接入的时间无关, 也就是说, 如果激励 $f(t)$ 作用于系统所引起的响应为 $y_{zs}(t)$, 那么, 当激励延迟一定时间 t_d 接入时, 它所引起的零状态响应也延迟相同的时间, 若

$$y_{zs}(t) = H\{\{x(0)\} = 0, f(t)\} \tag{1-109}$$

则有

$$y_{zs}(t - t_d) = H\{\{x(0)\} = 0, f(t - t_d)\} \tag{1-110}$$

在离散时间情况下, 若

$$y_{zs}[n] = H\{\{x(0)\} = 0, f[n]\} \tag{1-111}$$

则有

$$y_{zs}[n - n_d] = H\{\{x(0)\} = 0, f[n - n_d]\} \tag{1-112}$$

图 1-41 所示画出了线性时不变系统的示意图. 线性时不变系统的这种性质称为时不变性, 对于离散时间系统也类似.

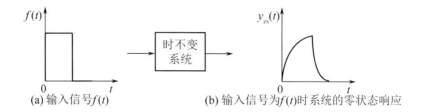

(a) 输入信号$f(t)$　　　　　　　　(b) 输入信号为$f(t)$时系统的零状态响应

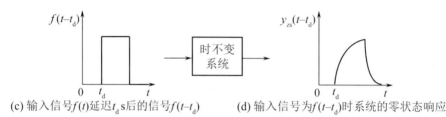

(c) 输入信号$f(t)$延迟t_ds后的信号$f(t-t_d)$　　(d) 输入信号为$f(t-t_d)$时系统的零状态响应

图 1-41　线性时不变系统的时不变性

例 1-7　考虑一个系统S,其输入$f(t)$和输出$y(t)$的关系为$y(t)=f(-t)$,该系统是否为时不变系统?

解:　设输入为$f_1(t)=f(t-t_0)$,系统的输出为

$$y_1(t)=f_1(-t)=f(-t-t_0)$$

而当输出$y(t)$延迟t_0时,响应为

$$y(t-t_0)=f[-(t-t_0)]=f(-t+t_0)$$

因此,

$$y_1(t)\neq y(t-t_0)$$

所以该系统是时变的.

本例题的时变性通过图 1-42 也可以更清楚地说明. 当输入信号为$f(t)$时,响应为$y(t)=f(-t)$,如图 1-42(a) 所示. 当输入延迟t_0即$f_1(t)=f(t-t_0)$时,响应为$y_1(t)=f_1(-t)=f(-t-t_0)$,如图 1-42(b) 所示. 然而,把$y(t)$延迟t_0时,得到的是$y(t-t_0)=f(-t+t_0)$,即$y_1(t)\neq y(t-t_0)$,所以该系统是时变的.

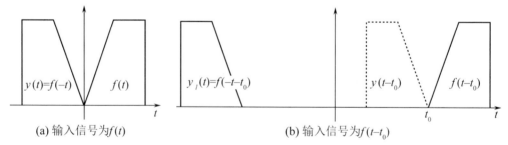

(a) 输入信号为$f(t)$　　　　　　　　(b) 输入信号为$f(t-t_0)$

图 1-42　$y=f(-t)$ 的时变性质

例 1-8　一个离散系统的输入$f[n]$和输出$y[n]$关系为$y[n]=\sum_{i=0}^{n}f[i]$,该系统是否为线性的、时不变系统?

解:　设输入为$f_1[n]$、$f_2[n]$时,系统的输出分别为

$$y_1[n]=\sum_{i=0}^{n}f_1[i],\quad y_2[n]=\sum_{i=0}^{n}f_2[i]$$

当系统输入为$f_3[n]=af_1[n]+bf_2[n]$时,系统的输出为

$$y_3[n] = \sum_{i=0}^{n} f_3[i] = \sum_{i=0}^{n} \{a f_1[i] + b f_2[i]\}$$

$$= a \sum_{i=0}^{n} f_1[i] + b \sum_{i=0}^{n} f_2[i] = a y_1[n] + b y_2[n]$$

故系统的响应满足线性,所以该系统是线性系统.

当输入为 $f[n-n_0]$ 时,系统的输出为

$$y_4[n] = \sum_{i=0}^{n} f[i-n_0] \xrightarrow{i-n_0=j} \sum_{j=-n_0}^{n-n_0} f[j]$$

而

$$y[n-n_0] = \sum_{i=0}^{n-n_0} f[i] \neq y_4[n] = \sum_{j=-n_0}^{n-n_0} f[j]$$

所以该系统是时变的.

例 1 - 9　一个由微分方程 $y'(t) + 2y(t) = f'(t) - 2f(t)$ 描述的系统,判断该系统是否为线性系统,是否为时不变系统.

解:　设输入为 $f_1(t)$、$f_2(t)$ 时,系统的输出分别为 $y_1(t)$、$y_2(t)$.

分别将 $y(t) = \alpha_1 y_1(t) + \alpha_2 y_2(t)$ 和 $f(t) = \alpha_1 f_1(t) + \alpha_2 f_2(t)$ 分别代入原方程的左右两边,得

$$\text{左边} = \frac{\mathrm{d}[\alpha_1 y_1(t) + \alpha_2 y_2(t)]}{\mathrm{d}t} + 2[\alpha_1 y_1(t) + \alpha_2 y_2(t)]$$

$$= \alpha_1 y_1'(t) + \alpha_2 y_2'(t) + 2\alpha_1 y_1(t) + 2\alpha_2 y_2(t)$$

$$= \alpha_1[y_1'(t) + 2y_1(t)] + \alpha_2[y_2'(t) + 2y_2(t)]$$

$$\text{右边} = \frac{\mathrm{d}[\alpha_1 f_1(t) + \alpha_2 f_2(t)]}{\mathrm{d}t} - 2[\alpha_1 f_1(t) + \alpha_2 f_2(t)]$$

$$= \alpha_1 f_1'(t) + \alpha_2 f_2'(t) - 2\alpha_1 f_1(t) - 2\alpha_2 f_2(t)$$

$$= \alpha_1[f_1'(t) - 2f_1(t)] + \alpha_2[f_2'(t) - 2f_2(t)]$$

$$= \alpha_1[y_1'(t) + 2y_1(t)] + \alpha_2[y_2'(t) + 2y_2(t)]$$

左边 = 右边,故系统是线性的.

分别将 $y(t-t_d)$ 和 $f(t-t_d)$ 代入方程的左右两边,则

$$\text{左边} = \frac{\mathrm{d}y(t-t_d)}{\mathrm{d}t} + 2y(t-t_d)$$

$$\text{右边} = \frac{\mathrm{d}f(t-t_d)}{\mathrm{d}t} - 2f(t-t_d) = \frac{\mathrm{d}f(t-t_d)}{\mathrm{d}(t-t_d)} - 2f(t-t_d)$$

$$= \frac{\mathrm{d}y(t-t_d)}{\mathrm{d}(t-t_d)} + 2y(t-t_d) = \frac{\mathrm{d}y(t-t_d)}{\mathrm{d}t} + 2y(t-t_d)$$

左边 = 右边,故系统是时不变的.

2. 微积分性质

线性时不变连续系统还具有微分特性. 如果线性时不变系统在激励 $f(t)$ 作用下,其零状态响应为 $y_{zs}(t)$,那么,当激励为 $f(t)$ 的导数 $\dfrac{\mathrm{d}f(t)}{\mathrm{d}t}$ 时,该系统的零状态响应为 $\dfrac{\mathrm{d}y_{zs}(t)}{\mathrm{d}t}$,若

$$y_{zs}(t) = H\{\{x(0)\} = 0, f(t)\} \tag{1-113}$$

则

$$\frac{\mathrm{d}y_{zs}(t)}{\mathrm{d}t} = H\left\{\{x(0)\} = 0, \frac{\mathrm{d}f(t)}{\mathrm{d}t}\right\} \tag{1-114}$$

如图 1 - 43 所示.利用线性和时不变性可以证明微分特性.由于

$$y_{zs}(t) = H\{\{x(0)\} = 0, f(t)\}$$

根据时不变性质，可得

$$y_{zs}(t - \Delta t) = H\{\{x(0)\} = 0, f(t - \Delta t)\}$$

利用线性性质，可得

$$\frac{y_{zs}(t) - y_{zs}(t - \Delta t)}{\Delta t} = H\left\{\{x(0)\} = 0, \frac{f(t) - f(t - \Delta t)}{\Delta t}\right\}$$

对上式取极限，即 $\Delta t \to 0$，就得到式(1-114).

图 1-43　线性时不变连续系统的微分特性

相应地，线性时不变连续系统也具有积分特性，若

$$y_{zs}(t) = H\{\{x(0)\} = 0, f(t)\} \tag{1-115}$$

且 $f(-\infty) = 0$, $y_{zs}(-\infty) = 0$，则

$$\int_{-\infty}^{t} y_{zs}(x)\mathrm{d}x = H\left\{\{x(0)\} = 0, \int_{-\infty}^{t} f(x)\mathrm{d}x\right\} \tag{1-116}$$

利用微分特性可以简化线性时不变连续系统的计算.

例 1-10　某线性时不变连续系统，初始状态为 $y(0_-)$. 已知当 $y(0_-) = 1$, 输入信号为 $f_1(t)$ 时，全响应 $y_1(t) = \mathrm{e}^{-t} + \cos(\pi t)$, $t \geqslant 0$; 当 $y(0_-) = 2$, 输入信号 $f_2(t) = 3f_1(t)$ 时，全响应 $y_2(t) = -2\mathrm{e}^{-t} + 3\cos(\pi t)$, $t \geqslant 0$, 求输入信号 $f_3(t) = f_1'(t) + 2f_1(t - 1)$ 时系统的零状态响应.

解：　当 $y(0_-) = 1$, 输入信号 $f_1(t)$ 时，系统的零输入响应和零状态响应分别为 $y_{1zi}(t)$、$y_{1zs}(t)$. 当 $y(0_-) = 2$, 输入 $f_2(t) = 3f_1(t)$ 时，系统的零输入响应和零状态响应分别为 $y_{2zi}(t)$、$y_{2zs}(t)$.

由题中条件，有

$$y_1(t) = y_{1zi}(t) + y_{1zs}(t) = \mathrm{e}^{-t} + \cos(\pi t)$$
$$y_2(t) = y_{2zi}(t) + y_{2zs}(t) = -2\mathrm{e}^{-t} + 3\cos(\pi t)$$

根据系统的线性性质，有

$$y_{2zi}(t) = 2y_{1zi}(t), \quad y_{2zs}(t) = 3y_{1zs}(t)$$

由此可解得

$$y_{1zs}(t) = [-4\mathrm{e}^{-t} + \cos(\pi t)]u(t)$$

当输入 $f_3(t) = f_1'(t) + 2f_1(t-1)$ 时，根据线性时不变系统的微分特性和时不变特性，可得系统的零状态响应为

$$y_{3zs}(t) = \frac{\mathrm{d}y_{1zs}(t)}{\mathrm{d}t} + 2y_{1zs}(t - 1)$$
$$= -3\delta(t) + [4\mathrm{e}^{-t} - \pi\sin(\pi t)]u(t) + 2\{-4\mathrm{e}^{-(t-1)} + \cos[\pi(t-1)]\}u(t-1)$$

1.7.3　因果性

如果一个系统在任何时刻的输出只取决于现在及过去的输入，该系统就称为因果(causal)系统；否则，只要某个时刻的输出信号值还与其将来时刻的输入信号值有关，该系统就是非因果(noncausal)系统. 人们常将激励与零状态响应的关系看成是因果关系，即把激励看作产生响应的原因，而零状态响应是激励引起的结果. 这样，就称响应(零状态响应)不出现于激励之前的系统为因果系统. 更确切地说，对任意时刻 t_0(一般可选 $t_0 = 0$)和任意输入 $f(t)$, 如果

$$f(t) = 0, \quad t < t_0 \tag{1-117}$$

若其零状态响应

$$y_{zs}(t) = H\{\{x(0)\} = 0, f(t)\} = 0, \quad t < t_0 \tag{1-118}$$

就称该系统为因果系统,否则称其为非因果系统. 非因果系统的输出取决于输入信号的一个或多个未来值.

类似地,对于离散时间系统,任意时刻 n_0(一般可选 $n_0 = 0$)和任意输入 $f[n]$,如果

$$f[n] = 0, \quad n < n_0 \tag{1-119}$$

若其零状态响应

$$y_{zs}[n] = H\{\{x(0)\} = 0, f[n]\} = 0, \quad n < n_0 \tag{1-120}$$

就称该离散系统为因果系统.

例如,输入-输出关系由式

$$y[n] = \frac{1}{3}\{x[n] + x[n-1] + x[n-2]\}$$

表示的移动平均系统是因果系统. 相反,输入-输出关系由式

$$y[n] = \frac{1}{3}\{x[n] + x[n+1] + x[n+2]\}$$

表示的移动平均系统是非因果系统,因为输出信号 $y[n]$ 取决于输入信号的未来值 $x[n+1]$ 和 $x[n+2]$.

1.7.4　稳定性

稳定性(stability)是系统的一个重要性质. 如果系统对任意的有界输入都只产生有界输出,则称该系统为有界输入-有界输出(bounded-input bounded-output,BIBO)意义下的稳定系统,简称稳定. 对于这样的系统,如果输入不发散,则输出也不会发散. 否则,一个小的激励(如微扰)就会使系统的响应发散.

考虑具有输入-输出关系 $y(t) = H\{f(t)\}$ 的连续时间系统,若输入信号 $f(t)$ 对所有的 t 满足

$$|f(t)| \leqslant M_f < \infty \tag{1-121}$$

如果输出 $y(t)$ 满足

$$|y(t)| \leqslant M_y < \infty \tag{1-122}$$

其中,M_f、M_y 是有界正的常数,则算符 H 表示的连续时间系统具有 BIBO 稳定性.

类似地,对于离散时间系统 $y[n] = H\{x[n]\}$,若输入信号 $f[n]$ 对所有的 n 满足

$$|f[n]| \leqslant M_f < \infty \tag{1-123}$$

如果输出 $y[n]$ 满足

$$|y[n]| \leqslant M_y < \infty \tag{1-124}$$

其中,M_f、M_y 是有界正的常数,则算符 H 表示的离散时间系统具有 BIBO 稳定性.

例 1-11　一个连续时间系统的输入 $f(t)$ 和输出 $y(t)$ 关系为 $y(t) = \dfrac{\mathrm{d}f(t)}{\mathrm{d}t} + f(t)$,其初始状态为零,判断该系统是否为线性的、时不变的、因果的、稳定的系统.

解:　设输入为 $f_1(t)$、$f_2(t)$ 时,系统的输出分别为

$$y_1(t) = \frac{\mathrm{d}f_1(t)}{\mathrm{d}t} + f_1(t), \quad y_2(t) = \frac{\mathrm{d}f_2(t)}{\mathrm{d}t} + f_2(t)$$

当系统输入为 $f(t) = af_1(t) + bf_2(t)$ 时,系统的输出为

$$y(t) = \frac{\mathrm{d}f(t)}{\mathrm{d}t} + f(t) = \frac{\mathrm{d}[af_1(t) + bf_2(t)]}{\mathrm{d}t} + af_1(t) + bf_2(t)$$

$$= a\frac{\mathrm{d}f_1(t)}{\mathrm{d}t} + b\frac{\mathrm{d}f_2(t)}{\mathrm{d}t} + af_1(t) + bf_2(t) = ay_1(t) + by_2(t)$$

故系统的响应满足线性,所以该系统是线性系统.

当输入 $f_3(t) = f(t - t_\mathrm{d})$ 时,系统的输出为

$$y_3(t) = \frac{\mathrm{d}f_3(t)}{\mathrm{d}t} + f_3(t) = \frac{\mathrm{d}f(t - t_\mathrm{d})}{\mathrm{d}t} + f(t - t_\mathrm{d})$$

而输出 $y(t) = \frac{\mathrm{d}f(t)}{\mathrm{d}t} + f(t)$ 延迟 t_d 为

$$y(t - t_\mathrm{d}) = \frac{\mathrm{d}f(t - t_\mathrm{d})}{\mathrm{d}t} + f(t - t_\mathrm{d}) = y_3(t)$$

所以系统是时不变的.

由于

$$y(t) = \frac{\mathrm{d}f(t)}{\mathrm{d}t} + f(t) = \lim_{\Delta t \to 0} \frac{f(t) - f(t - \Delta t)}{\Delta t} + f(t)$$

即 t 时刻系统的输出只与 t 时刻及 $t - \Delta t$ 时刻的输入有关,故系统是因果的.

如果

$$\frac{\mathrm{d}f(t)}{\mathrm{d}t} = \lim_{\Delta t \to 0} \frac{f(t + \Delta t) - f(t)}{\Delta t}$$

则该系统是非因果的.

若 $f(t)$ 有界,由于

$$y(t) = \frac{\mathrm{d}f(t)}{\mathrm{d}t} + f(t) = \lim_{\Delta t \to 0} \frac{f(t) - f(t - \Delta t)}{\Delta t} + f(t)$$

当 $\lim\limits_{\Delta t \to 0}[f(t) - f(t - \Delta t)] \neq 0$ 时,$f(t) - f(t - \Delta t)$ 是一个有界值,而分母 $\Delta t \to 0$,此时,$y(t) \to \infty$,故系统是不稳定的.

例 1-12 一个离散时间系统的输入 $f[n]$ 与输出 $y[n]$ 关系为 $y[n] = nf[n]$,其初始状态为零,判断该系统是否为线性的、时不变的、因果的、稳定的系统.

解: 设输入为 $f_1[n]$、$f_2[n]$ 时,系统的输出分别为

$$y_1[n] = nf_1[n], \quad y_2[n] = nf_2[n]$$

当系统输入为 $f_3[n] = af_1[n] + bf_2[n]$ 时,系统的输出为

$$y_3[n] = nf_3[n] = n\{af_1[n] + bf_2[n]\} = ay_1[n] + by_2[n]$$

故系统的响应满足线性,所以该系统是线性系统.

当输入为 $f_4[n] = f[n - n_d]$ 时,系统的输出为

$$y_4[n] = nf_4[n] = nf[n - n_d]$$

而输出 $y[n]$ 延迟 n_d 为

$$y[n - n_d] = (n - n_d)f[n - n_d] \neq y_4[n]$$

所以系统是时变的.

由于该系统任何时刻的输出只与当时的输入有关,故系统是因果的.

若 $f[n]$ 有界,由于 $\lim\limits_{n \to \infty} y[n] = \lim\limits_{n \to \infty} nf[n] = \infty$,即输出无界,故系统是不稳定的.

1.8　在 Matlab 中表示信号

Matlab(Matrix Laboratory) 是一种矩阵处理语言,可以在很多类型计算机上使用的高级数学工具.它将数值分析、矩阵计算、科学数据可视化以及非线性动态系统的建模和仿真等诸多的强大功能集成在一个易于使用的视窗环境中,为科学研究、工程设计以及必须进行有效数值计算的众多科学领域提供了一种全面的解决方案,并在很大程度上摆脱了传统非交互式程序设计语言(如 C、Fortran) 的编辑模式,代表了当今国际科学计算软件的先进水平.

1.8.1　Matlab 简介

1. 基本算术规则

启动 Matlab,将会出现命令窗口.当 Matlab 做好接受指令和输入的准备时,命令窗口中将会出现命令提示符"＞＞".

Matlab 显示的数值均用标准的十进制表示.对于特别小或者特别大的数,可以使用"e"代表底数为 10 的幂,用法是将"e"跟在普通的数字后面.其次,在 Matlab 中用"i"或"j"表示虚数单位,如果要表示复数的时候,将"i"或"j"跟在普通数字的后面.例如,5、5e2、5j 分别表示 5、500 和复数 $5j$,其中 $j = \sqrt{-1}$.在数学中最常用到的常数 π 则用"pi"表示.

使用下列标准的数学运算符就可以建立表达式:加(＋)、减(－)、乘(＊)、除(/)、乘方(＾)、圆括号().于是,要将两个复数相加,可以使用以下表达式:

```
＞＞1+2i+3+4i
ans =
    4.0000+6.0000i
```

2. 变量与变量名

变量名是以字母开头,后跟字母、数字或者下划线的序列.在 Matlab R2009b 版本中,变量名称的长度为 $N = 63(N$ 是函数 namelengthmax 返回的数字),多余的字符将被忽略. Matlab 的变量名是区分大小写的,所以"x"和"X"是两个不同的变量.语句的格式如下:

```
＞＞变量 = 表达式;
```

如果不想输出这个语句,就需要加上一个";".这个语句仍然被执行,但是不会在屏幕上显示.这样做对使用 M 文件会有所帮助.

使用的变量名的含义要能体现所包含的值,即看到这个变量名就能知道其含义.变量名不能以数字开头,不能有破折号,也不能用其他关键字.下面的例子是不合法的变量名:

$$5horse\%\,x\ \ net\ -\ rent\ \ @sum$$

％ 是一个特殊的字符,代表注释行. Matlab 会忽略 ％ 后面的任何内容.

3. 矢量与矩阵

Matlab 最强大的功能是能够处理矢量和矩阵的运算.使用方括号"[ ]"来创建一个矢量.例如,要设置 $x = \begin{bmatrix} 1 & 2 & 3 \end{bmatrix}$ 可以用以下方式生成:

```
＞＞x = [1 2 3]
x =
    1 2 3
```

在 Matlab 中,数组和矩阵的下标从 1 开始(在其他语言,如 C 语言中,下标往往从 0 开始).因此,如

果要引用矢量 *x* 中的第一个元素，可以写成：

```
> > x(1)
ans =
      1
```

在这里要注意区分括号的不同. 方括号是用来创建数组的，而圆括号是用来引用数组中的元素的. 如果在这里用方括号，程序将出错.

创建矩阵的方式和创建矢量非常相似，如下所示：

```
> > x = [1 2 3;4 5 6;7 8 9]
x =
   1   2   3
   4   5   6
   7   8   9
```

在这里，"*x*"代表 3×3 的矩阵. 每行元素使用分号";"来隔开. 如果要引用 $(1,2)$（即第一行，第二列）这个元素，则可以写成：

```
> > x(1,2)
ans =
      2
```

如果需要创建一个新的矢量"*y*"，值为矩阵"*x*"的第二行，则可以写成以下的形式：

```
> > y = x(2,:)
y =
      4      5      6
```

在 Matlab 中，冒号":"代表"到……为止". 上面的表达式可以读成"将矩阵 *x* 的第二行所有元素赋值给矢量 *y*". 由于冒号的前后都省略了元素的下标，所以将第二行所有元素都读出. 如果只需要第三列的前两个元素，则可以写成以下的形式：

```
> > y = x(1:2,3)
y =
      3
      6
```

上面的例子可以理解为"将矩阵 *x* 的第一行第三列元素与第二行第三列元素赋值给矢量 *y*".

专用符号"′"在 Matlab 中代表转置. 例如：

```
> > y = x'
y =
      1      4      7
      2      5      8
      3      6      9
```

在 Matlab 中可以像标量相加一样对矩阵进行相加的运算.

```
> > a = [1 2;3 4];
> > b = [5 6;7 8];
> > c = a+b
c =
      6      8
     10     12
```

类似地，矩阵 *a* 和 *b* 可以进行相乘运算：

```
> > d = a*b
d =
        19    22
        43    50
```

Matlab 除了支持标准的矩阵乘法以外,还可以进行元素相乘的运算,使用符号".＊"代表元素相乘. 如果矩阵 *a* 和 *b* 有相同的维数,那么 *a*.＊*b* 代表这两个矩阵中位置相同的元素分别相乘,如下所示:

```
> > e = a.*b
e =
        5    12
        21    32
```

读者需要注意区分矩阵 *d* 和 *e* 的差别,一个是矩阵相乘的结果,另一个是元素相乘的结果. 同理,用"./"代表元素相除,用".^"代表元素的乘方.

4. Matlab 绘图

Matlab 提供了多种函数用于以二维图形来显示数据和为这些图形添加注释. 下面给出了一些常用的绘图函数:

plot(x,y)— 创建 x 与 y 之间的直线图形.

loglog(x,y)— 创建以对数标度坐标轴的图形.

semilogy(x,y)— 创建以线性标度 x 轴,以对数标度 y 轴的图形.

title— 为图形添加一个标题.

xlabel— 为 x 轴添加一个轴标.

ylabel— 为 y 轴添加一个轴标.

grid— 打开或者关闭网格线.

5. M 文件

当需要输入 Matlab 命令时,通常是在命令窗口中输入. 然而,当需要写入的命令很多(称为程序)时,连续不断地输入是不切实际的(特别是在调试程序的时候). 为解决这个问题,可以将命令存放在一个称为 M 文件的源文件中. 当一个 M 文件运行的时候,Matlab 会顺序执行文件中的命令. Matlab 还可以用自带的编辑器(通过输入 edit 而调用)来编辑 M 文件. 一旦写好了文件,就可以将它保存到磁盘中,然后只需要在命令窗口中输入文件名就可以执行. 例如,在使用很多命令绘制正弦和余弦的曲线图时,可以将它们全部放在一个 M 文件中,首先点击左上角的"New M-File",接下来在编辑器中输入需要运行的命令.

编辑完成后,在编辑器窗口的左上角使用"File"→"Save as"命令保存文件. 然后返回到命令窗口,输入刚才保存过的文件的文件名.

6. 其他帮助

Matlab 有两个十分有用的帮助命令:help〈函数名〉和 lookfor〈关键字〉. 帮助命令将告诉你如何使用 Matlab 的内部函数. 假设忘记了使用 plot() 函数的正确语法(如果仅仅输入 plot 会产生一个错误). 可以通过输入以下命令得到关于 plot() 函数的所有信息:

```
> > help plot
```

Matlab 将显示使用这个函数的正确语法.

另一个有用的 Matlab 命令是 lookfor. 这个命令将搜索各种函数的所有帮助文件,将搜索的关键字和各有效帮助文件相比较. 例如,如果想得到矢量 *x* 的傅里叶变换,但是忘记用哪个函数实

现,可以输入:

```
>> lookfor fourier
```

Matlab 将进行一次搜索,然后返回所有和"fourier"这个词相关的内部函数.然后可以输入 help 来确定某个特定文件需要的正确语法.

1.8.2　信号的 **Matlab** 描述

1. 连续信号的描述

表示连续时间信号有两种方法,一是数值法,二是符号法.数值法是定义某一时间范围和取样时间间隔,然后调用该函数计算这些点的函数值,得到两组数值矢量,可用绘图语句画出其波形;符号法是利用 Matlab 的符号运算功能,需定义符号变量和符号函数,运算结果是符号表达的解析式,也可用绘图语句画出其波形图.从严格意义上讲,Matlab 数值计算的方法并不能处理连续时间信号,但是可利用连续时间信号在等时间间隔点的采样值来近似表示连续时间信号,当采样间隔足够小时,这些离散采样值能够被 Matlab 处理,并且能很好地近似表示连续时间信号.

例 1-13　指数信号在 Matlab 中用 exp( ) 函数表示.

如 $f(t) = Ae^{at}$,调用格式为 ft = A * exp(a * t).

解：　程序代码如下.

```
A = 1;a = - 0.5;
t = 0:0.01:10;                    % 定义时间点
ft = A*exp(a*t);                  % 计算这些点的函数值
plot(t,ft);                       % 画图命令,用直线段连接函数值表示曲线
grid on;                          % 在图上画方格
```

例 1-14　正弦信号在 Matlab 中用 sin( ) 函数表示.

调用格式为 ft = A * sin(w * t + phi).

解：　程序代码如下.

```
A = 1;w = 2*pi;phi = pi/3;
t = 0:0.01:8;                     % 定义时间点
ft = A*sin(w*t+phi);              % 计算这些点的函数值
plot(t,ft);                       % 画图命令
grid on;                          % 在图上画方格
```

例 1-15　抽样信号 $Sa(t) = sin(t)/t$ 在 Matlab 中用 sinc( ) 函数表示.

sinc 定义为 $sinc(t) = \dfrac{\sin(\pi t)}{\pi t}$,因此 $Sa(t) = sinc\left(\dfrac{t}{\pi}\right)$.

解：　程序代码如下.

```
t = - 3*pi:pi/100:3*pi;
ft = sinc(t/pi);
plot(t,ft);
grid on;
axis([- 10,10,- 0.5,1.2]);        % 定义画图范围、横轴、纵轴
title('抽样信号')                  % 定义图的标题名字
```

例 1-16　三角信号在 Matlab 中用 tripuls( ) 函数表示.

调用格式为 ft = tripuls(t,width,skew),产生幅度为 1,宽度为 width,且以 0 为中心左右各展开 width/2 大小,斜度为 skew 的三角波. width 的默认值是 1,skew 的取值范围是 -1 ~ +1 之间.

一般最大幅度 1 出现在 t ＝（width/2）* skew 的横坐标位置．

　　解： 程序代码如下．

```
t = - 3:0.01:3;
ft = tripuls(t,4,0.5);
plot(t,ft);  grid on;
axis([- 3,3, - 0.5,1.5]);
```

　　例 1 - 17 矩形脉冲信号可用 rectpuls() 函数产生，调用格式为 y ＝ rectpuls(t,width)，幅度是 1，宽度是 width，以 $t = 0$ 为对称中心．

　　解： 程序代码如下．

```
t = - 2:0.01:2;
width = 1;
ft = 2*rectpuls(t,width);
plot(t,ft);
grid on;
```

　　例 1 - 18 单位阶跃信号 $u(t)$ 用"$t \geq 0$"产生，调用格式为 ft ＝（t >= 0）．

　　解： 程序代码如下．

```
t = - 1:0.01:5;
ft =(t >=0);
plot(t,ft);  grid on;
axis([- 1,5, - 0.5,1.5]);
```

　　例 1 - 19 在 Matlab 中也可以用 heaviside() 函数来产生单位阶跃信号，在 $t = 0$ 时，函数的值定义为 1/2．

　　解： 程序代码如下．

```
t = - 1:0.01:5;
ft = heaviside(t);
plot(t,ft);
grid on;
axis([- 1,5, - 0.5,1.5]);
```

　　2. 离散信号的描述

　　在 Matlab 中，离散信号的绘制一般用 stem() 函数．stem() 函数的基本用法和 plot() 函数一样，它绘制在单波形图的每个样本上都有一个小圆圈，默认是空心的．如果要实心，需要使用参数 fill 或者 filled 或者参数"．"．由于 Matlab 只能表示一定时间范围内有限长的序列．而对于无限长序列，只能在一定范围内表示出来．

　　例 1 - 20 单位阶跃序列 $f[n] = u[n]$ 用"$n \geq 0$"产生，调用格式为 fn ＝（n >= 0）．

　　解： 程序代码如下．

```
n = - 3:5;
fn =(n > = 0);
stem(n,fn,'fill');  grid on;
axis([- 3,5, - 0.5,1.5]);
```

　　例 1 - 21 单位序列 $f[n] = \delta[n]$ 用"$n == 0$"产生，调用格式为 fn ＝（n == 0）．

　　解： 程序代码如下．

```
n = - 5:5;
```

```
fn = (n == 0);
stem(n,fn,'fill');  grid on;
axis([-5,5,-0.5,1.5]);
```

例 1-22　矩形序列 $f[n] = u[n] - u[n-4]$ 用单位序列函数产生.

解： 程序代码如下.

```
n = -5:8;
fn1 = (n >= 0);
fn2 = ((n-4) >= 0);
fn = fn1 - fn2;
stem(n,fn,'fill');  grid on;
axis([-5,8,-0.5,1.5]);
```

例 1-23　单边指数序列 $f[n] = a^n u[n]$.

解： 程序代码如下.

```
n = 0:15;
a1 = 1.2;a2 = -1.2;a3 = 0.8;a4 = -0.8;
f1 = a1.^n;
f2 = a2.^n;
f3 = a3.^n;
f4 = a4.^n;
subplot(2,2,1)
stem(n,f1,'fill');  xlabel('n');grid on;
subplot(2,2,2)
stem(n,f2,'fill');  xlabel('n');grid on;
subplot(2,2,3)
stem(n,f3,'fill');  xlabel('n');grid on;
subplot(2,2,4)
stem(n,f4,'fill');  xlabel('n');grid on;
```

例 1-24　正弦序列 $f[n] = \sin(n\omega_0 + \varphi)$.

解： 程序代码如下.

```
n = 0:49;
phi = 0;
fn = sin(n*pi/10+phi);
stem(n,fn,'fill');  xlabel('n');grid on;
```

习　题　1

一、练习题

1. 用笛卡儿坐标形式 $(x + \mathrm{j}y)$ 表示下列复数：

(1) $\dfrac{1}{2}\mathrm{e}^{\mathrm{j}\pi}$;　　　　　　　　　　　　　　(2) $\mathrm{e}^{\mathrm{j}\frac{\pi}{2}}$;

(3) $\mathrm{e}^{-\mathrm{j}\frac{\pi}{2}}$;　　　　　　　　　　　　　　(4) $\sqrt{2}\,\mathrm{e}^{\mathrm{j}\frac{\pi}{4}}$.

2. 用极坐标形式 $(r\mathrm{e}^{\mathrm{j}\theta}, -\pi < \theta < \pi)$ 表示下列复数：

(1) 5;　　　　　　　　　　　　　　　(2) -2;

(3) $-3\mathrm{j}$;

(4) $1+\mathrm{j}$;

(5) $\dfrac{1+\mathrm{j}}{1-\mathrm{j}}$.

3. 对下列信号求其功率和能量:

(1) $f(t)=\mathrm{e}^{-4t}u(t)$;

(2) $f(t)=\mathrm{e}^{\mathrm{j}\left(2t+\frac{\pi}{4}\right)}$;

(3) $f[n]=\left(\dfrac{1}{2}\right)^{n}u[n]$;

(4) $f[n]=\cos\left(\dfrac{\pi}{4}n\right)$.

4. 考虑连续时间信号 $x(t)=\delta(t+2)-\delta(t-2)$,试对信号 $y(t)=\displaystyle\int_{-\infty}^{t}x(\tau)\mathrm{d}\tau$ 计算其能量.

5. 判别下列各序列是否为周期性的,如果是,确定其周期:

(1) $f_1(k)=\cos\left(\dfrac{3\pi}{5}k\right)$;

(2) $f_2(k)=\cos\left(\dfrac{3\pi}{4}k+\dfrac{\pi}{2}\right)+\cos\left(\dfrac{\pi}{3}k+\dfrac{\pi}{3}\right)$;

(3) $f_3(k)=\sin\left(\dfrac{1}{2}k\right)$;

(4) $f_4(k)=\mathrm{e}^{\mathrm{j}\frac{\pi}{3}k}$;

(5) $f_5(t)=3\cos t+2\sin(\pi t)$;

(6) $f_6(t)=\cos(\pi t)u(t)$.

6. 已知信号 $f(t)$ 的波形如图 1-44 所示,画出下列函数的波形:

(1) $f(t-1)u(t)$;

(2) $f(2-t)$;

(3) $f(1-2t)$;

(4) $\mathrm{d}f(t)/\mathrm{d}t$.

图 1-44　习题 6 信号 $f(t)$ 的波形

7. 利用冲激信号的抽样特性,求下列表达式的函数值($t_0>0$):

(1) $\displaystyle\int_{-\infty}^{\infty}f(t-t_0)\delta(t)\mathrm{d}t$;

(2) $\displaystyle\int_{-\infty}^{\infty}f(t_0-t)\delta(t)\mathrm{d}t$;

(3) $\displaystyle\int_{-\infty}^{\infty}\delta(t-t_0)u\left(t-\dfrac{t_0}{2}\right)\mathrm{d}t$;

(4) $\displaystyle\int_{-\infty}^{\infty}\delta(t-t_0)u(t-2t_0)\mathrm{d}t$;

(5) $\displaystyle\int_{-\infty}^{\infty}(\mathrm{e}^{-t}+t)\delta(t+2)\mathrm{d}t$;

(6) $\displaystyle\int_{-\infty}^{\infty}(t+\sin t)\delta\left(t-\dfrac{\pi}{6}\right)\mathrm{d}t$.

8. 下列微分或差分方程所描述的系统,是线性的还是非线性的?是时变的还是时不变的?

(1) $y'(t)+2y(t)=f'(t)-2f(t)$;

(2) $y'(t)+y(t)\sin t=f(t)$;

(3) $y[n]+[n-1]y[n-1]=f[n]$;

(4) $y[n]=f[n+1]-f[n-1]$.

9. 判断下列系统是否线性的、时不变的、因果的、稳定的:

(1) $y_{\mathrm{zs}}(t)=\dfrac{\mathrm{d}f(t)}{\mathrm{d}t}$;

(2) $y_{\mathrm{zs}}(t)=f(-t)$;

(3) $y_{\mathrm{zs}}[n]=(n-2)f[n]$;

(4) $y_{\mathrm{zs}}[n]=\displaystyle\sum_{j=0}^{n}f[j]$.

10. 一个周期信号 $x(t)=\begin{cases}1,&0\leqslant t\leqslant 1,\\-2,&1<t<2,\end{cases}$ 其周期为 $T=2$. 这个信号的导数是冲激串 $g(t)=\displaystyle\sum_{k=-\infty}^{\infty}\delta(t-2k)$, 周期仍为 $T=2$. 可以证明 $\dfrac{\mathrm{d}x(t)}{\mathrm{d}t}=A_1g(t-t_1)+A_2g(t-t_2)$. 求 A_1,t_1,A_2 和 t_2 的值.

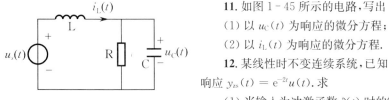

图 1-45　习题 11 的电路

11. 如图 1-45 所示的电路,写出

(1) 以 $u_{\mathrm{C}}(t)$ 为响应的微分方程;

(2) 以 $i_{\mathrm{L}}(t)$ 为响应的微分方程.

12. 某线性时不变连续系统,已知当激励 $f(t)=u(t)$ 时,其零状态响应 $y_{\mathrm{zs}}(t)=\mathrm{e}^{-2t}u(t)$. 求

(1) 当输入为冲激函数 $\delta(t)$ 时的零状态响应;

(2) 当输入为斜升函数 $tu(t)$ 时的零状态响应.

13. 某线性时不变连续系统,其初始状态一定,已知当激励为 $f(t)$ 时,其全响应为

$$y_1(t)=\mathrm{e}^{-t}+\cos(\pi t),\quad t\geqslant 0$$

若初始状态不变,激励为 $2f(t)$ 时,其全响应为

$$y_2(t) = 2\cos(\pi t), \quad t \geqslant 0$$

求初始状态不变而激励为 $3f(t)$ 时系统的全响应.

14. 有一个时不变系统，其输入为 $x(t)$，输出为 $y(t)$. 证明：若 $x(t)$ 是周期性的，周期为 T，则 $y(t)$ 也是周期性的，周期为 T.

15. 下列说法是对还是错?说明理由：

(1) 两个线性时不变系统的级联还是一个线性时不变系统；

(2) 两个非线性系统的级联还是非线性的.

16. 某二阶线性时不变系统的初始状态为 $x_1(0)$ 和 $x_2(0)$，已知：

当 $x_1(0) = 1, x_2(0) = 0$ 时，其零输入响应为 $y_{1zi}(t) = \mathrm{e}^{-t} + \mathrm{e}^{-2t}, t \geqslant 0$；

当 $x_1(0) = 0, x_2(0) = 1$ 时，其零输入响应为 $y_{2zi}(t) = \mathrm{e}^{-t} - \mathrm{e}^{-2t}, t \geqslant 0$；

当 $x_1(0) = 1, x_2(0) = -1$，而输入为 $f(t)$ 时，其全响应为 $y(t) = 2 + \mathrm{e}^{-t}, t \geqslant 0$.

求当 $x_1(0) = 3, x_2(0) = 2$，输入为 $2f(t)$ 时的全响应.

17. 某线性时不变因果系统，已知当激励 $f_1(t) = u(t)$ 时，系统的全响应为 $y_1(t) = (3\mathrm{e}^{-t} + 4\mathrm{e}^{-2t})u(t)$；当激励 $f_2(t) = 2u(t)$ 时，系统的全响应为 $y_2(t) = (5\mathrm{e}^{-t} - 3\mathrm{e}^{-2t})u(t)$. 求在相同初始条件下，激励 $f_3(t)$ 波形如图 1-46 所示时的全响应 $y_3(t)$.

18. 有一线性时不变系统，当激励 $f_1(t) = u(t)$ 时，响应 $y_1(t) = \mathrm{e}^{-at}u(t)$. 试求当激励 $f_2(t) = \delta(t)$ 时，相应的响应 $y_2(t)$ 表达式（假定起始时刻系统无储能）.

19. 一个 LTI 系统，当输入 $f_1(t) = u(t)$ 时，输出为 $y_1(t) = \mathrm{e}^{-t}u(t) + u(-1-t)$. 求该系统的输入 $f_2(t)$ 如图 1-47 所示时系统的响应 $y_2(t)$.

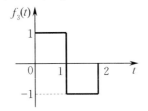

图 1-46   习题 17 激励波形

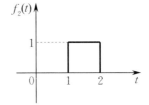

图 1-47   习题 19 LTI 系统的输入

20. 一个连续时间线性系统 S 的输入为 $x(t)$，输出为 $y(t)$，有下面的输入-输出关系：

$$x(t) = \mathrm{e}^{\mathrm{j}2t} \xrightarrow{S} y(t) = \mathrm{e}^{\mathrm{j}3t}, \quad x(t) = \mathrm{e}^{-\mathrm{j}2t} \xrightarrow{S} y(t) = \mathrm{e}^{-\mathrm{j}3t}$$

(1) 若 $x_1(t) = \cos(2t)$，求系统 S 的输出 $y_1(t)$；

(2) 若 $x_2(t) = \cos\left[2\left(t - \dfrac{1}{2}\right)\right]$，求系统 S 的输出 $y_2(t)$.

二、Matlab 实验题

1. 以三角信号 $f(t)$ 为例，求 $f(2t), f(4-2t)$.

```
t = - 4:0.01:4;
ft = tripuls(t,6,0);
subplot(3,1,1);
plot(t,ft);  grid on;
title('f(t)');
ft1 = tripuls(2*t,6,0);
subplot(3,1,2);
plot(t,ft1);  grid on;
title('f(2t)');
ft2 = tripuls(4-2*t,6,0);
```

```
subplot(3,1,3);
plot(t,ft2);  grid on;
title('f(2-2t)');
```

2. 已知 $f_1(t) = \sin(\omega t)$, $f_2(t) = \sin(10\omega t)$, $\omega = 2\pi$, 求 $f_1(t) + f_2(t)$ 和 $f_1(t)f_2(t)$ 的波形图.

```
w = 2*pi;
t = 0:0.001:2;
f1 = sin(w*t);
f2 = sin(10*w*t);
subplot(2,2,1);
plot(t,f1);
grid on;title('f1(t)');
subplot(2,2,2);
plot(t,f2);
grid on,title('f2(t)');
subplot(2,2,3);
plot(t,f1+1,':',t,f1-1,':',t,f1+f2);
grid on,title('f1(t) + f2(t))');
subplot(2,2,4);
plot(t,f1,':',t,-f1,':',t,f1.* f2);
grid on;title('f1(t)* f2(t)');
```

3. 画出下列信号波形:

(1) $f_1(t) = (2 - e^{-2t})u(t)$;

(2) $f_2(t) = (1 + \cos\pi t)[u(t) - u(t-2)]$;

(3) $f_3(t) = u(\cos t)$;

(4) $f_4[n] = (2 - 0.5^{-n})u[n]$;

(5) $f_5[n] = \left(\dfrac{3}{2}\right)^n \sin\left(\dfrac{n\pi}{5}\right)$;

(6) $f_6(t) = \dfrac{\sin(t)}{t}$;

(7) $f_7(t) = (1 + \cos t)/2$;

(8) $f_8[n] = nu[n]$.

4. 信号 $f(t) = (2 - e^{-2t})u(t)$, 画出 $f(2t)$, $f(2-t)$, $f(1-3t)$ 波形.

第 2 章　　连续时间系统的时域分析

本章讨论了经典法求解常系数微分方程,即完全响应等于自由响应加上强迫响应. 完全响应也可分解为零输入响应和零状态响应. 由于一般信号可用一组不同延时的单位冲激信号的线性加权叠加来表示,因此,线性时不变系统对该信号的响应可表示为不同延时和加权的单位冲激响应的叠加. 线性时不变系统的零状态响应等于单位冲激响应与激励的卷积. 还讨论了单位冲激响应与系统特性的关系及线性时不变系统的状态变量描述. 由于分析是在时间域内进行的,称为时域分析.

2.1　　线性时不变连续系统的响应

在第 1 章中指出,描述连续系统的数学模型是常系数线性微分方程. 如果单输入-单输出线性时不变的激励为 $f(t)$,其全响应为 $y(t)$,则描述线性时不变系统的激励 $f(t)$ 与响应 $y(t)$ 之间关系的 n 阶常系数线性微分方程可写为

$$a_n \frac{\mathrm{d}^n y(t)}{\mathrm{d}t^n} + a_{n-1} \frac{\mathrm{d}^{n-1} y(t)}{\mathrm{d}t^{n-1}} + \cdots + a_1 \frac{\mathrm{d}y(t)}{\mathrm{d}t} + a_0 y(t)$$
$$= b_m \frac{\mathrm{d}^m f(t)}{\mathrm{d}t^m} + b_{m-1} \frac{\mathrm{d}^{m-1} f(t)}{\mathrm{d}t^{m-1}} + \cdots + b_1 \frac{\mathrm{d}f(t)}{\mathrm{d}t} + b_0 f(t) \qquad (2-1)$$

或缩写为

$$\sum_{j=0}^{n} a_j \frac{\mathrm{d}^j y(t)}{\mathrm{d}t^j} = \sum_{i=0}^{m} b_i \frac{\mathrm{d}^i f(t)}{\mathrm{d}t^i} \qquad (2-2)$$

式中,$a_j(j=0,1,2,\cdots,n)$ 和 $b_i(i=0,1,2,\cdots,m)$ 是与时间无关的系统常数且 $a_n=1$. 如果给定激励信号及系统的初始状态,即可求解出该系统的响应.

理论上,式 $(2-2)$ 中的阶次 n 和 m 可以任意取值. 然而,当 $m>n$ 时,由式 $(2-1)$ 确定的系统产生的效果相当于一个 $(m-n)$ 阶微分器. 而一个微分器代表了一个不稳定系统,即有界输入会产生无界输出. 其次,由于噪声包含快速变化分量,微分器会放大噪声中的高频分量而淹没了系统的有用输出. 因此,在实际应用中一般使用 $m \leqslant n$.

2.1.1　微分方程的求解

一般情况下,凡表示未知函数、未知函数的导数与自变量之间关系的方程,叫作微分方程. 微分方程中所出现的未知函数的最高阶导数的阶数,叫作微分方程的阶. 如果微分方程的解中含有任意常数,且任意常数的个数与微分方程的阶数相同,这样的解叫作微分方程的通解. 由于通解中含有任意常数,因此,需要根据问题的实际情况,提出确定这些常数的条件.

设微分方程中的未知函数为 $y=f(t)$,如果微分方程是一阶的,通常用来确定任意常数的条件是

$$t = t_0 \text{时}, y = y_0$$

或写成

$$y \Big|_{t=t_0} = y_0 \tag{2-3}$$

其中，t_0、y_0 都是给定的值；如果微分方程是二阶的，通常用来确定任意常数的条件是

$$t = t_0 \text{时}, y = y_0, y' = y_0'$$

或写成

$$y \Big|_{t=t_0} = y_0, y' \Big|_{t=t_0} = y_0' \tag{2-4}$$

其中，t_0、y_0 和 y_0' 都是给定的值. 上述这种条件叫作初值条件. 它是在给定输入的情况下，为使方程有唯一确定的解所必需的条件. 对于式 $(2-1)$ 来说，连续时间系统的初值条件是给定输出 $y(t)$ 在输入信号作用期内某个时刻 t_0 的 0 阶到 $n-1$ 阶导数的值.

式 $(2-1)$ 的解由两部分组成：一部分是微分方程的齐次方程的解，称为齐次解(homogeneous solution)，记为 $y_h(t)$；另一部分是原方程任意的一个解，称为特解(particular solution)，记为 $y_p(t)$. 这样，完全解(complete solution)就是

$$y(t) = y_h(t) + y_p(t) \tag{2-5}$$

1. 齐次解

当式 $(2-1)$ 中的激励 $f(t)$ 及其各阶导数都为零时，此方程的解即齐次解，它应满足

$$\frac{d^n y(t)}{dt^n} + a_{n-1} \frac{d^{n-1} y(t)}{dt^{n-1}} + \cdots + a_1 \frac{dy(t)}{dt} + a_0 y(t) = 0 \tag{2-6}$$

此方程也称为式 $(2-1)$ 的齐次方程. 齐次解的形式是形如 $Ce^{\lambda t}$ 函数的线性组合，其中 C 为待定系数. 将其代入式 $(2-6)$，整理后可得

$$\lambda^n e^{\lambda t} + a_{n-1} \lambda^{n-1} e^{\lambda t} + \cdots + a_1 \lambda e^{\lambda t} + a_0 e^{\lambda t} = 0 \tag{2-7}$$

于是得到特征方程(characteristic equation)

$$\lambda^n + a_{n-1} \lambda^{n-1} + \cdots + a_1 \lambda + a_0 = 0 \tag{2-8}$$

若特征方程 $(2-8)$ 的根均为单根，则齐次解为

$$y_h(t) = C_1 e^{\lambda_1 t} + C_2 e^{\lambda_2 t} + \cdots + C_n e^{\lambda_n t} = \sum_{i=1}^{n} C_i e^{\lambda_i t} \tag{2-9}$$

其中，λ_i 是系统特征方程的特征根(characteristic root)，也称为系统的特征根，在系统分析中又称为系统的极点或自然频率、固有频率. 常数 C_i 由初值条件确定.

若特征方程 $(2-8)$ 有 r 重根，则齐次解为

$$y_h(t) = (C_1 + C_2 t + \cdots + C_r t^{r-1}) e^{\lambda t} = \sum_{i=1}^{r} C_i t^{i-1} e^{\lambda t} \tag{2-10}$$

若特征方程 $(2-8)$ 有复数根，对于一个实系统，其复数根必然共轭成对出现. 因此，若 $\alpha + j\beta$ 是一特征根，则 $\alpha - j\beta$ 必然也是特征根. 对应于这对共轭复根的齐次解为

$$y_h(t) = A_1 e^{(\alpha+j\beta)t} + A_2 e^{(\alpha-j\beta)t} \tag{2-11}$$

但它们是复值函数形式，为了得出实值函数形式的解，利用欧拉公式，可以得到通解为

$$y_h(t) = e^{\alpha t} (C_1 \cos \beta t + D_1 \sin \beta t) \tag{2-12}$$

因此，对于复数根情况，其通解可以表示为复数形式 $(2-11)$ 或实数形式 $(2-12)$. 若特征方程 $(2-8)$ 有 r 重复根，则齐次解为

$$y_h(t) = e^{\alpha t} \left[(C_1 + C_2 t + \cdots + C_r t^{r-1}) \cos \beta t + (D_1 + D_2 t + \cdots + D_r t^{r-1}) \sin \beta t \right]$$

根据特征方程的根，表 2-1 列出了其对应的微分方程的解.

表 2-1　不同特征根对应的齐次解

特征根 λ	齐次解 $y_h(t)$
单实根	$Ce^{\lambda t}$
单复根	$e^{\alpha t}(C_1\cos\beta t + D_1\sin\beta t)$
r 重实根	$(C_1 + C_2 t + \cdots + C_r t^{r-1})e^{\lambda t}$
r 重复根	$e^{\alpha t}\left[(C_1 + C_2 t + \cdots + C_r t^{r-1})\cos\beta t + (D_1 + D_2 t + \cdots + D_r t^{r-1})\sin\beta t\right]$

2. 特解

齐次解的函数形式仅与系统本身的特性有关，而与激励 $f(t)$ 的函数形式无关，称为系统的固有响应或自由响应（natural response）；而特解的函数形式与激励函数的形式有关，称为强迫响应（forced response）. 一般通过假定输出为一个与输入相同的函数形式来求得特解. 表 2-2 列出了几种激励所对应特解的函数形式. 表中的待定系数 P 和 P_m 可通过将此特解 $y_p(t)$ 代入原方程，用使方程两边的系数相等的方法求得.

表 2-2　不同激励所对应特解的函数形式

t 激励 $f(t)$	响应 $y(t)$ 的特解 $y_p(t)$
t^m	$P_m t^m + P_{m-1} t^{m-1} + \cdots + P_1 t + P_0$（特征根均不为 0） $t^r(P_m t^m + P_{m-1} t^{m-1} + \cdots + P_1 t + P_0)$（有 r 重为 0 的特征根）
$e^{\alpha t}$	$Pe^{\alpha t}$（α 不等于特征根） $(P_1 t + P_0)e^{\alpha t}$（$\alpha$ 等于特征单根） $(P_r t^r + P_{r-1} t^{r-1} + \cdots + P_1 t + P_0)e^{\alpha t}$（$\alpha$ 等于 r 重特征根）
$\cos(\beta t)$ 或 $\sin(\beta t)$	$P_1\cos(\beta t) + P_2\sin(\beta t)$（特征根不等于 $\pm j\beta$）

例 2-1　描述某线性时不变系统的微分方程为

$$y''(t) + 5y'(t) + 6y(t) = f(t) \tag{2-13}$$

求输入 $f(t) = 2e^{-t}, t \geqslant 0; y(0) = 2, y'(0) = -1$ 时的全解.

解：　（1）齐次解 $y_h(t)$

齐次解是齐次微分方程 $y''(t) + 5y'(t) + 6y(t) = 0$ 的解，其特征方程为

$$\lambda^2 + 5\lambda + 6 = 0$$

其特征根 $\lambda_1 = -2, \lambda_2 = -3$. 由式（2-9）可知齐次解为

$$y_h(t) = C_1 e^{-2t} + C_2 e^{-3t}$$

上式中常数 C_1、C_2 在求得全解后，由初始条件确定.

（2）特解 $y_p(t)$

表 2-2 列出了几种激励及其所对应的特解. 由表 2-2 可知，当输入 $f(t) = 2e^{-t}$ 时，其特解可设为

$$y_p(t) = Pe^{-t}$$

将 $y''_p(t)$、$y'_p(t)$、$y_p(t)$ 和 $f(t)$ 代入式（2-13）中，得

$$Pe^{-t} + 5(-Pe^{-t}) + 6Pe^{-t} = 2e^{-t}$$

由上式可解得 $P = 1$. 于是得微分方程的特解

$$y_p(t) = e^{-t}$$

微分方程的全解

$$y(t) = y_h(t) + y_p(t) = C_1 \mathrm{e}^{-2t} + C_2 \mathrm{e}^{-3t} + \mathrm{e}^{-t}$$

其一阶导数

$$y'(t) = -2C_1 \mathrm{e}^{-2t} - 3C_2 \mathrm{e}^{-3t} - \mathrm{e}^{-t}$$

令 $t = 0$,并将初始值代入,得

$$y(0) = C_1 + C_2 + 1 = 2$$
$$y'(0) = -2C_1 - 3C_2 - 1 = -1$$

由上式可解得 $C_1 = 3, C_2 = -2$,最后得微分方程的全解

$$y(t) = \overbrace{\underbrace{3\mathrm{e}^{-2t} - 2\mathrm{e}^{-3t}}_{\text{自由响应}}}^{\text{齐次解}} + \overbrace{\underbrace{\mathrm{e}^{-t}}_{\text{强迫响应}}}^{\text{特解}}, \quad t \geqslant 0 \tag{2-14}$$

　　由以上解题过程可见,对于用线性常系数微分方程描述的连续时间系统,在某个激励 $f(t)$ 时,其全响应 $y(t)$ 是由方程的齐次解和特解两部分组成:特解 $y_p(t)$ 的形式完全由激励信号确定,称为强迫响应;齐次解 $y_h(t)$ 的函数形式仅仅依赖于系统本身的特性,而与激励 $f(t)$ 的函数形式无关,然而,它的待定系数 C_i 却是与激励信号有关的. 在系统分析中,齐次解通常称为系统的自由响应或固有响应. 特征方程的根 λ_i 称为系统的"固有频率",它决定了系统自由响应的形式.

2.1.2　关于 0_- 与 0_+ 值

　　在求解微分方程时,往往把初始条件设定为一组已知的数据,利用这组数据可以确定方程齐次解中的待定系数.

　　在用经典法解微分方程时,一般输入 $f(t)$ 是在 $t = 0$(或 $t = t_0$)时接入系统的. 因此 $t = 0$(或 $t = t_0$)是一个参考点. 为了区分输入前后的瞬间,我们以"$0_-(t_{0-})$"表示激励加入之前的瞬时,以"$0_+(t_{0+})$"表示激励加入之后的瞬时,如图 2-1 所示. 在 $t = 0_-$(或 $t = t_{0-}$)时,激励尚未接入,因而响应及其各阶导数在该时刻的值即 $y^{(j)}(0_-)$[或 $y^{(j)}(t_{0-})$]反映了系统的历史情况,而与激励无关,它们为求得 $t > 0$(或 $t > t_0$)时的响应 $y(t)$ 提供了以往历史的全部信息,称这些在 $t = 0_-$(或 $t = t_{0-}$)时刻的值为初始状态,简称 0_- 值.

　　分析系统时,在时域求得微分方程的解限于 $0_+ \leqslant t < \infty$ 的时间范围. 因而不能以 $0_-(t_{0-})$ 状态作为初值,而应当以 $0_+(t_{0+})$ 状态作为初值. 因此,为确定解的待定系数所需的一组初值条件是指 $t = 0_+$(或 $t = t_{0+}$)时刻系统响应的各阶导数值,即 $y^{(j)}(0_+)$ 或 $y^{(j)}(t_{0+})(j = 0, 1, \cdots, n-1)$,简称 0_+ 值,见图 2-1.

　　根据 1.7 节线性系统的基本性质,线性时不变系统的完全响应 $y(t)$ 可分解为零输入响应 $y_{zi}(t)$ 和零状态响应 $y_{zs}(t)$,即

$$y(t) = y_{zi}(t) + y_{zs}(t) \tag{2-15}$$

分别令 $t = 0_-$ 和 $t = 0_+$,得

$$\begin{cases} y^{(j)}(0_-) = y_{zi}^{(j)}(0_-) + y_{zs}^{(j)}(0_-) \\ y^{(j)}(0_+) = y_{zi}^{(j)}(0_+) + y_{zs}^{(j)}(0_+) \end{cases}$$

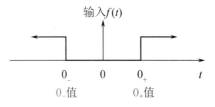

图 2-1　连续时间系统的初值和初始状态

　　在一般情况下,系统的 0_- 值等于其 0_+ 值,即 $y^{(j)}(0_+) = y^{(j)}(0_-)$. 然而,如果激励 $f(t)$ 中含有冲激函数及其导数,那么当 $t = 0$ 激励接入系统时,响应及其导数从 $y^{(j)}(0_-)$ 值到 $y^{(j)}(0_+)$ 值可能发生跃变. 这样,为求解描述线性时不变系统的微分方程,就需要从已知的 $y^{(j)}(0_-)$ 或 $y^{(j)}(t_{0-})$

设法求得 $y^{(j)}(0_+)$ 或 $y^{(j)}(t_{0+})$. 也就是说,当微分方程等号右端含有冲激函数及其各阶导数时,响应 $y(t)$ 及其各阶导数由 0_- 到 0_+ 的瞬间将发生跃变,这时求解微分方程就需要小心处理.

对于因果系统,由于激励在 $t=0$ 时接入,故有 $y_{zi}^{(j)}(0_-)=0$;对于时不变系统,内部参数不随时间变化,故有 $y_{zi}^{(j)}(0_+)=y_{zi}^{(j)}(0_-)$,因此对因果线性时不变系统有

$$\begin{cases} y^{(j)}(0_-)=y_{zi}^{(j)}(0_-)=y_{zi}^{(j)}(0_+) \\ y^{(j)}(0_+)=y_{zi}^{(j)}(0_+)+y_{zs}^{(j)}(0_+)=y^{(j)}(0_-)+y_{zs}^{(j)}(0_+) \end{cases} \tag{2-16}$$

2.1.3　零输入响应

线性时不变系统完全响应 $y(t)$ 可分解为零输入响应和零状态响应. 零输入响应是激励为零时仅由系统的初始状态所引起的响应,用 $y_{zi}(t)$ 表示. 在零输入条件下,式(2-1)等号右端为零,化为齐次方程,即

$$\frac{\mathrm{d}^n y(t)}{\mathrm{d}t^n}+a_{n-1}\frac{\mathrm{d}^{n-1}y(t)}{\mathrm{d}t^{n-1}}+\cdots+a_1\frac{\mathrm{d}y(t)}{\mathrm{d}t}+a_0 y(t)=0 \tag{2-17}$$

若其特征根都为单根,则零输入响应为

$$y_{zi}(t)=\sum_{j=1}^n C_{zij}\mathrm{e}^{\lambda_j t} \tag{2-18}$$

式中,C_{zij} 为待定常数. 由于输入为零,故初始值

$$y_{zi}^{(j)}(0_+)=y_{zi}^{(j)}(0_-)=y^{(j)}(0_-) \quad (j=0,1,\cdots,n-1) \tag{2-19}$$

由给定的初始状态即可确定式(2-18)中的各待定常数.

2.1.4　零状态响应

零状态响应是系统的初始状态为零时,仅由输入信号 $f(t)$ 引起的响应,用 $y_{zs}(t)$ 表示. 这时方程仍为

$$\sum_{j=0}^n a_j\frac{\mathrm{d}^j y(t)}{\mathrm{d}t^j}=\sum_{i=0}^m b_i\frac{\mathrm{d}^i f(t)}{\mathrm{d}t^i} \tag{2-20}$$

若微分方程的特征根均为单根,则其零状态响应为

$$y_{zs}(t)=\sum_{j=1}^n C_{zsj}\mathrm{e}^{\lambda_j t}+y_p(t) \tag{2-21}$$

式中,C_{zsj} 为待定系数,$y_p(t)$ 为方程的特解.

对于零状态响应,在 $t=0_-$ 时刻激励尚未接入,故应有 $y_{zs}^{(j)}(0_-)=0$;如果方程右边不含有冲激函数及其导数,那么有

$$y_{zs}^{(j)}(0_+)=y_{zs}^{(j)}(0_-)=y^{(j)}(0_-)=0 \quad (j=0,1,\cdots,n-1) \tag{2-22}$$

如果方程右边含有冲激函数及其导数,那么响应及其导数从 $y_{zs}^{(j)}(0_-)$ 值到 $y_{zs}^{(j)}(0_+)$ 值可能发生跃变. 这样,求解描述线性时不变系统的微分方程时,就需要从已知的 $y_{zs}^{(j)}(0_-)$ 或 $y_{zs}^{(j)}(t_{0-})$ 设法求得 $y_{zs}^{(j)}(0_+)$ 或 $y_{zs}^{(j)}(t_{0+})$.

在分析零输入响应和零状态响应解的形式后,注意到零输入响应解的形式完全取决于系统的特征根. 若把系统每一个特征根 λ_i 对应指数 $\mathrm{e}^{\lambda_i t}$ 称为系统的特征模式,则零输入响应就是系统的特征模式的线性组合. 而零状态响应是系统的特征模式和外加激励模式的线性组合. 一个线性时不变系统的特征模式构成了这个系统最为重要的性质. 特征模式不仅决定着系统的零输入响应,同时也在决定零状态响应中起到重要作用.

2.1.5 全响应

如果系统的初始状态不为零,在激励 $f(t)$ 的作用下,线性时不变系统的响应称为全响应,它是零输入响应与零状态响应之和,即

$$y(t) = y_{zs}(t) + y_{zi}(t) \tag{2-23}$$

其各阶导数为

$$y^{(j)}(t) = y_{zi}^{(j)}(t) + y_{zs}^{(j)}(t) \quad (j = 0,1,\cdots,n-1)$$

综上所述,线性时不变系统的完全响应,可以根据引起响应的不同原因,将它分解为零输入响应和零状态响应两部分.也可以按照数学上对系统微分方程的求解过程,将完全响应分解为齐次解和特解两部分.若微分方程的特征根均为单根,它们的关系是

$$y(t) = \underbrace{\sum_{j=1}^{n} C_j e^{\lambda_j t}}_{\text{齐次解}} + \underbrace{y_p(t)}_{\text{特解}} = \underbrace{\sum_{j=1}^{n} C_{zij} e^{\lambda_j t}}_{\text{零输入响应}} + \underbrace{\sum_{j=1}^{n} C_{zsj} e^{\lambda_j t} + y_p(t)}_{\text{零状态响应}} \tag{2-24}$$

式中,

$$\sum_{j=1}^{n} C_j e^{\lambda_j t} = \sum_{j=1}^{n} C_{zij} e^{\lambda_j t} + \sum_{j=1}^{n} C_{zsj} e^{\lambda_j t} \tag{2-25}$$

即

$$C_j = C_{zij} + C_{zsj} \tag{2-26}$$

可见,齐次解的函数形式仅取决于系统本身的特性,与输入信号的函数形式无关,称为系统的自由响应或固有响应.但齐次解的系数值与输入信号有关.特解的形式由微分方程的自由项或输入信号决定,故称为系统的强迫响应.

虽然自由响应和零输入响应都是齐次方程的解,但两者的系数各不相同,C_{zij} 仅由系统的初始状态所决定,而 C_j 由系统的初始状态和激励信号共同来确定.也就是说,自由响应包含零输入响应的全部和零状态响应的一部分.

例 2-2 描述某线性时不变系统的微分方程为 $y''(t) + 5y'(t) + 6y(t) = f(t)$,求输入 $f(t) = 2e^{-t}, t \geqslant 0; y(0) = 2, y'(0) = -1$ 时的零输入响应、零状态响应和全响应.

解:(1)零输入响应 $y_{zi}(t)$

零输入响应是齐次微分方程

$$y''(t) + 5y'(t) + 6y(t) = 0$$

及初始条件 $y(0) = 2, y'(0) = -1$ 的解,其特征根 $\lambda_1 = -2, \lambda_2 = -3$.零输入响应为

$$y_{zi}(t) = C_{zi1} e^{-2t} + C_{zi2} e^{-3t}$$

根据初始条件 $y(0) = 2, y'(0) = -1$,即

$$y_{zi}(0) = C_{zi1} + C_{zi2} = 2$$
$$y'_{zi}(0) = -2C_{zi1} - 3C_{zi2} = -1$$

求得

$$C_{zi1} = 5, \quad C_{zi2} = -3$$

即零输入响应

$$y_{zi}(t) = 5e^{-2t} - 3e^{-3t}, \quad t \geqslant 0$$

由于在时域求得微分方程的解限于 $0_+ \leqslant t < \infty$ 的时间范围,因此需要指明时间范围 $t \geqslant 0$.

(2)零状态响应 $y_{zs}(t)$

零状态响应是微分方程

$$y''(t) + 5y'(t) + 6y(t) = 2\mathrm{e}^{-t}$$

及初始条件 $y(0) = 0, y'(0) = 0$ 的解. $y_{zs}(t)$ 由齐次解 $y_h(t)$ 和特解 $y_p(t)$ 组成，

$$y_{zs}(t) = y_h(t) + y_p(t)$$

其特征根 $\lambda_1 = -2, \lambda_2 = -3$，特解 $y_p(t) = \mathrm{e}^{-t}$，即零状态响应

$$y_{zs}(t) = C_{zs1}\mathrm{e}^{-2t} + C_{zs2}\mathrm{e}^{-3t} + \mathrm{e}^{-t}$$

根据初始条件 $y(0) = 0, y'(0) = 0$，即

$$y_{zs}(0) = C_{zs1} + C_{zs2} + 1 = 0$$
$$y'_{zs}(0) = -2C_{zs1} - 3C_{zs2} - 1 = 0$$

求得

$$C_{zs1} = -2, \quad C_{zs2} = 1$$

即零状态响应

$$y_{zs}(t) = -2\mathrm{e}^{-2t} + \mathrm{e}^{-3t} + \mathrm{e}^{-t}, \quad t \geqslant 0$$

（3）全响应 $y(t)$

$$y(t) = y_{zi}(t) + y_{zs}(t) = \underbrace{5\mathrm{e}^{-2t} - 3\mathrm{e}^{-3t}}_{\text{零输入响应}} \underbrace{-2\mathrm{e}^{-2t} + \mathrm{e}^{-3t} + \mathrm{e}^{-t}}_{\text{零状态响应}}, \quad t \geqslant 0$$

也可以写成

$$y(t) = (5\mathrm{e}^{-2t} - 3\mathrm{e}^{-3t} - 2\mathrm{e}^{-2t} + \mathrm{e}^{-3t} + \mathrm{e}^{-t})u(t)$$

例 2 - 3 描述某线性时不变系统的微分方程为

$$y''(t) + 3y'(t) + 2y(t) = 2f'(t) + 6f(t) \tag{2-27}$$

已知 $y(0_-) = 2, y'(0_-) = 1, f(t) = u(t)$，求该系统的零输入响应、零状态响应、全响应、自由响应和强迫响应.

解：（1）零输入响应 $y_{zi}(t)$

零输入响应 $y_{zi}(t)$ 满足方程

$$y''_{zi}(t) + 3y'_{zi}(t) + 2y_{zi}(t) = 0 \tag{2-28}$$

式（2 - 28）的特征方程为

$$\lambda^2 + 3\lambda + 2 = 0$$

其特征根为 $\lambda_1 = -1, \lambda_2 = -2$，故零输入响应为

$$y_{zi}(t) = C_{zi1}\mathrm{e}^{-t} + C_{zi2}\mathrm{e}^{-2t}, \quad t \geqslant 0 \tag{2-29}$$

对于零输入响应，$y_{zi}(t)$ 及其各阶导数在 0_- 到 0_+ 的瞬间没有跃变，因此

$$y_{zi}(0_+) = y_{zi}(0_-) = y(0_-) = 2$$
$$y'_{zi}(0_+) = y'_{zi}(0_-) = y'(0_-) = 1$$

将初始值代入式（2 - 29）及其导数，得

$$y_{zi}(0_+) = C_{zi1} + C_{zi2} = 2$$
$$y'_{zi}(0_+) = -C_{zi1} - 2C_{zi2} = 1$$

由上式解得 $C_{zi1} = 5, C_{zi2} = -3$. 将它们代入式（2 - 29），得系统的零输入响应为

$$y_{zi}(t) = 5\mathrm{e}^{-t} - 3\mathrm{e}^{-2t}, \quad t \geqslant 0 \tag{2-30}$$

（2）零状态响应 $y_{zs}(t)$

利用线性时不变系统的微分特性，可以简化解题过程. 零状态响应满足方程

$$y''_{zs}(t) + 3y'_{zs}(t) + 2y_{zs}(t) = 2\delta(t) + 6u(t) \tag{2-31}$$

及初始状态 $y_{zs}(0_-) = y'_{zs}(0_-) = 0$. 对于零状态响应，方程的右端含有冲激函数，响应 $y_{zs}(t)$ 及其各

阶导数在 0_- 到 0_+ 的瞬间发生跃变. 这时, 可以利用时不变的微分特性来求解.

选新变量 $y_1(t)$, 它满足方程

$$y_1''(t) + 3y_1'(t) + 2y_1(t) = u(t) \qquad (2-32)$$

当 $t > 0$ 时, 有

$$y_1''(t) + 3y_1'(t) + 2y_1(t) = 1$$

方程右端不含有冲激函数, 响应 $y_1(t)$ 及其各阶导数在 0_- 到 0_+ 的瞬间没有跃变, 因此

$$y_1(t) = y_h(t) + y_p(t) = C_{11}\mathrm{e}^{-t} + C_{12}\mathrm{e}^{-2t} + \frac{1}{2}$$

将初始值 $y_{zs}(0_-) = y_{zs}'(0_-) = 0$ 代入上式, 解得 $C_{11} = -1$, $C_{12} = \frac{1}{2}$, 将它们代入上式, 得

$$y_1(t) = -\mathrm{e}^{-t} + \frac{1}{2}\mathrm{e}^{-2t} + \frac{1}{2}, \quad t \geqslant 0$$

根据时不变系统的微分性质和线性性质, 得

$$y_{zs}(t) = 2y_1'(t) + 6y_1(t) = -4\mathrm{e}^{-t} + \mathrm{e}^{-2t} + 3, \quad t \geqslant 0 \qquad (2-33)$$

（3）全响应

$$y(t) = y_{zi}(t) + y_{zs}(t) = \underbrace{5\mathrm{e}^{-t} - 3\mathrm{e}^{-2t}}_{\text{零输入响应}} \underbrace{-4\mathrm{e}^{-t} + \mathrm{e}^{-2t} + 3}_{\text{零状态响应}} = \mathrm{e}^{-t} - 2\mathrm{e}^{-2t} + 3, \quad t \geqslant 0$$

（4）自由响应和强迫响应

自由响应和强迫响应满足方程

$$y''(t) + 3y'(t) + 2y(t) = 2\delta(t) + 6u(t) \qquad (2-34)$$

方程的右端含有冲激函数, 响应 $y(t)$ 及其各阶导数在 0_- 到 0_+ 的瞬间发生跃变. 这时, 需要小心处理. 因式（2-34）对所有的 t 成立, 故等号两端 $\delta(t)$ 及其各阶导数的系数应分别相等, 式（2-34）中, $y''(t)$ 必含有 $\delta(t)$, 故令

$$y''(t) = a\delta(t) + r_0(t) \qquad (2-35)$$

式中, a 为待定常数, 函数 $r_0(t)$ 中不含 $\delta(t)$ 及其各阶导数. 对式（2-35）等号两端从 $-\infty$ 到 t（$t \geqslant 0_+$）积分, 得

$$y'(t) = a + \int_{-\infty}^{t} r_0(x)\mathrm{d}x = r_1(t) \qquad (2-36)$$

对式（2-36）等号两端从 $-\infty$ 到 t 积分, 得

$$y(t) = \int_{-\infty}^{t} r_1(x)\mathrm{d}x = r_2(t)$$

将 $y(t)$ 及其各阶导数代入式（2-34）, 并加以整理, 等式两端 $\delta(t)$ 的系数应相等, 故得

$$a = 2$$

对式（2-35）和式（2-36）等号两端从 0_- 到 0_+ 进行积分, 得

$$y'(0_+) - y'(0_-) = \int_{0_-}^{0_+} 2\delta(t)\mathrm{d}t + \int_{0_-}^{0_+} r_0(t)\mathrm{d}t = 2$$

$$y(0_+) - y(0_-) = \int_{0_-}^{0_+} r_1(t)\mathrm{d}t = 0$$

得到初始条件

$$y(0_+) = 2, \quad y'(0_+) = 3$$

由前面得到方程的特征根和特解, 得方程的解的形式为

$$y(t) = C_1\mathrm{e}^{-t} + C_2\mathrm{e}^{-2t} + 3$$

结合初始条件，解得

$$C_1 = 1, \quad C_2 = -2$$

最后，得

$$y(t) = \underbrace{\mathrm{e}^{-t} - 2\mathrm{e}^{-2t}}_{\text{自由响应}} + \underbrace{3}_{\text{强迫响应}}, \quad t \geqslant 0$$

也可以写成

$$y(t) = (\mathrm{e}^{-t} - 2\mathrm{e}^{-2t} + 3)u(t) \tag{2-37}$$

对于前面提到的零状态响应 $y_{zs}(t)$ 的求解过程，也可以采用类似的方法求解。这时，初始状态由 $y_{zs}(0_-) = 0, y'_{zs}(0_-) = 0$ 跳变为 $y_{zs}(0_+) = 0, y'_{zs}(0_+) = 2$。解答的结果和式（2-33）一致。

2.2　单位冲激响应和单位阶跃响应

2.2.1　单位冲激响应

单位冲激响应是指线性时不变系统的初始状态为零时，输入为单位冲激函数 $\delta(t)$ 所引起的响应，简称冲激响应，记为 $h(t)$，如图 2-2 所示。根据前面的分析得知，单位冲激响应就是激励为单位冲激函数 $\delta(t)$ 时，系统的零状态响应。单位冲激响应反映了系统的特性，同时也是利用卷积进行系统时域分析的基础。

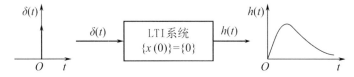

图 2-2　单位冲激响应示意图

若已知描述系统的方程仍如式（2-1），为便于讨论，重写如下：

$$\frac{\mathrm{d}^n y(t)}{\mathrm{d}t^n} + a_{n-1} \frac{\mathrm{d}^{n-1} y(t)}{\mathrm{d}t^{n-1}} + \cdots + a_1 \frac{\mathrm{d}y(t)}{\mathrm{d}t} + a_0 y(t)$$

$$= b_m \frac{\mathrm{d}^m f(t)}{\mathrm{d}t^m} + b_{m-1} \frac{\mathrm{d}^{m-1} f(t)}{\mathrm{d}t^{m-1}} + \cdots + b_1 \frac{\mathrm{d}f(t)}{\mathrm{d}t} + b_0 f(t) \tag{2-38}$$

在给定 $f(t)$ 为单位冲激信号的条件下，可以求解出单位冲激响应 $h(t)$。将 $f(t) = \delta(t)$ 代入方程，在方程的右边出现冲激函数和它的各阶导数。单位冲激响应 $h(t)$ 满足方程

$$\sum_{j=0}^{n} a_j \frac{\mathrm{d}^j h(t)}{\mathrm{d}t^j} = \sum_{i=0}^{m} b_i \frac{\mathrm{d}^i \delta(t)}{\mathrm{d}t^i} \tag{2-39}$$

式中 $a_n = 1$。这是一个特殊的微分方程，方程等号的右边由 $\delta(t)$ 直至 $\delta(t)$ 的 m 阶导数项组成，且在 $t > 0_+$ 时等于 0。因此，$h(t)$ 满足如下的齐次方程：

$$\sum_{j=0}^{n} a_j \frac{\mathrm{d}^j h(t)}{\mathrm{d}t^j} = 0, \quad t > 0 \tag{2-40}$$

此外，$h(t)$ 还要满足因果性，即

$$h(t) = 0, \quad t < 0 \tag{2-41}$$

待求的函数 $h(t)$ 应保证式（2-39）左、右两端冲激函数相平衡，即各阶导数的系数应相等。$h(t)$ 的形式与 m 和 n 的相对大小密切相关。出于在系统稳定性和噪声上的考虑使实际系统限制在 $n \geqslant m$。

（1）$n > m$：此时方程左端 $\dfrac{\mathrm{d}^n h(t)}{\mathrm{d}t^n}$ 项包含冲激函数的 m 阶导数 $\dfrac{\mathrm{d}^m \delta(t)}{\mathrm{d}t^m}$，以便与右端相匹配，依次有 $\dfrac{\mathrm{d}^{n-1} h(t)}{\mathrm{d}t^{n-1}}$ 项对应 $\dfrac{\mathrm{d}^{m-1} \delta(t)}{\mathrm{d}t^{m-1}}$，…．若 $n = m+1$，则 $\dfrac{\mathrm{d}h(t)}{\mathrm{d}t}$ 项要对应 $\delta(t)$ 项，而 $h(t)$ 项将不包含 $\delta(t)$ 及其各阶导数项．这表明，在 $n > m$ 的条件下，单位冲激响应 $h(t)$ 中将不包含 $\delta(t)$ 及其各阶导数项．即

$$h(t) = 特征模式项 \tag{2-42}$$

（2）$n = m$：方程两边冲激函数微分的最高阶为 n，左边它的系数为 $a_n = 1$，右边它的系数为 b_m，因此

$$h(t) = 特征模式项 + b_m \delta(t) \tag{2-43}$$

例 2 - 4　设描述系统的微分方程为 $\dfrac{\mathrm{d}^2 y(t)}{\mathrm{d}t^2} + 3\dfrac{\mathrm{d}y(t)}{\mathrm{d}t} + 2y(t) = \dfrac{\mathrm{d}f(t)}{\mathrm{d}t} + 3f(t)$，求其单位冲激响应 $h(t)$．

解：　**解法一**　求其特征根为

$$\lambda_1 = -1, \quad \lambda_2 = -2$$

因此单位冲激响应 $h(t)$ 为

$$h(t) = (C_1 \mathrm{e}^{-t} + C_2 \mathrm{e}^{-2t}) u(t)$$

对 $h(t)$ 逐次求导，得

$$\frac{\mathrm{d}h(t)}{\mathrm{d}t} = (C_1 \mathrm{e}^{-t} + C_2 \mathrm{e}^{-2t}) \delta(t) + (-C_1 \mathrm{e}^{-t} - 2C_2 \mathrm{e}^{-2t}) u(t)$$

$$= (C_1 + C_2) \delta(t) + (-C_1 \mathrm{e}^{-t} - 2C_2 \mathrm{e}^{-2t}) u(t)$$

$$\frac{\mathrm{d}^2 h(t)}{\mathrm{d}t^2} = (C_1 + C_2) \delta'(t) + (-C_1 - 2C_2) \delta(t) + (C_1 \mathrm{e}^{-t} + 4C_2 \mathrm{e}^{-2t}) u(t)$$

将 $y(t) = h(t)$ 和 $f(t) = \delta(t)$ 代入系统微分方程，经整理得到

$$(C_1 + C_2) \delta'(t) + (2C_1 + C_2) \delta(t) = \delta'(t) + 3\delta(t)$$

由冲激平衡法，等式两边的 $\delta(t)$ 和 $\delta'(t)$ 前的系数应对应相等，故有

$$C_1 + C_2 = 1, \quad 2C_1 + C_2 = 3$$

解得

$$C_1 = 2, \quad C_2 = -1$$

单位冲激响应的表示式为

$$h(t) = (2\mathrm{e}^{-t} - \mathrm{e}^{-2t}) u(t)$$

解法二　单位冲激响应 $h(t)$ 满足方程

$$h''(t) + 3h'(t) + 2h(t) = \delta'(t) + 3\delta(t)$$

方程的右端含有冲激函数，单位冲激响应 $h(t)$ 及其各阶导数在 0_- 到 0_+ 的瞬间发生跃变．因上式对所有的 t 成立，故等号两端 $\delta(t)$ 及其各阶导数的系数应分别相等，故令

$$h''(t) = a\delta'(t) + b\delta(t) + r_0(t)$$

式中，a、b 为待定常数，函数 $r_0(t)$ 中不含 $\delta(t)$ 及其各阶导数．对上式等号两端从 $-\infty$ 到 t 积分，得

$$h'(t) = a\delta(t) + b + \int_{-\infty}^{t} r_0(x)\mathrm{d}x = a\delta(t) + r_1(t)$$

对上式等号两端从 $-\infty$ 到 t 积分，得

$$h(t) = a + \int_{-\infty}^{t} r_1(x)\mathrm{d}x = r_2(t)$$

将 $h(t)$ 及其各阶导数代入方程，

$$a\delta'(t) + b\delta(t) + 3a\delta(t) = \delta'(t) + 3\delta(t)$$

并加以整理，上式两端 $\delta'(t)$ 和 $\delta(t)$ 的系数应对应相等，故得

$$a = 1, \quad b = 0$$

即

$$h''(t) = \delta'(t) + r_0(t), \quad h'(t) = \delta(t) + r_1(t)$$

对 $h'(t)$ 和 $h''(t)$ 等号两端从 0_- 到 0_+ 进行积分，有

$$h'(0_+) - h'(0_-) = \int_{0_-}^{0_+} [\delta'(t) + r_0(t)]\mathrm{d}t = 0$$

$$h(0_+) - h(0_-) = \int_{0_-}^{0_+} [\delta(t) + r_1(t)]\mathrm{d}t = 1$$

得到初始条件

$$h(0_+) = 1, \quad h'(0_+) = 0$$

由前面得到方程的特征根和特解，得方程解的形式为

$$h(t) = C_1 \mathrm{e}^{-t} + C_2 \mathrm{e}^{-2t}$$

结合初始条件，解得

$$C_1 + C_2 = 1, \quad -C_1 - 2C_2 = 0$$
$$C_1 = 2, \quad C_2 = -1$$

最后，得

$$h(t) = (2\mathrm{e}^{-t} - \mathrm{e}^{-2t})u(t)$$

2.2.2　单位阶跃响应

单位阶跃响应是指线性时不变系统的初始状态为零时，输入为单位阶跃函数 $u(t)$ 所引起的响应，简称阶跃响应，用 $g(t)$ 表示，如图 2-3 所示. 如同对单位冲激响应的分析，单位阶跃响应是激励为单位阶跃函数 $u(t)$ 时，系统的零状态响应.

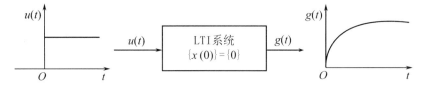

图 2-3　单位阶跃响应示意图

若 n 阶微分方程等号右端只含激励 $f(t)$，如式（2-44）所示：

$$y^{(n)}(t) + a_{n-1}y^{(n-1)}(t) + \cdots + a_1 y'(t) + a_0 y(t) = f(t) \qquad (2-44)$$

当激励 $f(t) = u(t)$ 时，系统的零状态响应[即单位阶跃响应 $g(t)$]满足方程

$$g^{(n)}(t) + a_{n-1}g^{(n-1)}(t) + \cdots + a_1 g'(t) + a_0 g(t) = u(t)$$

$$g^{(n-1)}(0_-) = g^{(n-2)}(0_-) = \cdots = g'(0_-) = g(0_-) = 0$$

由于等号右端只含有阶跃信号 $u(t)$，故除 $g^{(n)}(t)$ 外，$g(t)$ 及其直到 $n-1$ 阶导数均连续，即有

$$g^{(n-1)}(0_+) = g^{(n-2)}(0_+) = \cdots = g'(0_+) = g(0_+) = 0$$

式（2-44）的特解为

$$g_p(t) = \frac{1}{a_0} \qquad (2-45)$$

若微分方程的特征根 $\lambda_i(i = 1, 2, \cdots, n)$ 均为单根，则系统的单位阶跃响应的一般形式（$n \geqslant m$）为

$$g(t) = \Big(\sum_{i=1}^{n} C_i e^{\lambda_i t} + \frac{1}{a_0} \Big) u(t) \tag{2-46}$$

待定常数 C_i 由式(2-44)的 0_+ 初始值确定.

如果微分方程的等号右端含有 $f(t)$ 及其各阶导数,则可根据线性时不变系统的线性性质和微分特性求出单位阶跃响应. 若线性时不变系统的微分方程为

$$\frac{\mathrm{d}^n y(t)}{\mathrm{d}t^n} + a_{n-1} \frac{\mathrm{d}^{n-1} y(t)}{\mathrm{d}t^{n-1}} + \cdots + a_1 \frac{\mathrm{d}y(t)}{\mathrm{d}t} + a_0 y(t)$$

$$= b_m \frac{\mathrm{d}^m f(t)}{\mathrm{d}t^m} + b_{m-1} \frac{\mathrm{d}^{m-1} f(t)}{\mathrm{d}t^{m-1}} + \cdots + b_1 \frac{\mathrm{d}f(t)}{\mathrm{d}t} + b_0 f(t) \tag{2-47}$$

求解系统的单位阶跃响应 $g(t)$ 可分为两步进行:

(1) 选择新变量 $y_1(t)$,使它满足的微分方程为左端,与式(2-47)相同,而右端只含 $f(t)$,即 $y_1(t)$ 满足

$$\frac{\mathrm{d}^n y_1(t)}{\mathrm{d}t^n} + a_{n-1} \frac{\mathrm{d}^{n-1} y_1(t)}{\mathrm{d}t^{n-1}} + \cdots + a_1 \frac{\mathrm{d}y_1(t)}{\mathrm{d}t} + a_0 y_1(t) = f(t) \tag{2-48}$$

令式(2-48)系统的单位阶跃响应为 $g_1(t)$.

(2) 根据线性时不变系统的线性性质和微分特性,可得出式(2-47)的单位阶跃响应 $g(t)$ 为

$$g(t) = b_m g_1^{(m)}(t) + b_{m-1} g_1^{(m-1)}(t) + \cdots + b_0 g_1(t) \tag{2-49}$$

由于单位阶跃函数 $u(t)$ 与单位冲激函数 $\delta(t)$ 的关系为

$$\delta(t) = \frac{\mathrm{d}u(t)}{\mathrm{d}t}, \quad u(t) = \int_{-\infty}^{t} \delta(x)\mathrm{d}x \tag{2-50}$$

因此,根据线性时不变系统的微分特性和积分特性,同一系统的单位阶跃响应与单位冲激响应的关系为

$$h(t) = \frac{\mathrm{d}g(t)}{\mathrm{d}t}, \quad g(t) = \int_{-\infty}^{t} h(x)\mathrm{d}x \tag{2-51}$$

其输入信号间的关系及其响应间的关系如图 2-4 所示.

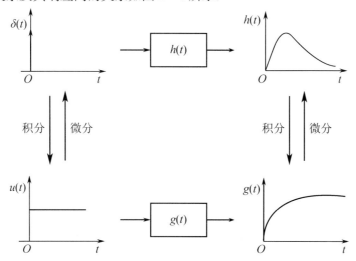

图 2-4　线性时不变系统输入信号间的关系及其响应间的关系

例 2-5　设描述系统的微分方程为 $\frac{\mathrm{d}^2 y(t)}{\mathrm{d}t^2} + 3\frac{\mathrm{d}y(t)}{\mathrm{d}t} + 2y(t) = \frac{\mathrm{d}f(t)}{\mathrm{d}t} + 3f(t)$,求单位阶跃响应 $g(t)$ 和单位冲激响应 $h(t)$.

解：　选择新变量 $y_1(t)$，使它满足

$$\frac{\mathrm{d}^2 y_1(t)}{\mathrm{d}t^2} + 3\frac{\mathrm{d}y_1(t)}{\mathrm{d}t} + 2y_1(t) = f(t)$$

其特征根为

$$\lambda_1 = -1, \quad \lambda_2 = -2$$

因此单位阶跃响应 $g_1(t)$ 为

$$g_1(t) = C_1 \mathrm{e}^{-t} + C_2 \mathrm{e}^{-2t} + \frac{1}{2}$$

根据初始条件

$$g_1'(0_+) = g_1(0_+) = 0$$

解得

$$C_1 = -1, \quad C_2 = \frac{1}{2}$$

即

$$g_1(t) = \left(-\mathrm{e}^{-t} + \frac{1}{2}\mathrm{e}^{-2t} + \frac{1}{2}\right)u(t)$$

由线性时不变系统的线性性质和微分特性，得

$$g(t) = g_1'(t) + 3g_1(t) = \left(-2\mathrm{e}^{-t} + \frac{1}{2}\mathrm{e}^{-2t} + \frac{3}{2}\right)u(t)$$

由单位阶跃响应与单位冲激响应的关系得单位冲激响应为

$$h(t) = g'(t) = (2\mathrm{e}^{-t} - \mathrm{e}^{-2t})u(t)$$

例 2-6　描述某二阶线性时不变系统的微分方程为 $y''(t) + 5y'(t) + 6y(t) = f(t)$，求其单位冲激响应和单位阶跃响应.

解：（1）单位冲激响应

解法一　求其特征方程和特征根

$$\lambda^2 + 5\lambda + 6 = 0, \quad \lambda_1 = -2, \lambda_2 = -3$$

在 $n > m$ 的条件下，单位冲激响应 $h(t)$ 中将不包含 $\delta(t)$ 及其各阶导数项. 因此单位冲激响应 $h(t)$ 为

$$h(t) = (C_1 \mathrm{e}^{-2t} + C_2 \mathrm{e}^{-3t})u(t)$$

对 $h(t)$ 逐次求导，得

$$\frac{\mathrm{d}h(t)}{\mathrm{d}t} = (C_1 \mathrm{e}^{-2t} + C_2 \mathrm{e}^{-3t})\delta(t) + (-2C_1 \mathrm{e}^{-2t} - 3C_2 \mathrm{e}^{-3t})u(t)$$

$$= (C_1 + C_2)\delta(t) + (-2C_1 \mathrm{e}^{-2t} - 3C_2 \mathrm{e}^{-3t})u(t)$$

$$\frac{\mathrm{d}^2 h(t)}{\mathrm{d}t^2} = (C_1 + C_2)\delta'(t) + (-2C_1 - 3C_2)\delta(t) + (4C_1 \mathrm{e}^{-2t} + 9C_2 \mathrm{e}^{-3t})u(t)$$

将 $y(t) = h(t)$ 和 $f(t) = \delta(t)$ 代入系统微分方程，经整理得

$$(C_1 + C_2)\delta'(t) + (3C_1 + 2C_2)\delta(t) = \delta(t)$$

由冲激平衡法，等式两边的 $\delta(t)$ 和 $\delta'(t)$ 前的系数应对应相等，故有

$$C_1 + C_2 = 0, \quad 3C_1 + 2C_2 = 1$$

解得

$$C_1 = 1, \quad C_2 = -1$$

单位冲激响应的表示式为

$$h(t) = (\mathrm{e}^{-2t} - \mathrm{e}^{-3t})u(t)$$

解法二　　　　　$h''(t) + 5h'(t) + 6h(t) = \delta(t)$　　　　　　(2-52)

令 $h''(t) = a\delta(t) + r_0(t)$,其中, $r_0(t)$ 为不含 $\delta(t)$ 及其各阶导数的项.从 $-\infty$ 到 t 积分,得

$$h'(t) = \int_{-\infty}^{t} [a\delta(\tau) + r_0(\tau)]\mathrm{d}\tau = au(t) + \int_{-\infty}^{t} r_0(\tau)\mathrm{d}\tau = r_1(t)$$

$$h(t) = \int_{-\infty}^{t} r_1(\tau)\mathrm{d}\tau = r_2(t)$$

其中, $r_1(t)$ 与 $r_2(t)$ 均为不含 $\delta(t)$ 及其各阶导数的函数.代入上式,得 $a = 1$.

由于

$$h'(0_+) - h'(0_-) = a = 1, \quad h(0_+) - h(0_-) = 0$$

得

$$h(0_+) = 0, \quad h'(0_+) = 1$$

该方程的特征方程和特征根为

$$\lambda^2 + 5\lambda + 6 = 0, \quad \lambda_1 = -2, \lambda_2 = -3$$

即单位冲激响应为

$$h(t) = C_1 \mathrm{e}^{-2t} + C_2 \mathrm{e}^{-3t}$$

根据初始条件 $h(0_+) = 0, h'(0_+) = 1$,有

$$C_1 + C_2 = 0, \quad -2C_1 - 3C_2 = 1$$

解得

$$C_1 = 1, \quad C_2 = -1$$

最后,得到单位冲激响应为

$$h(t) = (\mathrm{e}^{-2t} - \mathrm{e}^{-3t})u(t)$$

（2）单位阶跃响应

$$g''(t) + 5g'(t) + 6g(t) = u(t)$$

在 $t \geqslant 0$ 时,有

$$g''(t) + 5g'(t) + 6g(t) = 1$$

根据前面得到的特征方程和特征根,得

$$g(t) = C_1 \mathrm{e}^{-2t} + C_2 \mathrm{e}^{-3t} + \frac{1}{6}$$

再加上初始条件

$$g(0_+) = 0, \quad g'(0_+) = 0$$

有

$$C_1 + C_2 + \frac{1}{6} = 0, \quad -2C_1 - 3C_2 = 0$$

解得

$$C_1 = -\frac{1}{2}, \quad C_2 = \frac{1}{3}$$

于是,单位阶跃响应为

$$g(t) = \left(-\frac{1}{2}\mathrm{e}^{-2t} + \frac{1}{3}\mathrm{e}^{-3t} + \frac{1}{6}\right)u(t)$$

2.3　卷　　积

如果将施加于系统的信号分解,而且容易求出每个分量作用于系统产生的响应,那么,根据叠加定理,将这些响应求和即可得到原激励信号引起的响应.这种分解可以是冲激函数、阶跃函数、

三角函数或指数函数等一些基本函数的线性组合.卷积就是将信号分解为不同延时的冲激信号的叠加,利用系统的单位冲激响应,从而求解系统对任意激励信号的零状态响应.

2.3.1 卷积的定义

定义强度为1(即脉冲波形下的面积为1),宽度很窄的脉冲$\delta_\Delta(t)$.设当$\delta_\Delta(t)$作用于线性时不变系统时,其零状态响应为$h_\Delta(t)$,如图2-5所示.

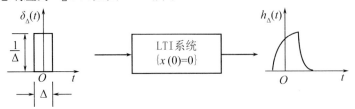

图2-5 $\delta_\Delta(t)$的零状态响应示意图

由于

$$\lim_{\Delta \to 0}\delta_\Delta(t) = \delta(t)$$

所以,对于线性时不变系统,其单位冲激响应

$$\lim_{\Delta \to 0}h_\Delta(t) = h(t)$$

对于任意激励信号$f(t)$,可以把$f(t)$分解为许多宽度为Δ的窄脉冲,如图2-6所示.其中,第k个脉冲出现在$t = k\Delta$时刻,其强度(脉冲下的面积)用$\delta_\Delta(t-k\Delta)$表示为

$$S_k = \frac{f(k\Delta)}{\frac{1}{\Delta}}\delta_\Delta(t-k\Delta) = f(k\Delta)\delta_\Delta(t-k\Delta)\Delta \tag{2-53}$$

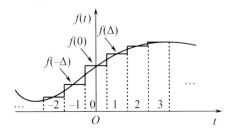

图2-6 函数$f(t)$分解为窄脉冲

即:

"-1"号脉冲高度$f(-\Delta)$,宽度为Δ,用$\delta_\Delta(t+\Delta)$表示为:$f(-\Delta)\delta_\Delta(t+\Delta)\Delta$;

"0"号脉冲高度$f(0)$,宽度为Δ,用$\delta_\Delta(t)$表示为:$f(0)\delta_\Delta(t)\Delta$;

"1"号脉冲高度$f(\Delta)$,宽度为Δ,用$\delta_\Delta(t-\Delta)$表示为:$f(\Delta)\delta_\Delta(t-\Delta)\Delta$;

"2"号脉冲高度$f(2\Delta)$,宽度为Δ,用$\delta_\Delta(t-2\Delta)$表示为:$f(2\Delta)\delta_\Delta(t-2\Delta)\Delta$.

这样,可以将$f(t)$近似地看作由一系列强度不同、接入时刻不同的窄脉冲组成,如图2-6所示.所有这些窄脉冲的和近似地等于$f(t)$,即

$$f(t) \approx \sum_{n=-\infty}^{\infty} f(n\Delta)\Delta\delta_\Delta(t-n\Delta) \tag{2-54}$$

如果线性时不变系统在窄脉冲$\delta_\Delta(t)$作用下的零状态响应为$h_\Delta(t)$,那么,根据线性时不变系统的零状态线性性质和激励与响应间的时不变特性,在以上一系列窄脉冲作用下,系统的零状态响应近似为

$$y_{zs}(t) \approx \sum_{n=-\infty}^{\infty} f(n\Delta)h_\Delta(t-n\Delta)\Delta \tag{2-55}$$

在 $\Delta \to 0$ 的极限情况下,将 Δ 写作 $\mathrm{d}\tau$,$n\Delta$ 写作 τ,τ 是时间变量,如图 2-7 所示.同时求和符号应改写为积分符号.利用式(2-54)和式(2-55),则 $f(t)$ 和 $y_{zs}(t)$ 可表示为

$$f(t) \approx \lim_{\Delta \to 0} \sum_{n=-\infty}^{\infty} f(n\Delta)\delta_\Delta(t-n\Delta)\Delta = \int_{-\infty}^{\infty} f(\tau)\delta(t-\tau)\mathrm{d}\tau \tag{2-56}$$

$$y_{zs}(t) \approx \lim_{\Delta \to 0} \sum_{n=-\infty}^{\infty} f(n\Delta)h_\Delta(t-n\Delta)\Delta = \int_{-\infty}^{\infty} f(\tau)h(t-\tau)\mathrm{d}\tau \tag{2-57}$$

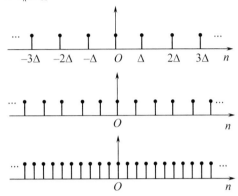

图 2-7　Δ 趋近于 0 的极限情况下,$n\Delta$ 写作 τ

它们称为卷积.式(2-56)表明,任何连续时间信号 $f(t)$ 能表示为时移单位冲激函数 $\delta(t-\tau)$ 的一个线性组合,$f(\tau)$ 是线性组合的加权系数;同时,式(2-57)表明,线性时不变系统的零状态响应 $y_{zs}(t)$ 是激励 $f(t)$ 与单位冲激响应 $h(t)$ 的卷积.线性时不变系统响应的图解说明如图 2-8 所示.

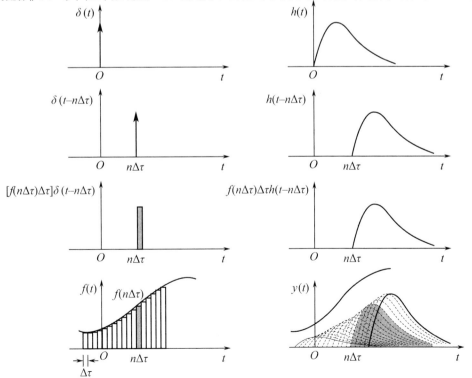

图 2-8　线性时不变系统响应的图解说明

上述导出过程也可利用线性时不变系统的性质得到,或许更容易理解. 如图 2-9 所示,线性时不变系统的输入信号为 $f(t)$,输出为 $y(t)$.

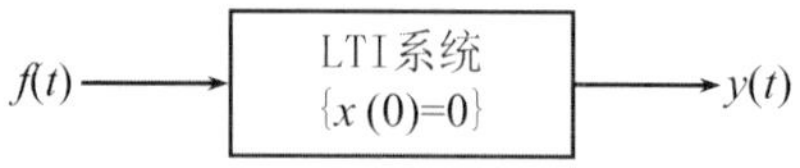

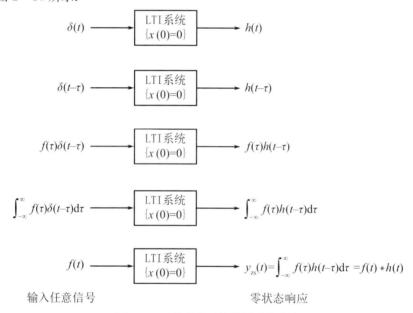

$$f(t) \longrightarrow \boxed{\begin{array}{c}\text{LTI 系统}\\ \{x(0)=0\}\end{array}} \longrightarrow y(t)$$

图 2-9　线性时不变连续系统的激励与响应

根据单位冲激响应的定义,当输入信号为 $\delta(t)$ 时,线性时不变系统的零状态响应为 $h(t)$,记为

$$\delta(t) \to h(t)$$

根据线性时不变系统的时不变性质,当输入延迟 τ 时,输出也延迟 τ,记为

$$\delta(t-\tau) \to h(t-\tau)$$

根据线性时不变系统的齐次性,输入信号增加 $f(\tau)$ 倍时,输出也增加 $f(\tau)$ 倍,记为

$$f(\tau)\delta(t-\tau) \to f(\tau)h(t-\tau)$$

根据线性时不变系统的叠加性,得到

$$f(t) = \int_{-\infty}^{\infty} f(\tau)\delta(t-\tau)\mathrm{d}\tau \to y(t) = \int_{-\infty}^{\infty} f(\tau)h(t-\tau)\mathrm{d}\tau$$

整个过程如图 2-10 所示.

图 2-10　卷积求系统的零状态响应

一般而言,在区间 $(-\infty,\infty)$ 上的两个函数 $f_1(t)$ 和 $f_2(t)$,则定义积分

$$f(t) = \int_{-\infty}^{\infty} f_1(\tau)f_2(t-\tau)\mathrm{d}\tau \tag{2-58}$$

为 $f_1(t)$ 与 $f_2(t)$ 的卷积,记为

$$f(t) = f_1(t) * f_2(t) \tag{2-59}$$

即

$$f(t) = f_1(t) * f_2(t) = \int_{-\infty}^{\infty} f_1(\tau)f_2(t-\tau)\mathrm{d}\tau \tag{2-60}$$

2.3.2　卷积的图示

卷积是一种重要的数学方法,利用图解可以使其运算关系形象直观,有助于对卷积概念的理

解. 知道两个卷积信号的图形,可以利用图解直接求出其卷积值. 下面说明卷积的图解过程.

设有函数 $f_1(t)$ 和 $f_2(t)$,如图 2-11 所示. 函数 $f_1(t)$ 是幅度为 1 的矩形脉冲,$f_2(t)$ 是锯齿波. 设 $f_1(t)$ 和 $f_2(t)$ 的卷积为 $y(t)$,则

$$y(t) = f_1(t) * f_2(t) = \int_{-\infty}^{\infty} f_1(\tau) f_2(t-\tau) \mathrm{d}\tau \qquad (2-61)$$

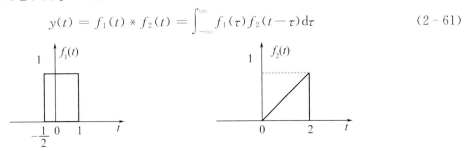

图 2-11 函数 $f_1(t)$ 和 $f_2(t)$ 的图形

在式(2-61)中,积分变量是 τ,函数 $f_1(\tau)$ 和 $f_2(\tau)$ 与原波形完全相同,只需将横坐标换为 τ 即可. 为了求出 $f_1(t) * f_2(t)$ 在任意时刻的值,式(2-61)的图解算法过程可分为如下的翻转、平移、乘积与积分 4 个步骤.

(1) 翻转:将函数 $f_1(t)$、$f_2(t)$ 的自变量 t 用 τ 替换,得到 $f_1(\tau)$ 和 $f_2(\tau)$. 然后将函数 $f_2(\tau)$ 以纵坐标为轴线翻转,就得到与 $f_2(\tau)$ 镜像对称的函数 $f_2(-\tau)$.

(2) 平移:函数 $f_2(-\tau)$ 沿 τ 轴平移 t 个单位,得到 $f_2(t-\tau)$,如图 2-12(a) 和图 2-12(b) 所示. 需要注意的是,当参变量 t 取不同的值时,$f_2(t-\tau)$ 的位置将不同,当 t 为正数时,将 $f_2(-\tau)$ 沿 τ 轴正方向平移 t 时间;当 t 为负数时,将 $f_2(-\tau)$ 沿 τ 轴负方向平移 t 时间.

(3) 乘积:将函数 $f_1(\tau)$ 与翻转平移后的函数 $f_2(t-\tau)$ 相乘,得函数 $f_1(\tau)f_2(t-\tau)$,如图 2-12(b)、图 2-12(c) 和图 2-12(d) 中重叠部分的斜线所示.

(4) 积分:$f_1(\tau)$ 与 $f_2(t-\tau)$ 乘积曲线下的面积为 t 时刻的卷积值. 函数 $f_1(\tau)$ 与 $f_2(t-\tau)$ 的乘积因为没有重叠部分而等于零. 将波形 $f_2(t-\tau)$ 连续地沿 τ 轴平移,就得到任意时刻 t 的卷积 $f(t) = f_1(t) * f_2(t)$,它是 t 的函数,如图 2-12(f) 所示.

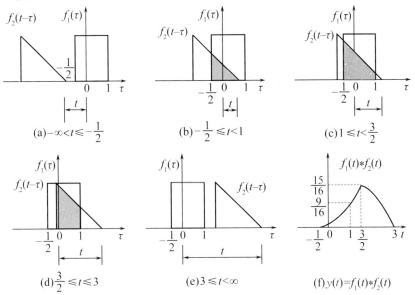

图 2-12 卷积运算过程

按上述步骤完成的卷积结果如下：

(1) $-\infty < t \leqslant -\dfrac{1}{2}$，如图 2-12(a) 所示，

$$y(t) = f_1(t) * f_2(t) = 0$$

(2) $-\dfrac{1}{2} \leqslant t < 1$，如图 2-12(b) 所示，

$$y(t) = f_1(t) * f_2(t) = \int_{-\frac{1}{2}}^{t} 1 \times \frac{1}{2}(t-\tau)\mathrm{d}\tau = \frac{t^2}{4} + \frac{t}{4} + \frac{1}{16}$$

(3) $1 \leqslant t < \dfrac{3}{2}$，如图 2-12(c) 所示，

$$y(t) = f_1(t) * f_2(t) = \int_{-\frac{1}{2}}^{1} 1 \times \frac{1}{2}(t-\tau)\mathrm{d}\tau = \frac{3t}{4} - \frac{3}{16}$$

(4) $\dfrac{3}{2} \leqslant t < 3$，如图 2-12(d) 所示，

$$y(t) = f_1(t) * f_2(t) = \int_{t-2}^{1} 1 \times \frac{1}{2}(t-\tau)\mathrm{d}\tau = -\frac{t^2}{4} + \frac{t}{2} + \frac{3}{4}$$

(5) $3 \leqslant t < \infty$，如图 2-12(e) 所示，

$$y(t) = f_1(t) * f_2(t) = 0$$

以上各图中的阴影面积，即相乘积分的结果. 最后，以 t 为横坐标，将与 t 对应的积分值画成曲线，就是卷积 $y(t)$ 的函数图形，如图 2-12(f) 所示.

例 2-7 某线性时不变系统的输入为 $x(t)$，其单位冲激响应为 $h(t)$，$x(t) = \mathrm{e}^{-at}u(t)$，$h(t) = u(t)$，求其零状态响应.

解： 零状态响应 $y_{\mathrm{zs}}(t)$ 就是输入 $x(t)$ 和单位冲激响应 $h(t)$ 的卷积，即

$$y_{\mathrm{zs}}(t) = x(t) * h(t) = \int_{-\infty}^{\infty} x(\tau)h(t-\tau)\mathrm{d}\tau$$

图 2-13 分别画出了 $h(\tau)$、$x(\tau)$ 及对应于 $t<0$ 和 $t>0$ 的 $h(t-\tau)$. 从图中可以看出，在 $t<0$ 时，$x(\tau)$ 与 $h(t-\tau)$ 的乘积为零，所以 $y_{\mathrm{zs}}(t) = 0$. 而对于 $t>0$ 时，有

$$y_{\mathrm{zs}}(t) = \int_{0}^{t} x(\tau)h(t-\tau)\mathrm{d}\tau = \int_{0}^{t} \mathrm{e}^{-a\tau}\mathrm{d}\tau = \frac{1}{a}(1 - \mathrm{e}^{-at})$$

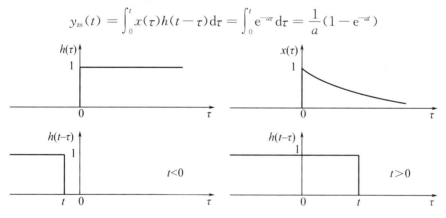

图 2-13 例 2-7 卷积的计算

因此，对于所有的 t，零状态响应为 $y_{\mathrm{zs}}(t) = \dfrac{1}{a}(1 - \mathrm{e}^{-at})u(t)$，如图 2-14 所示.

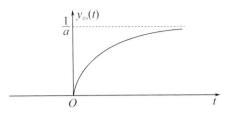

图 2 - 14　例 2 - 7 的零状态响应

例 2 - 8　求图 2 - 15 所示函数 $f_1(t)$ 和 $f_2(t)$ 的卷积.

图 2 - 15　例 2 - 8 图

解：　图 2 - 15 的函数可以写为

$$f_1(t) = \begin{cases} 0, & t < -1 \\ 1, & -1 < t < 1, \\ 0, & t > 1 \end{cases} \quad f_2(t) = \begin{cases} 0, & t < 0 \\ 2, & 0 < t < 1 \\ 0, & t > 1 \end{cases}$$

将 $f_2(t)$ 换元，反转，得

$$f_2(-\tau) = \begin{cases} 0, & \tau < -1 \\ 2, & -1 < \tau < 0 \\ 0, & \tau > 0 \end{cases}$$

其形状如图 2 - 15(b) 中虚线所示.

将 $f_2(-\tau)$ 平移 t，就得到 $f_2(t-\tau)$. 当 t 从 $-\infty$ 逐渐增大时，$f_2(t-\tau)$ 沿 τ 轴从左向右平移. 对应不同的 t 值，将 $f_1(\tau)$ 与 $f_2(t-\tau)$ 相乘并积分就可得到 $f_1(t)$ 和 $f_2(t)$ 的卷积，即

$$y(t) = f_1(t) * f_2(t) = \int_{-\infty}^{\infty} f_1(\tau) f_2(t-\tau) \mathrm{d}\tau \qquad (2-62)$$

计算过程如下：

(1) $-\infty < t < -1$，如图 2 - 16(a) 所示，$f_1(\tau)$ 与 $f_2(t-\tau)$ 没有重叠部分，于是

$$y(t) = f_1(t) * f_2(t) = 0$$

(2) $-1 < t < 0$，如图 2 - 16(b) 所示，$f_1(\tau)$ 与 $f_2(t-\tau)$ 在 $-1 < \tau < t$ 之间有重叠，于是

$$y(t) = f_1(t) * f_2(t) = \int_{-1}^{t} 1 \times 2 \mathrm{d}\tau = 2t + 2$$

(3) $0 < t < 1$，如图 2 - 16(c) 所示，$f_1(\tau)$ 与 $f_2(t-\tau)$ 在 $t-1 < \tau < t$ 之间有重叠，于是

$$y(t) = f_1(t) * f_2(t) = \int_{t-1}^{t} 1 \times 2 \mathrm{d}\tau = 2$$

(4) $1 < t < 2$，如图 2 - 16(d) 所示，$f_1(\tau)$ 与 $f_2(t-\tau)$ 在 $t-1 < \tau < 1$ 之间有重叠，于是

$$y(t) = f_1(t) * f_2(t) = \int_{t-1}^{1} 1 \times 2 \mathrm{d}\tau = 4 - 2t$$

(5) $2 < t < \infty$，如图 2 - 16(e) 所示，$f_1(\tau)$ 与 $f_2(t-\tau)$ 没有重叠部分，于是

$$y(t) = f_1(t) * f_2(t) = 0$$

最后，以 t 为横坐标，将与 t 对应的积分值画成曲线，就是卷积 $y(t)$ 的函数图形，如图 2 - 16(f) 所示.

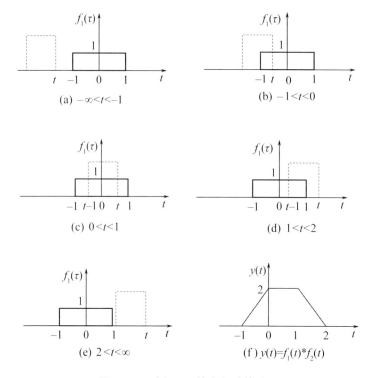

图 2 - 16　　例 2 - 8 的卷积计算过程

2.4　卷积的性质

　　卷积作为一种数学运算,具有许多有用的性质,利用这些性质能简化卷积运算.下面讨论卷积均设为收敛的(或存在的),这时二重积分的次序可以交换,导数与积分的次序也可交换.

2.4.1　卷积的代数运算规则

卷积运算是一种代数运算,有关的代数运算定律也适用于卷积运算.

1. 交换律

$$f_1(t) * f_2(t) = f_2(t) * f_1(t) \tag{2-63}$$

证明:根据卷积的定义式(2 - 60)

$$f_1(t) * f_2(t) = \int_{-\infty}^{\infty} f_1(\tau) f_2(t-\tau) \mathrm{d}\tau$$

将上式中的积分变量 τ 换为 $t - \eta$,则 $t - \tau$ 换为 η,这样上式可写成

$$f_1(t) * f_2(t) = \int_{\infty}^{-\infty} f_1(t-\eta) f_2(\eta) \mathrm{d}(-\eta) = \int_{-\infty}^{\infty} f_2(\eta) f_1(t-\eta) \mathrm{d}\eta = f_2(t) * f_1(t)$$

这表明卷积的结果与两个函数的次序无关.在 LTI 系统中对于响应而言,输入信号和 LTI 系统的单位冲激响应的作用是可交换的.

2. 分配律

$$f_1(t) * [f_2(t) + f_3(t)] = f_1(t) * f_2(t) + f_1(t) * f_3(t) \tag{2-64}$$

证明:由卷积定义有

$$f_1(t) * \left[f_2(t) + f_3(t)\right] = \int_{-\infty}^{\infty} f_1(\tau)\left[f_2(t-\tau) + f_3(t-\tau)\right]\mathrm{d}\tau$$

$$= \int_{-\infty}^{\infty} f_1(\tau)f_2(t-\tau)\mathrm{d}\tau + \int_{-\infty}^{\infty} f_1(\tau)f_3(t-\tau)\mathrm{d}\tau$$

$$= f_1(t) * f_2(t) + f_1(t) * f_3(t)$$

分配律用于系统分析,相当于并联系统的单位冲激响应,等于组成并联系统的各子系统单位冲激响应之和,如图 2 - 17 所示.

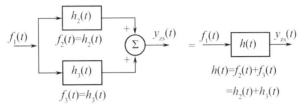

图 2 - 17　并联系统的单位冲激响应

3. 结合律

$$\left[f_1(t) * f_2(t)\right] * f_3(t) = f_1(t) * \left[f_2(t) * f_3(t)\right] \tag{2-65}$$

证明:根据卷积的定义,只要改变积分次序即可,即

$$\left[f_1(t) * f_2(t)\right] * f_3(t) = \int_{-\infty}^{\infty}\left[\int_{-\infty}^{\infty} f_1(\tau)f_2(\eta-\tau)\mathrm{d}\tau\right]f_3(t-\eta)\mathrm{d}\eta$$

$$= \int_{-\infty}^{\infty} f_1(\tau)\left[\int_{-\infty}^{\infty} f_2(\eta-\tau)f_3(t-\eta)\mathrm{d}\eta\right]\mathrm{d}\tau$$

$$= \int_{-\infty}^{\infty} f_1(\tau)\left[\int_{-\infty}^{\infty} f_2(x)f_3(t-\tau-x)\mathrm{d}x\right]\mathrm{d}\tau$$

$$= f_1(t) * \left[f_2(t) * f_3(t)\right]$$

结合律用于系统分析,相当于级联系统的单位冲激响应,等于组成级联系统的各子系统单位冲激响应的卷积,如图 2 - 18 所示.

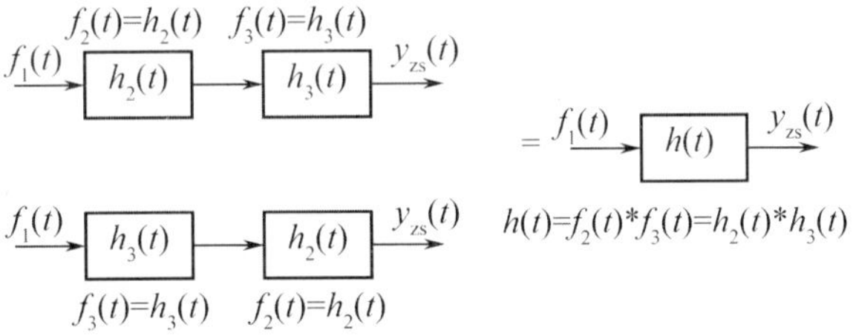

图 2 - 18　级联系统的单位冲激响应

卷积运算的结合律性质还可推广到任意多个时间函数逐次卷积的情况. 由上述讨论,可以得出分析 LTI 系统的一些有用的结论:

(1) 若干个 LTI 系统级联后的系统仍是一个 LTI 系统,总系统的单位冲激响应等于级联的所有 LTI 系统单位冲激响应的逐次卷积;

(2) 任意改变 LTI 系统级联的先后次序不改变最后的响应结果.

4. 移位性质

若 $f_1(t) * f_2(t) = g(t)$,则

$$f_1(t) * f_2(t-t_1) = f_1(t-t_1) * f_2(t) = g(t-t_1) \tag{2-66}$$

且

$$f_1(t-t_1) * f_2(t-t_2) = g(t-t_1-t_2) \tag{2-67}$$

证明：已知有

$$f_1(t) * f_2(t) = \int_{-\infty}^{\infty} f_1(\tau) f_2(t-\tau) \mathrm{d}\tau = g(t)$$

因此有

$$f_1(t) * f_2(t-t_1) = \int_{-\infty}^{\infty} f_1(\tau) f_2(t-t_1-\tau) \mathrm{d}\tau = g(t-t_1)$$

同理，可证式(2-67).

2.4.2 与冲激函数或阶跃函数的卷积

1. $\delta(t)$ 函数是卷积的单位元

卷积中最简单的情况是两个函数之一是冲激函数. 根据定义及冲激函数的性质有

$$f(t) * \delta(t) = \delta(t) * f(t) = \int_{-\infty}^{\infty} \delta(\tau) f(t-\tau) \mathrm{d}\tau = f(t) \tag{2-68}$$

式(2-68)表明任意函数与冲激函数的卷积仍是该函数本身，所以常称冲激函数是卷积的单位元.

2. $\delta(t-t_0)$ 是 t_0 延时器

$$f(t) * \delta(t-t_0) = \int_{-\infty}^{\infty} f(\tau) \delta(t-t_0-\tau) \mathrm{d}\tau = f(t-t_0) \tag{2-69}$$

进一步推广，可得

$$\delta(t-t_1) * \delta(t-t_2) = \delta(t-t_2) * \delta(t-t_1) = \delta(t-t_1-t_2) \tag{2-70}$$

$$f(t-t_1) * \delta(t-t_2) = f(t-t_2) * \delta(t-t_1) = f(t-t_1-t_2) \tag{2-71}$$

3. $\delta'(t)$ 是微分器

$$\delta'(t) * f(t) = \int_{-\infty}^{\infty} \delta'(\tau) f(t-\tau) \mathrm{d}\tau = f(t-\tau)\delta(\tau)\Big|_{-\infty}^{\infty} + \int_{-\infty}^{\infty} f'(t-\tau)\delta(\tau)\mathrm{d}\tau$$

$$= 0 + f'(t-\tau)\Big|_{\tau=0} = f'(t)$$

即

$$\delta'(t) * f(t) = f'(t) \tag{2-72}$$

推广可得

$$f(t) * \delta^{(n)}(t) = f^{(n)}(t), \quad n = 1, 2, \cdots \tag{2-73}$$

4. $u(t)$ 是积分器

$$f(t) * u(t) = \int_{-\infty}^{\infty} f(\tau) u(t-\tau) \mathrm{d}\tau = \int_{-\infty}^{t} f(\tau) \mathrm{d}\tau \tag{2-74}$$

推广可得

$$u(t) * u(t) = tu(t) \tag{2-75}$$

例 2-9 图 2-19(a)画出了周期为 T 的周期单位冲激函数序列，可称为梳状函数，它可用 $\delta_T(t)$ 表示，它可写为

$$\delta_T(t) = \sum_{m=-\infty}^{\infty} \delta(t-mT)$$

式中，m 为整数. 函数 $f_0(t)$ 如图 2-19(b)所示，对下列 T 值，试求出并画出 $f(t) = f_0(t) * \delta_T(t)$.
(a) $T = 4$；(b) $T = 2$；(c) $T = 3/2$；(d) $T = 1$.

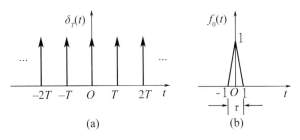

图 2 - 19　周期单位冲激函数与 $f_0(t)$

解： 根据卷积运算的分配律，并利用式(2 - 69)可得

$$f(t) = f_0(t) * \delta_T(t) = f_0(t) * \left[\sum_{m=-\infty}^{\infty} \delta(t - mT) \right]$$

$$= \sum_{m=-\infty}^{\infty} \left[f_0(t) * \delta(t - mT) \right] = \sum_{m=-\infty}^{\infty} f_0(t - mT)$$

如果 $f_0(t)$ 的波形如图 2 - 19(b) 所示，那么，$f_0(t)$ 与 $\delta_T(t)$ 卷积的波形如图 2 - 20 所示. 由图可见，$f_0(t) * \delta_T(t)$ 也是周期为 T 的周期信号，它在每个周期内的波形与 $f_0(t)$ 及周期 T 有关.

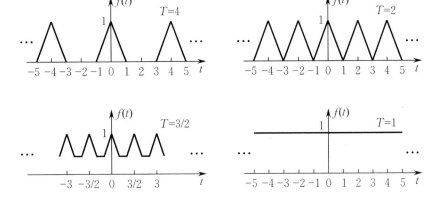

图 2 - 20　周期单位冲激函数与 $f_0(t)$ 的卷积

2.4.3　卷积的积分性质与微分性质

两个连续时间函数卷积得到的仍是一个连续时间函数，也可对其进行微分与积分运算.

1. 微分性质

$$\frac{\mathrm{d}^n}{\mathrm{d}t^n} \left[f(t) * g(t) \right] = \frac{\mathrm{d}^n f(t)}{\mathrm{d}t^n} * g(t) = f(t) * \frac{\mathrm{d}^n g(t)}{\mathrm{d}t^n} \qquad (2 - 76)$$

证明：

$$\frac{\mathrm{d}^n}{\mathrm{d}t^n} \left[f(t) * g(t) \right] = \delta^{(n)}(t) * \left[f(t) * g(t) \right]$$

$$= \left[\delta^{(n)}(t) * f(t) \right] * g(t)$$

$$= f^{(n)}(t) * g(t)$$

同理，可证 $\dfrac{\mathrm{d}^n}{\mathrm{d}t^n} \left[f(t) * g(t) \right] = f(t) * \dfrac{\mathrm{d}^n g(t)}{\mathrm{d}t^n}$.

卷积的微分性质表明，两个时间函数卷积后的信号的微分，等于其中一个函数的导数与另一个函数的卷积.

2. 积分性质

$$\int_{-\infty}^{t} \left[f(\tau) * g(\tau) \right] \mathrm{d}\tau = \left[\int_{-\infty}^{t} f(\tau) \mathrm{d}\tau \right] * g(t) = f(t) * \left[\int_{-\infty}^{t} g(\tau) \mathrm{d}\tau \right] \qquad (2 - 77)$$

证明：
$$\int_{-\infty}^{t} [f(\tau) * g(\tau)] \mathrm{d}\tau = u(t) * [f(t) * g(t)] = [u(t) * f(t)] * g(t)$$
$$= \left[\int_{-\infty}^{t} f(\tau) \mathrm{d}\tau\right] * g(t)$$

同理，可证 $\int_{-\infty}^{t} [f(\tau) * g(\tau)] \mathrm{d}\tau = f(t) * \left[\int_{-\infty}^{t} g(\tau) \mathrm{d}\tau\right]$.

卷积的积分性质表明，两个时间函数卷积后的信号的积分，等于其中一个函数的积分与另一个函数的卷积.

3. 微积分性质
$$\left[\frac{\mathrm{d}}{\mathrm{d}t} f(t)\right] * \int_{-\infty}^{t} g(\tau) \mathrm{d}\tau = f(t) * g(t)$$

证明：
$$\left[\frac{\mathrm{d}}{\mathrm{d}t} f(t)\right] * \int_{-\infty}^{t} g(\tau) \mathrm{d}\tau = \delta'(t) * f(t) * u(t) * g(t) = [\delta'(t) * u(t)] * [f(t) * g(t)]$$
$$= \delta(t) * f(t) * g(t) = f(t) * g(t)$$

2.4.4　复信号的响应

到目前为止，所讨论的线性时不变系统的响应普遍适用于一般的输入信号，包括实信号和复信号. 然而，若系统是实系统，即 $h(t)$ 是实函数，则可以证明输入信号的实部产生输出信号的实部，输入信号的虚部产生输出信号的虚部.

若输入为 $f(t) = f_r(t) + \mathrm{j}f_i(t)$，其中 $f_r(t)$ 和 $f_i(t)$ 分别是 $f(t)$ 的实部和虚部，则对于实函数 $h(t)$ 有
$$y(t) = h(t) * [f_r(t) + \mathrm{j}f_i(t)] = h(t) * f_r(t) + \mathrm{j}h(t) * f_i(t) = y_r(t) + \mathrm{j}y_i(t)$$
其中，$y_r(t)$ 和 $y_i(t)$ 分别为 $y(t)$ 的实部和虚部. 用右向箭头符号表示一对输入及其对应的响应，上述结果可表示如下：

若
$$f(t) = f_r(t) + \mathrm{j}f_i(t) \Rightarrow y(t) = y_r(t) + \mathrm{j}y_i(t)$$
则
$$f_r(t) \Rightarrow y_r(t), \quad f_i(t) \Rightarrow y_i(t)$$

2.5　单位冲激响应与系统特性

单位冲激响应由系统的特征模式项组成，完全由系统本身决定，与外界因素无关，因此，单位冲激响应完全表征系统的特性，和系统的特性是紧密联系在一起的. 在时域分析中可以根据 $h(t)$ 来判断系统的某些重要特性，如因果性、稳定性等.

2.5.1　系统的因果性

1.7 节介绍了线性时不变系统的因果性质，即一个因果系统的输出只取决于现在和过去的输入值. 利用线性时不变系统的卷积，可以把这一性质与单位冲激响应联系起来. 一个连续时间线性时不变系统若是因果的，则 $y(t)$ 就必须与 $\tau > t$ 的 $f(\tau)$ 无关. 由卷积公式
$$y(t) = \int_{-\infty}^{\infty} f(\tau)h(t-\tau)\mathrm{d}\tau \tag{2-78}$$
可以看出，乘以 $f(\tau)$ 的所有系数 $h(t-\tau)$ 对于 $\tau > t$ 都必须为零，这就要求连续时间线性时不变系统的单位冲激响应满足下面条件

$$h(t) = 0, \quad t < 0 \tag{2-79}$$

根据式(2-79),一个因果线性时不变系统的单位冲激响应在冲激出现之前必须为零,这就与因果性的概念相一致.因此,一个线性时不变系统的因果性等效于它的单位冲激响应是一个因果信号.

一个线性系统的因果性等效于初始松弛(initial rest)的条件;也就是说,如果一个因果系统的输入在某个时刻以前是零,那么其输出在那个时刻以前也必须是零.需要注意的是,因果性和初始松弛条件的等效仅适用于线性系统.例如,系统 $y(t) = 3f(t) + 5$ 不是线性的,然而是因果的.但是,在 $f(t) = 0$ 时,$y(t) = 5 \neq 0$,所以,该系统并不满足初始松弛条件.

2.5.2　系统的稳定性

1.7 节曾提到,如果一个系统对于每一个有界的输入,其输出都是有界的,就称该系统是稳定的.现在讲解一个稳定的线性时不变系统要求单位冲激响应所具备的条件.

设激励 $f(t)$ 是有界的,其界为 B,即对所有的 t 有

$$|f(t)| \leqslant B \tag{2-80}$$

把这样一个有界的激励加到一个单位冲激响应为 $h(t)$ 的线性时不变系统上,则按卷积,响应输出的绝对值为

$$|y(t)| = \left| \int_{-\infty}^{\infty} h(\tau) f(t-\tau) \mathrm{d}\tau \right| \leqslant \int_{-\infty}^{\infty} |h(\tau)| \, |f(t-\tau)| \, \mathrm{d}\tau \leqslant B \int_{-\infty}^{\infty} |h(\tau)| \, \mathrm{d}\tau$$

因此,若单位冲激响应是绝对可积的,即

$$\int_{-\infty}^{\infty} |h(\tau)| \, \mathrm{d}\tau < \infty \tag{2-81}$$

则系统是稳定的.因此,一个连续时间线性时不变系统的稳定性就完全等效于式(2-81).

2.5.3　系统时间常数

系统对激励的响应需要一定的时间.当一个激励作用于系统时,系统对该激励做出的响应相对于激励有一个时间上的滞后,这个时间上的滞后就称为系统时间常数.通常,一个系统的时间常数与其单位冲激响应 $h(t)$ 的持续时间是相等的.因为系统的输入 $\delta(t)$ 是瞬间完成的,而它的响应 $h(t)$ 却有持续期 T_h.由此可知,系统需要时间 T_h 来对输入产生充分响应,因此,可将 T_h 作为衡量系统时间常数大小的一个标准.从另一个角度也可得到同样的结论.前面得到系统的响应是输入 $f(t)$ 与 $h(t)$ 的卷积.如果输入信号的持续时间为 T_f,根据卷积性质,响应的持续时间为 $T_f + T_h$.这说明系统需要 T_h s 的时间对输入做出充分的响应.

系统时间常数表明系统对激励做出充分响应所需时间的大小:具有较小时间常数的系统是反应较快的系统,它对输入的响应也较快;而具有较大时间常数的系统是一个反应迟缓的系统,它不能对快速变化的信号做出很好的响应.

严格地说,单位冲激响应 $h(t)$ 的持续时间应为无穷大,因为系统的特征模式在 $t \to \infty$ 时才趋近于 0.然而,当时间 t 超过一定值后,$h(t)$ 的值大小可以忽略不计.通常,将 $h(t)$ 持续时间定义为矩形脉冲 $\hat{h}(t)$ 的宽度 T_h.矩形 $\hat{h}(t)$ 的面积与 $h(t)$ 的面积相同,其高度等于 $h(t)$ 在某一时刻 $t = t_0$ 的高度,如图 2-21 所示.在图中选取 $h(t)$ 的值为最大的时刻.根据定义,有

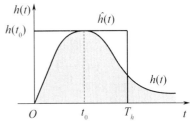

图 2-21　单位冲激响应的有效持续时间

$$T_h h(t_0) = \int_{-\infty}^{\infty} h(t) \mathrm{d}t$$

得系统时间常数为

$$T_h = \frac{\int_{-\infty}^{\infty} h(t)\,\mathrm{d}t}{h(t_0)} \qquad\qquad (2-82)$$

若系统有单个特征模式 $h(t) = Ce^{\lambda t}u(t)$,则当 λ 是实数且为负时,$h(t)$ 在 $t = 0$ 时有最大值,$h(0) = C$. 因此,根据式(2-82)有

$$T_h = \frac{\int_0^{\infty} Ce^{\lambda t}\,\mathrm{d}t}{C} = -\frac{1}{\lambda} \qquad\qquad (2-83)$$

这种情况下的时间常数就是系统特征根的倒数. 对于多模式情况,$h(t)$ 是系统特征模式的加权和,而 T_h 就是与 n 个系统模式相关的时间常数的加权平均.

2.5.4　时间常数与上升时间

系统的上升时间,定义为单位阶跃响应从其稳定状态值的 10% 上升到 90% 所需的时间,是反映系统响应速度的指标. 系统的单位阶跃响应 $y(t) = u(t) * h(t)$. 假设系统单位冲激响应 $h(t)$ 是一个宽度为 T_h 的矩形脉冲,如图 2-22(b) 所示. 那么,这个卷积的结果如图 2-22(c) 所示. 由图可见,响应并没有像激励一样,瞬时从零上升到最终值;相反,响应经历了 T_h s 才完成这一过程. 所以,系统上升时间 T_r 等于其时间常数 T_h,即 $T_r = T_h$. 这个结果和图 2-22 都说明了系统一般不会瞬间对输入做出响应,而是达到时间 T_h 才能充分响应.

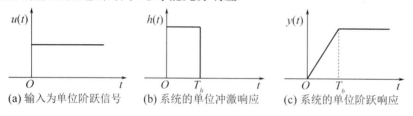

(a) 输入为单位阶跃信号　　　(b) 系统的单位冲激响应　　　(c) 系统的单位阶跃响应

图 2-22　系统的上升时间

2.5.5　时间常数与滤波

时间常数和滤波特性也有联系. 时间常数大意味着系统对激励的响应迟缓,它需要较长时间才能充分地对激励做出响应. 这样的系统也就无法对激励中的快速变化部分做出有效的响应;相反,时间常数小则表明系统有能力对激励中的快速变化部分做出响应. 因此,系统的时间常数与其滤波特性之间有着直接的联系.

例如,一个高频正弦波随时间变化很快,具有较大时间常数的系统就无法对此信号做出很好的响应. 为了说明这点,将输入与图 2-23(a) 中的有效单位冲激响应 $h(t)$ 的卷积来确定系统对正弦输入 $f(t)$ 的响应. 从图 2-23(b) 和图 2-23(c) 中可以看到 $h(t)$ 分别与两个不同频率的正弦输入进行卷积的过程. 在图 2-23(b) 中正弦信号具有较高的频率,而图 2-23(c) 中正弦信号的频率较低. 已知 $f(t)$ 与 $h(t)$ 的卷积等于乘积 $f(\tau)h(t-\tau)$ 下的面积. 对于两种不同情况,分别在图 2-23(b) 和图 2-23(c) 中用阴影表示出这个面积. 对于高频正弦,从图 2-23(b) 中可以清楚地看到 $f(\tau)h(t-\tau)$ 下的面积很小,因为它的正面积和负面积几乎相互抵消. 这种情况下,输出 $y(t)$ 仍然是周期性的,但幅度很小. 当正弦周期远小于系统时间常数 T_h 时就会发生这种情况. 相反,对于低频正弦,正弦周期大于 T_h,使 $f(\tau)h(t-\tau)$ 下面积抵消程度减小. 因此,输出 $y(t)$ 较大,如图 2-23(c) 所示.

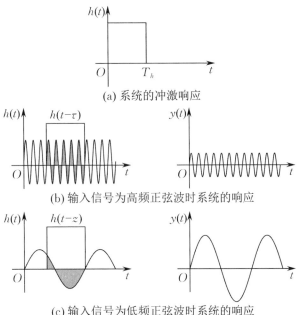

(a) 系统的冲激响应

(b) 输入信号为高频正弦波时系统的响应

(c) 输入信号为低频正弦波时系统的响应

图 2-23　时间常数与滤波

在系统行为的这两种极端情况之间,当正弦周期与系统时间常数 T_h 相等时,存在一个转折点. 转折点的频率称为系统的截止频率 f_c,即

$$f_c = \frac{1}{T_h} \tag{2-84}$$

频率 f_c 也称系统带宽,因为系统允许频率低于 f_c 的正弦分量通过,而对频率高于 f_c 的分量则衰减. 当然,系统行为的过渡是逐渐的,在 $f_c = 1/T_h$ 处,系统行为并没有发生剧烈的变化. 另外,上述结果是基于理想矩形单位冲激响应得到的. 在实际中,这些结果会稍有不同,取决于 $h(t)$ 的具体形式.

2.5.6　时间常数与色散

一般说来,一个脉冲在系统中的传输会引起脉冲色散. 因此,输出脉冲一般比输入脉冲要宽. 这种系统行为在通信系统中会产生严重后果. 色散导致了相邻脉冲的干扰和重叠,使脉冲幅度发生失真,从而在接收到的信息中产生差错.

如果输入 $f(t)$ 是宽度为 T_f 的脉冲,则输出 $y(t)$ 的宽度 T_y 为

$$T_y = T_f + T_h \tag{2-85}$$

式(2-85)说明一个输入脉冲经过系统传输后产生了脉冲色散. 由于 T_h 也是系统时间常数或上升时间,脉冲的色散量就等于系统的时间常数或上升时间.

输入脉冲由于色散展宽了 T_h s,因此,相继的脉冲之间应相隔 T_h s 以避免两脉冲间的干扰. 因此,脉冲传输速率不能超过 $\frac{1}{T_h}$ 脉冲／秒. 由于 $\frac{1}{T_h} = f_c$(信道的宽度),以每秒 f_c 个脉冲的速率在信道中传输脉冲就能够避免明显的脉冲间干扰. 所以,信息传输速率正比于信道带宽.

2.5.7　谐振现象

谐振现象是在输入信号与系统特征模式相同或十分近似时发生的. 为了简单起见,考虑只有单一模式 $e^{\lambda t}$ 的一阶系统. 令这个系统的单位冲激响应为

$$h(t) = Ce^{\lambda t}u(t) \tag{2-86}$$

由于是因果系统，所以有 $h(t) = 0 (t < 0)$. 当输入为

$$f(t) = e^{(\lambda-\varepsilon)t}u(t) \tag{2-87}$$

由此给出系统响应 $y(t)$ 为

$$y(t) = Ce^{\lambda t}u(t) * e^{(\lambda-\varepsilon)t}u(t) = Ce^{\lambda t}\left(\frac{1-e^{-\varepsilon t}}{\varepsilon}\right)u(t) \tag{2-88}$$

当 $\varepsilon \to 0$ 时，利用洛必达法则有

$$y(t) = Cte^{\lambda t}u(t) \tag{2-89}$$

若 λ 为小于零的实数，$e^{\lambda t}$ 衰减比 t 快，当 $t \to \infty$ 时，$y(t) \to 0$. 表明在这种情况下谐振现象已经存在，但是由于信号本身的指数衰减而没有表现出来. 这就说明谐振是一个积累的现象，而不是瞬时的，它随 t 的增加进行线性积累. 然而，若信号衰减的速度小于 $\frac{1}{t}$，就能够清楚地看到谐振现象. 这种情况在 $\mathrm{Re}[\lambda] \geqslant 0$ 时比较容易出现. 例如，当 $\mathrm{Re}[\lambda] = 0$ 时，即 $\lambda = \mathrm{j}\omega$，响应为

$$y(t) = Cte^{\mathrm{j}\omega t}u(t) \tag{2-90}$$

这时，响应随 t 线性增加.

2.6　线性时不变系统的状态变量描述

本章前面所讨论描述连续时间系统的方法称为输入-输出法，也称为外部法或经典法. 它主要关注系统的激励 $f(t)$ 与响应 $y(t)$ 之间的关系，系统的基本模型采用微分方程或系统函数来描述，分析过程中着重运用频率响应特性的概念. 这种方法仅局限于研究系统的外部特征，未能全面揭示系统的内部特性.

当系统的组成变得日益复杂后，人们不仅关心系统输出的变化情况，还要研究与系统内部一些变量有关的问题，比如，系统的可观测性和可控制性、系统的最优控制与设计等问题. 为适应这一变化，引入了状态变量法，也称为内部法. 对于 n 阶动态系统，状态变量法是用 n 个状态变量 $x_i(t)(i = 1, 2, \cdots, n)$ 的一阶微分方程组来描述系统. 它的主要特点是利用描述系统内部特性的状态变量替代了仅能描述系统外部特性的系统函数，能完整地揭示系统的内部特性，从而使得控制系统的分析和设计产生根本性的变革. 此外，状态空间方法也成功地用来描述非线性系统或多输入-多输出系统，并且易于计算机进行数值求解. 本节讨论线性时不变系统的状态变量分析.

2.6.1　状态空间的基本概念

先从一个简单实例给出状态变量的初步概念. 电路如图 2-24 所示. 如果以电阻 R_1 上的电压 $u_{R_1}(t)$ 和电阻 R_2 上的电流 $i_{R_2}(t)$ 为输出，假设电感 L 上流过的电流为 $x_1(t) = i_L(t)$，电容 C 上的电压为 $x_2(t) = u_C(t)$.

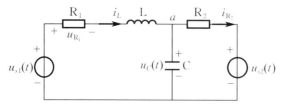

图 2-24　简单电路系统

对含有电感的左网孔列写 KVL 方程,有

$$Lx'_1(t) + R_1 x_1(t) + x_2(t) = u_{s1}(t) \tag{2-91}$$

对右网孔列写 KVL 方程,有

$$R_2 i_{R_2}(t) + u_{s2}(t) - x_2(t) = 0 \tag{2-92}$$

对接有电容的节点 a 列出 KCL 方程,有

$$Cx'_2(t) + i_{R_2}(t) = x_1(t) \tag{2-93}$$

利用式(2-92),可得

$$i_{R_2}(t) = \frac{x_2(t) - u_{s2}(t)}{R_2} \tag{2-94}$$

并代入式(2-93),得

$$Cx'_2(t) + \frac{x_2(t) - u_{s2}(t)}{R_2} = x_1(t) \tag{2-95}$$

将式(2-91)和式(2-95)整理成矩阵形式,得

$$\begin{bmatrix} x'_1(t) \\ x'_2(t) \end{bmatrix} = \begin{bmatrix} -\dfrac{R_1}{L} & -\dfrac{1}{L} \\ \dfrac{1}{C} & -\dfrac{1}{R_2 C} \end{bmatrix} \begin{bmatrix} x_1(t) \\ x_2(t) \end{bmatrix} + \begin{bmatrix} \dfrac{1}{L} & 0 \\ 0 & \dfrac{1}{R_2 C} \end{bmatrix} \begin{bmatrix} u_{s1}(t) \\ u_{s2}(t) \end{bmatrix} \tag{2-96}$$

式(2-96)是由两个内部变量 $x_1(t) = i_L(t), x_2(t) = u_C(t)$ 构成的一阶微分联立方程组. 由微分方程理论可知,如果这两个变量在初始时刻 $t = t_0$ 的值 $x_1(t_0) = i_L(t_0), x_2(t_0) = u_C(t_0)$ 已知,则根据 $t \geqslant t_0$ 时的给定激励 $u_{s1}(t)$ 和 $u_{s2}(t)$ 就可唯一地确定该一阶微分方程组在 $t \geqslant t_0$ 时的解 $u_{R_1}(t)$ 和 $i_{R_2}(t)$. 这样,系统的输出就可很容易地通过这两个内部变量和系统的激励求出. 由图 2-24 可见,流过 R_1 上的电流为 $x_1(t)$,故其上电压

$$u_{R_1}(t) = R_1 x_1(t) \tag{2-97}$$

电阻 R_2 上的电流 $i_{R2}(t)$ 已由式(2-94)给出. 于是电路的输出方程为

$$\begin{bmatrix} u_{R_1}(t) \\ i_{R_2}(t) \end{bmatrix} = \begin{bmatrix} R_1 & 0 \\ 0 & \dfrac{1}{R_2} \end{bmatrix} \begin{bmatrix} x_1(t) \\ x_2(t) \end{bmatrix} + \begin{bmatrix} 0 & 0 \\ 0 & -\dfrac{1}{R_2} \end{bmatrix} \begin{bmatrix} u_{s1}(t) \\ u_{s2}(t) \end{bmatrix} \tag{2-98}$$

通过上述分析可见,上面两个内部变量的初始值提供了确定系统全部情况的必不可少的信息. 或者说,只要知道 $t = t_0$ 时这些变量的值和 $t \geqslant t_0$ 时系统的激励,就能完全确定系统在任何时间 $t \geqslant t_0$ 的全部行为. 这里,将 $x_1(t_0) = i_L(t_0)$ 和 $x_2(t_0) = u_C(t_0)$ 称为系统在 $t = t_0$ 时刻的状态;描述该状态随时间 t 变化的变量 $x_1(t) = i_L(t)$ 和 $x_2(t) = u_C(t)$,称为状态变量.

一般而言,系统在 $t = t_0$ 时刻的状态可看作为确定系统未来的响应所需的有关系统历史的全部信息. 它是系统在 $t < t_0$ 时工作积累起来的结果,并在 $t = t_0$ 时以元件储能的方式表现出来.

至此,可以给出状态的一般定义:一个动态系统在某一时刻 t_0 的状态是表示该系统所必需的最少的一组数值,已知这组数值和 $t \geqslant t_0$ 时系统的激励,就能完全确定 $t \geqslant t_0$ 时系统的全部工作情况.

状态变量是描述状态随时间 t 变化的一组变量,它们在某时刻的值就组成了系统在该时刻的状态. 对 n 阶动态系统需有 n 个独立的状态变量,通常用 $x_1(t), x_2(t), \cdots, x_n(t)$ 表示.

若系统有 n 个状态变量 $x_i(t)(i = 1, 2, \cdots, n)$,用这 n 个状态变量作分量构成的矢量(或向量)$\boldsymbol{x}(t)$,就称为该系统的状态矢量(或向量). 状态矢量所有可能值的集合称为状态空间. 或者说,由 $x_i(t)$ 所组成的 n 维空间就称为状态空间. 系统在任意时刻的状态都可用状态空间的一点来表示. 当 t 变动时,它所描绘出的曲线称为状态轨迹.

2.6.2　状态方程和输出方程

在给定系统和激励信号并选定状态变量的情况下,用状态变量来分析系统时,一般分两步进行:第一步是根据系统的初始状态和 $t \geqslant t_0$ 时的激励求出状态变量;第二步是用这些状态变量来确定初始时刻以后的系统输出. 状态变量通过联立求解由状态变量构成的一阶微分方程组来得到,这组一阶微分方程称为状态方程,它描述了状态变量的一阶导数与状态变量和激励之间的关系,式(2-96)就是状态方程. 而系统的输出可以用状态变量和激励组成的一组代数方程表示,称为输出方程,它描述了输出与状态变量和激励之间的关系,式(2-98)为输出方程. 通常将状态方程和输出方程总称为动态方程或系统方程.

对于一般的 n 阶多输入-多输出线性时不变连续系统,如图 2-25 所示,其状态方程和输出方程为[为了简便,省略了变量中的 (t)]

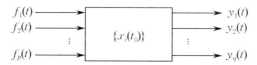

图 2-25　多输入-多输出系统

$$\left. \begin{aligned}
x'_1 &= a_{11}x_1 + a_{12}x_2 + \cdots + a_{1n}x_n + b_{11}f_1 + b_{12}f_2 + \cdots + b_{1p}f_p \\
x'_2 &= a_{21}x_1 + a_{22}x_2 + \cdots + a_{2n}x_n + b_{21}f_1 + b_{22}f_2 + \cdots + b_{2p}f_p \\
&\cdots \\
x'_n &= a_{n1}x_1 + a_{n2}x_2 + \cdots + a_{nn}x_n + b_{n1}f_1 + b_{n2}f_2 + \cdots + b_{np}f_p
\end{aligned} \right\} \text{状态方程} \quad (2-99)$$

$$\left. \begin{aligned}
y_1 &= c_{11}x_1 + c_{12}x_2 + \cdots + c_{1n}x_n + d_{11}f_1 + d_{12}f_2 + \cdots + d_{1p}f_p \\
y_2 &= c_{21}x_1 + c_{22}x_2 + \cdots + c_{2n}x_n + d_{21}f_1 + d_{22}f_2 + \cdots + d_{2p}f_p \\
&\cdots \\
y_q &= c_{q1}x_1 + c_{q2}x_2 + \cdots + c_{qn}x_n + d_{q1}f_1 + d_{q2}f_2 + \cdots + d_{qp}f_p
\end{aligned} \right\} \text{输出方程} \quad (2-100)$$

式中, $x_1, x_2, \cdots, x_n$ 是系统的 n 个状态变量,其上加"′"表示取一阶导数; $f_1, f_2, \cdots, f_p$ 为系统的 p 个输入信号; $y_1, y_2, \cdots, y_q$ 为系统的 q 个输出. 如果用矢量矩阵形式可表示为

状态方程

$$\boldsymbol{x}'(t) = \boldsymbol{A}\boldsymbol{x}(t) + \boldsymbol{B}\boldsymbol{f}(t) \tag{2-101}$$

输出方程

$$\boldsymbol{y}(t) = \boldsymbol{C}\boldsymbol{x}(t) + \boldsymbol{D}\boldsymbol{f}(t) \tag{2-102}$$

式中

$$\boldsymbol{x}(t) = \begin{bmatrix} x_1(t) & x_2(t) & \cdots & x_n(t) \end{bmatrix}^{\mathrm{T}}$$

$$\boldsymbol{x}'(t) = \begin{bmatrix} x'_1(t) & x'_2(t) & \cdots & x'_n(t) \end{bmatrix}^{\mathrm{T}}$$

$$\boldsymbol{f}(t) = \begin{bmatrix} f_1(t) & f_2(t) & \cdots & f_p(t) \end{bmatrix}^{\mathrm{T}}$$

$$\boldsymbol{y}(t) = \begin{bmatrix} y_1(t) & y_2(t) & \cdots & y_q(t) \end{bmatrix}^{\mathrm{T}}$$

分别为状态矢量、状态矢量的一阶导数,输入矢量和输出矢量. 其中上标 T 表示转置运算.

$$\boldsymbol{A} = \begin{pmatrix} a_{11} & a_{12} & \cdots & a_{1n} \\ a_{21} & a_{22} & \cdots & a_{2n} \\ \vdots & \vdots & \ddots & \vdots \\ a_{n1} & a_{n2} & \cdots & a_{nn} \end{pmatrix} \quad \boldsymbol{B} = \begin{pmatrix} b_{11} & b_{12} & \cdots & b_{1p} \\ b_{21} & b_{22} & \cdots & b_{2p} \\ \vdots & \vdots & \ddots & \vdots \\ b_{n1} & b_{n2} & \cdots & b_{np} \end{pmatrix}$$

$$\boldsymbol{C} = \begin{pmatrix} c_{11} & c_{12} & \cdots & c_{1n} \\ c_{21} & c_{22} & \cdots & c_{2n} \\ \vdots & \vdots & \ddots & \vdots \\ c_{q1} & c_{q2} & \cdots & c_{qn} \end{pmatrix} \quad \boldsymbol{D} = \begin{pmatrix} d_{11} & d_{12} & \cdots & d_{1p} \\ d_{21} & d_{22} & \cdots & d_{2p} \\ \vdots & \vdots & \ddots & \vdots \\ d_{q1} & d_{q2} & \cdots & d_{qp} \end{pmatrix}$$

分别为系数矩阵,由系统的参数确定.对线性时不变系统,它们都是常数矩阵,其中 $\boldsymbol{A}$ 为 $n \times n$ 方阵,称为系统矩阵;$\boldsymbol{B}$ 为 $n \times p$ 矩阵,称为控制矩阵;$\boldsymbol{C}$ 为 $q \times n$ 矩阵,称为输出矩阵;$\boldsymbol{D}$ 为 $q \times p$ 矩阵,称为直通矩阵.

2.6.3　由系统的输入-输出方程建立状态方程

建立给定系统状态方程的方法有很多,大体可分为两大类:直接法与间接法.其中,直接法是根据给定的系统结构直接列写系统状态方程,特别适用于电路系统的分析;而间接法可根据描述系统的输入-输出方程、系统函数、系统的框图或信号流图等来建立状态方程,常用来研究控制系统.本节主要讨论由系统的微分方程建立状态方程的方法.

1. 微分方程右边不含导数项

描述线性时不变系统的激励 $f(t)$ 与响应 $y(t)$ 之间关系的 n 阶常系数线性微分方程如式 (2-1) 所示.如果方程右边不含导数项,即

$$a_n \frac{\mathrm{d}^n y(t)}{\mathrm{d}t^n} + a_{n-1} \frac{\mathrm{d}^{n-1} y(t)}{\mathrm{d}t^{n-1}} + \cdots + a_1 \frac{\mathrm{d}y(t)}{\mathrm{d}t} + a_0 y(t) = bf(t) \tag{2-103}$$

式中,$a_j (j = 0,1,2,\cdots,n)$ 和 b 是与时间无关的系统常数且 $a_n = 1$.

取状态变量为

$$\begin{cases} x_1 = y \\ x_2 = y' = x'_1 \\ \vdots \\ x_{n-1} = y^{(n-2)} = x'_{n-2} \\ x_n = y^{(n-1)} = x'_{n-1} \end{cases}$$

则

$$\begin{cases} x'_1 = x_2 \\ x'_2 = x_3 \\ \vdots \\ x'_{n-1} = x_n \\ x'_n = y^{(n)} = -a_0 x_1 - a_1 x_2 - \cdots - a_{n-1} x_n + bf \end{cases}$$

故状态方程和输出方程为

$$\begin{pmatrix} x'_1 \\ x'_2 \\ \vdots \\ x'_{n-1} \\ x'_n \end{pmatrix} = \begin{pmatrix} 0 & 1 & 0 & \cdots & 0 \\ 0 & 0 & 1 & \cdots & 0 \\ \cdots & \cdots & \cdots & \cdots & \cdots \\ 0 & 0 & 0 & \cdots & 1 \\ -a_0 & -a_1 & -a_2 & \cdots & -a_{n-1} \end{pmatrix} \begin{pmatrix} x_1 \\ x_2 \\ \vdots \\ x_{n-1} \\ x_n \end{pmatrix} + \begin{pmatrix} 0 \\ 0 \\ \vdots \\ 0 \\ b \end{pmatrix} f \tag{2-104}$$

$$y = (1 \quad 0 \quad \cdots \quad 0) \begin{pmatrix} x_1 \\ x_2 \\ \vdots \\ x_n \end{pmatrix} \qquad (2\text{-}105)$$

即

$$\boldsymbol{A} = \begin{pmatrix} 0 & 1 & 0 & \cdots & 0 \\ 0 & 0 & 1 & \cdots & 0 \\ \cdots & \cdots & \cdots & \cdots & \cdots \\ 0 & 0 & 0 & \cdots & 1 \\ -a_0 & -a_1 & -a_2 & \cdots & -a_{n-1} \end{pmatrix} \qquad \boldsymbol{B} = \begin{pmatrix} 0 \\ 0 \\ \vdots \\ 0 \\ b \end{pmatrix}$$

$$\boldsymbol{C} = (1 \quad 0 \quad \cdots \quad 0) \qquad\qquad\qquad \boldsymbol{D} = 0$$

对于三阶微分方程

$$y'''(t) + a_2 y''(t) + a_1 y'(t) + a_0 y(t) = bf(t) \qquad (2\text{-}106)$$

其状态方程和输出方程为

$$\begin{pmatrix} x'_1 \\ x'_2 \\ x'_3 \end{pmatrix} = \begin{pmatrix} 0 & 1 & 0 \\ 0 & 0 & 1 \\ -a_0 & -a_1 & -a_2 \end{pmatrix} \begin{pmatrix} x_1 \\ x_2 \\ x_3 \end{pmatrix} + \begin{pmatrix} 0 \\ 0 \\ b \end{pmatrix} f \qquad (2\text{-}107)$$

$$y = (1 \quad 0 \quad 0) \begin{pmatrix} x_1 \\ x_2 \\ x_3 \end{pmatrix} \qquad (2\text{-}108)$$

例 2-10 设系统微分方程为 $y''' + 2y'' + 3y' + 4y = 5f$,求系统的状态空间表达式.

解: 由式(2-107)与式(2-108)得

$$\begin{pmatrix} x'_1 \\ x'_2 \\ x'_3 \end{pmatrix} = \begin{pmatrix} 0 & 1 & 0 \\ 0 & 0 & 1 \\ -4 & -3 & -2 \end{pmatrix} \begin{pmatrix} x_1 \\ x_2 \\ x_3 \end{pmatrix} + \begin{pmatrix} 0 \\ 0 \\ 5 \end{pmatrix} f, \quad y = (1 \quad 0 \quad 0) \begin{pmatrix} x_1 \\ x_2 \\ x_3 \end{pmatrix}$$

2. 微分方程右边含有导数项

描述线性时不变系统的激励 $f(t)$ 与响应 $y(t)$ 之间关系的 n 阶常系数线性微分方程,如式 (2-1)所示. 实际应用中,一般激励项的阶次 m 小于或等于系统的阶次 n,即 $m \leqslant n$. 假设系统激励项的阶次等于系统的阶次,即 $n = m$. 至于 $m < n$ 的情况,可将相应的导数项系数置为零. 这时,系统由如下的方程描述

$$\frac{\mathrm{d}^n y(t)}{\mathrm{d}t^n} + a_{n-1} \frac{\mathrm{d}^{n-1} y(t)}{\mathrm{d}t^{n-1}} + \cdots + a_1 \frac{\mathrm{d}y(t)}{\mathrm{d}t} + a_0 y(t)$$

$$= b_n \frac{\mathrm{d}^n f(t)}{\mathrm{d}t^n} + b_{n-1} \frac{\mathrm{d}^{n-1} f(t)}{\mathrm{d}t^{n-1}} + \cdots + b_1 \frac{\mathrm{d}f(t)}{\mathrm{d}t} + b_0 f(t) \qquad (2\text{-}109)$$

根据微分方程理论中解的存在性及唯一性定理,要求激励 $f(t)$ 及其导数应分段连续. 当微分方程右边含有导数项时,对于某些输入信号,如阶跃信号 $u(t)$,$u'(t) = \delta(t)$,其导数项并不分段连续. 因此,状态方程要求不含输入量的导数项. 而实际系统的微分方程右边含有导数项,可通过选取适当的状态变量使输入导数项消失. 不妨取状态变量为

$$\begin{cases} x_1 = y - \beta_0 f \\ x_2 = x'_1 - \beta_1 f = y' - \beta_0 f' - \beta_1 f \\ x_3 = x'_2 - \beta_2 f = y'' - \beta_0 f'' - \beta_1 f' - \beta_2 f \\ \vdots \\ x_n = x'_{n-1} - \beta_{n-1} f = y^{(n-1)} - \beta_0 f^{(n-1)} - \beta_1 f^{(n-2)} - \cdots - \beta_{n-2} f' - \beta_{n-1} f \end{cases} \quad (2\text{-}110)$$

式中，β_0，β_1，β_2，$\cdots$，β_{n-1} 为待定系数.

将式(2-110)进一步化为

$$\begin{cases} y = x_1 + \beta_0 f \\ y' = x_2 + \beta_0 f' + \beta_1 f \\ y'' = x_3 + \beta_0 f'' + \beta_1 f' + \beta_2 f \\ \vdots \\ y^{(n-1)} = x_n + \beta_0 f^{(n-1)} + \beta_1 f^{(n-2)} + \cdots + \beta_{n-2} f' + \beta_{n-1} f \end{cases} \quad (2\text{-}111)$$

另外，对式(2-110)中的 x_n 求导数并化为

$$y^{(n)} = x'_n + \beta_0 f^{(n)} + \beta_1 f^{(n-1)} + \cdots + \beta_{n-2} f'' + \beta_{n-1} f' \quad (2\text{-}112)$$

将式(2-111)与式(2-112)代入式(2-109)，整理得

$$\begin{aligned} &x'_n + a_0 x_1 + a_1 x_2 + a_2 x_3 + \cdots + a_{n-1} x_n \\ &= (b_n - \beta_0) f^{(n)} + \\ &\quad (b_{n-1} - \beta_1 - a_{n-1}\beta_0) f^{(n-1)} + \\ &\quad (b_{n-2} - \beta_2 - a_{n-1}\beta_1 - a_{n-2}\beta_0) f^{(n-2)} + \\ &\quad \cdots + \\ &\quad (b_1 - \beta_{n-1} - a_{n-1}\beta_{n-2} - \cdots - a_2\beta_1 - a_1\beta_0) f' + \\ &\quad (b_0 - a_{n-1}\beta_{n-1} - a_{n-2}\beta_{n-2} - \cdots - a_1\beta_1 - a_0\beta_0) f \end{aligned} \quad (2\text{-}113)$$

为了使该方程右边不含输入导数项，令各阶导数项的系数为零，可求得待定系数为

$$\begin{cases} \beta_0 = b_n \\ \beta_1 = b_{n-1} - a_{n-1}\beta_0 \\ \beta_2 = b_{n-2} - a_{n-1}\beta_1 - a_{n-2}\beta_0 \\ \vdots \\ \beta_{n-1} = b_1 - a_{n-1}\beta_{n-2} - \cdots - a_2\beta_1 - a_1\beta_0 \end{cases} \quad (2\text{-}114)$$

由于有式(2-114)，所以得

$$\begin{aligned} &x'_n + a_0 x_1 + a_1 x_2 + a_2 x_3 + \cdots + a_{n-1} x_n \\ &= (b_0 - a_{n-1}\beta_{n-1} - a_{n-2}\beta_{n-2} - \cdots - a_1\beta_1 - a_0\beta_0) f = \beta_n f \end{aligned} \quad (2\text{-}115)$$

其中

$$\beta_n = b_0 - a_{n-1}\beta_{n-1} - a_{n-2}\beta_{n-2} - \cdots - a_1\beta_1 - a_0\beta_0 \quad (2\text{-}116)$$

将式(2-113)化为

$$x'_n = -a_0 x_1 - a_1 x_2 - a_2 x_3 - \cdots - a_{n-1} x_n + \beta_n f \quad (2\text{-}117)$$

由式(2-110)和式(2-117)，可得状态方程

$$\begin{bmatrix} x'_1 \\ x'_2 \\ \vdots \\ x'_n \end{bmatrix} = \begin{bmatrix} 0 & 1 & 0 & \cdots & 0 \\ 0 & 0 & 1 & \cdots & 0 \\ \cdots & \cdots & \cdots & \cdots & \cdots \\ -a_0 & -a_1 & -a_2 & \cdots & -a_{n-1} \end{bmatrix} \begin{bmatrix} x_1 \\ x_2 \\ \vdots \\ x_n \end{bmatrix} + \begin{bmatrix} \beta_1 \\ \beta_2 \\ \vdots \\ \beta_n \end{bmatrix} f \quad (2\text{-}118)$$

将式(2-110) 中的 $x_1 = y - \beta_0 f$ 化为 $y = x_1 + \beta_0 f$,则输出方程可表示为

$$y = \begin{pmatrix} 1 & 0 & 0 & \cdots & 0 \end{pmatrix} \begin{pmatrix} x_1 \\ x_2 \\ \vdots \\ x_n \end{pmatrix} + \beta_0 f \qquad (2-119)$$

由式(2-118) 和式(2-119) 可知,输入特性($\beta_0 \sim \beta_n$)与状态方程中的系统矩阵 $\boldsymbol{A}$ 无关,即微分方程右边的导数项不影响 $\boldsymbol{A}$,但影响控制矩阵 $\boldsymbol{B}$ 和直通矩阵 $\boldsymbol{D}$.

前面已讨论状态方程和输出方程的列写方法.解输出方程只是简单的代数运算.连续系统状态方程的求解有多种方法,状态方程常用的求解方法有时域法和拉普拉斯变换法,读者可以参考相关的文献.下一节主要讨论利用 Matlab 数值求解.

例 2-11　设系统微分方程为 $y''' + 4y'' + 3y' + y = f'' + 2f' + f$,求其空间状态方程和输出方程.

解:　由式(2-114) 与式(2-116) 得

$$\begin{cases} \beta_0 = b_3 = 0 \\ \beta_1 = b_2 - a_2\beta_0 = 1 - 0 = 1 \\ \beta_2 = b_1 - a_2\beta_1 - a_1\beta_0 = 2 - 4 \times 1 - 3 \times 0 = -2 \\ \beta_3 = b_0 - a_2\beta_2 - a_1\beta_1 - a_0\beta_0 = 1 - 4 \times (-2) - 3 \times 1 - 1 \times 0 = 6 \end{cases}$$

由式(2-118) 得系统状态方程为

$$\begin{pmatrix} x'_1 \\ x'_2 \\ x'_3 \end{pmatrix} = \begin{pmatrix} 0 & 1 & 0 \\ 0 & 0 & 1 \\ -1 & -3 & -4 \end{pmatrix} \begin{pmatrix} x_1 \\ x_2 \\ x_3 \end{pmatrix} + \begin{pmatrix} 1 \\ -2 \\ 6 \end{pmatrix} f$$

由式(2-119) 得系统输出方程为

$$y = \begin{pmatrix} 1 & 0 & 0 \end{pmatrix} \begin{pmatrix} x_1 \\ x_2 \\ x_3 \end{pmatrix}$$

2.7　用 Matlab 进行连续时间系统的时域分析

2.7.1　连续时间系统零状态响应的数值计算

线性时不变连续时间系统可用如下所示的线性常系数微分方程来描述:

$$\sum_{j=0}^{n} a_j \frac{\mathrm{d}^j y(t)}{\mathrm{d}t^j} = \sum_{i=0}^{m} b_i \frac{\mathrm{d}^i f(t)}{\mathrm{d}t^i} \qquad (2-120)$$

式中,$a_j(j = 0,1,2,\cdots,n)$ 和 $b_i(i = 0,1,2,\cdots,m)$ 是与时间无关的系统常数.为了在 Matlab 中调用相关函数,可以用向量 $\boldsymbol{a}$ 和 $\boldsymbol{b}$ 来表示该系统,即

$$\boldsymbol{a} = (a_n, a_{n-1}, \cdots, a_1, a_0) \qquad (2-121)$$
$$\boldsymbol{b} = (b_m, b_{m-1}, \cdots, b_1, b_0) \qquad (2-122)$$

这里需要注意的是,向量 $\boldsymbol{a}$ 和 $\boldsymbol{b}$ 的元素排列是按微分方程的微分阶次降幂排列,缺项要用 0 来补齐.

Matlab 提供的 lsim( ) 函数能对上述微分方程描述的连续线性时不变系统的响应进行仿真,

该函数不仅能绘制指定时间范围内的系统响应波形,而且还能求出系统响应的数值解.

（1）对于零状态响应,其调用格式为

$$\mathrm{lsim(sys,f,t)} \tag{2-123}$$

或

$$\mathrm{y = lsim(sys,f,t)} \tag{2-124}$$

式中,t 表示计算系统响应的时间抽样点向量,f 是系统输入信号向量,sys 是线性时不变系统模型,该模型可以由 Matlab 的 tf() 函数（传递函数 transfer function 的简写）根据系统微分方程的系数获得. tf() 函数的调用格式为

$$\mathrm{sys = tf(b,a)} \tag{2-125}$$

式中,b 和 a 分别是微分方程的右端和左端系数向量.式(2-124)与式(2-123)的区别是只计算出对应的数值解,不绘制系统的单位冲激响应波形.

（2）对于零输入响应和全响应,其调用格式为

$$\mathrm{lsim(sys,f,t,x0)} \tag{2-126}$$

或

$$\mathrm{y = lsim(sys,f,t,x0)} \tag{2-127}$$

其中,$x0$ 是 $t(1)$ 时刻状态向量的初始值向量,由系统的初始状态经计算而得到. sys 只能是状态空间形式的系统函数. 如果只有初始状态而没有激励信号,或者令激励信号为零,则得到零输入响应. 如果既有初始状态,也有激励信号,则得到完全响应.

请注意,lsim() 函数只能用于状态方程描述的 LTI 系统仿真非零起始状态响应（对传递函数描述的 LTI 系统将失效）.对于用状态方程和输出方程描述的系统,在 Matlab 中用 tf2ss() 函数（即传输函数转状态空间 transfer function to state-space conversion 的简写）和 ss() 函数（即状态空间 state space 的简写）创建. 其调用格式为

$$\mathrm{[A,B,C,D] = tf2ss(b,a)} \tag{2-128}$$

和

$$\mathrm{sys = ss(A,B,C,D)} \tag{2-129}$$

其中,函数 tf2ss() 的作用是将传递函数模型转换为状态空间模型. ss() 函数输入的 4 个参数为状态方程的 4 个矩阵,返回值 sys 表示该系统.

例如,求系统 $y''(t)+5y'(t)+6y(t)=f(t)$ 在初始值为 $y(0_-)=2, y'(0_-)=-1$ 时的零输入响应. 使用下列命令可得到状态方程形式的系统函数:

```
a =[1,5,6];
b =[1];
[A,B,C,D]=tf2ss(b,a);
sys = ss(A,B,C,D)
```

运行结果如下:

```
a =
   x1 x2
x1  -5  -6
x2  1   0


b =
u1
x1 1
x2 0
```

```
c =
x1  x2
y1  0  1

d =
u1
  y1  0
```

因此,系统的状态方程形式为

$$\begin{bmatrix} x'_1 \\ x'_2 \end{bmatrix} = \begin{pmatrix} -5 & -6 \\ 1 & 0 \end{pmatrix} \begin{bmatrix} x_1 \\ x_2 \end{bmatrix} + \begin{pmatrix} 1 \\ 0 \end{pmatrix} (f), \quad (y) = \begin{pmatrix} 0 & 1 \end{pmatrix} \begin{bmatrix} x_1 \\ x_2 \end{bmatrix} + (0)f$$

将 $f = 0$ 代入上式,可得

$$y(t) = x_2(t), \quad x'_2(t) = x_1(t) = y'(t)$$

把初始状态 $y(0_-) = 2, y'(0_-) = -1$ 代入上式,可解得状态向量 $\boldsymbol{x}$ 在 0 时刻的初始值为[请注意中间变量 $x_1(t)$ 和 $x_2(t)$ 与 $y(t), y'(t)$ 的关系]

$$\begin{bmatrix} x_1(0_-) \\ x_2(0_-) \end{bmatrix} = \begin{pmatrix} -1 \\ 2 \end{pmatrix}$$

例 2－12 描述某线性时不变系统的微分方程为 $y''(t) + 5y'(t) + 6y(t) = f(t)$,求输入 $f(t) = 2e^{-t}, t \geq 0; y(0) = 2, y'(0) = -1$ 时的零输入响应、零状态响应和全响应.

解: 通过解微分方程,可以得到零输入响应、零状态响应和全响应分别为

$$y_{zi}(t) = 5e^{-2t} - 3e^{-3t}$$
$$y_{zs}(t) = -2e^{-2t} + e^{-3t} + e^{-t}$$
$$y(t)_全 = y_{zi}(t) + y_{zs}(t) = 3e^{-2t} - 2e^{-3t} + e^{-t}, \quad t \geq 0$$

下面,用 lsim() 函数计算对应的数值解,并和理论结果比较.Matlab 计算程序如下:

```
ts = 0;te = 5;dt = 0.01;      % 开始时间,结束时间和时间间隔
a = [1,5,6];        % 方程左边系数
b = [1];          % 方程右边系数
sys = tf(b,a);       % 由传递函数构建系统模型
t = ts:dt:te;        % 时间坐标
f = 2 * exp(-t);% 激励
yzs01 = lsim(sys,f,t);% 数值计算得到的零状态响应
yzs02 = -2 * exp(-2 * t) + exp(-3 * t) + exp(-t);% 解析得到的零状态响应
subplot(3,2,1)
p = plot(t,yzs01);   % 画图
set(p,'color','k','linewidth',2.5)  % 设置颜色,线宽
grid on;
xlabel('Time(sec)','fontsize',18);  % 设置横轴名称和字号
ylabel('yzs01(t)','fontsize',18);     % 设置纵轴名称和字号
set(gca,'FontSize',18,'linewidth',2.5);% 设置坐标轴字号和线宽
subplot(3,2,2)
p = plot(t,yzs02);   % 画图
set(p,'color','r','linewidth',2.5)
set(p,'color','k','linewidth',2.5)
```

```
grid on;
xlabel('Time(sec)','fontsize',18);
ylabel('yzs02(t)','fontsize',18);
set(gca,'FontSize',18,'linewidth',2.5);

[A,B,C,D]=tf2ss(b,a);          % 传输函数转状态空间
sys=ss(A,B,C,D)                % 由空间状态矩阵构建系统模型
x0=[-1;2];                     % 初值
yzi01=lsim(sys,0*f,t,x0);% 数值计算得到的零输入响应
yzi02=5*exp(-2*t)-3*exp(-3*t);% 解析得到的零输入响应
subplot(3,2,3)
p=plot(t,yzi01);    % 画图
set(p,'color','k','linewidth',2.5)
grid on;
xlabel('Time(sec)','fontsize',18);
ylabel('yzi01(t)','fontsize',18);
set(gca,'FontSize',18,'linewidth',2.5);
subplot(3,2,4)
p=plot(t,yzi02);    % 画图
set(p,'color','r','linewidth',2.5)
set(p,'color','k','linewidth',2.5)
grid on;
xlabel('Time(sec)','fontsize',18);
ylabel('yzi02(t)','fontsize',18);
set(gca,'FontSize',18,'linewidth',2.5);

y01=lsim(sys,f,t,x0);% 数值计算得到的全响应
y02=3*exp(-2*t)-2*exp(-3*t)+exp(-t);;% 解析得到的全响应
subplot(3,2,5)
p=plot(t,y01);    % 画图
set(p,'color','k','linewidth',2.5)
grid on;
xlabel('Time(sec)','fontsize',18);
ylabel('y01(t)','fontsize',18);
set(gca,'FontSize',18,'linewidth',2.5);

subplot(3,2,6)
p=plot(t,y02);    % 画图
set(p,'color','r','linewidth',2.5)
set(p,'color','k','linewidth',2.5)
grid on;
xlabel('Time(sec)','fontsize',18);
ylabel('y02(t)','fontsize',18);
set(gca,'FontSize',18,'linewidth',2.5);
```

系统的输出结果如图 2-26 所示.

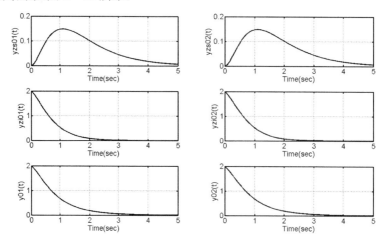

图 2-26　系统的输出结果

2.7.2　连续时间系统单位冲激响应和单位阶跃响应的计算

单位冲激响应 $h(t)$ 是指连续线性时不变系统在单位冲激函数 $\delta(t)$ 激励下的零状态响应,因此 $h(t)$ 满足常系数微分方程

$$\sum_{j=0}^{n}a_jh^{(j)}(t)=\sum_{i=0}^{m}b_i\delta^{(i)}(t) \tag{2-130}$$

及零初始状态

$$h^{(k)}(0_-)=0, \quad k=0,1,2,\cdots,n-1 \tag{2-131}$$

Matlab 提供了专门用于求连续时间系统单位冲激响应的函数 impulse(),该函数还能绘制其时域波形.其调用格式为

$$\text{impulse(sys,t)} \tag{2-132}$$

或

$$\text{y = impulse(sys,t)} \tag{2-133}$$

式(2-133)中,t 表示计算系统响应的时间抽样点向量,sys 是线性时不变系统模型.式(2-133)与式(2-132)的区别是只计算出对应的数值解,不绘制系统的单位冲激响应波形.

单位阶跃响应 $g(t)$ 是指连续线性时不变系统在单位阶跃信号 $u(t)$ 激励下的零状态响应,它可以表示为

$$g(t)=u(t)*h(t)=\int_{-\infty}^{t}h(\tau)\mathrm{d}\tau \tag{2-134}$$

式(2-134)表明连续时间线性时不变系统的单位阶跃响应是单位冲激响应的积分,系统的单位阶跃响应和系统的单位冲激响应之间有着确定的关系,因此,单位阶跃响应也能完全刻画和表征一个线性时不变系统.

Matlab 提供了专门用于求连续时间系统单位阶跃响应的函数 step(),该函数还能绘制时域波形.其调用格式为

$$\text{step(sys,t)} \tag{2-135}$$

或

$$\text{y = step(sys,t)} \tag{2-136}$$

式(2-136)与式(2-135)的区别是只计算出对应的数值解,不绘制系统的单位阶跃响应波形.

例 2-13　已知某线性时不变系统的微分方程为 $y''(t)+y'(t)+3y(t)=f(t)$,求系统的单位

冲激响应和单位阶跃响应.

　　解：　Matlab 计算程序如下：

```
ts = 0;te = 5;dt = 0.01;
t = ts:dt:te;
a = [1,1,3];
b = [1];
sys = tf(b,a);
h = impulse(sys,t);
figure;
plot(t,h,'linewidth',2.5);
set(gca,'FontSize',20);
grid on;
xlabel('Time(sec)','fontsize',24);
ylabel('h(t)','fontsize',24);
g = step(sys,t);
figure;
plot(t,g,'linewidth',2.5);
set(gca,'FontSize',20);
grid on;
xlabel('Time(sec)','fontsize',24);
ylabel('g(t)','fontsize',24);
```

系统的单位冲激响应和单位阶跃响应如图 2-27 所示.

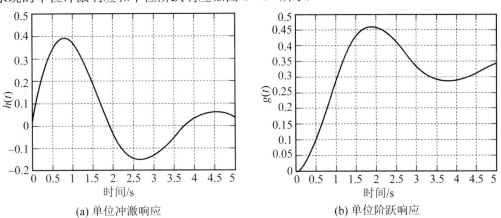

(a) 单位冲激响应　　　　　　　　　　(b) 单位阶跃响应

图 2-27　系统的单位冲激响应和单位阶跃响应

2.7.3　用 Matlab 实现连续时间信号的卷积

　　信号的卷积运算有符号算法和数值算法,此处采用数值算法. 连续信号的卷积定义是

$$f(t) = f_1(t) * f_2(t) = \int_{-\infty}^{\infty} f_1(\tau) f_2(t-\tau) \mathrm{d}\tau \qquad (2-137)$$

　　如果对连续时间信号 $f_1(t)$ 和 $f_2(t)$ 进行等时间间隔 Δ 均匀抽样,则 $f_1(t)$ 和 $f_2(t)$ 分别变为离散时间信号 $f_1(m\Delta)$ 和 $f_2(m\Delta)$. 其中,m 为整数. 当 Δ 足够小时,$f_1(m\Delta)$ 和 $f_2(m\Delta)$ 为连续时间信号 $f_1(t)$ 和 $f_2(t)$. 因此连续时间信号卷积可表示为

$$f(t) = f_1(t) * f_2(t) = \int_{-\infty}^{\infty} f_1(\tau) f_2(t-\tau) \mathrm{d}\tau = \lim_{\Delta \to 0} \sum_{m=-\infty}^{\infty} f_1(m\Delta) \cdot f_2(t-m\Delta) \cdot \Delta$$

$$(2-138)$$

采用数值算法时,只求当 $t = n\Delta$ 时卷积 $f(t)$ 的值 $f(n\Delta)$,其中 n 为整数,即

$$f(n\Delta) = \sum_{m=-\infty}^{\infty} f_1(m\Delta) \cdot f_2(n\Delta - m\Delta) \cdot \Delta = \Delta \sum_{m=-\infty}^{\infty} f_1(m\Delta) \cdot f_2[(n-m)\Delta] \quad (2-139)$$

式中,$\sum_{m=-\infty}^{\infty} f_1(m\Delta) \cdot f_2[(n-m)\Delta]$ 实际就是离散序列 $f_1(n\Delta)$ 和 $f_2(n\Delta)$ 的卷积和. 当 Δ 足够小时,
序列 $f(n\Delta)$ 就是连续信号 $f(t)$ 的数值近似,即

$$f(t) \approx f(n\Delta) = \Delta[f_1(n) * f_2(n)] \quad\quad\quad (2-140)$$

式(2-140)表明,连续信号 $f_1(t)$ 和 $f_2(t)$ 的卷积,可用各自抽样后的离散时间序列的卷积再乘以
抽样间隔 Δ. 抽样间隔 Δ 越小,误差越小.

Matlab 提供了专门用于计算离散序列卷积和的函数 conv(),其调用格式为

$$f = \mathrm{d}t \cdot \mathrm{conv}(f_1, f_2) \quad\quad\quad\quad\quad (2-141)$$

式中,$\mathrm{d}t$ 为时间步长. 函数 conv() 只能计算离散卷积和的数值. 用函数 conv() 进行两个函数的卷
积时,应该在这个函数之前乘以时间步长方能得到正确的结果. 对于定义在不同时间段的两个时
限信号 $f_1(t)(t_{1\mathrm{start}} \leqslant t \leqslant t_{1\mathrm{end}})$ 和 $f_2(t)(t_{2\mathrm{start}} \leqslant t \leqslant t_{2\mathrm{end}})$. 如果用 $f(t)$ 表示它们的卷积结果,则
$f(t)$ 的持续时间范围比 $f_1(t)$ 或 $f_2(t)$ 要长,其时间范围为

$$t_{1\mathrm{start}} + t_{2\mathrm{start}} \leqslant t \leqslant t_{1\mathrm{end}} + t_{2\mathrm{end}}$$

例 2-14　用数值算法求 $f_1(t) = u(t) - u(t-2)$ 与 $f_2(t) = \mathrm{e}^{-2t} u(t)$ 的卷积.

解:　$f_2(t) = \mathrm{e}^{-2t} u(t)$ 是一个无限长持续时间信号,为了能够让计算机处理该信号,所取的时
间范围让 $f_2(t)$ 衰减到足够小就可以得到很好的近似,本例中取 $t = 4$. Matlab 计算程序如下:

```
dt = 0.01;  % 时间采样间隔
ts = -1;  % 开始时间
te = 4;  % 结束时间
t = ts:dt:te;  % 时间坐标
f1 = (t >= 0) - ((t-2) >= 0);
f2 = exp(-2*t).*(t >= 0);
f = conv(f1,f2)*dt;  % 计算 f1 和 f2 的卷积
tt = 2*ts:dt:2*te;  % 卷积后的时间取值范围
subplot(2,2,1);
plot(t,f1,'linewidth',2.5); grid on;
set(gca,'FontSize',20);
axis([ts,te,-0.2,1.2]);
title('f1(t)'); xlabel('t','fontsize',24)
subplot(2,2,2);
plot(t,f2,'linewidth',2.5), grid on;
set(gca,'FontSize',20);
axis([ts,te,-0.2,1.2]);
title('f2(t)'); xlabel('t','fontsize',24)
subplot(2,1,2),
plot(tt,f,'linewidth',2.5), grid on;
```

```
set(gca,'FontSize',20);
title('f(t) = f1(t)* f2(t)'); xlabel('t','fontsize',24)
```

卷积的计算结果如图 2 - 28 所示.

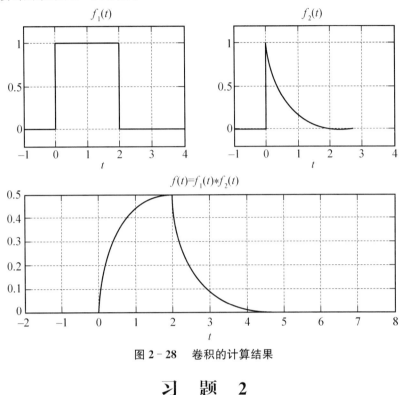

图 2 - 28   卷积的计算结果

习   题   2

一、练习题

1. 已知 $h(t) = \mathrm{e}^{2t}u(-t+4) + \mathrm{e}^{-2t}u(t-5)$,确定 A 和 B,使之有 $h(t-\tau) = \begin{cases} \mathrm{e}^{-2(t-\tau)}, & \tau < A \\ 0, & A < \tau < B \\ \mathrm{e}^{2(t-\tau)}, & B < \tau \end{cases}$

2. 已知 $y(t) = \mathrm{e}^{-t}u(t) * \sum\limits_{k=-\infty}^{\infty} \delta(t-3k)$,证明:$y(t) = A\mathrm{e}^{-t}, 0 \leqslant t < 3$,并求出 A 的值.

3. 已知描述系统的微分方程和初始状态如下,求其零输入响应:
$$y''(t) + 5y'(y) + 6y(t) = f(t), y(0_-) = 1, y'(0_-) = -1$$

4. 已知描述某 LTI 连续系统的微分方程和系统的初始状态如下,试求此系统的零输入响应:
$$y''(t) + 3y'(t) + 2y(t) = 2f'(t) + f(t), y(0_-) = 2, y'(0_-) = -1$$

5. 某 LTI 连续系统的微分方程为 $y''(t) + 3y'(t) + 2y(t) = f'(t) + 3f(t)$,已知 $y(0_-) = 1, y'(0_-) = 2$,试求:
(1) 系统的零输入响应 $y_{zi}(t)$;
(2) 输入 $f(t) = u(t)$ 时,系统的零状态响应 $y_{zs}(t)$ 和全响应 $y(t)$.

6. 已知描述系统的微分方程和初始状态如下,试求其 0_+ 值 $y(0_+)$ 和 $y'(0_+)$:
(1) $y''(t) + 6y'(t) + 8y(t) = f''(t), y(0_-) = 1, y'(0_-) = 1, f(t) = \delta(t)$;
(2) $y''(t) + 4y'(t) + 5y(t) = f'(t), y(0_-) = 1, y'(0_-) = 2, f(t) = \mathrm{e}^{2t}u(t)$.

7. 已知描述系统的微分方程和初始状态如下,试求其零输入响应、零状态响应和全响应:
$$y''(t) + 4y'(t) + 3y(t) = f(t), y(0_-) = y'(0_-) = 1, f(t) = u(t)$$

8. 已知描述系统的微分方程如下,试求其单位冲激响应:

$$y''(t) + 4y'(t) + 3y(t) = f(t)$$

9. 考虑一个线性时不变系统,其输入和输出关系通过如下方程联系:$y(t) = \int_{-\infty}^{t} \mathrm{e}^{-(t-\tau)} x(\tau-2)\mathrm{d}\tau$,求该系统的单位冲激响应 $h(t)$.

10. 描述系统的方程为 $y'(t) + 2y(t) = f'(t) - f(t)$,求其单位冲激响应和单位阶跃响应.

11. 描述系统的方程为 $y'(t) + 2y(t) = f''(t)$,求其单位冲激响应和单位阶跃响应.

12. 试求下列各 LTI 系统的单位冲激响应和单位阶跃响应:

(1) $y''(t) + 4y'(t) + 3y(t) = f'(t) + 2f(t)$;

(2) $y''(t) + 3y'(t) + 2y(t) = f''(t) + 2f'(t) + 2f(t)$.

13. 一个线性时不变系统的单位冲激响应 $h(t) = \delta'(t) + 2\delta(t)$,当输入为 $f(t)$ 时,其零状态响应 $y_{zs}(t) = \mathrm{e}^{-t}u(t)$.求输入信号 $f(t)$.

14. 一个线性时不变系统,其输入 $f(t)$ 和输出 $y(t)$ 由下列方程表示:$y'(t) + 3y(t) = f(t) * s(t) + 2f(t)$,式中 $s(t) = \mathrm{e}^{-2t}u(t) + \delta(t)$.求该系统的单位冲激响应.

15. 如图 2 - 29 所示的系统由几个子系统所组成,几个子系统的单位冲激响应分别为

$$h_1(t) = u(t), \quad h_2(t) = \delta(t-1), \quad h_3(t) = -\delta(t)$$

求复合系统的单位冲激响应.

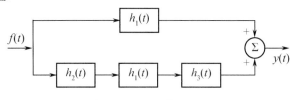

图 2 - 29   习题 15 图

16. 如图 2 - 30 所示的系统由几个子系统组合而成,各子系统的单位冲激响应分别为

$$h_1(t) = \delta(t-1), \quad h_2(t) = u(t-1) - u(t-3)$$

试求总系统的单位冲激响应 $h(t)$.

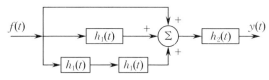

图 2 - 30   习题 16 图

17. 已知 $f_1(t) = tu(t)$,$f_2(t) = u(t) - u(t-2)$,求 $y(t) = f_1(t) * f_2(t-1) * \delta'(t-2)$.

18. 下面的单位冲激响应中哪些是稳定的线性时不变系统?

(1)$h_1(t) = \mathrm{e}^{-(1-2j)t}u(t)$;   (2)$h_2(t) = \mathrm{e}^{-t}\cos(2t)u(t)$.

19. 考虑一个线性时不变系统 S 和一个信号 $x(t) = 2\mathrm{e}^{-3t}u(t-1)$,若

$$x(t) \rightarrow y(t)$$

且

$$\frac{\mathrm{d}x(t)}{\mathrm{d}t} \rightarrow -3y(t) + \mathrm{e}^{-2t}u(t)$$

求系统 S 的单位冲击响应 $h(t)$.

20. 定义一个连续时间信号 $v(t)$ 下的面积为 $A_v = \int_{-\infty}^{\infty} v(t)\mathrm{d}t$. 证明:若 $y(t) = x(t) * h(t)$,则 $A_y = A_x A_h$.

二、Matlab 实验题

1. 已知描述系统的微分方程和激励信号 $f(t)$ 如下,试用解析法求系统的零状态响应 $y(t)$,并用Matlab绘出系统零状态响应的时域仿真波形,验证结果是否相同:

$$y''(t) + 5y'(t) + 6y(t) = f(t), \quad f(t) = e^{-t}u(t)$$

2. 已知描述系统的微分方程如下,试用 Matlab 求系统在 $0 \sim 10\,\mathrm{s}$ 范围内单位冲激响应和单位阶跃响应的数值解,并绘制系统单位冲激响应和单位阶跃响应的时域波形:

$$y''(t) + 3y'(t) + 2y(t) = f(t), \quad y''(t) + 3y'(t) + 2y(t) = f'(t)$$

3. 画出信号卷积 $f_1(t) * f_2(t)$ 的波形,其中 $f_1(t) = f_2(t) = u(t) - u(t-1)$.

4. 已知描述系统的微分方程和初始状态如下,试用 Matlab 数值求其零输入响应、零状态响应和全响应,并绘制其时域波形:

$$y''(t) + 4y'(t) + 3y(t) = f(t), y(0_-) = y'(0_-) = 1, f(t) = u(t)$$

第3章　　离散时间系统的时域分析

本章在时域上研究线性时不变离散时间系统的一般特性,介绍了与微分和微分方程相对应的差分与差分方程;描述连续时间系统的数学模型是微分方程,而描述离散时间系统的数学模型是差分方程. 差分方程与微分方程的求解方法在很大程度上是相似的,即线性时不变离散时间系统的全响应也可分解为自由响应和强迫响应或者零输入响应和零状态响应两部分. 在线性时不变连续时间系统中,将任意信号分解为冲激函数的线性叠加,从而得到系统的零状态响应等于激励与系统单位冲激响应的卷积;在线性时不变离散时间系统中,将任意信号分解为单位序列的线性叠加,线性时不变离散时间系统的零状态响应等于激励与系统的单位序列响应的卷积和.

3.1　　线性时不变离散时间系统的响应

3.1.1　差分与差分方程

与连续时间信号的微分和积分运算相对应,离散时间信号有差分及序列求和运算. 设有序列 $f[n]$,则称 $\cdots, f[n+2], f[n+1], \cdots, f[n-1], f[n-2] \cdots$ 为 $f[n]$ 的移位序列. 连续时间信号的微分有

$$\frac{\mathrm{d}f(t)}{\mathrm{d}t} = \lim_{\Delta t \to 0} \frac{\Delta f(t)}{\Delta t} = \lim_{\Delta t \to 0} \frac{f(t+\Delta t) - f(t)}{\Delta t} = \lim_{\Delta t \to 0} \frac{f(t) - f(t-\Delta t)}{\Delta t} \tag{3-1}$$

仿照连续信号的微分运算,定义离散信号的差分运算. 离散信号的变化率有两种表示形式:

$$\frac{\Delta f[n]}{\Delta n} = \frac{f[n+1] - f[n]}{[n+1] - n}, \quad \frac{\nabla f[n]}{\nabla n} = \frac{f[n] - f[n-1]}{n - [n-1]}$$

因此,可定义一阶前向差分为

$$\Delta f[n] = f[n+1] - f[n] \tag{3-2}$$

定义一阶后向差分为

$$\nabla f[n] = f[n] - f[n-1] \tag{3-3}$$

式中,Δ 和 ∇ 称为差分算子. 由式(3-2)和式(3-3)可知,前向差分与后向差分的关系为

$$\nabla f[n] = \Delta f[n-1] \tag{3-4}$$

两者仅移位不同,没有原则上的区别,因而它们的性质也相同. 本书主要采用后向差分,简称差分.

差分运算具有线性性质,即

$$\begin{aligned} \nabla\{af_1[n] + bf_2[n]\} &= \{af_1[n] + bf_2[n]\} - \{af_1[n-1] + bf_2[n-1]\} \\ &= a\{f_1[n] - f_1[n-1]\} + b\{f_2[n] - f_2[n-1]\} \\ &= a\nabla f_1[n] + b\nabla f_2[n] \end{aligned} \tag{3-5}$$

二阶差分定义为

$$\nabla^2 f[n] = \nabla\{\nabla f[n]\} = \nabla\{f[n] - f[n-1]\} = \nabla f[n] - \nabla f[n-1]$$

$$= f[n] - f[n-1] - \{f[n-1] - f[n-2]\}$$
$$= f[n] - 2f[n-1] + f[n-2] \tag{3-6}$$

类似地,还可定义三阶、四阶 …… m 阶差分. 一般地,m 阶差分定义为

$$\nabla^m f[n] = \nabla\{\nabla^{m-1} f[n]\} = \sum_{j=0}^{m} (-1)^j \binom{m}{j} f[n-j] \tag{3-7}$$

式中

$$\binom{m}{j} = \frac{m!}{(m-j)!\,j!}, \quad j = 0,1,2,\cdots,m$$

为二项式系数. 序列 $f[n]$ 的求和运算为

$$\sum_{i=-\infty}^{n} f[i] \tag{3-8}$$

差分方程是包含关于变量 n 的未知序列 $y[n]$ 及其各阶差分的方程式. 它的一般形式可写为

$$f\{n, y[n], \nabla y[n], \cdots, \nabla^m y[n]\} = 0 \tag{3-9}$$

式中,差分的最高阶为 m 阶,称为 m 阶差分方程. 将各阶差分写为 $y[n]$ 及其各移位序列的线性组合,得一般形式

$$g\{n, y[n], y[n-1], \cdots, y[n-m]\} = 0 \tag{3-10}$$

上述方程中,$y[n]$ 及其各移位序列的系数均为常数,称为常系数差分方程;如果某些系数是变量 n 的函数,称为变系数差分方程. 描述线性时不变离散时间系统的是常系数线性差分方程.

3.1.2　差分方程与微分方程的关系

利用差分,可以将微分方程用一个差分方程近似. 考虑一个简单的一阶微分方程

$$\frac{\mathrm{d}y(t)}{\mathrm{d}t} + ay(t) = bx(t) \tag{3-11}$$

其中,a,b 为任意常数. 用符号 $x[n]$ 表示 $x(t)$ 的第 n 个样本 $x[n\Delta t]$. 同样,$y[n]$ 表示 $y(t)$ 的第 n 个样本 $y[n\Delta t]$. 由式(3-1),可以在 $t = n\Delta t$ 时,将式(3-11)表示为

$$\lim_{\Delta t \to 0} \frac{y[n] - y[n-1]}{\Delta t} + ay[n] = bx[n] \tag{3-12}$$

消去分式并整理各项得到(假设 Δt 为非零,但是很小)

$$y[n] - \frac{1}{(1+a\Delta t)} y[n-1] = \frac{b\Delta t}{(1+a\Delta t)} x[n] \tag{3-13}$$

很明显,一个微分方程可以用一个同阶的差分方程近似. 通过这样的方法,可以用一个 n 阶差分方程对 n 阶微分方程进行近似.

事实上,数字计算机在解微分方程时就是使用等效的差分求解,它的解可以通过简单的加法、乘法和移位运算得到. 通过选择足够小的 Δt,可以使结果与精确值足够接近.

例 3-1　已知某线性时不变系统二阶微分方程为 $\dfrac{\mathrm{d}^2 y(t)}{\mathrm{d}t^2} + 5\dfrac{\mathrm{d}y(t)}{\mathrm{d}t} + 6y(t) = 2f(t)$,对该方程进行差分近似,采样间隔为 $T = 1$,试导出其差分方程,并指出其阶次.

解:　本题利用后向差分来处理. 对 $\dfrac{\mathrm{d}y(t)}{\mathrm{d}t}$ 用后向差分近似得

$$\frac{\mathrm{d}y(t)}{\mathrm{d}t} \approx \frac{y[nT] - y[(n-1)T]}{T} = y[n] - y[n-1]$$

对 $\dfrac{\mathrm{d}^2 y(t)}{\mathrm{d}t^2}$ 用后向差分近似得

$$\frac{\mathrm{d}^2 y(t)}{\mathrm{d}t^2} \approx y[n] - 2y[n-1] + y[n-2]$$

代入原方程得差分方程

$$12y[n] - 7y[n-1] + y[n-2] = 2f[n]$$

可见得到的是二阶差分方程.

3.1.3 差分方程的迭代法求解

若单输入-单输出的线性时不变系统的激励为 $f[n]$,其全响应为 $y[n]$,则描述系统激励与响应之间关系的数学模型是 m 阶常系数线性差分方程,一般可写为

$$y[n] + a_{m-1}y[n-1] + \cdots + a_0 y[n-m] = b_k f[n] + b_{k-1} f[n-1] + \cdots + b_0 f[n-k] \tag{3-14}$$

式中,$a_j(j=0,1,2,\cdots,m-1)$,$b_i(i=0,1,2,\cdots,k-1,k)$ 都是常数. 式(3-14)可缩写为

$$\sum_{j=0}^{m} a_{m-j} y[n-j] = \sum_{i=0}^{k} b_{k-i} f[n-i] \quad (\text{式中 } a_m = 1) \tag{3-15}$$

差分方程本质上是递推的代数方程,若已知初始条件和激励,利用迭代法可求得其数值解. 当差分方程阶次较低时可以使用此法.

例 3-2 若描述某离散时间系统的差分方程为 $y[n] - 0.5y[n-1] = f[n]$,已知初始条件 $y[0] = 8$,激励 $f[n] = n^2 u[n]$,求 $y[n]$.

解: 将差分方程中除 $y[n]$ 以外的各项都移到等号右端,得

$$y[n] = 0.5y[n-1] + f[n]$$

当 $n=1$ 时,将已知初始值 $y[0] = 8$ 和 $f[n] = n^2 u[n]$ 代入上式,得

$$y[1] = 0.5y[0] + 1^2 = 5$$

依次迭代可得

$$y[2] = 0.5y[1] + 2^2 = 6.5$$
$$y[3] = 0.5y[2] + 3^2 = 12.25$$
$$\cdots$$
$$y[n] = 0.5y[n-1] + n^2$$

由上例可见,用迭代法求解差分方程思路清晰,便于用计算机求解. 虽然如此,但差分方程的闭式解在研究系统特性和系统对输入及不同系统参数的依赖关系时更为有用. 因此,需要找到一种系统的方法,按照与连续时间系统分析相似的方法,来分析离散时间系统.

3.1.4 差分方程的经典法求解

与微分方程类似,差分方程的解由齐次解和特解两部分组成,齐次解用 $y_h[n]$ 表示,特解用 $y_p[n]$ 表示,即

$$y[n] = y_h[n] + y_p[n] \tag{3-16}$$

(1) 齐次解 $y_h[n]$

当式(3-14)中的 $f[n]$ 及其各移位项均为零时,齐次方程

$$y[n] + a_{m-1}y[n-1] + \cdots + a_0 y[n-m] = 0 \tag{3-17}$$

的解称为齐次解.

为理解齐次解的序列形式,以最简单的一阶差分方程为例. 若一阶齐次差分方程为

$$y[n] - ay[n-1] = 0 \tag{3-18}$$

它可改写为

$$\frac{y[n]}{y[n-1]} = a \tag{3-19}$$

这表明,一阶齐次差分方程的解是公比为 a 的等比数列. 因此,$y[n]$ 应有如下形式的解:

$$y[n] = Ca^n \tag{3-20}$$

其中,C 为待定系数,由初始条件确定.

对于一般的 m 阶齐次差分方程(3-17),它的齐次解的形式是形如 $C(\lambda)^n$ 函数的线性组合,将其代入式(3-17),整理后可得特征方程

$$\lambda^m + a_{m-1}\lambda^{m-1} + \cdots + a_1\lambda + a_0 = 0 \tag{3-21}$$

其根 $\lambda_i(i = 1, 2, \cdots, m)$ 称为差分方程的特征根.

若特征方程(3-21)的根均为单根,则齐次解为

$$y_h[n] = C_1(\lambda_1)^n + C_2(\lambda_2)^n + \cdots + C_m(\lambda_m)^n = \sum_{i=1}^{m} C_i(\lambda_i)^n \tag{3-22}$$

其中,常数 C_i 由初始条件确定.

若特征方程(3-21)有 r 重根,则齐次解为

$$y_h[n] = (C_{r-1}n^{r-1} + C_{r-2}n^{r-2} + \cdots + C_1 n + C_0)(\lambda)^n = \sum_{i=0}^{r-1} C_i n^i(\lambda)^n \tag{3-23}$$

若特征方程(3-21)有复数根,对于一个实系统,其复数根必然共轭成对出现. 因此,若 $\alpha + j\beta$ 是一个特征根,则 $\alpha - j\beta$ 必然也是特征根. 把特征根写成极坐标形式 $\lambda_{1,2} = \alpha \pm j\beta = \rho e^{\pm j\theta}$,对应这对共轭复根的齐次解为

$$y_h[n] = A_1(\alpha + j\beta)^n + A_2(\alpha - j\beta)^n = A_1\rho^n e^{jn\theta} + A_2\rho^n e^{-jn\theta} \tag{3-24}$$

但它们是复值函数形式,利用欧拉公式,可以得到实数形式的解

$$y_h[n] = \rho^n(C_1\cos[\theta n] + D_1\sin[\theta n]) \tag{3-25}$$

根据特征方程的根,表3-1列出了其对应的差分方程的解.

表 3-1　不同特征根对应的齐次解

特征根 λ	齐次解 $y_h[n]$
单实根	$C(\lambda)^n$
单复根	$\rho^n\{C_1\cos[\theta n] + D_1\sin[\theta n]\}$
r 重实根	$(C_1 + C_2 n + \cdots + C_r n^{r-1})(\lambda)^n$
r 重复根	$\rho^n\{(C_1 + C_2 n + \cdots + C_r n^{r-1})\cos[\theta n] + (D_1 + D_2 n + \cdots + D_r n^{r-1})\sin[\theta n]\}$

(2) 特解 $y_p[n]$

差分方程的特解和微分方程中的特解一样,其函数形式与激励的函数形式有关,为求特解 $y_p[n]$,需根据差分方程式(3-14)右端项选择合适的特解形式. 表 3-2 列出了几种典型的激励 $f[n]$ 所对应的特解 $y_p[n]$. 选定特解后代入原差分方程,求出其待定系数等,就得出方程的特解.

表 3-2 不同激励对应的特解

激励函数 $f[n]$	特解 $y_p[n]$	
n^k	$P_k n^k + P_{k-1} n^{k-1} + \cdots + P_1 n + P_0$	所有特征根不等于 1
	$n^r(P_k n^k + P_{k-1} n^{k-1} + \cdots + P_1 n + P_0)$	有 r 重特征根等于 1
a^n	$P a^n$	当 a 不等于特征根时
	$(P_1 n + P_0) a^n$	当 a 为特征单根时
	$(P_r n^r + P_{r-1} n^{r-1} + \cdots + P_1 n + P_0) a^n$	当 a 为 r 重特征根时

根据以上分析,线性常系数差分方程解中的齐次解和特解分别与线性常系数微分方程中的齐次解和特解具有类似的特性,即齐次解只取决于系统本身的性质,称为系统的自由响应;特解取决于外加激励,称为强迫响应.

(3) 全解 $y[n]$

式(3-14)的线性差分方程的全解是齐次解与特解之和,即

$$y[n] = y_h[n] + y_p[n] \tag{3-26}$$

如果方程的特征根均为单根,则差分方程的全解为

$$y[n] = \sum_{i=1}^{m} C_i (\lambda_i)^n + y_p[n] \tag{3-27}$$

式中的系数 C_i 由初始条件确定.

如果激励信号是在 $n=0$ 时接入的,差分方程的解适合 $n \geqslant 0$. 对于 m 阶差分方程,用给定的 m 个初始条件 $y[0], y[1], \cdots, y[m-1]$ 就可确定全部待定系数 C_i. 如果差分方程的特解都是单根,则方程的全解为式(3-22)加上特解. 将给定的初始条件 $y[0], y[1], \cdots, y[m-1]$ 分别代入式(3-27),可得

$$y[0] = C_1 + C_2 + \cdots + C_m + y_p[0]$$

$$y[1] = C_1 \lambda_1 + C_2 \lambda_2 + \cdots + C_m \lambda_m + y_p[1]$$

$$\cdots\cdots$$

$$y[m-1] = C_1 \lambda_1^{m-1} + C_2 \lambda_2^{m-1} + \cdots + C_m \lambda_m^{m-1} + y_p[m-1]$$

由以上方程可得全部待定系数 C_i. 在求解差分方程时,往往把初始条件设定为一组已知的数据,利用这组数据可以确定方程齐次解中的待定系数.

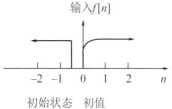

图 3-1 离散时间系统的初值和初始状态

在用经典法解差分方程时,一般输入 $f[n]$ 是在 $n=0$ 时接入系统的,如图 3-1 所示. 在 $n=0$ 之前,激励尚未接入,$y[-1], y[-2], \cdots, y[-m]$ 反映了系统的历史情况而与激励无关,它们为求得 $n>0$ 时的响应 $y[n]$ 提供了以往历史的全部信息,称这些值为初始状态.

分析系统时,差分方程的解限于 $0 \leqslant n < \infty$ 的时间范围. 因此,为确定解的待定系数所需的一组初值条件是指 $n=0$ 时系统响应的初始值,即 $y[0], y[1], \cdots, y[m-1]$.

例 3-3 描述某离散时间系统的差分方程为 $y[n] - 4y[n-1] + 3y[n-2] = f[n]$,初始条件为 $y[0] = -\dfrac{1}{2}, y[1] = 0, f[n] = 2^n u[n]$,求系统的响应 $y[n]$.

解: (1) 齐次解 $y_h[n]$

由差分方程得特征方程为

$$\lambda^2 - 4\lambda + 3 = 0$$

特征根为两个单实根 $\lambda_1 = 1, \lambda_2 = 3$. 齐次解的一般形式为

$$y_h[n] = C_1(\lambda_1)^n + C_2(\lambda_2)^n = C_1(1)^n + C_2(3)^n$$

上式中的常数 C_1、C_2 将在求得全解后,由初始条件确定.

(2) 特解 $y_p[n]$

由表 3-2 可知,当输入 $f[n] = 2^n u[n]$ 时,其特解可设为

$$y_p[n] = P(2)^n$$

将 $y_p[n], y_p[n-1], y_p[n-2], f[n]$ 代入原差分方程,有

$$P(2)^n - 4P(2)^{n-1} + 3P(2)^{n-2} = 2^n$$

由上式可解得 $P = -4$. 于是得差分方程的特解

$$y_p[n] = -4(2)^n$$

差分方程的全解

$$y[n] = y_h[n] + y_p[n] = C_1(1)^n + C_2(3)^n - 4(2)^n$$

将初始值 $y[0] = -\dfrac{1}{2}, y[1] = 0$ 代入上式,得

$$y[0] = C_1 + C_2 - 4 = -\frac{1}{2}, \quad y[1] = C_1 + 3C_2 - 4 \times 2 = 0$$

由上式可解得 $C_1 = \dfrac{5}{4}, C_2 = \dfrac{9}{4}$,最后的微分方程的全解

$$y[n] = y_h[n] + y_p[n] = \frac{5}{4}(1)^n + \frac{9}{4}(3)^n - 4(2)^n = \frac{5}{4} + \frac{9}{4}(3)^n - 4(2)^n, \quad n \geqslant 0$$

3.1.5　零输入响应

系统的激励为零,仅由系统的初始状态引起的响应,称为零输入响应,用 $y_{zi}[n]$ 表示. 在零输入条件下,差分方程为

$$\sum_{j=0}^{m} a_{m-j} y_{zi}[n-j] = 0 \tag{3-28}$$

若其特征根都为单根,则零输入响应为

$$y_{zi}[n] = \sum_{j=1}^{m} C_{zij}(\lambda_j)^n \tag{3-29}$$

式中,C_{zij} 为待定常数. λ_j 是特征方程的根,称为系统的特征根或特征值. 对应系统每个特征根有一个特征模式,而零输入响应是系统特征模式的线性组合.

一般设定激励是在 $n = 0$ 时接入系统的,在 $n < 0$ 时,激励尚未接入,故式(3-29)的初始状态满足

$$
\begin{aligned}
y_{zi}[-1] &= y[-1] \\
y_{zi}[-2] &= y[-2] \\
&\cdots\cdots \\
y_{zi}[-m] &= y[-m]
\end{aligned}
\tag{3-30}
$$

式(3-30)中的 $y[-1], y[-2], \cdots, y[-m]$ 为系统的初始状态. 由式(3-29)和式(3-30)可求得零输入响应 $y_{zi}[n]$.

3.1.6　零状态响应

当系统的初始状态为零，仅由激励 $f[n]$ 所产生的响应，称为零状态响应，用 $y_{zs}[n]$ 表示，在零状态情况下，满足

$$\sum_{j=0}^{m} a_{m-j} y_{zs}[n-j] = \sum_{i=0}^{k} b_{k-i} f[n-i] \tag{3-31}$$

$$y_{zs}[-1] = y_{zs}[-2] = \cdots = y_{zs}[-m] = 0 \tag{3-32}$$

的解. 若其特征根均为单根，则其零状态响应为

$$y_{zs}[n] = \sum_{j=1}^{m} C_{zsj} \lambda_j^n + y_p[n] \tag{3-33}$$

式中，C_{zsj} 为待定系数，$y_p[n]$ 为特解. 需要注意的是，零状态响应的初始状态 $y_{zs}[-1]$，$y_{zs}[-2]$，$\cdots$，$y_{zs}[-n]$ 为零，但其初值 $y_{zs}[0]$，$y_{zs}[1]$，$\cdots$，$y_{zs}[n-1]$ 不一定等于零.

3.1.7　全响应

与连续系统类似，一个初始状态不为零的线性时不变离散时间系统，在外加激励作用下，其完全响应等于零输入响应与零状态响应之和，即

$$y[n] = y_{zi}[n] + y_{zs}[n] \tag{3-34}$$

若特征根均为单根，则全响应为

$$y[n] = \underbrace{\sum_{j=1}^{m} C_{zij} \lambda_j^n}_{\text{零输入响应}} + \underbrace{\sum_{j=1}^{m} C_{zsj} \lambda_j^n + y_p[n]}_{\text{零状态响应}} = \underbrace{\sum_{j=1}^{m} C_j \lambda_j^n}_{\text{自由响应}} + \underbrace{y_p[n]}_{\text{强迫响应}} \tag{3-35}$$

式中

$$\sum_{j=1}^{m} C_j \lambda_j^n = \sum_{j=1}^{m} C_{zij} \lambda_j^n + \sum_{j=1}^{m} C_{zsj} \lambda_j^n \tag{3-36}$$

系统的全响应有两种分解方式：可以分解为自由响应和强迫响应；也可以分解为零输入响应和零状态响应. 这两种分解方式有明显的区别. 虽然自由响应与零输入响应都是齐次解的形式，但它们的系数并不相同，C_{zij} 仅由系统的初始状态决定，而 C_j 由初始状态和激励共同决定.

如果激励 $f[n]$ 是在 $n=0$ 时接入系统的，根据零状态响应的定义，在 $n<0$ 时有

$$y_{zs}[n] = 0, \quad n < 0$$

根据式（3-34）有

$$y_{zi}[n] = y[n], \quad n < 0$$

系统的初始状态是指 $y[-1]$，$y[-2]$，$\cdots$，$y[-n]$，它给出了该系统以往历史的全部信息. 根据系统的初始状态和 $n \geqslant 0$ 时的激励，可以求得系统的全响应.

例 3-4　描述某离散时间系统的差分方程为 $y[n] - 4y[n-1] + 3y[n-2] = f[n]$，初始条件为 $y[-1] = 0$，$y[-2] = 1/2$，$f[n] = 2^n u[n]$，求系统的零输入响应 $y_{zi}[n]$、零状态响应 $y_{zs}[n]$ 和全响应 $y[n]$.

解：　（1）零输入响应 $y_{zi}[n]$

零输入响应 $y_{zi}[n]$ 满足方程

$$y_{zi}[n] - 4y_{zi}[n-1] + 3y_{zi}[n-2] = 0$$

由例 3-3 解得两个特征根 $\lambda_1 = 1$，$\lambda_2 = 3$，

$$y_{zi}[n] = C_{zi1}(1)^n + C_{zi2}(3)^n$$

将初始条件 $y[-1] = y_{zi}[-1] = 0, y[-2] = y_{zi}[-2] = \dfrac{1}{2}$ 代入上式，

$$C_{zi1} + C_{zi2}(3)^{-1} = 0, \quad C_{zi1} + C_{zi2}(3)^{-2} = \dfrac{1}{2}$$

由上式解得

$$C_{zi1} = \dfrac{3}{4}, \quad C_{zi2} = -\dfrac{9}{4}$$

得系统的零输入响应为

$$y_{zi}[n] = \dfrac{3}{4} - \dfrac{9}{4}(3)^n, \quad n \geqslant 0$$

（2）零状态响应 $y_{zs}[n]$

零状态响应满足方程

$$y_{zs}[n] - 4y_{zs}[n-1] + 3y_{zs}[n-2] = f[n]$$

及初始状态 $y_{zs}[-1] = y_{zs}[-2] = 0$. 由上式可求得

$$y_{zs}[0] = 4y_{zs}[-1] - 3y_{zs}[-2] + 2^0 = 1$$
$$y_{zs}[1] = 4y_{zs}[0] - 3y_{zs}[-1] + 2^1 = 6$$

由例 3-3 解得，特解 $y_p[n] = -4(2)^n$，由特征根 $\lambda_1 = 1, \lambda_2 = 3$，得 $y_{zs}[n]$ 的一般形式为

$$y_{zs}[n] = C_{zs1}(1)^n + C_{zs2}(3)^n - 4(2)^n$$

将初始值 $y_{zs}[0] = 1, y_{zs}[1] = 6$ 代入上式，得

$$C_{zs1} = \dfrac{1}{2}, \quad C_{zs2} = \dfrac{9}{2}$$

零状态响应为

$$y_{zs}[n] = \dfrac{1}{2}(1)^n + \dfrac{9}{2}(3)^n - 4(2)^n = \dfrac{1}{2} + \dfrac{9}{2}(3)^n - 4(2)^n, \quad n \geqslant 0$$

（3）全响应

$$y[n] = y_{zi}[n] + y_{zs}[n] = \underbrace{\dfrac{3}{4} - \dfrac{9}{4}(3)^n}_{\text{零输入响应}} + \underbrace{\dfrac{1}{2} + \dfrac{9}{2}(3)^n - 4(2)^n}_{\text{零状态响应}}$$

$$= \Big[\underbrace{\dfrac{5}{4} + \dfrac{9}{4}(3)^n}_{\text{自然响应}} \underbrace{- 4(2)^n}_{\text{强迫响应}}\Big]u[n], \quad n \geqslant 0$$

3.2　单位序列响应和单位阶跃响应

3.2.1　单位序列响应

一个离散时间系统，其激励信号 $f[n]$ 是一个序列，响应 $y[n]$ 是另一个序列，示意如图 3-2 所示. 此系统的功能是完成 $f[n]$ 转为 $y[n]$ 的运算.

单位序列响应是指当线性时不变离散时间系统的激励为单位序列 $\delta[n]$ 时，系统的零状态响应称为单位序列响应（或单位样值响应、单位取样响应），简称单位响应，记为 $h[n]$，如图 3-3 所示. 单

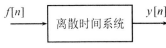

图 3-2　离散时间系统

位序列响应反映了系统的特性,同时也是利用卷积和进行系统时域分析的基础. 它的作用与连续系统中的单位冲激响应 $h(t)$ 相类似.

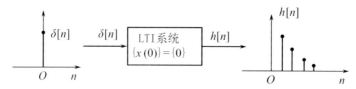

图 3 - 3　单位序列响应示意图

一个由方程(3-14)表征的系统,单位序列响应 $h[n]$ 是方程

$$h[n] + a_{m-1}h[n-1] + \cdots + a_0 h[n-m] = b_k\delta[n] + b_{k-1}\delta[n-1] + \cdots + b_0\delta[n-k]$$

$$(3-37)$$

服从初始条件

$$h[-1] = h[-2] = \cdots = h[-m] = 0 \tag{3-38}$$

的解. 由于单位序列 $\delta[n]$ 仅在 $n=0$ 时等于1,而在 $n>0$ 时为零,因而在 $n>0$ 时,系统的 $h[n]$ 和系统的零输入响应的函数形式相同. 于是,求 $h[n]$ 的问题转化为求差分方程的齐次解的问题,而 $h[0]$ 可按零状态的条件由差分方程确定.

例 3 - 5　描述某离散时间系统的输出 $y[n]$ 与输入 $f[n]$ 之间的关系为

$$y[n] = \sum_{i=0}^{\infty} \left(\frac{1}{2}\right)^i f[n-i]$$

求系统的单位序列响应 $h[n]$.

解：　根据单位序列响应的定义,输入 $f[n] = \delta[n]$ 时,响应为 $h[n]$. 当输入为 $\delta[n]$ 时,有

$$\left(\frac{1}{2}\right)^i \delta[n-i] = \left(\frac{1}{2}\right)^n \delta[n-i]$$

于是

$$h[n] = \sum_{i=0}^{\infty}\left(\frac{1}{2}\right)^i\delta[n-i] = \sum_{i=0}^{\infty}\left(\frac{1}{2}\right)^n\delta[n-i] = \left(\frac{1}{2}\right)^n\sum_{i=0}^{\infty}\delta[n-i] = \left(\frac{1}{2}\right)^n u[n]$$

例 3-6　描述某离散时间系统的差分方程为 $y[n]-y[n-1]-2y[n-2]=f[n]$,求系统的单位序列响应 $h[n]$.

解：　根据单位序列响应 $h[n]$ 的定义,它应满足方程

$$h[n]-h[n-1]-2h[n-2]=\delta[n]$$

且初始状态 $h[-1]=h[-2]=0$.将上式移项有

$$h[n]=h[n-1]+2h[n-2]+\delta[n]$$

令 $n=0,1$,并考虑 $\delta[0]=1,\delta[1]=0$,可得单位序列响应 $h[n]$ 的初始值

$$h[0]=h[-1]+2h[-2]+\delta[0]=1$$
$$h[1]=h[0]+2h[-1]+\delta[1]=1$$

对于 $n>0$,$h[n]$ 满足齐次方程

$$h[n]-h[n-1]-2h[n-2]=0$$

其特征方程为 $\lambda^2-\lambda-2=0$,解得特征根为 $\lambda_1=-1,\lambda_2=2$,得方程的齐次解为

$$h[n]=C_1(-1)^n+C_2(2)^n, \quad n\geqslant 0$$

将初始值 $h[0]$ 和 $h[1]$ 代入,有

$$h[0]=1=C_1+C_2, \quad h[1]=1=-C_1+2C_2$$

由上式可解得 $C_1 = \dfrac{1}{3}$，$C_2 = \dfrac{2}{3}$，于是得系统的单位序列响应为

$$h[n] = \frac{1}{3}(-1)^n + \frac{2}{3}(2)^n, \quad n \geqslant 0$$

引入单位阶跃序列，$h[n]$ 也可写为

$$h[n] = \left[\frac{1}{3}(-1)^n + \frac{2}{3}(2)^n\right]u[n]$$

例 3 - 7　描述某离散时间系统的差分方程为 $y[n] - y[n-2] = f[n] + f[n-2]$，求系统的单位序列响应 $h[n]$.

解：　根据单位序列响应 $h[n]$ 的定义，它应满足方程

$$h[n] - h[n-2] = \delta[n] + \delta[n-2]$$

且初始状态 $h[-1] = h[-2] = 0$.

为了求 $h[n]$，可利用系统的线性性质和时不变性，把 $\delta[n]$ 和 $\delta[n-2]$ 看作两个激励，分别求出它们的单位序列响应，然后叠加求得 $h[n]$. 令只有 $\delta[n]$ 作用时，系统的单位序列响应为 $h_1[n]$，它满足方程

$$h_1[n] - h_1[n-2] = \delta[n]$$

且初始状态 $h_1[-1] = h_1[-2] = 0$. 将上式移项，有

$$h_1[n] = h_1[n-2] + \delta[n].$$

令 $n = 0,1$，可得初始值

$$h_1[0] = h_1[-2] + \delta[0] = 1, \quad h_1[1] = h_1[-1] + \delta[1] = 0$$

对于 $n > 0$，$h[n]$ 满足齐次方程

$$h_1[n] - h_1[n-2] = 0$$

其特征方程为 $\lambda^2 - 1 = 0$，其特征根为 $\lambda_1 = 1$，$\lambda_2 = -1$，得方程的齐次解为

$$h_1[n] = C_1 + C_2(-1)^n$$

将初始值代入，有

$$h_1[0] = C_1 + C_2 = 1, \quad h_1[1] = C_1 - C_2 = 0$$

解得 $C_1 = C_2 = \dfrac{1}{2}$，所以

$$h_1[n] = \frac{1}{2}[1 + (-1)^n]u[n]$$

当只有 $\delta[n-2]$ 作用时，令其单位序列响应为 $h_2[n]$，根据时不变性质，得

$$h_2[n] = h_1[n-2] = \frac{1}{2}[1 + (-1)^{n-2}]u[n-2]$$

于是

$$h[n] = h_1[n] + h_2[n] = \frac{1}{2}[1 + (-1)^n]\{u[n] + u[n-2]\}$$

3.2.2　单位阶跃响应

当线性时不变离散时间系统的激励为单位阶跃序列 $u[n]$ 时，系统的零状态响应称为单位阶跃响应，简称阶跃响应，用 $g[n]$ 表示，如图 3 - 4 所示. 如同对单位序列响应的分析，单位阶跃响应是激励为单位阶跃序列 $u[n]$ 时，系统的零状态响应.

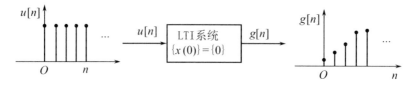

图 3 - 4　单位阶跃响应示意

由于

$$u[n]=\sum_{i=-\infty}^{n}\delta[i]=\sum_{j=0}^{\infty}\delta[n-j] \tag{3-39}$$

根据线性时不变系统的线性性质和移位不变性，系统的单位阶跃响应为

$$g[n]=\sum_{i=-\infty}^{n}h[i]=\sum_{j=0}^{\infty}h[n-j] \tag{3-40}$$

类似地，由于

$$\delta[n]=\nabla u[n]=u[n]-u[n-1] \tag{3-41}$$

若已知系统的单位阶跃响应 $g[n]$，那么系统的单位序列响应为

$$h[n]=\nabla g[n]=g[n]-g[n-1] \tag{3-42}$$

其输入信号间的关系及其响应间的关系如图 3 - 5 所示．

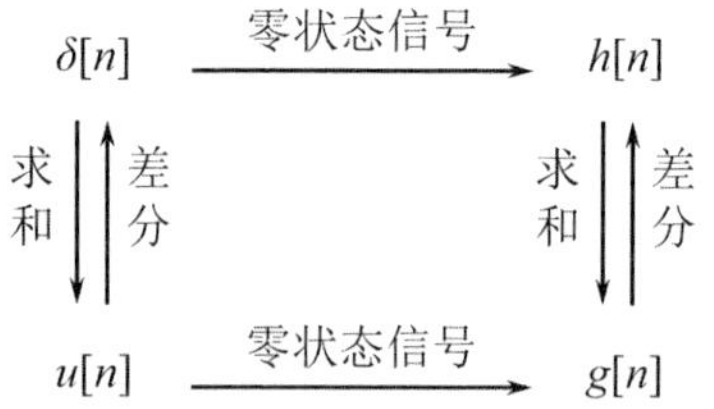

图 3 - 5　线性时不变系统输入信号间的关系及其响应间的关系

例 3 - 8　描述某离散时间系统的差分方程为 $y[n]-y[n-1]-2y[n-2]=f[n]$．求系统的单位阶跃响应 $g[n]$ 和单位序列响应 $h[n]$．

解：　（1）单位阶跃响应

根据单位阶跃响应的定义，$g[n]$ 满足方程

$$g[n]-g[n-1]-2g[n-2]=u[n]$$

和初始状态 $g[-1]=g[-2]=0$．上式可写为

$$g[n]=g[n-1]+2g[n-2]+u[n]$$

将 $n=0$、1 和 $u[0]=u[1]=1$ 代入上式，得初始值为

$$g[0]=g[-1]+2g[-2]+u[0]=1$$
$$g[1]=g[0]+2g[-1]+u[1]=2$$

容易求得系统差分方程的特征根为 $\lambda_1=-1,\lambda_2=2$，特解 $g_p=-\frac{1}{2}$，于是得

$$g[n]=C_1(-1)^n+C_2(2)^n-\frac{1}{2},\quad n\geqslant 0$$

将初始值 $g[0]$ 和 $g[1]$ 代入上式，可解得 $C_1=\frac{1}{6},C_2=\frac{4}{3}$，得到该系统的单位阶跃响应为

$$g[n]=\left[\frac{1}{6}(-1)^n+\frac{4}{3}(2)^n-\frac{1}{2}\right]u[n]$$

（2）单位序列响应

由上式得

$$g[n-1] = \left[\frac{1}{6}(-1)^{n-1} + \frac{4}{3}(2)^{n-1} - \frac{1}{2}\right]u[n-1]$$

$$= \left[\frac{-1}{6}(-1)^n + \frac{2}{3}(2)^n - \frac{1}{2}\right]u[n-1]$$

当 $n = 0$ 时,

$$g[-1] = \frac{-1}{6} + \frac{2}{3} - \frac{1}{2} = 0$$

即得

$$g[n-1] = \left[\frac{-1}{6}(-1)^n + \frac{2}{3}(2)^n - \frac{1}{2}\right]u[n]$$

根据单位阶跃响应和单位序列响应的关系得

$$h[n] = g[n] - g[n-1] = \left[\frac{1}{3}(-1)^n + \frac{2}{3}(2)^n\right]u[n]$$

3.3　卷　积　和

3.3.1　卷积和

　　在线性时不变连续时间系统中,把激励信号分解为一系列冲激函数,求出各冲激函数单独作用于系统时的单位冲激响应,然后把这些响应相加就得到系统对于该激励信号的零状态响应. 这个相加的过程表现为求卷积.

　　在线性时不变离散时间系统中,可用与上述相同的方法进行,如果已知系统的单位序列响应,那么,根据线性和时不变性,可求得每个单位序列单独作用于该系统的响应. 把这些响应相加就得到系统对于该激励信号的零状态响应,这个相加的过程表现为求卷积和.

　　任意离散时间序列 $f[n]$ $(n = \cdots, -2, -1, 0, 1, 2, \cdots)$ 可以表示为

$$f[n] = \cdots + f[-2]\delta[n+2] + f[-1]\delta[n+1] + f[0]\delta[n] +$$

$$f[1]\delta[n-1] + \cdots + f[k]\delta[n-k] + \cdots = \sum_{k=-\infty}^{\infty} f[k]\delta[n-k] \quad (3-43)$$

　　图 3-6 用图形说明了式(3-43).式(3-43)将信号表示为一个基本函数——时移冲激序列的加权和,权重是对应的时移信号的值.

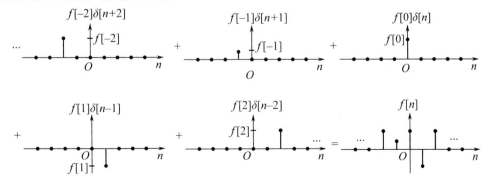

图 3-6　将 $f[n]$ 表示为时移冲激序列的加权和

设系统算符 H 代表输入信号为 $f[n]$ 的系统,将 $f[n]$ 表示为式(3-43)的形式,则系统的输出为

$$y[n] = H\{f[n]\} = H\Big\{\sum_{k=-\infty}^{\infty} f[k]\delta[n-k]\Big\} \qquad (3-44)$$

利用线性特性,即系统算符 H 与求和运算可交换次序,于是

$$y[n] = \sum_{k=-\infty}^{\infty} H\{f[k]\delta[n-k]\} \qquad (3-45)$$

由于 n 表示时间序号,$f[k]$ 对系统算符 H 来说是一个常数,再次利用线性特性,即 H 与 $f[k]$ 可交换次序,得

$$y[n] = \sum_{k=-\infty}^{\infty} f[k]H\{\delta[n-k]\} \qquad (3-46)$$

式(3-46)表明系统的输出等于系统对时移冲激序列响应的加权和,式(3-46)体现了系统的激励—响应行为,是线性系统的一个基本特性.

在线性时不变系统中,输入信号的时移导致输出信号相同的时移. 这种关系意味着系统对时移冲激序列的响应等于系统对冲激序列的响应时移同样的时间,即

$$H\{\delta[n-k]\} = h[n-k] \qquad (3-47)$$

式中,$h[n] = H\{\delta[n]\}$ 是线性时不变系统 H 的单位序列响应. 把式(3-47)代入式(3-46),则系统的输出为

$$y[n] = \sum_{k=-\infty}^{\infty} f[k]h[n-k] \qquad (3-48)$$

于是,线性时不变系统的输出等于时移单位序列响应加权和.式(3-48)的求和称为序列 $f[n]$ 与 $h[n]$ 的卷积和,也简称卷积.卷积常用符号"$*$"表示,即

$$y_{zs}[n] = f[n] * h[n] = \sum_{k=-\infty}^{\infty} f[k]h[n-k] \qquad (3-49)$$

式(3-49)表明,线性时不变系统对于任意激励的零状态响应是激励 $f[n]$ 与系统的单位序列响应 $h[n]$ 的卷积和.

图3-7表示为卷积和的过程. 输入信号 $f[n]$ 被分解为加权时移脉冲序列的和,即第 k 个输入分量为 $f[k]\delta[n-k]$,系统对第 k 个输入分量的响应为

$$H\{f[k]\delta[n-k]\} = f[k]h[n-k] \qquad (3-50)$$

把所有输出分量加在一起就是系统对输入 $f[n]$ 的总输出 $y[n]$.

上述导出过程也可利用离散时间线性时不变系统的性质得到,或许更容易理解. 根据单位冲激响应的定义,当输入信号为 $\delta[n]$ 时,线性时不变系统的零状态响应为 $h[n]$,记为

$$\delta[n] \rightarrow h[n]$$

根据线性时不变系统的时不变性质,当输入延迟 k 时,输出也延迟 k,记为

$$\delta[n-k] \rightarrow h[n-k]$$

根据线性时不变系统的齐次性,输入信号增加 $f[k]$ 倍时,输出也增加 $f[k]$ 倍,记为

$$f[k]\delta[n-k] \rightarrow f[k]h[n-k]$$

根据线性时不变系统的叠加性,得到

$$f[n] = \sum_{k=-\infty}^{\infty} f[k]\delta[n-k] \rightarrow y[n] = \sum_{k=-\infty}^{\infty} f[k]h[n-k]$$

整个过程如图3-8所示.

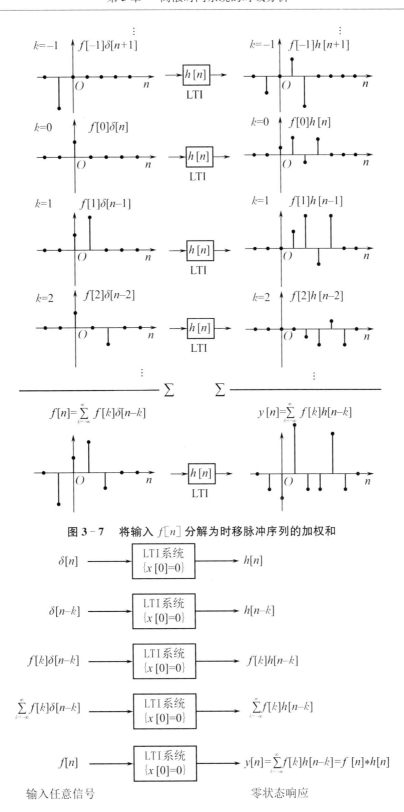

图 3-7　将输入 $f[n]$ 分解为时移脉冲序列的加权和

图 3-8　卷积和求系统的零状态响应

一般而言,对于区间 $(-\infty,\infty)$ 上的两个函数 $f_1[n]$ 和 $f_2[n]$,定义卷积和为

$$f[n] = \sum_{k=-\infty}^{\infty} f_1[k] f_2[n-k]$$

如果序列 $f_1[n]$ 是因果序列,即有 $n<0$, $f_1[n]=0$,则式中求和下限可改写为零,即

$$f_1[n] * f_2[n] = \sum_{k=0}^{\infty} f_1[k] f_2[n-k]$$

如果 $f_1[n]$ 不受限制,而 $f_2[n]$ 为因果序列,那么式中,当 $(n-k)<0$,即 $k>n$ 时, $f_2(n-k)=0$,因而和式的上限可改写为 n,也就是

$$f_1[n] * f_2[n] = \sum_{k=-\infty}^{n} f_1[k] f_2[n-k]$$

如果 $f_1[n]$ 与 $f_2[n]$ 均为因果序列,则

$$f_1[n] * f_2[n] = \sum_{k=0}^{n} f_1[k] f_2[n-k]$$

3.3.2　卷积和的图解法

在用式(3-49)计算卷积和时,正确地选定参变量 k 的适用区域以及确定相应的求和上限和下限是十分关键的步骤,这可借助作图法解决.作图法也是求简单序列卷积和的有效方法.

用作图法计算序列 $f_1[n]$ 与 $f_2[n]$ 的卷积和的步骤如下.

(1) 将序列 $f_1[n]$、$f_2[n]$ 的自变量用 k 代换,然后将序列 $f_2[k]$ 以纵坐标为轴线反转,得到 $f_2[-k]$.

(2) 序列 $f_2[-k]$ 沿 k 轴正方向平移 n 个单位,成为 $f_2[n-k]$.

(3) 求乘积 $f_1[k] f_2[n-k]$.

(4) 根据式(3-49), k 从 $-\infty$ 到 ∞ 对各乘积求和.

注意: k 为参变量.

例 3-9　如有两个序列

$$f_1[n] = \begin{cases} n+1, & n=0,1,2 \\ 0, & \text{其余} \end{cases}, \quad f_2[n] = \begin{cases} 1, & n=0,1,2,3 \\ 0, & \text{其余} \end{cases}$$

求两个序列的卷积和 $f[n] = f_1[n] * f_2[n]$.

解:　将序列 $f_1[n]$、$f_2[n]$ 的自变量换为 k,序列 $f_1[k]$ 和 $f_2[k]$ 的图形如图 3-9(a) 和图 3-9(b) 所示.将 $f_2[k]$ 反转后,得到 $f_2[-k]$,如图 3-9(c) 所示.

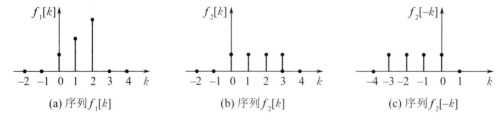

(a) 序列 $f_1[k]$　　　　　(b) 序列 $f_2[k]$　　　　　(c) 序列 $f_2[-k]$

图 3-9　序列 $f_1[k]$、$f_2[k]$ 和 $f_2[-k]$ 图形

由于 $f_1[k]$、$f_2[k]$ 都是因果信号,可逐次令 $k = \cdots, -1, 0, 1, 2, \cdots$ 计算乘积,并根据式(3-49)求各乘积之和.其计算过程如图 3-10 所示.

当 $n<0$ 时,

$$f[n] = f_1[n] * f_2[n] = 0$$

当 $n=0$ 时,

$$f[0] = f_1[n] * f_2[n] = \sum_{k=0}^{0} f_1[k]f_2[0-k] = f_1[0]f_2[0] = 1$$

当 $n = 1$ 时，

$$f[1] = f_1[n] * f_2[n] = \sum_{k=0}^{1} f_1[k]f_2[1-k] = f_1[0]f_2[1] + f_1[1]f_2[0] = 3$$

依次可得

$$f[2] = f_1[0]f_2[2] + f_1[1]f_2[1] + f_1[2]f_2[0] = 6$$

$$f[3] = f_1[0]f_2[3] + f_1[1]f_2[2] + f_1[2]f_2[1] + f_1[3]f_2[0] = 6$$

计算结果如图 3-10(g) 所示.

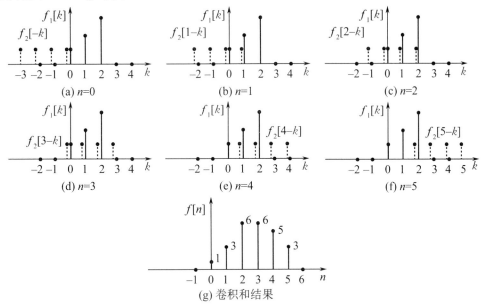

(a) $n=0$　　　　(b) $n=1$　　　　(c) $n=2$

(d) $n=3$　　　　(e) $n=4$　　　　(f) $n=5$

(g) 卷积和结果

图 3-10　卷积和的图解计算过程

例 3-10　某线性时不变系统，其单位脉冲响应为 $h[n]$，输入为 $x[n]$，如图 3-11 所示.求其零状态响应 $y_{zs}[n]$.

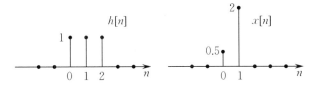

图 3-11　线性时不变系统的单位脉冲响应 $h[n]$ 及其输入 $x[n]$

解：　**解法一**　根据式(3-49)，可得系统的零状态响应为

$$y_{zs}[n] = h[n] * x[n] = \sum_{k=-\infty}^{\infty} h[k]x[n-k]$$

计算过程如下：

(1) $n \leqslant -1$ 时，如图 3-12(a) 所示，$h[k]$ 与 $x[n-k]$ 没有重叠部分，于是

$$y_{zs}[n] = h[n] * x[n] = 0$$

(2) $n = 0$ 时，如图 3-12(b) 所示，$h[k]$ 与 $x[n-k]$ 在 $k = 0$ 处有重叠，于是

$$y_{zs}[n] = 1 \times 0.5 = 0.5$$

104· 信号与系统(Matlab 版)

（3）$n=1$ 时，如图 3-12(c) 所示，$h[k]$ 与 $x[n-k]$ 在 $k=0,1$ 处有重叠，于是

$$y_{zs}[n] = 1 \times 2 + 1 \times 0.5 = 2.5$$

（4）$n=2$ 时，如图 3-12(d) 所示，$h[k]$ 与 $x[n-k]$ 在 $k=1,2$ 处有重叠，于是

$$y_{zs}[n] = 1 \times 2 + 1 \times 0.5 = 2.5$$

（5）$n=3$ 时，如图 3-12(e) 所示，$h[k]$ 与 $x[n-k]$ 在 $k=2$ 处有重叠，于是

$$y_{zs}[n] = 1 \times 2 = 2$$

（6）$n \geqslant 4$ 时，如图 3-12(f) 所示，$h[k]$ 与 $x[n-k]$ 没有重叠，于是

$$y_{zs}[n] = 0$$

最后，以 n 为横坐标，将与 n 对应的值画成曲线，就是卷积和 $y_{zs}[n]$ 的函数图形，如图 3-13 所示.

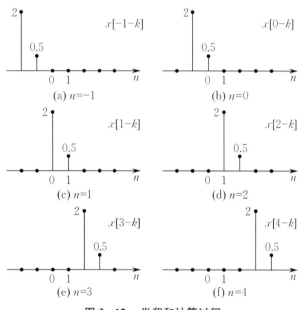

图 3-12　卷积和计算过程

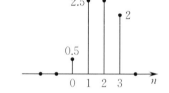

图 3-13　卷积和 $y_{zs}[n]$ 的函数图形

解法二　根据式(3-46)，可得系统的零状态响应为

$$y_{zs}[n] = x[n] * h[n] = \sum_{k=-\infty}^{\infty} x[k]h[n-k]$$

由于 $x[n]$ 仅有 $x[0]$ 和 $x[1]$ 为非零，因此上式简化为

$$y_{zs}[n] = x[0]h[n] + x[1]h[n-1] = 0.5h[n] + 2h[n-1]$$

在求 $y_{zs}[n]$ 时，仅涉及两个单位脉冲响应的移位和加权的结果，即 $0.5h[n]$ 和 $2h[n-1]$ 两个序列，如图 3-14 所示. 在每个 n 值上相加这两个序列就得到 $y_{zs}[n]$.

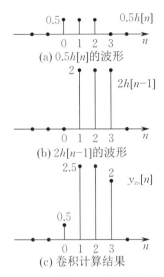

(a) $0.5h[n]$ 的波形

(b) $2h[n-1]$ 的波形

(c) 卷积计算结果

图 3-14　线性时不变系统的计算

3.3.3　卷积和的性质

卷积和的形式与卷积的形式相似,并且卷积和的性质也与卷积的性质相似.这里不加证明地列举出这些性质,其证明方法与卷积中的类似.

性质 1　离散信号的卷积和运算服从交换律、结合律和分配律,即

交换律
$$f_1[n] * f_2[n] = f_2[n] * f_1[n] \tag{3-51}$$

结合律
$$f_1[n] * \{f_2[n] * f_3[n]\} = \{f_1[n] * f_2[n]\} * f_3[n] \tag{3-52}$$

分配律
$$f_1[n] * \{f_2[n] + f_3[n]\} = f_1[n] * f_2[n] + f_1[n] * f_3[n] \tag{3-53}$$

卷积和的代数运算规则在系统分析中的物理含义与连续时间系统类似.需要强调的是,两个子系统并联组成的复合系统,其单位序列响应等于两个系统的单位序列响应之和;两个子系统级联组成的复合系统,其单位序列响应等于两个系统的单位序列响应的卷积和,如图 3-15 和图 3-16 所示.

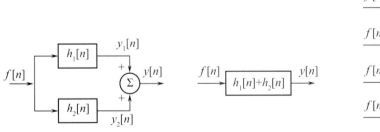

图 3-15　系统并联的单位序列响应

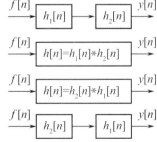

图 3-16　系统级联的单位序列响应

性质 2　任一序列 $f[n]$ 与单位脉冲序列 $\delta[n]$ 的卷积和等于序列 $f[n]$ 本身,即

$$f[n] * \delta[n] = \delta[n] * f[n] = \sum_{k=-\infty}^{\infty} \delta[k]f[n-k] = f[n] \tag{3-54}$$

$$f[n] * \delta[n-n_0] = f[n-n_0] \tag{3-55}$$

性质 3　若 $f_1[n] * f_2[n] = f[n]$,则

$$f_1[n] * f_2[n-n_1] = f_1[n-n_1] * f_2[n] = f[n-n_1] \tag{3-56}$$

$$f_1[n-n_1] * f_2[n-n_2] = f_1[n-n_2] * f_2[n-n_1] = f[n-n_1-n_2] \tag{3-57}$$

式中,n_1,n_2 均为整数.

性质 4 $u[n]$ 是累加器

$$f[n] * u[n] = \sum_{k=-\infty}^{n} f[k] \tag{3-58}$$

一个线性时不变系统,如果其单位序列响应为 $h[n] = u[n]$,则可以利用卷积和来计算该系统对任意输入的响应

$$y[n] = \sum_{k=-\infty}^{\infty} f[k]u[n-k]$$

因为 $n-k < 0$ 时,$u[n-k] = 0$,而 $n-k \geqslant 0$ 时,$u[n-k] = 1$,所以上式变为

$$y[n] = \sum_{k=-\infty}^{n} f[k]$$

3.3.4 复信号的响应

正如在连续时间系统中一样,可以证明一个 $h[n]$ 为实数的线性时不变系统,若将激励和响应表示为实部和虚部的形式,则激励的实部产生响应的实部,而激励的虚部产生响应的虚部. 若

$$f[n] = f_r[n] + jf_i[n] \tag{3-59}$$

和

$$y[n] = y_r[n] + jy_i[n] \tag{3-60}$$

用右向箭头符号表示一对激励及其对应的响应,上述结果可表示如下:

$$f_r[n] \Rightarrow y_r[n], \quad f_i[n] \Rightarrow y_i[n]$$

证明方法与第 2 章中的方法相同.

3.4 线性时不变系统的因果性与稳定性

3.4.1 因果性

在第 1 章已经介绍过因果性质,即一个因果系统的输出只决定于现在和过去的输入值. 利用线性时不变系统的卷积和,可以把这一性质与系统的单位序列响应的相应性质联系起来. 根据卷积和,因果系统的零状态响应为

$$\begin{aligned} y_{zs}[n] &= f[n] * h[n] = h[n] * f[n] = \sum_{k=-\infty}^{\infty} h[k]f[n-k] \\ &= \cdots + h[-2]f[n+2] + h[-1]f[n+1] + h[0]f[n] + h[1]f[n-1] + \\ &\quad \cdots + h[k]f[n-k] + \cdots \end{aligned} \tag{3-61}$$

可以看出,输入信号现在和过去的值 $f[n], f[n-1], f[n-2], \cdots$ 是与单位冲激响应 $h[k]$ 中序号 $k \geqslant 0$ 的项相联系的. 而输入信号未来的值 $f[n+1], f[n+2], f[n+3], \cdots$ 是与序号 $k < 0$ 的项相联系的. 因此,为使 $y[n]$ 只依赖于现在的或过去的输入,就要求对于 $k < 0$,有 $h[k] = 0$. 这样就要求因果离散时间线性时不变系统的单位序列响应满足下面条件:

$$h[n] = 0, \quad n < 0 \tag{3-62}$$

一个因果线性时不变系统的单位序列响应在单位序列出现之前必须为零,这就与因果性的直观概念相一致. 对于一个因果的离散时间线性时不变系统,式(3-62)意味着卷积和的求和范围变为

$$y[n] = f[n] * h[n] = \sum_{k=-\infty}^{n} f[k]h[n-k] \tag{3-63}$$

3.4.2 稳定性

在第 1 章中提到,若系统对任意有界输入都只产生有界的输出,则该系统为有界输入-有界输

出意义下的稳定系统. 更严谨地讲,若稳定离散时间系统的输入信号满足 $|f[n]| \leqslant B < \infty$,则其输出必须满足 $|y[n]| \leqslant M < \infty$. 现在利用卷积和推导出系统稳定时,$h[n]$ 必须满足的条件. 设输入 $f[n]$ 是有界的,其界为 B,即对所有的 n 有

$$|f[n]| \leqslant B \tag{3-64}$$

把这样一个有界的输入加到一个单位序列响应为 $h[n]$ 的线性时不变系统上,则该系统的零状态响应为

$$|y[n]| = \left| \sum_{k=-\infty}^{\infty} h[k]f[n-k] \right| \leqslant \sum_{k=-\infty}^{\infty} |h[k]| |f[n-k]| \tag{3-65}$$

由于式(3-64)的条件,即对任何 n 和 k,有 $|f[n-k]| \leqslant B$,于是,对所有的 n 有

$$|y[n]| \leqslant B \sum_{k=-\infty}^{\infty} |h[k]| \tag{3-66}$$

由式(3-66)可以得出,如果单位序列响应是绝对可和(absolutely summable)的,即

$$\sum_{k=-\infty}^{\infty} |h[k]| < \infty \tag{3-67}$$

那么 $y[n]$ 就是有界的,因此系统是稳定的.

3.5　用 Matlab 进行离散时间系统的时域分析

3.5.1　离散时间系统全响应的计算

描述一个 m 阶线性时不变离散时间系统的数学模型是线性常系数差分方程,即

$$\sum_{i=0}^{m} a_i y[n-i] = \sum_{j=0}^{k} b_j x[n-j] \tag{3-68}$$

其中,$a_i (i=0,1,\cdots,m)$ 和 $b_j (j=0,1,\cdots,k)$ 为常数.

Matlab 提供的函数 filter() 能对上述差分方程描述的离散线性时不变系统的响应进行仿真,该函数不仅能绘制指定时间范围内的系统响应波形,还能求出系统响应的数值解. 其调用格式为

y = filter(b,a,x):求解零状态响应;

y = filter(b,a,x,zi):求解初始条件 zi 系统的全响应,zi 向量的长度为 max[length(a), length(b)] -1,返回值为系统的全响应.

zi = filtic(b,a,y$_0$,x$_0$):将初始状态转换为初始条件,其中

$$x_0 = \{x[-1],x[-2],\cdots,x[-k]\}, \quad y_0 = \{y[-1],y[-2],\cdots,y[-m]\}$$

zi = filtic(b,a,y):将初始状态转换为初始条件,其中

$$x_0 = 0, \quad y_0 = \{y[-1],y[-2],\cdots,y[-m]\}$$

例 3-11　描述某离散线性时不变系统的差分方程表示式为 $y[n] + 3y[n-1] + 2y[n-2] = x[n]$,其初始状态为 $y[-1] = 0, y[-2] = 0.5$,其输入为 $x[n] = 2^n u[n]$. 求该系统的零输入响应、零状态响应和全响应.

解：　通过解差分方程,可以得到全响应为

$$y[n] = \left[\frac{1}{3}(2)^n - (-2)^n + \frac{2}{3}(-1)^n \right] u[n]$$

下面用 filter() 函数进行数值解,并和理论结果比较. Matlab 计算程序如下：

```
a = [1,3,2];              % 方程左边系数
b = [1];                  % 方程右边系数
N = 10;                   % 计算样点数
```

```
n = 0:1:N-1;                    % 计算样点范围
x0 = zeros(1,N);                % 零输入信号
y0 = [0,0.5];                   % 初始状态
x = 2.^n;                       % 输入信号
zi = filtic(b,a,y0);            % 由初始状态计算初始条件
yzi = filter(b,a,x0,zi);        % 零输入响应
zi1 = filtic(b,a,0);            % 计算初始状态为 0 的情况
yzs = filter(b,a,x,zi1);        % 零状态响应
y = filter(b,a,x,zi);           % 全响应
yt = (1/3).* 2.^n-(-2).^n+(2/3)*(-1).^n;   % 理论计算的全响应
subplot(2,3,1);
stem(n,x,'fill','linewidth',2.5);title('输入信号','fontsize',24);
set(gca,'FontSize',20);
subplot(2,3,2);
stem(n,yzi,'fill','linewidth',2.5);title('零输入响应','fontsize',24);
set(gca,'FontSize',20);
subplot(2,3,3);
stem(n,yzs,'fill','linewidth',2.5);title('零状态响应','fontsize',24);
set(gca,'FontSize',20);
subplot(2,2,3);
stem(n,y,'fill','linewidth',2.5);title('全响应','fontsize',24);
set(gca,'FontSize',20);
subplot(2,2,4);
stem(n,yt,'fill','linewidth',2.5);title('理论计算的全响应','fontsize',24);
set(gca,'FontSize',20);
```

系统的零输入响应、零状态响应和全响应如图 3-17 所示.

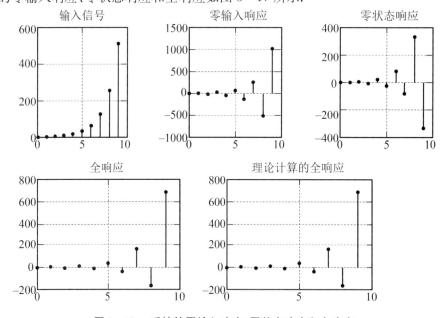

图 3-17　系统的零输入响应、零状态响应和全响应

3.5.2　离散时间系统单位序列响应和单位阶跃响应的计算

单位序列响应 $h[n]$ 是指离散线性时不变系统在单位序列 $\delta[n]$ 激励下的零状态响应,因此 $h[n]$ 满足式(3-68)及零初始状态,即

$$\sum_{i=0}^{N} a_i h[n-i] = \sum_{j=0}^{M} b_j \delta[n-j], \quad h[-1] = h[-2] = \cdots = 0 \tag{3-69}$$

计算单位序列响应可用 filter( ) 函数,但 Matlab 提供了专门用于求离散系统单位序列响应的函数 impz( ),其调用格式为

$[h,n] = impz(b,a)$:求解离散系统的单位序列响应,其中 $b = [b_0, b_1, b_2, \cdots, b_M]$,$a = [1, a_1, a_2, \cdots, a_N]$,$n = [0, 1, 2, \cdots]'$;

$[h,n] = impz(b,a,N)$:求解离散系统的单位序列响应,采样点数由 N 确定,$n = [0, 1, 2, \cdots, N-1]'$;

impz(b,a):在当前窗口中,用 stem(n,h) 绘制图形.

单位阶跃响应 $g[n]$ 是指离散线性时不变系统在单位阶跃序列 $u[n]$ 激励下的零状态响应,它可以表示为

$$g[n] = u[n] * h[n] = \sum_{m=-\infty}^{n} h[m] \tag{3-70}$$

式(3-70)表明,离散时间线性时不变系统的单位阶跃响应是单位序列响应的累加和,系统的单位阶跃响应和系统的单位响应之间有着确定的关系,因此,单位阶跃响应也能完全刻画和表征一个线性时不变系统.

计算单位阶跃响应可用 filter( ) 函数,Matlab 提供了专门用于求离散系统单位阶跃响应的函数 stepz( ),其调用格式为

$[g,n] = stepz(b,a)$:求解离散系统的单位阶跃响应,其中 $b = [b_0, b_1, b_2, \cdots, b_M]$,$a = [1, a_1, a_2, \cdots, a_N]$,$n = [0, 1, 2, \cdots]'$;

$[g,n] = stepz(b,a,N)$:求解离散系统的单位阶跃响应,采样点数由 N 确定,$n = [0, 1, 2, \cdots, N-1]'$;

stepz(b,a):在当前窗口中,用 stem(n,h) 绘制图形.

例 3-12　描述某线性时不变系统的差分方程为

$$3y[n] - 4y[n-1] + 2y[n-2] = x[n] + 2x[n-1]$$

计算该系统的单位响应和单位阶跃响应.

解:　Matlab 计算程序如下:

```
a = [3, -4, 2];
b = [1, 2];
ns = 0; ned = 30;
n = ns:1:ned;
[h, n1] = impz(b, a, ned);
subplot(1, 2, 1);
stem(n1, h, 'filled', 'linewidth', 2.5);
set(gca, 'FontSize', 20);
grid on;
title('系统单位序列响应', 'fontsize', 24);
```

```
xlabel('n','fontsize',24);
ylabel('h[n]','fontsize',24);
[s,n2] = stepz(b,a,ned);
subplot(1,2,2);
stem(n2,s,'filled','linewidth',2.5);
set(gca,'FontSize',20);
grid on;
title('系统单位阶跃响应','fontsize',24);
xlabel('n','fontsize',24);
ylabel('g[n]','fontsize',24);
```

系统的单位序列响应和单位阶跃响应如图 3-18 所示.

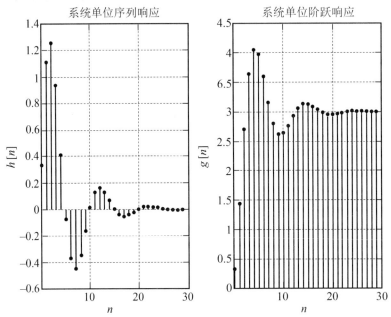

图 3-18　系统的单位序列响应和单位阶跃响应

3.5.3　离散时间信号卷积和的计算

离散时间信号的卷积和定义为

$$y[n] = x[n] * h[n] = \sum_{m=-\infty}^{\infty} x[m]h[n-m] \tag{3-71}$$

离散时间信号的卷积运算是求和运算,因而常称为"卷积和".

Matlab 中计算离散时间信号卷积和的函数为 conv(),其调用格式为

$$y = conv(x,h) \tag{3-72}$$

式中,x 与 h 表示离散时间信号值的向量;y 为卷积结果. y 的元素数目等于 x 和 h 的元素数目之和减 1.

需要注意的是,必须知道由 x 和 h 所代表信号的起点时间,以便确定卷积和的起点. 一般来说,如果 x 的第一个和最后一个元素分别对应时刻

$$n = n_{x\_start} \text{ 和 } n = n_{x\_end} \tag{3-73}$$

而 h 的第一个和最后一个元素分别对应时刻

$$n = n_{h\_start} \text{ 和 } n = n_{h\_end} \qquad (3-74)$$

则 y 的第一个和最后一个元素分别对应时刻

$$n_{y\_start} = n_{x\_start} + n_{h\_start} \text{ 和 } n_{y\_end} = n_{x\_end} + n_{h\_end} \qquad (3-75)$$

可以看出，$x[n]$ 的长度是

$$L_x = n_{x\_end} - n_{x\_start} + 1 \qquad (3-76)$$

$h[n]$ 长度是

$$L_h = n_{h\_end} - n_{h\_start} + 1 \qquad (3-77)$$

这样，y 的长度是

$$L_y = L_x + L_h - 1 \qquad (3-78)$$

例 3-13　假设 $x[n] = 0.8^n (-4 \leqslant n \leqslant 4)$，$h[n] = u[n+6] - u[n-2]$，求 $y[n] = x[n] * h[n]$.

解：　Matlab 计算程序如下：

```
nx_s = -4;
nx_e = 4;
nx = nx_s:1:nx_e;                % x[n] 的取值范围
x = (0.8.^nx);
nh_s = -6;
nh_e = 2;
nh = nh_s:1:nh_e;                % h[n] 的取值范围
h = 1.^nh;
y = conv(x,h);                   % 计算卷积和
ny_s = nx_s+nh_s;
ny_e = nx_e+nh_e;
ny = ny_s:1:ny_e;                % y[n] 的取值范围
subplot(2,2,1);
stem(nx,x,'filled','linewidth',2.5);
set(gca,'FontSize',20);
axis([-6,6,0,3]);
title('x[n]','fontsize',24); xlabel('n','fontsize',24)
grid on;
subplot(2,2,2);
stem(nh,h,'filled','linewidth',2.5);
set(gca,'FontSize',20);
axis([-8,4,0,1.5]);
title('h[n]','fontsize',24); xlabel('n','fontsize',24);
grid on;
subplot(2,1,2);
stem(ny,y,'filled','linewidth',2.5);
set(gca,'FontSize',20);
axis([-12,8,0,20]);
title('y[n]','fontsize',24);xlabel('n','fontsize',24);
grid on;
```

卷积和的计算结果如图 3-19 所示.

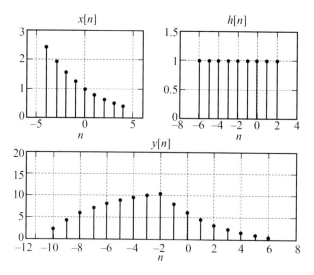

图 3-19 卷积和的计算结果

习 题 3

一、练习题

1. 求下列齐次差分方程的解：

(1) $y[n] - 0.5y[n-1] = 0, y[0] = 1;$ (2) $y[n] + 3y[n-1] = 0, y[1] = 1.$

2. 求下列差分方程所描述的线性时不变离散时间系统的零输入响应：

(1) $y[n] + 3y[n-1] + 2y[n-2] = f[n], y[-1] = 0, y[-2] = 1;$

(2) $y[n] + 2y[n-1] + y[n-2] = f[n] - f[n-1], y[-1] = 1, y[-2] = -3.$

3. 求下列差分方程所描述的线性时不变离散时间系统的零输入响应、零状态响应和全响应：

(1) $y[n] - 2y[n-1] = f[n], f[n] = 2u[n], y[-1] = -1;$

(2) $y[n] + 2y[n-1] = f[n], f[n] = 2^n u[n], y[-1] = 1.$

4. 求下列差分方程所描述的离散时间系统的单位序列响应：

(1) $y[n] + 2y[n-1] = f[n-1];$ (2) $y[n] - y[n-2] = f[n].$

5. 设 $f[n] = \begin{cases} 1, & 0 \leqslant n \leqslant 9 \\ 0, & 其他 \end{cases}$ 及 $h[n] = \begin{cases} 1, & 0 \leqslant n \leqslant N \\ 0, & 其他 \end{cases}$，其中 $N \leqslant 9$，是一个整数. 已知 $y[n] = f[n] * h[n]$ 且 $y[4] = 5, y[14] = 0$，求 N 的值.

6. 一个因果线性时不变系统，其输入 $x[n]$ 和输出 $y[n]$ 由下面差分方程给出：$y[n] = \frac{1}{4}y[n-1] + x[n]$，若 $x[n] = \delta[n-1]$，求 $y[n]$.

7. 已知 $f_1[n]$ 和 $f_2[n]$ 的图形如图 3-20 所示，求卷积 $f_1[n] * f_2[n]$.

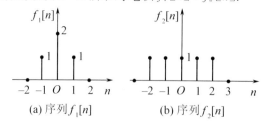

(a) 序列 $f_1[n]$ (b) 序列 $f_2[n]$

图 3-20 习题 7 $f_1[n]$ 和 $f_2[n]$ 的图形

8. 计算并画出 $y[n] = f[n] * h[n]$，其中

$$f[n]=\begin{cases}1,&3\leqslant n\leqslant 8\\0,&\text{其他}\end{cases},\quad h[n]=\begin{cases}1,&4\leqslant n\leqslant 15\\0,&\text{其他}\end{cases}$$

9. 下面的单位序列响应中哪些对应于稳定的线性时不变系统？

$(1)h_1[n]=n\cos\left(\dfrac{\pi}{4}n\right)u[n]$；　　　　　　$(2)h_2[n]=3^nu[10-n]$.

10. 如图 3-21 所示的两个系统 S_1 和 S_2 级联，其中

$$S_1:w[n]=\frac{1}{2}w[n-1]+x[n],\quad S_2:y[n]=\alpha y[n-1]+\beta w[n]$$

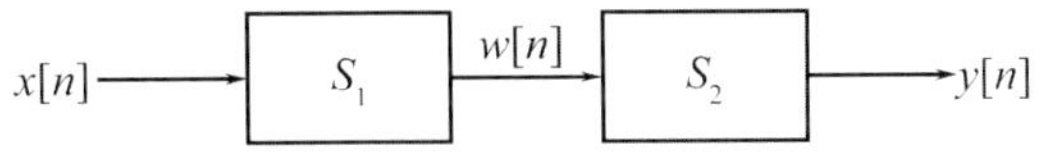

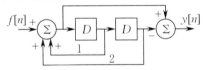

图 3-21　习题 10 S_1 和 S_2 级联

$x[n]$ 与 $y[n]$ 的关系由下面的差分方程给出：

$$y[n]=-\frac{1}{8}y[n-2]+\frac{3}{4}y[n-1]+x[n]$$

(1) 求 α 和 β 的值；

(2) 给出 S_1 和 S_2 级联后的单位序列响应.

11. 下面单位冲激响应中哪些对应于稳定的线性时不变系统？

$(1)h_1[n]=n\cos\left(\dfrac{\pi}{4}n\right)u[n]$；　　　　　　$(2)h_2[n]=3^n[-n+10]$.

12. 以下各序列是系统的单位样值响应 $h[n]$，试判断系统的因果性和稳定性：

$(1)\delta[n-2]$；　　　　　　　　　　$(2)\delta[3-n]$；

$(2)u[4-n]$；　　　　　　　　　　$(4)3^nu[-n]$；

$(3)2^n\{u[n]-u[n-3]\}$；　　　　　$(6)\dfrac{1}{n!}u[n]$.

13. 求如图 3-22 所示系统的单位序列响应.

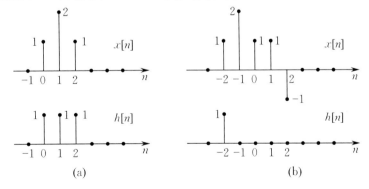

图 3-22　习题 13 系统的单位序列响应

14. 如下各序列中，$x[n]$ 是系统的激励序列，$h[n]$ 是线性时不变系统的单位样值响应.分别求出各响应 $y[n]$，画出 $y[n]$ 的图形（用卷积方法）：

$(1)x[n],h[n]$ 如图 3-23(a) 所示；　　$(2)x[n],h[n]$ 如图 3-23(b) 所示.

（此处为图 3-23 (a) 和 (b)）

图 3-23　习题 14 系统的激励和单位样值响应

15. 求如图 3-24 所示系统的单位序列响应和单位阶跃响应.

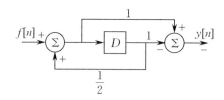

图 3－24　习题 15 系统的单位序列响应和单位阶跃响应

16. 若 LTI 离散系统的单位阶跃响应 $g[n] = (0.5)^n u[n]$，求其单位序列响应.

17. 如图 3－25 所示的系统，试求当激励 $f[n] = u[n]$ 时的零状态响应.

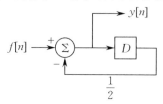

图 3－25　习题 17 图

18. 如图 3－26 所示的复合系统有三个子系统组成，它们的单位序列响应分别为 $h_1[n] = u[n]$，$h_2[n] = u[n-5]$，求复合系统的单位序列响应.

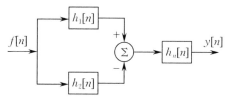

图 3－26　习题 18 的复合系统

19. 如图 3－27 所示的离散系统有两个子系统 $h_1[n] = 2\cos\dfrac{n\pi}{4}$，$h_2[n] = a^n \varepsilon[n]$，激励 $f[n] = \delta[n] - a\delta[n-1]$，求该系统的零状态响应 $y_{zs}[n]$.（提示：利用卷积和的结合律和交换律，可以简化运算.）

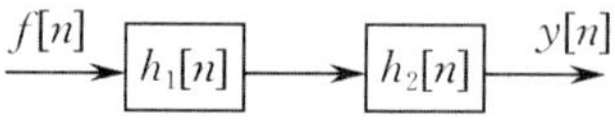

$$f[n] \rightarrow \boxed{h_1[n]} \rightarrow \boxed{h_2[n]} \xrightarrow{y[n]}$$

图 3－27　习题 19 的离散系统

20. 试求序列 $f[k] = \begin{cases} 0, & k < 0 \\ \left(\dfrac{1}{2}\right)^k, & k \geqslant 0 \end{cases}$ 的差分 $\Delta f[k]$、$\nabla f[k]$ 和 $\displaystyle\sum_{i=-\infty}^{k} f[i]$.

二、Matlab 实验题

1. 已知 $y[n] - 2y[n-1] + y[n-2] = f[n] + 3f[n-1]$，画出单位冲激响应波形.

2. 已知 $y[n] + y[n-1] + 0.25y[n-2] = f[n]$，画出单位阶跃响应波形.

3. 已知两个离散信号分别为

$$x[n] = \begin{cases} \dfrac{1}{4}, & 0 \leqslant n \leqslant 3 \\ 0, & 其他 \end{cases}, \quad h[n] = \begin{cases} \dfrac{1}{4}, & n = 0,2 \\ -\dfrac{1}{4}, & n = 1,3 \\ 0, & 其他 \end{cases}$$

求卷积 $y[n] = x[n] * h[n]$.

4. 用 Matlab 数值求解下列差分方程所描述的线性时不变离散时间系统的零输入响应、零状态响应和全响应：

(1) $y[n] - 2y[n-1] = f[n]$，$f[n] = 2u[n]$，$y[-1] = -1$；

(2) $y[n] + 2y[n-1] = f[n]$，$f[n] = 2^n u[n]$，$y[-1] = 1$.

第 4 章　　连续时间傅里叶变换

在前面的卷积和卷积和中,输入信号表示为延迟冲激的加权叠加;系统的输出则表示为延迟的单位冲激响应的加权叠加.本章将信号表示为复正弦信号的加权叠加.如果这样一个信号输入线性时不变系统中,则这个系统的输出是系统对每个复正弦信号响应的加权叠加.

将信号表示为复正弦信号的加权叠加,不但可以得到系统输出的一种有用的表示方式,同时也可以表示信号和系统的一个内在性质.在傅里叶(Jean Baptiste Joseph Fourier)建立了他的理论之后,利用正弦表示研究信号和系统的方法就称为傅里叶分析.傅里叶分析方法不但在信号与系统中得到了广泛的使用,而且应用于工程和科学的每个分支.

4.1　信号的正交函数分解

4.1.1　矢量的正交分解

第 2 章和第 3 章介绍了信号在时域上可分解为单位冲激函数或单位序列函数.信号分解在物理学中很常见,例如,一束白光通过三棱镜可分解为多种颜色的光.此外,还有矢量分解,例如,平面上的矢量 $\boldsymbol{A}$ 在直角坐标中可以分解为 x 方向分量和 y 方向分量,如图 4-1(a) 所示.如令 $\boldsymbol{V}_x$,$\boldsymbol{V}_y$ 为各相应方向的正交单位矢量,则矢量 $\boldsymbol{A}$ 可写为

$$\boldsymbol{A} = C_1\boldsymbol{V}_x + C_2\boldsymbol{V}_y \tag{4-1}$$

为了便于研究矢量分解,将相互正交的单位矢量组成一个二维"正交矢量集".这样,在此平面上的任意矢量都可用正交矢量集的分量组合表示.

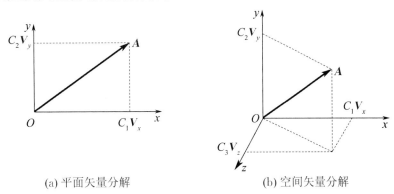

(a) 平面矢量分解　　　　　　　　(b) 空间矢量分解

图 4-1　矢量分解

对于一个三维空间的矢量,可以用一个三维正交矢量集 $\{\boldsymbol{V}_x,\boldsymbol{V}_y,\boldsymbol{V}_z\}$ 的分量组合表示.它可写为

$$\boldsymbol{A} = C_1\boldsymbol{V}_x + C_2\boldsymbol{V}_y + C_3\boldsymbol{V}_z \tag{4-2}$$

如图 4-1(b) 所示.

　　一个矢量是由它的大小和方向表示的. 对于图 4 - 2(a) 所示的两个矢量 x 和 y, 定义它们的点积（内积或标量积）为

$$x \cdot y = |x||y| \cos \theta \qquad (4-3)$$

式中, θ 是两矢量之间的角度. 利用此定义, 则矢量 x 的长度 $|x|$ 表示为

$$|x|^2 = x \cdot x \qquad (4-4)$$

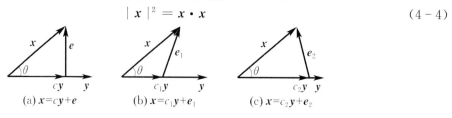

(a) $x = cy + e$　　　　(b) $x = c_1 y + e_1$　　　　(c) $x = c_2 y + e_2$

图 4 - 2　　矢量 x 在矢量 y 上的分量（投影）

　　设 x 沿 y 的分量是 cy. 几何上, x 沿 y 的分量就是 x 在 y 上的投影, 如图 4 - 2(a) 所示. 一个矢量沿着另一个矢量的分量, 其物理意义是什么呢? 若由 x 的端点做直线垂直于矢量 y, 如果将垂线也表示为矢量 e, 则三个矢量 x, cy, e 组成矢量三角形. 矢量 x 可以利用矢量 y 表示为

$$x = cy + e \qquad (4-5)$$

这表明, 若用 cy 来近似地描述矢量 x, 两者之间的误差是矢量 e. 然而, 这并不是利用矢量 y 表示矢量 x 的唯一方式, 图 4 - 2(b) 和图 4 - 2(c) 给出了另外两种表示, 即

$$x = c_1 y + e_1 = c_2 y + e_2$$

在这三种表示中, 每一种 x 都是通过矢量 y 加上另一个称为误差矢量的矢量表示的. 如果用 cy 近似 x, 即

$$x \approx cy \qquad (4-6)$$

那么在图 4 - 2(a) 中, 近似误差是矢量 $e = x - cy$. 同理, 在图 4 - 2(b) 和图 4 - 2(c) 中近似误差是矢量 e_1 和 e_2. 然而, 在图 4 - 2(a) 的近似中, 误差矢量 e 的模是最小的. 因此, 从物理上定义一个矢量 x 沿矢量 y 的分量是 cy, 其中 c 的选择是使误差矢量 $e = x - cy$ 的模为最小. 在图 4 - 2(a) 中, x 沿 y 的分量的模是 $|x| \cos \theta$, 也就是 cy. 因此有

$$c|y| = |x| \cos \theta \qquad (4-7)$$

式(4 - 7) 两边均乘以 $|y|$ 得到

$$c|y|^2 = |x||y| \cos \theta = x \cdot y \qquad (4-8)$$

因此有

$$c = \frac{x \cdot y}{y \cdot y} = \frac{1}{|y|^2} x \cdot y \qquad (4-9)$$

　　当 x 和 y 垂直或正交时, x 沿 y 有零分量, 结果 $c = 0$. 式(4 - 9) 也可定义为, 若两个矢量的点积为零, 即若

$$x \cdot y = 0 \qquad (4-10)$$

则 x 和 y 是正交的.

4.1.2　信号的正交分解

　　信号分解为正交函数的原理与矢量分解为正交矢量的概念类似. 例如, 信号的能量具有与矢量长度类似的属性, 表征信号能量的一些参数可与矢量的范数类比. 而信号之间的相关性类似于矢量之间的夹角, 可以利用矢量的内积运算来描述. 内积空间中的正交性是引出傅里叶级数展开的理论基础, 利用内积空间的概念可以给出信号的各种正交函数展开, 不仅局限于三角级数. 著名的帕斯瓦尔定理揭示了信号正交分解能量不变性的物理本质, 而从矢量空间角度分析, 这是矢量

范数不变性(内积不变性)的体现. 当今,在信号处理领域内正交变换得到了广泛的应用,正是因为这种变换具备了上述物理背景和相应的数学本质.

将矢量空间正交分解的概念可推广到信号空间,在信号空间中找到若干个相互正交的信号作为基本信号,使得信号空间中任意信号均可表示成它们的线性组合,这就是信号的正交分解.

考虑在区间(t_1, t_2)内用另一个实信号$y(t)$近似某一实信号$x(t)$的问题:

$$x(t) \approx cy(t), \quad t_1 < t < t_2 \tag{4-11}$$

在这个近似中,误差$e(t)$是

$$e(t) = \begin{cases} x(t) - cy(t), & t_1 < t < t_2 \\ 0, & \text{其余} \ t \end{cases} \tag{4-12}$$

现在选取一个"最佳近似"准则. 已经知道,信号能量是一个信号大小的一种可能的度量,对于最佳近似将采用一种准则就是使误差信号$e(t)$的幅度或能量在区间(t_1, t_2)内为最小. 这个能量E_e给出为

$$E_e = \int_{t_1}^{t_2} e^2(t) \mathrm{d}t = \int_{t_1}^{t_2} [x(t) - cy(t)]^2 \mathrm{d}t \tag{4-13}$$

式(4-13)积分后,E_e是变量c的函数,并且对于某个选定的c值E_e为最小. 为了使E_e最小,一个必要的条件是

$$\frac{\mathrm{d}E_e}{\mathrm{d}c} = 0 \tag{4-14}$$

即

$$\frac{\mathrm{d}}{\mathrm{d}c} \left\{ \int_{t_1}^{t_2} [x(t) - cy(t)]^2 \mathrm{d}t \right\} = 0 \tag{4-15}$$

将积分里面的平方项展开可得

$$\frac{\mathrm{d}}{\mathrm{d}c} \left[\int_{t_1}^{t_2} x^2(t) \mathrm{d}t \right] - \frac{\mathrm{d}}{\mathrm{d}c} \left\{ 2c \int_{t_1}^{t_2} [x(t)y(t)] \mathrm{d}t \right\} + \frac{\mathrm{d}}{\mathrm{d}c} \left[c^2 \int_{t_1}^{t_2} y^2(t) \mathrm{d}t \right] = 0 \tag{4-16}$$

从式(4-16)可得

$$-2 \int_{t_1}^{t_2} [x(t)y(t)] \mathrm{d}t + 2c \int_{t_1}^{t_2} y^2(t) \mathrm{d}t = 0 \tag{4-17}$$

即

$$c = \frac{\int_{t_1}^{t_2} [x(t)y(t)] \mathrm{d}t}{\int_{t_1}^{t_2} y^2(t) \mathrm{d}t} = \frac{1}{E_y} \int_{t_1}^{t_2} [x(t)y(t)] \mathrm{d}t \tag{4-18}$$

式(4-9)和式(4-18)所指出的是矢量与信号特性之间的相似性. 从这两个表达式可见:两个信号乘积下的面积相当于两个矢量的点积. 事实上,$x(t)$和$y(t)$乘积下的面积才称为$x(t)$和$y(t)$的点积并记为$\langle x(t), y(t) \rangle$.

假设有限区间(t_1, t_2)内定义的两个连续时间实信号$x(t)$和$y(t)$,它们在定义区间上的点积定义为

$$\langle x(t), y(t) \rangle = \int_{t_1}^{t_2} [x(t)y(t)] \mathrm{d}t \tag{4-19}$$

根据两个信号的点积运算定义,某个信号$x(t)$与其本身的点积运算为

$$\langle x(t), x(t) \rangle = \int_{t_1}^{t_2} |x(t)|^2 \mathrm{d}t \tag{4-20}$$

这说明信号与其自身的点积,就是该信号的能量,与矢量模的平方相对应.

从式(4-18)可以得出,若一个信号$x(t)$是用另一个信号$y(t)$近似为

$$x(t) \approx cy(t), \quad t_1 < t < t_2 \tag{4-21}$$

那么，使在这个近似中误差信号能量最小的最佳 c 值由式（4-18）给出．因此定义，若

$$\int_{t_1}^{t_2} \left[x(t)y(t) \right] \mathrm{d}t = 0 \qquad (4-22)$$

则实信号 $x(t)$ 和 $y(t)$ 在区间 (t_1, t_2) 内是正交的．

下面举出求 c 的实例．

例 4-1　设矩形脉冲 $f(t)$ 有如下定义：

$$f(t) = \begin{cases} 1, & 0 < t < \pi \\ -1, & \pi < t < 2\pi \end{cases}$$

波形如图 4-3 所示．试用正弦波 $\sin(t)$ 在区间 $(0, 2\pi)$ 之内近似表示此函数，使均方误差最小．

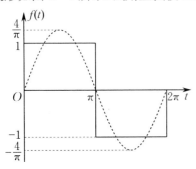

图 4-3　用正弦波近似表示矩形波

解：　函数 $f(t)$ 在区间 $(0, 2\pi)$ 内近似为

$$f(t) \approx c \sin t$$

为使均方误差最小，c 应满足

$$c = \frac{\int_0^{2\pi} f(t) \sin t \, \mathrm{d}t}{\int_0^{2\pi} \sin^2 t \, \mathrm{d}t} = \frac{1}{\pi} \left[\int_0^{\pi} \sin t \, \mathrm{d}t + \int_{\pi}^{2\pi} (-\sin t) \, \mathrm{d}t \right] = \frac{4}{\pi}$$

所以

$$f(t) \approx \frac{4}{\pi} \sin t$$

近似波形是振幅为 $\dfrac{4}{\pi}$ 的正弦波，如图 4-3 中虚线所示．

例 4-2　试用正弦函数 $\sin(t)$ 在区间 $(0, 2\pi)$ 内近似表示余弦函数 $\cos(t)$．

解：　由于

$$\int_0^{2\pi} f(t) \sin t \, \mathrm{d}t = \int_0^{2\pi} \cos(t) \sin(t) \, \mathrm{d}t = 0$$

因此

$$c = 0$$

即余弦信号 $\cos(t)$ 不包含正弦信号 $\sin(t)$ 分量，或者说 $\cos(t)$ 与 $\sin(t)$ 两个函数正交．

4.1.3　正交函数集

根据前面内容，定义在 (t_1, t_2) 区间的两个实函数 $\varphi_1(t)$ 和 $\varphi_2(t)$，若满足

$$\int_{t_1}^{t_2} \varphi_1(t) \varphi_2(t) \, \mathrm{d}t = 0 \qquad (4-23)$$

则称 $\varphi_1(t)$ 和 $\varphi_2(t)$ 在区间 (t_1, t_2) 内正交．若 n 个函数 $\varphi_1(t), \varphi_2(t), \cdots, \varphi_n(t)$ 构成一个函数集，当这些函数在区间 (t_1, t_2) 内满足

$$\int_{t_1}^{t_2} \varphi_i(t) \varphi_j(t) \, \mathrm{d}t = \begin{cases} 0, & i \neq j \\ K_i \neq 0, & i = j \end{cases} \qquad (4-24)$$

式中，K_i 为常数，则称此函数集为在区间 (t_1, t_2) 内的正交函数集．在区间 (t_1, t_2) 内相互正交的 n 个函数构成正交信号空间．

如果在正交函数集 $\{\varphi_1(t), \varphi_2(t), \cdots, \varphi_n(t)\}$ 之外，不存在函数 $\phi(t) \left[0 < \int_{t_1}^{t_2} \phi^2(t) \, \mathrm{d}t < \infty \right]$ 满足等式

$$\int_{t_1}^{t_2} \phi(t) \varphi_i(t) \, \mathrm{d}t = 0 \quad (i = 1, 2, \cdots, n) \qquad (4-25)$$

则称此函数集为完备正交函数集. 也就是说, 如能找到一个函数 $\phi(t)$, 使得式 $(4-25)$ 成立, 即 $\phi(t)$ 与函数集 $\{\varphi_i(t)\}$ 的每个函数都正交, 那么它本身就应属于此函数集. 显然, 不包含 $\phi(t)$ 的函数集是不完备的.

例如, 三角函数集 $\{1, \cos(\omega_0 t), \sin(\omega_0 t), \cos(2\omega_0 t), \sin(2\omega_0 t), \cdots, \cos(n\omega_0 t), \sin(n\omega_0 t), \cdots\}$ 在区间 $(t, t+T_0)\left(T_0 = \dfrac{2\pi}{\omega_0}\right)$ 组成正交函数集, 而且是完备的正交函数集. 这是因为

$$\int_t^{t+T_0} \cos(m\omega_0 t)\cos(n\omega_0 t)\mathrm{d}t = \begin{cases} 0, & m \neq n \\ \dfrac{T_0}{2}, & m = n \neq 0 \\ T_0, & m = n = 0 \end{cases} \qquad (4-26)$$

$$\int_t^{t+T_0} \sin(m\omega_0 t)\sin(n\omega_0 t)\mathrm{d}t = \begin{cases} 0, & m \neq n \\ \dfrac{T_0}{2}, & m = n \neq 0 \end{cases} \qquad (4-27)$$

$$\int_t^{t+T_0} \sin(m\omega_0 t)\cos(n\omega_0 t)\mathrm{d}t = 0, \text{全部 } m \text{ 和 } n \qquad (4-28)$$

现在考虑在区间 (t_1, t_2) 内通过利用一组 N 个互为正交的实信号 $x_1(t), x_2(t), \cdots, x_N(t)$ 近似一个信号 $x(t)$ 为

$$x(t) \approx c_1 x_1(t) + c_2 x_2(t) + \cdots + c_N x_N(t) = \sum_{n=1}^N c_n x_n(t) \qquad (4-29)$$

在式 $(4-29)$ 中, 误差 $e(t)$ 为

$$e(t) = x(t) - \sum_{n=1}^N c_n x_n(t) \qquad (4-30)$$

而误差能量 E_e 为

$$E_e = \int_{t_1}^{t_2} e^2(t)\mathrm{d}t = \int_{t_1}^{t_2} \left[x(t) - \sum_{n=1}^N c_n x_n(t) \right]^2 \mathrm{d}t \qquad (4-31)$$

根据前面确定的最佳近似准则, 选取 c_i 使 E_e 最小, 其必要条件是 $\partial E_e / \partial c_i = 0, i = 1, 2, \cdots, N$, 即

$$\frac{\partial}{\partial c_i} \int_{t_1}^{t_2} \left[x(t) - \sum_{n=1}^N c_n x_n(t) \right]^2 \mathrm{d}t = 0 \qquad (4-32)$$

当把被积函数展开时发现, 由正交信号产生的互乘项由于正交性均为零, 即全部为 $\int x_m(t) x_n(t)\mathrm{d}t$ 这样形式的项, 在 $m \neq n$ 时均为零. 类似地, 那些不包含 c_i 的项对 c_i 的导数也都是零. 对于每一个 i, 在式 $(4-32)$ 中仅留下两个非零项:

$$\frac{\partial}{\partial c_i} \left\{ \int_{t_1}^{t_2} \left[-2c_i x(t) x_i(t) + c_i^2 x_i^2(t) \right]^2 \mathrm{d}t \right\} = 0 \qquad (4-33)$$

或者

$$-2\int_{t_1}^{t_2} \left[x(t) x_i(t) \right]\mathrm{d}t + 2c_i \int_{t_1}^{t_2} x_i^2(t)\mathrm{d}t = 0 \qquad (4-34)$$

因此

$$c_i = \frac{\int_{t_1}^{t_2} \left[x(t) x_i(t) \right]\mathrm{d}t}{\int_{t_1}^{t_2} x_i^2(t)\mathrm{d}t} = \frac{1}{E_i} \int_{t_1}^{t_2} \left[x(t) x_i(t) \right]\mathrm{d}t, \quad i = 1, 2, \cdots, N \qquad (4-35)$$

当近似式 $(4-29)$ 中的系数 c_n 是按照式 $(4-35)$ 选取时, 近似式 $(4-29)$ 的误差信号能量最小, 最小值 E_e 由式 $(4-31)$ 给出

$$E_e = \int_{t_1}^{t_2} \left[x(t) - \sum_{n=1}^{N} c_n x_n(t) \right]^2 \mathrm{d}t = \int_{t_1}^{t_2} x^2(t)\mathrm{d}t + \sum_{n=1}^{N} c_n^2 \int_{t_1}^{t_2} x_n^2(t)\mathrm{d}t - 2\sum_{n=1}^{N} c_n \int_{t_1}^{t_2} x(t)x_n(t)\mathrm{d}t$$

$$(4-36)$$

将式(4-35)代入式(4-36)，得出

$$E_e = \int_{t_1}^{t_2} x^2(t)\mathrm{d}t + \sum_{n=1}^{N} c_n^2 E_n - 2\sum_{n=1}^{N} c_n^2 E_n = \int_{t_1}^{t_2} x^2(t)\mathrm{d}t - \sum_{n=1}^{N} c_n^2 E_n \qquad (4-37)$$

可见，由于 $c_n^2 E_n$ 这一项为非负，因此，误差能量 E_e 一般随项数 N 的增加而减少. 当 $N \to \infty$ 时，有可能误差能量 $E_e \to 0$；当这种情况出现时，这组正交信号集就是完备的，式(4-29)不再是一个近似式，而是一个等式

$$x(t) = c_1 x_1(t) + c_2 x_2(t) + \cdots + c_N x_N(t) + \cdots = \sum_{n=1}^{\infty} c_n x_n(t), \quad t_1 < t < t_2 \quad (4-38)$$

其中，系数由式(4-35)给出. 因为误差信号能量趋近于零，这样 $x(t)$ 的能量现在等于它的正交分量 $c_1 x_1(t), c_2 x_2(t), c_3 x_3(t), \cdots$ 的能量之和.

式(4-38)右边的级数称为关于信号集 $\{x_n(t)\}$ 的 $x(t)$ 的广义傅里叶级数. 对于某个特定类型的所有函数，当信号集 $\{x_n(t)\}$ 具有随着 $N \to \infty$ 而误差能量 $E_e \to 0$ 时，就说信号集 $\{x_n(t)\}$ 对那一类 $x(t)$ 在 (t_1, t_2) 上是完备的，而信号集 $\{x_n(t)\}$ 称为一组基函数或基信号.

当信号集 $\{x_n(t)\}$ 是完备的，就是等式(4-38). 此处的这个等式不是常规意义下的相等，而是在误差能量意义上的相等. 也就是说式(4-38)两边之差的能量趋近于零.

如果在常规意义下这个等式成立. 那么误差能量总归是零；但是反过来不一定成立. 即使在某些孤立点上两边之差 $e(t)$ 不为零，但 $e^2(t)$ 下的面积仍然是零. 因此，式(4-38)右边的傅里叶级数在有限个点上是可以与 $x(t)$ 不同的.

4.1.4 复函数的正交

实函数的正交分解可以推广到复函数情况. 同样，考虑在区间 $(t_1 < t < t_2)$ 内用信号 $y(t)$ 近似信号 $x(t)$ 的问题：

$$x(t) \approx cy(t), \quad t_1 < t < t_2 \qquad (4-39)$$

其中 $x(t)$ 和 $y(t)$ 都是以 t 为自变量的复函数. 复信号 $y(t)$ 在区间 (t_1, t_2) 内的能量 E_y 为

$$E_y = \int_{t_1}^{t_2} |y(t)|^2 \mathrm{d}t \qquad (4-40)$$

这种情况下，系数 c 和误差

$$e(t) = x(t) - cy(t) \qquad (4-41)$$

都是复数. 对于"最佳近似"，要选取 c 以使误差信号 $e(t)$ 的能量 E_e 最小. 现在

$$E_e = \int_{t_1}^{t_2} |x(t) - cy(t)|^2 \mathrm{d}t \qquad (4-42)$$

由于

$$|u+v|^2 = (u+v)(u^*+v^*) = |u|^2 + |v|^2 + u^*v + uv^* \qquad (4-43)$$

经过运算后可以利用上述结果将式(4-42)重新整理为

$$E_e = \int_{t_1}^{t_2} |x(t)|^2 \mathrm{d}t - \left| \frac{1}{\sqrt{E_y}} \int_{t_1}^{t_2} x(t)y^*(t)\mathrm{d}t \right|^2 + \left| c\sqrt{E_y} - \frac{1}{\sqrt{E_y}} \int_{t_1}^{t_2} x(t)y^*(t)\mathrm{d}t \right|^2$$

$$(4-44)$$

由于式(4-44)右边前两项与 c 无关，为使 E_e 最小应选取 c 使右边第 3 项为零，即得出

$$c = \frac{1}{E_y} \int_{t_1}^{t_2} x(t) y^*(t) \mathrm{d}t \tag{4-45}$$

基于这个结果,定义复数情况下的正交性如下:

若复函数集 $\{\varphi_i(t)\}(i = 1, 2, \cdots, n)$ 在区间 (t_1, t_2) 满足

$$\int_{t_1}^{t_2} \varphi_i(t) \varphi_j^*(t) \mathrm{d}t = \begin{cases} 0, & i \neq \mathrm{j} \\ K_i \neq 0, & i = \mathrm{j} \end{cases} \tag{4-46}$$

则称此复函数集为正交函数集. 式中, $\varphi_j^*(t)$ 为函数 $\varphi_j(t)$ 的共轭复函数. 在复数的情况下,式 (4-46) 里面有一个共轭,这样能保证 $i = \mathrm{j}$ 时得到的结果是一个非负实数.

虚指数函数集 $\{\mathrm{e}^{jn\omega_0 t}, n = 0, \pm 1, \pm 2, \cdots\}$ 在区间 $(t, t + T_0)$ 内是完备正交函数集. 式中 $T_0 = \frac{2\pi}{\omega_0}$,它在区间 $(t, t + T_0)$ 内满足

$$\int_t^{t+T_0} \mathrm{e}^{jm\omega_0 t} (\mathrm{e}^{jn\omega_0 t})^* \mathrm{d}t = \int_t^{t+T_0} \mathrm{e}^{j(m-n)\omega_0 t} \mathrm{d}t = \begin{cases} 0, & m \neq n \\ T_0, & m = n \end{cases} \tag{4-47}$$

4.2　连续时间周期信号的傅里叶级数

4.2.1　连续时间周期信号的频域分析

第 1 章描述了一个周期为 T 的周期信号在 $(-\infty, +\infty)$ 区间,每隔一定时间 T,按相同规律重复变换,如图 4-4 所示. 它可表示为

$$f(t) = f(t + mT) \tag{4-48}$$

式中, m 为任意整数. 满足上述关系的最小正值 T 称为该信号的基波周期. 在任意持续期为 T 的区间内,一个周期信号 $f(t)$ 的面积是相等的,即对任意实数 a 和 b 有

$$\int_a^{a+T} f(t) \mathrm{d}t = \int_b^{b+T} f(t) \mathrm{d}t \tag{4-49}$$

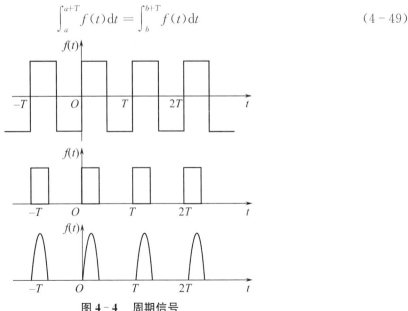

图 4-4　周期信号

在第 2,3 章介绍的对线性时不变系统进行分析的方法——时域分析,是在时间域内进行的,其特点是可以直观地得出系统响应的波形,然而,这对深入了解事物的本质还是不够的. 例如,图 4-5 所示为一个周期信号,从时域获得的信息有限. 然而通过研究发现,三个不同频率和振幅

的余弦波如图4-6所示,通过叠加后就得到图4-5的结果.

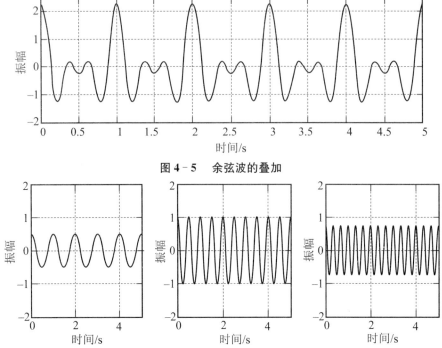

图4-5　余弦波的叠加

图4-6　不同频率和振幅的余弦波

如果从另一个角度来分析,将会揭示更多的信号内在的本质.可以将图4-5和图4-6表示成三维图形,如图4-7所示.从时域角度看,叠加后的信号在时间 t 方向呈周期性振荡.而从频域角度,可以看出叠加信号的三个分量的振幅和周期.

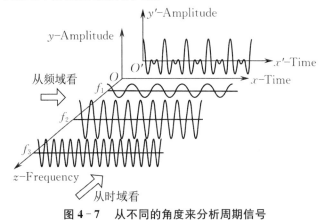

图4-7　从不同的角度来分析周期信号

4.2.2　周期信号的三角型傅里叶级数表示

傅里叶级数的理论为周期信号的分解给出了严格的数学证明.按照傅里叶级数理论,任何一个满足狄里赫利(Dirichlet)条件(有关狄里赫利条件的详细讨论见4.3节)的周期信号在区间 $(t, t+T_0)$ 可以展开为完备正交信号空间中的无穷级数.如果完备的正交函数集是三角函数集或指数函数集,那么,周期信号所展开的无穷级数就分别称为"三角型傅里叶级数"或"指数型傅里叶级数",统称傅里叶级数.

设有周期信号 $f_{T_0}(t)$,其周期为 T_0,角频率 $\omega_0 = 2\pi f_0 = \dfrac{2\pi}{T_0}$,当满足狄里赫利条件时,它可分解为如下三角型级数,称为 $f_{T_0}(t)$ 的傅里叶级数:

$$f_{T_0}(t) = \frac{a_0}{2} + a_1\cos(\omega_0 t) + b_1\sin(\omega_0 t) + a_2\cos(2\omega_0 t) + b_2\sin(2\omega_0 t) + \cdots$$
$$+ a_n\cos(n\omega_0 t) + b_n\sin(n\omega_0 t) + \cdots$$
$$= \frac{a_0}{2} + \sum_{n=1}^{\infty} a_n\cos(n\omega_0 t) + \sum_{n=1}^{\infty} b_n\sin(n\omega_0 t) \tag{4-50}$$

式中,n 为正整数,频率为 $n\omega_0$ 的正弦信号就是频率为 ω_0 的第 n 次谐波. 系数 a_n,b_n 称为傅里叶系数,其物理意义是各次谐波成分的幅度值. 按正余弦函数集 $\{1,\cos(\omega t),\sin(\omega t),\cos(2\omega t),\sin(2\omega t),\cdots,$ $\cos(n\omega t),\sin(n\omega t),\cdots\}$ 的正交性,分别在式(4-50)两边同乘 $1,\cos(n\omega_0 t),\sin(n\omega_0 t)$,并在一个周期内积分,即可得出

直流分量的幅度

$$a_0 = \frac{2}{T_0}\int_{-\frac{T_0}{2}}^{\frac{T_0}{2}} f_{T_0}(t)\,\mathrm{d}t \tag{4-51}$$

余弦分量的幅度

$$a_n = \frac{2}{T_0}\int_{-\frac{T_0}{2}}^{\frac{T_0}{2}} f_{T_0}(t)\cos(n\omega_0 t)\,\mathrm{d}t, \quad n = 1,2,\cdots \tag{4-52}$$

正弦分量的幅度

$$b_n = \frac{2}{T_0}\int_{-\frac{T_0}{2}}^{\frac{T_0}{2}} f_{T_0}(t)\sin(n\omega_0 t)\,\mathrm{d}t, \quad n = 1,2,\cdots \tag{4-53}$$

由式(4-52)和式(4-53)可见,a_n 是 n 的偶函数,即 $a_{-n} = a_n$;b_n 是 n 的奇函数,即 $b_{-n} = -b_n$.

将式(4-50)中的同频率项合并,可写成简洁形式的傅里叶级数,

$$f_{T_0}(t) = \frac{A_0}{2} + A_1\cos(\omega_0 t + \varphi_1) + A_2\cos(2\omega_0 t + \varphi_2) + \cdots$$
$$= \frac{A_0}{2} + \sum_{n=1}^{\infty} A_n\cos(n\omega_0 t + \varphi_n) \tag{4-54}$$

式中,
$$\left.\begin{array}{l} A_0 = a_0 \\ A_n = \sqrt{a_n^2 + b_n^2}, \quad n = 1,2,\cdots \\ \varphi_n = -\arctan\left(\dfrac{b_n}{a_n}\right) \end{array}\right\} \tag{4-55}$$

可见 A_n 是 n 的偶函数,φ_n 是 n 的奇函数. 式(4-50)与式(4-54)系数之间的关系为

$$\left.\begin{array}{l} a_0 = A_0 \\ a_n = A_n\cos\varphi_n, \quad n = 1,2,\cdots \\ b_n = -A_n\sin\varphi_n, \quad n = 1,2,\cdots \end{array}\right\} \tag{4-56}$$

式(4-54)表明,任何满足狄里赫利条件的周期信号都可分解为直流和余弦(或正弦)分量. 这些正弦、余弦分量的频率必定是基频 f_0 的整数倍. 式(4-54)中,$\dfrac{A_0}{2}$ 是常数项,它是周期信号中所包含的直流分量;式中第二项 $A_1\cos(\omega_0 t + \varphi_1)$ 称为基波或一次谐波,它的角频率与原周期信号相同;A_1 是基波振幅,φ_1 是基波初相位. 式中第三项 $A_2\cos(2\omega_0 t + \varphi_2)$ 称为二次谐波,它的频率是基波频率的 2 倍;A_2 是二次谐波振幅,φ_2 是其初相位. 一般而言,$A_n\cos(n\omega_0 t + \varphi_n)$ 称为 n 次谐波,A_n 是 n 次谐波振幅,φ_n 是其初相位.

其次,任何频率为 $0,\omega_0,2\omega_0,\cdots,n\omega_0$ 的正弦信号的组合一定是周期为 $T_0 = \dfrac{1}{f_0}$ 的周期信号,而与这些信号的幅度值 a_n,b_n 无关.通过改变式(4-50)中的 $a_n、b_n$ 值,可以组成各种类型的周期信号,且它们都为同一周期 T_0.

4.2.3　指数型傅里叶级数

三角型傅里叶级数,含义比较明确,但运算时常感不便,因而经常采用指数型傅里叶级数.利用欧拉公式 $\mathrm{e}^{\mathrm{j}\theta} = \cos(\theta) + \mathrm{j}\sin(\theta)$ 能够将式(4-54)表示的三角型傅里叶级数表示成指数型傅里叶级数.然而,这里独立导出指数型傅里叶级数.

一个周期为 T_0 的信号 $f_{T_0}(t)$,角频率 $\omega_0 = 2\pi f_0 = \dfrac{2\pi}{T_0}$ 的指数型傅里叶级数表示成

$$f_{T_0}(t) = \sum_{n=-\infty}^{\infty} F_n \mathrm{e}^{\mathrm{j}n\omega_0 t} \qquad (4-57)$$

为了求出系数 F_n,可将式(4-57)两边同乘以 $\mathrm{e}^{-\mathrm{j}m\omega_0 t}$($m$ 为整数),并在一个周期内积分,得

$$\int_{T_0} f_{T_0}(t)\mathrm{e}^{-\mathrm{j}m\omega_0 t}\mathrm{d}t = \sum_{n=-\infty}^{\infty} F_n \int_{T_0} \mathrm{e}^{\mathrm{j}(n-m)\omega_0 t}\mathrm{d}t \qquad (4-58)$$

利用指数函数的正交性质,可得

$$\int_{T_0} \mathrm{e}^{\mathrm{j}(n-m)\omega_0 t}\mathrm{d}t = \begin{cases} 0, & m \neq n \\ T_0, & m = n \end{cases} \qquad (4-59)$$

把式(4-59)结果代入式(4-58)中,可得

$$\int_{T_0} f_{T_0}(t)\mathrm{e}^{-\mathrm{j}n\omega_0 t}\mathrm{d}t = F_n T_0 \qquad (4-60)$$

即

$$F_n = \frac{1}{T_0}\int_{T_0} f_{T_0}(t)\mathrm{e}^{-\mathrm{j}n\omega_0 t}\mathrm{d}t \qquad (4-61)$$

式(4-57)表明:任意一个周期为 T_0 的信号 $f_{T_0}(t)$ 可分解为许多不同频率的虚指数信号 $\mathrm{e}^{\mathrm{j}n\omega_0 t}$ 之和.其各分量的复数幅度为 F_n.

上述过程归纳如下:如果 $f_{T_0}(t)$ 有一个傅里叶级数表示式,即 $f_{T_0}(t)$ 能表示为一组成谐波关系的复指数信号的线性组合,如式(4-57)所示,那么傅里叶级数中的系数就由式(4-61)确定.这一对关系式就定义为一个连续时间周期信号的傅里叶级数

$$f_{T_0}(t) = \sum_{n=-\infty}^{\infty} F_n \mathrm{e}^{\mathrm{j}n\omega_0 t} = \sum_{n=-\infty}^{\infty} F_n \mathrm{e}^{\frac{2\pi \mathrm{j}n}{T_0}t} \qquad (4-62)$$

$$F_n = \frac{1}{T_0}\int_{-\frac{T_0}{2}}^{\frac{T_0}{2}} f_{T_0}(t)\mathrm{e}^{-\mathrm{j}n\omega_0 t}\mathrm{d}t = \frac{1}{T_0}\int_{-\frac{T_0}{2}}^{\frac{T_0}{2}} f_{T_0}(t)\mathrm{e}^{-\frac{2\pi \mathrm{j}n}{T_0}t}\mathrm{d}t \qquad (4-63)$$

现在,可以将 F_n 与三角函数级数的系数 a_n 和 b_n 联系起来.在式(4-63)中,令 $n=0$ 可得

$$F_0 = \frac{a_0}{2} = \frac{A_0}{2} \qquad (4-64)$$

另外,对于 $n \neq 0$,

$$F_n = \frac{1}{T_0}\int_{T_0} f_{T_0}(t)\cos(n\omega_0 t)\mathrm{d}t - \mathrm{j}\frac{1}{T_0}\int_{T_0} f_{T_0}(t)\sin(n\omega_0 t)\mathrm{d}t = \frac{1}{2}(a_n - \mathrm{j}b_n) \qquad (4-65)$$

和

$$F_{-n} = \frac{1}{T_0}\int_{T_0} f_{T_0}(t)\cos(n\omega_0 t)\mathrm{d}t + \mathrm{j}\frac{1}{T_0}\int_{T_0} f_{T_0}(t)\sin(n\omega_0 t)\mathrm{d}t = \frac{1}{2}(a_n + \mathrm{j}b_n) \qquad (4-66)$$

另外,由式(4-55)和式(4-56),可得

$$F_n = |F_n|\mathrm{e}^{\mathrm{j}\phi_n} = \frac{1}{2}(a_n - \mathrm{j}b_n) = \frac{1}{2}\sqrt{a_n^2 + b_n^2}\ \mathrm{e}^{\mathrm{j}\arctan\left(\frac{-b_n}{a_n}\right)} = \frac{1}{2}A_n \mathrm{e}^{\mathrm{j}\varphi_n} \qquad (4-67)$$

$$F_{-n} = |F_{-n}| \mathrm{e}^{\mathrm{j}\phi_{-n}} = \frac{1}{2}(a_n + \mathrm{j}b_n) = \frac{1}{2}\sqrt{a_n^2 + b_n^2}\ \mathrm{e}^{\mathrm{jarctan}\left(\frac{b_n}{a_n}\right)} = \frac{1}{2}A_n\mathrm{e}^{\mathrm{j}\varphi_{-n}} \qquad (4-68)$$

从而得到

$$\begin{cases} |F_n| = |F_{-n}| = \dfrac{1}{2}A_n \\ \phi_n = -\phi_{-n} = \varphi_n \end{cases} \quad (n \neq 0) \qquad (4-69)$$

三角型傅里叶级数物理意义比较明确,但由式(4-62)和式(4-63)可以看出,指数型傅里叶级数比三角型傅里叶级数更为简单,尤其是在系数计算上.表 4-1 综合了三角型和指数型傅里叶级数及其系数之间的关系.

表 4-1　周期函数展开为傅里叶级数

形式	展开式	傅里叶级数系数	系数间的关系
指数型	$f_T(t) = \displaystyle\sum_{n=-\infty}^{\infty} F_n\mathrm{e}^{\mathrm{j}n\omega t}$ $F_n = \|F_n\|\mathrm{e}^{\mathrm{j}\phi_n}$	$F_n = \dfrac{1}{T}\displaystyle\int_{-\frac{T}{2}}^{\frac{T}{2}} f_T(t)\mathrm{e}^{-\mathrm{j}n\omega t}\,\mathrm{d}t$ $n = 0, \pm1, \pm2, \cdots$	$F_n = \dfrac{1}{2}A_n\mathrm{e}^{\mathrm{j}\varphi_n} = \dfrac{1}{2}(a_n - \mathrm{j}b_n)$, $\|F_n\| = \dfrac{1}{2}A_n = \dfrac{1}{2}\sqrt{a_n^2 + b_n^2}$ 是 n 的偶函数; $\phi_n = -\arctan\left(\dfrac{b_n}{a_n}\right)$ 是 n 的奇函数
三角型	$f_T(t) = \dfrac{a_0}{2} + \displaystyle\sum_{n=1}^{\infty} a_n\cos(n\omega t)$ $\quad + \displaystyle\sum_{n=1}^{\infty} b_n\sin(n\omega t)$ $= \dfrac{A_0}{2} + \displaystyle\sum_{n=1}^{\infty} A_n\cos(n\omega t + \varphi_n)$	$a_n = \dfrac{2}{T}\displaystyle\int_{-\frac{T}{2}}^{\frac{T}{2}} f_T(t)\cos(n\omega t)\,\mathrm{d}t$ $n = 0, 1, 2, \cdots$ $b_n = \dfrac{2}{T}\displaystyle\int_{-\frac{T}{2}}^{\frac{T}{2}} f_T(t)\sin(n\omega t)\,\mathrm{d}t$ $n = 1, 2, \cdots$ $A_n = \sqrt{a_n^2 + b_n^2}$ $\varphi_n = -\arctan\left(\dfrac{b_n}{a_n}\right)$	$a_n = A_n\cos\varphi_n = F_n + F_{-n}$ 是 n 的偶函数; $b_n = -A_n\sin\varphi_n = \mathrm{j}(F_n - F_{-n})$ 是 n 的奇函数; $A_n = 2\|F_n\|$

例 4-3　求图 4-8 所示的冲激串 $\delta_{T_0}(t) = \displaystyle\sum_{m=-\infty}^{\infty} \delta(t - mT_0)$ 傅里叶级数系数.

解：　根据指数型傅里叶级数系数的计算式(4-63),可得

$$F_n = \frac{1}{T_0}\int_{T_0} \delta_{T_0}(t)\mathrm{e}^{-\mathrm{j}n\omega_0 t}\,\mathrm{d}t$$

式中,$\omega_0 = 2\pi/T_0$,选择积分区间为 $(-T_0/2, T_0/2)$,并判断在这个区间有 $\delta_{T_0}(t) = \delta(t)$,因此

$$F_n = \frac{1}{T_0}\int_{-T_0/2}^{T_0/2} \delta(t)\mathrm{e}^{-\mathrm{j}n\omega_0 t}\,\mathrm{d}t$$

根据采样性质,有 $F_n = \dfrac{1}{T_0}$,即指数型傅里叶级数为

$$\delta_{T_0}(t) = \frac{1}{T_0}\sum_{n=-\infty}^{\infty}\mathrm{e}^{\mathrm{j}n\omega_0 t}$$

对于三角型傅里叶级数系数,应用式(4-64)式(4-69)得到

$$\frac{A_0}{2} = F_0 = \frac{1}{T_0}$$

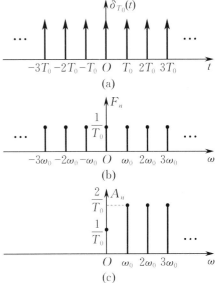

图 4-8　冲激串函数及其傅里叶级数系数

$$A_n = 2\,|\,F_n\,| = \frac{2}{T_0}\,, \quad \varphi_n = 0, \quad n = 1,2,3,\cdots$$

即三角型傅里叶级数为

$$\delta_{T_0}(t) = \frac{1}{T_0}\big[1 + 2\cos(\omega_0 t) + 2\cos(2\omega_0 t) + 2\cos(3\omega_0 t) + \cdots\big]$$

例 4 - 4 图 4 - 9 所示为一个周期矩形脉冲信号 $f(t)$,其脉冲幅度为 E,脉冲宽度为 τ,周期为 T_0,将其展开为傅里叶级数.

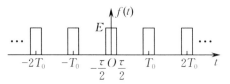

图 4 - 9   周期矩形脉冲信号

解: 该信号 $f(t)$ 的周期为 T_0,基频为 $\omega_0 = \dfrac{2\pi}{T_0}$. 利用式(4 - 50),可以把周期矩形信号 $f(t)$ 展开成三角型傅里叶级数

$$f(t) = \frac{a_0}{2} + \sum_{n=1}^{\infty} a_n \cos(n\omega_0 t) + \sum_{n=1}^{\infty} b_n \sin(n\omega_0 t) \tag{4-70}$$

根据式(4 - 51) 和式(4 - 52) 可以求出系数,其中

$$a_0 = \frac{2}{T_0}\int_{-\frac{T_0}{2}}^{\frac{T_0}{2}} f(t)\,\mathrm{d}t = \frac{2}{T_0}\int_{-\frac{\tau}{2}}^{\frac{\tau}{2}} E\,\mathrm{d}t = \frac{2E\tau}{T_0}$$

$$a_n = \frac{2}{T_0}\int_{-\frac{T_0}{2}}^{\frac{T_0}{2}} f(t)\cos(n\omega_0 t)\,\mathrm{d}t = \frac{2}{T_0}\int_{-\frac{\tau}{2}}^{\frac{\tau}{2}} E\cos(n\omega_0 t)\,\mathrm{d}t = \frac{2E}{n\omega_0 T_0}\sin(n\omega_0 t)\Big|_{-\frac{\tau}{2}}^{\frac{\tau}{2}}$$

$$= \frac{4E\sin\left(\frac{n\omega_0\tau}{2}\right)}{n\omega_0 T_0} = \frac{2E\tau}{T_0}\frac{\sin\left(\frac{n\omega_0\tau}{2}\right)}{\frac{n\omega_0\tau}{2}}$$

考虑到 $\omega_0 = \dfrac{2\pi}{T_0}$,上式也可以写为 $a_n = \dfrac{2E\tau}{T_0}\dfrac{\sin\left(\frac{n\pi\tau}{T_0}\right)}{\frac{n\pi\tau}{T_0}}$,如令 $\mathrm{Sa}(x) = \dfrac{\sin x}{x}$,则

$$a_n = \frac{2E\tau}{T_0}\mathrm{Sa}\left(\frac{n\omega_0\tau}{2}\right) = \frac{2E\tau}{T_0}\mathrm{Sa}\left(\frac{n\pi\tau}{T_0}\right),\ n = 0,1,2,\cdots$$

由于 $f(t)$ 是偶函数,由式(4 - 53) 可知 $b_n = 0$. 于是,周期矩形信号的三角型傅里叶级数为

$$f(t) = \frac{E\tau}{T_0} + \frac{2E\tau}{T_0}\sum_{n=1}^{\infty}\mathrm{Sa}\left(\frac{n\pi\tau}{T_0}\right)\cos(n\omega_0 t) \tag{4-71}$$

或 $$f(t) = \frac{E\tau}{T_0} + \frac{2E\tau}{T_0}\sum_{n=1}^{\infty}\mathrm{Sa}\left(\frac{n\omega_0\tau}{2}\right)\cos(n\omega_0 t) \tag{4-72}$$

利用式(4 - 62),可以把周期矩形信号 $f(t)$ 展开成指数型傅里叶级数

$$f(t) = \sum_{n=-\infty}^{\infty} F_n \mathrm{e}^{\mathrm{j}n\omega_0 t}$$

根据式(4 - 63) 可以求出系数,其中

$$F_n = \frac{1}{T_0}\int_{-\frac{T_0}{2}}^{\frac{T_0}{2}} f(t)\mathrm{e}^{-\mathrm{j}n\omega_0 t}\,\mathrm{d}t = \frac{E}{T_0}\int_{-\frac{\tau}{2}}^{\frac{\tau}{2}} \mathrm{e}^{-\mathrm{j}n\omega_0 t}\,\mathrm{d}t = \frac{E}{T_0}\frac{\mathrm{e}^{-\mathrm{j}n\omega_0 t}}{-\mathrm{j}n\omega_0}\Big|_{-\frac{\tau}{2}}^{\frac{\tau}{2}}$$

$$= \frac{2E}{T_0} \frac{\sin\left(\frac{n\omega_0\tau}{2}\right)}{n\omega_0} = \frac{E\tau}{T_0} \frac{\sin\frac{n\omega_0\tau}{2}}{\frac{n\omega_0\tau}{2}} = \frac{E\tau}{T_0} \frac{\sin\frac{n\pi\tau}{T_0}}{\frac{n\pi\tau}{T_0}}, \quad n = 0, \pm 1, \pm 2, \cdots$$

引入 $\mathrm{Sa}(x) = \dfrac{\sin x}{x}$，则

$$F_n = \frac{E\tau}{T_0} \mathrm{Sa}\left(\frac{n\omega_0\tau}{2}\right) = \frac{E\tau}{T_0} \mathrm{Sa}\left(\frac{n\pi\tau}{T_0}\right), \quad n = 0, \pm 1, \pm 2, \cdots$$

根据式(4-62)可写出该周期矩形脉冲的指数型傅里叶级数展开式为

$$f(t) = \sum_{n=-\infty}^{\infty} F_n \mathrm{e}^{\mathrm{j}n\omega_0 t} = \frac{E\tau}{T_0} \sum_{n=-\infty}^{\infty} \mathrm{Sa}\left(\frac{n\omega_0\tau}{2}\right) \mathrm{e}^{\mathrm{j}n\omega_0 t} = \frac{E\tau}{T_0} \sum_{n=-\infty}^{\infty} \mathrm{Sa}\left(\frac{n\pi\tau}{T_0}\right) \mathrm{e}^{\mathrm{j}n\omega_0 t} \qquad (4-73)$$

当 $\tau = \dfrac{T_0}{2}$ 时，$f(t)$ 是一个占空比为 50% 的方波. 根据式(4-52)，当 n 为偶数且非零时，$a_n = 0$，而当 n 为奇数时，a_n 在正负之间交替变化，因此 $E = 1$ 时，$a_0 = 1$，$a_1 = \dfrac{2}{\pi}$，$a_3 = -\dfrac{2}{3\pi}$，$a_5 = \dfrac{2}{5\pi} \cdots$.

而指数型傅里叶级数系数 $F_0 = \dfrac{1}{2}$，$F_1 = \dfrac{1}{\pi}$，$F_3 = -\dfrac{1}{3\pi}$，$F_5 = \dfrac{1}{5\pi} \cdots$.

图 4-10 画出了傅里叶级数系数随频率 $n\omega_0$ 变化的情况. 系数为负时，表示相位为 $\pm\pi$. 从图中可以清楚而直观地看出各频率分量的相对大小. 这种图称为信号的幅度频谱或简称幅度谱. 图中每条线代表某一频率分量的幅度，称为谱线. 连接各谱线顶点的曲线称为包络线，它反映各分量的幅度变化情况. 类似地，还可以画出各分量的相位 φ_n 对频率 $n\omega_0$ 的线图，这种图称为相位频谱或简称相位谱. 周期信号的频谱只会出现在 $0, \omega_0, 2\omega_0, \cdots$ 离散频率点上，这种频谱称为离散谱. 比较图 4-10(a) 和图 4-10(b) 可以看出，图 4-10(a) 中每条谱线代表一个分量的幅度，而图 4-10(b) 中每个分量的幅度一分为二，在正、负频率相对应的位置上各分一半，所以，只有把正、负频率上对应的这两条谱线矢量相加起来才代表一个分量的幅度.

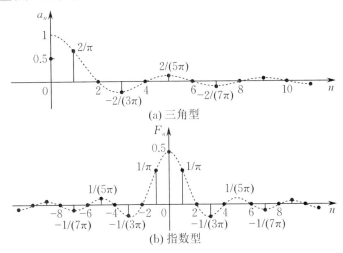

(a) 三角型

(b) 指数型

图 4-10　周期矩形脉冲信号的傅里叶级数系数

将系数 a_n 代入式(4-70)，得图 4-9 所示信号的三角型傅里叶级数展开式为

$$f(t) = E\left[\frac{1}{2} + \frac{2}{\pi}\cos(\omega_0 t) - \frac{2}{3\pi}\cos(3\omega_0 t) + \frac{2}{5\pi}\cos(5\omega_0 t) - \frac{2}{7\pi}\cos(7\omega_0 t) + \cdots\right]$$

它只含直流分量和一、三、五、$\cdots$ 奇次谐波分量.

　　图 4-11 画出了一个周期矩形脉冲的组成情况. 由图可见: 当它包含的谐波分量越多时, 波形越接近于原来的矩形脉冲 $f(t)$, 其均方误差越小. 还可以看出, 频率较低的谐波, 其振幅较大, 它们组成矩形脉冲的主体; 而频率较高的高次谐波振幅较小, 它们主要影响波形的细节, 波形中所包含的高次谐波越多, 波形的边缘越陡峭.

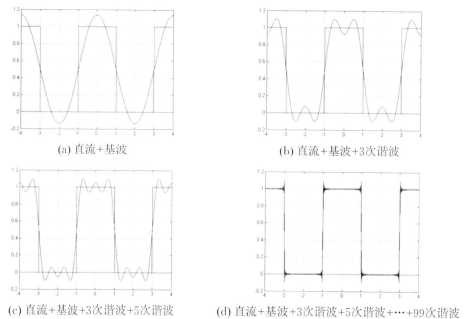

(a) 直流+基波　　　　　　　　　　(b) 直流+基波+3次谐波

(c) 直流+基波+3次谐波+5次谐波　　　(d) 直流+基波+3次谐波+5次谐波+…+99次谐波

图 4-11　周期矩形脉冲的组成

　　$f(t)$ 的急剧变化, 作为细节结构的一部分, 必然要求傅里叶级数中存在高频项. 变化越剧烈, 级数中所需要的频率越高. 幅度谱指明了 $f(t)$ 不同频率分量的幅度. 若 $f(t)$ 是一个光滑函数, 它的变化比较慢. 这样一个函数的合成, 低频分量占主要部分, 而高频分量占比较小. 函数的幅度谱会随着频率增加而迅速衰减. 即合成这样一个函数时, 在傅里叶级数中只需较少项就可以得到一个很好的近似. 另一方面, 若一个信号的剧烈变换(如不连续点)包含了快速变换部分, 它的合成需要相对更多的频率分量. 于是, 该信号的幅度谱随频率衰减就会缓慢一些. 意味着合成这样的信号时, 在傅里叶级数中需要较多的高频分量.

　　方波 $f(t)$ 是一个具有不连续点的不连续函数. 因此, 它的幅度谱按照 $1/n$ 缓慢衰减. 另一方面, 图 4-15 中的三角形周期脉冲信号是比较光滑的信号, 它的幅度谱按 $1/n^2$ 快速衰减. 可以证明, 如果一个周期信号 $f(t)$ 的前 $k-1$ 阶导数都连续, 而第 k 阶导数不连续, 则它的幅度谱随频率至少按照 $1/n^{k+1}$ 快速收敛. 对于方波信号, 它的零阶导数(就是信号本身)是不连续的, 所以 $k=0$. 对于图 4-15 所示的三角形周期信号, 它的一阶导数不连续, 即 $k=1$. 因此这些信号的幅度谱分别按 $1/n$ 和 $1/n^2$ 衰减.

　　由图 4-11 还可以看出, 合成波形所包含的谐波分量越多, 除间断点附近外, 它越接近于原矩形脉冲. 在间断点附近, 随着所含谐波次数的增大, 合成波形的尖峰越靠近间断点, 但尖峰幅度并未明显减小. 可以证明, 即使合成波形所含谐波次数 $n \to \infty$ 时, 在间断点处仍有约 9% 的偏差, 这种现象称为吉布斯(Gibbs)现象. 在傅里叶级数的项数取得很大时, 间断点处尖峰下的面积非常小以致趋近于零, 因而在均方的意义上合成波形同原矩形脉冲的真值之间没有区别.

　　图 4-11 给出了幅度谱在周期矩形脉冲 $f(t)$ 中的作用. 然而相位谱在波形形成中的作用似乎不那么明显. 一个明显的例子是图 5-1, 该图说明不同的初始相位使得到的信号有很大的不同. 其

实,相位谱在波形形成中起到同等重要的作用. 现再考虑周期矩形脉冲的情况. 由于该信号具有不连续点,意味着具有快速变化分量,即高频分量. 为合成在跳变不连续点处的瞬时变化,相位使得它的谱中各个不同正弦分量必须是在不连续点以前的所有谐波分量都是正(或负)号,而在不连续点后具有相反的负(或正)号. 这样就会在 $f(t)$ 的不连续点处形成一个尖锐的变化. 图 4-12 给出了周期矩形脉冲傅里叶级数的前三个谐波,即一、三、五次谐波分量. 所有分量的相位保证在间断点 $t=1$ 之前的分量为正,而在 $t=1$ 之后为负. 在其他不连续点处也可见到同样的行为. 这种在所有谐波分量上正负号的改变相加成一个非常近似的跳变不连续点. 相位谱在实现波形中的尖锐变化部分时起到了关键的作用.

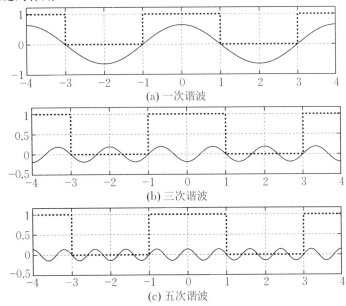

(a) 一次谐波

(b) 三次谐波

(c) 五次谐波

图 4-12　相位谱在周期矩形脉冲的作用

一般来说,相位谱在确定信号波形中至少与幅度谱同样的重要,尤其在光学系统,人们常常更关心光波的相位分布. 任何信号 $f(t)$ 的合成都可以用各种不同正弦的幅度和相位谱的适当组合来实现,这个唯一的组合就是 $f(t)$ 的傅里叶谱.

例 4-5　求出如图 4-13 所示的周期信号 $f(t)$ 的傅里叶级数,并画出幅度谱和相位谱.

解：　(1) 三角型:周期 $T_0 = \pi$,基波频率 $f_0 = \dfrac{1}{T_0} = \dfrac{1}{\pi}$ Hz,

$$\omega_0 = \frac{2\pi}{T_0} = 2 \text{ rad/s}$$

积分区间可以选取从 0 到 π,所以有

$$\frac{a_0}{2} = \frac{1}{\pi} \int_0^\pi e^{-\frac{t}{2}} dt = 0.504$$

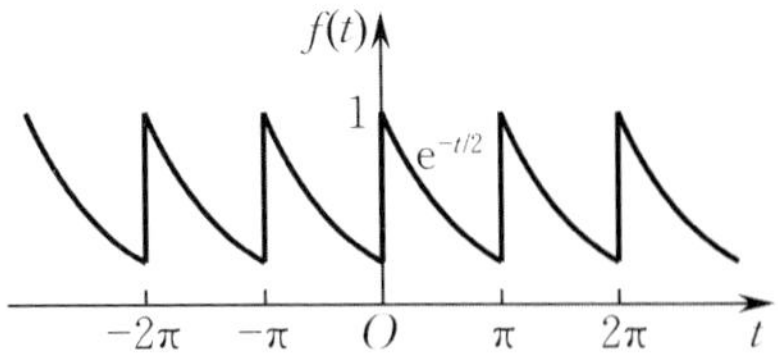

图 4-13　周期信号 $f(t)$

$$a_n = \frac{2}{\pi} \int_0^\pi e^{-\frac{t}{2}} \cos(2nt) dt = 0.504 \times \left(\frac{2}{1+16n^2}\right)$$

$$b_n = \frac{2}{\pi} \int_0^\pi e^{-\frac{t}{2}} \sin(2nt) dt = 0.504 \times \left(\frac{-8n}{1+16n^2}\right)$$

以及

$$\frac{A_0}{2} = \frac{a_0}{2}$$

$$A_n = \sqrt{a_n^2 + b_n^2} = 0.504 \times \sqrt{\frac{4}{(1+16n^2)^2} + \frac{64n^2}{(1+16n^2)^2}} = 0.504 \times \left(\frac{2}{\sqrt{1+16n^2}}\right)$$

$$\varphi_n = \arctan\left(\frac{-b_n}{a_n}\right) = \arctan(-4n) = -\arctan(4n)$$

因此

$$f(t) = 0.504 \times \left\{1 + \sum_{n=1}^{\infty} \frac{2}{1+16n^2}\left[\cos(2nt) + 4n\sin(2nt)\right]\right\}$$

或

$$f(t) = 0.504 + 0.504 \sum_{n=1}^{\infty} \frac{2}{\sqrt{1+16n^2}}\left\{\cos\left[2nt - \arctan(4n)\right]\right\}$$

（2）指数型：

$$F_n = \frac{1}{T_0}\int_{T_0} f(t)e^{-j2nt}dt = \frac{1}{\pi}\int_0^{\pi} e^{-\frac{t}{2}}e^{-j2nt}dt = \frac{1}{\pi}\int_0^{\pi} e^{-\left(\frac{1}{2}+j2n\right)t}dt$$

$$= \frac{-1}{\pi\left(\frac{1}{2}+j2n\right)}e^{-\left(\frac{1}{2}+j2n\right)t}\bigg|_0^{\pi} = \frac{0.504}{1+j4n}$$

所以，指数型傅里叶级数为

$$f(t) = 0.504 \sum_{n=-\infty}^{\infty} \frac{1}{1+j4n}e^{j2nt}$$

在图 4-14 中给出的 $f(t)$ 的幅度和相位谱提供了 $f(t)$ 的频率组成，即 $f(t)$ 的各种不同正弦分量的幅度和相位．频谱还提供了另一种描述 $f(t)$ 的方法．因此，一个信号具有双重特征：时域特征 $f(t)$ 和频域特征（傅里叶谱），这两种特征互为补充．

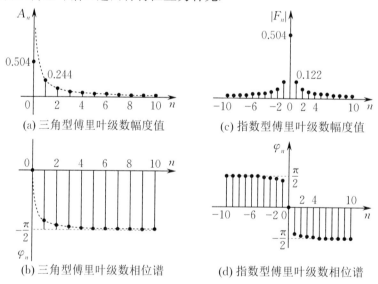

(a) 三角型傅里叶级数幅度值　　　(c) 指数型傅里叶级数幅度值

(b) 三角型傅里叶级数相位谱　　　(d) 指数型傅里叶级数相位谱

图 4-14　傅里叶级数幅度值和相位谱

4.2.4　函数的对称性与傅里叶系数的关系

在将给定的信号 $f(t)$ 展开为傅里叶级数时，若 $f(t)$ 是实函数而且它的波形具有某些特点，那么，有些傅里叶系数将等于零，从而使傅里叶系数的计算较为简便．如果 $f(t)$ 是偶函数或奇函数，傅里叶级数中只含有余弦项或正弦项．而如果 $f(t)$ 是奇谐函数，其级数中只含有奇次谐波分量．

1. $f(t)$ 为偶函数

若函数 $f(t)$ 是时间 t 的偶函数,即 $f(-t)=f(t)$,式(4-52)中的被积函数 $f(t)\cos(n\omega t)$ 是 t 的偶函数,在对称区间 $\left(-\frac{T}{2},\frac{T}{2}\right)$ 的积分等于其半区间 $\left(0,\frac{T}{2}\right)$ 积分的两倍;而 $f(t)\sin(n\omega t)$ 是 t 的奇函数,在对称区间的积分为零,故由式(4-52)和式(4-53)得

$$a_n = \frac{2}{T}\int_{-\frac{T}{2}}^{\frac{T}{2}}f(t)\cos(n\omega t)\mathrm{d}t = \frac{4}{T}\int_0^{\frac{T}{2}}f(t)\cos(n\omega t)\mathrm{d}t \qquad (4-74)$$

$$b_n = 0,\ n=0,1,2,\cdots \qquad (4-75)$$

由式(4-55)和式(4-56)得

$$A_n = |a_n|,\quad \varphi_n = m\pi \quad (m \text{ 为整数})$$

所以,偶函数的傅里叶级数中不含有正弦项,只可能含有直流项和余弦项.图 4-15 所示的周期三角信号是偶函数,它的傅里叶级数为

$$f(t) = \frac{E}{2} + \frac{4E}{\pi^2}\left[\cos(\omega_1 t) + \frac{1}{9}\cos(3\omega_1 t) + \frac{1}{25}\cos(5\omega_1 t) + \cdots\right]$$

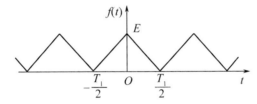

图 4-15　周期三角信号

2. $f(t)$ 为奇函数

若函数 $f(t)$ 是 t 的奇函数,即 $f(-t)=-f(t)$,这时有

$$a_n = 0,\ n=0,1,2,\cdots \qquad (4-76)$$

$$b_n = \frac{2}{T}\int_{-\frac{T}{2}}^{\frac{T}{2}}f(t)\sin(n\omega t)\mathrm{d}t = \frac{4}{T}\int_0^{\frac{T}{2}}f(t)\sin(n\omega t)\mathrm{d}t,\ n=1,2,\cdots \qquad (4-77)$$

$$A_n = |b_n|,\ n=0,1,2,\cdots$$

$$\varphi_n = \frac{(2m+1)}{2}\pi \quad (m \text{ 为整数})$$

所以,在奇函数的傅里叶级数中不含有余弦项,只可能含有正弦项.图 4-16 所示的周期锯齿信号是奇函数,它的傅里叶级数为

$$f(t) = \frac{E}{\pi}\left[\sin(\omega_1 t) - \frac{1}{2}\sin(2\omega_1 t) + \frac{1}{3}\sin(3\omega_1 t) + \cdots\right]$$

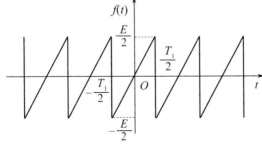

图 4-16　周期锯齿信号

3. $f(t)$ 为奇谐函数

如果函数 $f(t)$ 的前半周期波形移动 $\dfrac{T}{2}$ 后,与后半周期波形相对于横轴对称,即满足 $f(t) = -f\left(t \pm \dfrac{T}{2}\right)$,如图 4-17 所示,这种函数称为半波对称函数或奇谐函数.

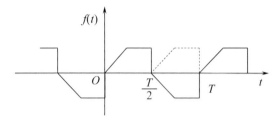

图 4-17　奇谐函数

在这种情况下,其傅里叶级数中只含奇次谐波分量,而不含偶次谐波分量,即有

$$a_0 = a_2 = a_4 = \cdots = b_2 = b_4 = b_6 = \cdots = 0 \tag{4-78}$$

由上可见,当波形满足某种对称关系时,在傅里叶级数中某些项将不出现.熟悉傅里叶级数这种性质后,可以对波形应包含哪些谐波成分迅速做出判断,以便简化傅里叶系数的计算.在允许的情况下,可以移动函数的坐标使波形具有某种对称性,以简化运算.

4. $f(t)$ 为周期半波余弦信号

周期半波余弦信号的波形如图 4-18 所示.由于是偶函数,因此有 $b_n = 0$.这样便可得到该信号的傅里叶级数表达式

$$\begin{aligned} f(t) &= \frac{E}{\pi} + \frac{E}{2}\left[\cos(\omega_1 t) + \frac{4}{3\pi}\cos(2\omega_1 t) - \frac{4}{15\pi}\cos(4\omega_1 t) + \cdots\right] \\ &= \frac{E}{\pi} - \frac{2E}{\pi}\sum_{n=1}^{\infty}\frac{1}{(n^2-1)}\cos\left(\frac{n\pi}{2}\right)\cos(n\omega_1 t) \end{aligned} \tag{4-79}$$

式中,$\omega_1 = \dfrac{2\pi}{T_1}$.周期半波余弦信号的频谱只含有直流、基波和偶次谐波频率分量.谐波的幅度以 $\dfrac{1}{n^2}$ 规律收敛.

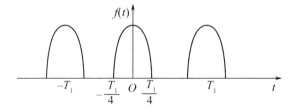

图 4-18　周期半波余弦信号的波形

5. $f(t)$ 为周期全波余弦信号

周期全波余弦信号的波形如图 4-19 所示.

令余弦信号为

$$f_1(t) = E\cos(\omega_1 t) \tag{4-80}$$

式中,$\omega_1 = \dfrac{2\pi}{T_1}$.此时,全波余弦信号 $f(t)$ 为

$$f(t) = |f_1(t)| = E|\cos(\omega_1 t)| \tag{4-81}$$

由于 $f(t)$ 是偶函数,因此有 $b_n = 0$.这样便可得到该信号的傅里叶级数表达式

$$f(t) = \frac{2E}{\pi} + \frac{4E}{3\pi}\cos(\omega_1 t) - \frac{4E}{15\pi}\cos(2\omega_1 t) + \frac{4E}{35\pi}\cos(3\omega_1 t) - \cdots$$

$$= \frac{2E}{\pi} + \frac{4E}{\pi}\left[\frac{1}{3}\cos(2\omega_0 t) - \frac{1}{15}\cos(4\omega_0 t) + \frac{1}{35}\cos(6\omega_0 t) - \cdots\right] \qquad (4-82)$$

可见,周期全波余弦信号的频谱包含直流分量及 ω_0 的偶次谐波分量. 谐波的幅度以 $\frac{1}{n^2}$ 规律收敛.

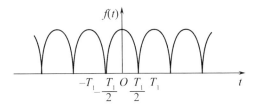

图 4 - 19　周期全波余弦信号的波形

4.3　傅里叶级数的收敛

本节讨论傅里叶级数表示法的广泛性和有效性. 所谓广泛性就是指所有周期信号是否都能用傅里叶级数来表示,即傅里叶级数的收敛问题. 而有效性则指,如果用截短了的傅里叶级数近似地表示周期信号,这种近似是否为最佳近似.

4.3.1　级数收敛

为了理解傅里叶级数表示的有效性问题,先研究一个周期信号 $f(t)$ 用有限项复指数信号的线性组合来近似的问题,即用

$$f_N(t) = \sum_{n=-N}^{N} F_n e^{jn\omega_0 t} \qquad (4-83)$$

来近似表示 $f(t)$. 令 $e_N(t)$ 为近似误差

$$e_N(t) = f(t) - f_N(t) = f(t) - \sum_{n=-N}^{N} F_n e^{jn\omega_0 t} \qquad (4-84)$$

为了确定近似的程度,需要对近似误差的大小给出一种定量的描述. 所采用的标准是在一个周期内误差的能量:

$$E_N = \int_T |e_N(t)|^2 dt \qquad (4-85)$$

若 N 趋近于无穷大时,E_N 趋近于零,那么级数在一个周期上均方收敛于 $f(t)$. 这种收敛形式并不要求级数在所有点上都等于 $f(t)$. 它仅要求当 N 趋于无穷大时差值的能量趋于零. 如果一个信号的能量在某一区间上为零,是否意味着信号处处为零呢?信号值在有限个孤立点上不等于零,其能量也可以为零. 这是因为,虽然信号在一点不为零,而在其他点上都为零时,这一点的平方下的面积仍然等于零. 因此,一个在均方意义下收敛于 $f(t)$ 的级数,不需要在每个点上收敛于 $f(t)$. 理论已证明,要使误差能量最小,对式(4-83)各系数的选取是

$$F_n = \frac{1}{T}\int_T f(t) e^{-jn\omega_0 t} dt \qquad (4-86)$$

可以发现,这与确定傅里叶级数系数的表示是一致的. 由此得到:如果 $f(t)$ 能展开成傅里叶级数,那么当把这一无穷项级数在所要求的某一项处截断时,这就是仅用成谐波关系的有限复指

数来近似 $f(t)$ 的最佳近似. 随着 N 的增加,附加上新的项,E_N 减小. 事实上,如果 $f(t)$ 有一个傅里叶级数展开式,那么随着 N 趋近于无穷大,E_N 的极限就是零. 这种逼近显示出周期信号傅里叶级数表示的有效性,它有重要的实际意义,即可以用有限低次谐波分量近似地表示一个周期信号,且近似的均方误差可以做到任意的小.

现在的问题是一个周期信号 $f(t)$ 什么时候才确实具有一个傅里叶级数的表示? 当然,对任何周期信号,总是能求得一组傅里叶系数. 然而,在某些情况下的积分可能不收敛;也就是说对某些 F_n 求得的值可能是无穷大. 再者,即使求得的全部系数都是有限值,当把这些系数代入时所得到的无限项级数也可能不收敛于原来的信号 $f(t)$. 所幸的是,对大部分周期信号而言不存在任何收敛上的困难. 例如,全部连续的周期信号都有一个傅里叶级数表示,使其近似误差能量 E_N 随着 N 趋于无穷大而趋于零.

对于一个周期信号 $f(t)$ 是否存在一个均方收敛的傅里叶级数,有一个很简单的准则. 若 $f(t)$ 在一个周期上具有有限的能量,即

$$\int_T |f(t)|^2 \mathrm{d}t < \infty \tag{4-87}$$

则 $f(t)$ 的傅里叶级数均方收敛于 $f(t)$. 进一步讲,若令 $f_N(t)$ 是对 $f(t)$ 的近似,而 $f_N(t)$ 是用 $|n| \leqslant N$ 时的这些系数得到的,那么就能保证近似误差中的能量 E_N 随着所增加的项数趋近于无穷大而收敛于零,也就是

$$E_N = \int_T |e_N(t)|^2 \mathrm{d}t = 0 \tag{4-88}$$

式(4-88)并不意味着信号 $f(t)$ 和它的傅里叶级数表示

$$f(t) = \sum_{n=-\infty}^{\infty} F_n \mathrm{e}^{jn\omega_0 t} \tag{4-89}$$

在每一个 t 值上相等,而只表示两者间没有任何能量上的差别.

当 $f(t)$ 在一个周期内具有有限能量就保证收敛,这在实际中是很有用的. 这时式(4-88)代表的是 $f(t)$ 和它的傅里叶级数表示之间没有能量上的差别. 因为实际系统都是对信号能量做出响应,从这个角度讲,$f(t)$ 和它的傅里叶级数表示就是不可区分的了. 由于要研究的大多数周期信号在一个周期内的能量都是有限的,因此它们都有傅里叶级数的表示.

4.3.2　狄里赫利条件

狄里赫利证明了,若 $f(t)$ 满足一组条件,当 $f(t)$ 是连续函数时,就保证它的傅里叶级数在 $f(t)$ 的所有点上逐点收敛. 然而,在那些不连续的点上,无穷级数收敛于不连续点两边值的平均值. 这组条件称为狄里赫利条件,即如下所示.

条件 1　在任何周期内,$f(t)$ 必须绝对可积,即

$$\int_T |f(t)| \mathrm{d}t < \infty \tag{4-90}$$

这意味着 $f(t)$ 在一个周期内的能量是有限的,这一条件保证了每一系数 F_n 都是有限的. 因为

$$|F_n| \leqslant \frac{1}{T} \int_T |f(t) \mathrm{e}^{-jn\omega_0 t}| \mathrm{d}t = \frac{1}{T} \int_T |f(t)| \mathrm{d}t$$

所以,如果式(4-90)得到满足,则系数 F_n 都是有限的. 通常,它可看作连续时间傅里叶级数 (continuous-time fourier series,CTFS) 收敛的必要条件.

不满足狄里赫利第一条件的周期信号可以举例如下：

$$f(t) = \frac{1}{t}, \quad 0 < t \leqslant T$$

该信号如图 4 – 20 所示.

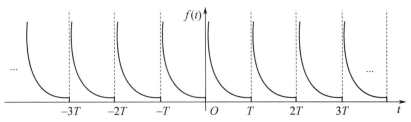

图 4 – 20　不满足狄里赫利第一条件的周期信号

条件 2　在任意有限区间内，$f(t)$ 具有有限个起伏变化，也就是说，在任何一个周期内，$f(t)$ 只有有限个数的极大值和极小值. 这一条件意味着，在一个周期内只允许有限次起伏.

满足条件 1 而不满足条件 2 的一个函数是

$$f(t) = \sin\left(\frac{2\pi}{t}\right), \quad 0 < t \leqslant T$$

如图 4 – 21 所示. 对此函数，若其周期 $T = 1$，有

$$\int_T |f(t)| \,\mathrm{d}t < 1$$

然而，它在一个周期内有无限多的极大值和极小值.

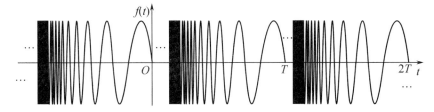

图 4 – 21　不满足狄里赫利第二条件的周期信号

条件 3　在 $f(t)$ 的任何有限区间内，只有有限个不连续点，而且在这些不连续点上，函数是有限值的.

满足条件 1 和条件 2，但不满足条件 3 的函数如图 4 – 22 所示. 这个信号的周期 $T = 8$，它是这样组成的，后一个阶梯的高度和宽度都是前一个阶梯的一半. 所以，$f(t)$ 在一个周期内的面积不会超过 8，即满足条件 1. 但是不连续点的数目却是无穷多个，从而不满足条件 3.

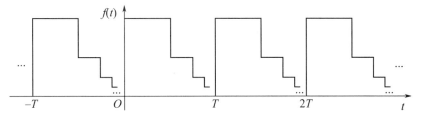

图 4 – 22　不满足狄里赫利第三条件的周期信号

一个不满足狄里赫利条件的周期信号，一般来说在自然界中都是属于比较反常的信号，结果在实际场合不会出现. 它们在信号与系统的研究中也没有什么特别的重要性. 因此，傅里叶级数的

收敛问题对本书要讨论的问题不具有特别重要的意义.

对于一个不存在任何间断点的周期信号而言,傅里叶级数收敛,并且在每一点上该级数都等于原来的信号 $f(t)$. 对于在一个周期内存在有限数目不连续点的周期信号而言,除了那些孤立的不连续点外,其余所有点上傅里叶级数都等于原来的 $f(t)$,而在那些孤立的不连续点上,傅里叶级数收敛于该不连续点处左、右极限的平均值. 在这种情况下,原来信号和它的傅里叶级数表示之间没有任何能量上的差别. 因此,两者从所有实际目的来看可以认为是一样的;具体而言就是,因为两者只是在一些孤立点上有差异,所以两者在任意区间内的积分是一样的. 为此,在卷积的意义下,两者的特性是一样的,因而从 LTI 系统分析的观点来看,两个信号完全是一致的.

4.3.3　吉布斯现象

在图 4-11 中给出了方波函数 $f(t)$ 及其用傅里叶级数的近似,其中仅包含前 N 个谐波,$N = 1,3,5$ 和 99. 当 N 增加时,截断级数是很接近于 $f(t)$ 的,似乎可以预期随着 N 趋近于无穷大时,级数会真正的收敛于 $f(t)$.然而奇怪的是,如图 4-11 所示,即使 N 很大,截断级数也表现出振荡现象并且在离不连续点最近的振荡峰上出现接近 9% 的超量.不管 N 值为多少,超量都保持 9%.物理学家 J. W. 吉布斯给出了这个现象的数学解释,现称为吉布斯现象,如图 4-23 所示.

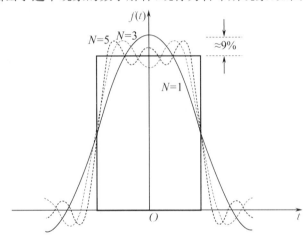

图 4-23　吉布斯现象

通过观察图 4-23,可以看到已合成信号的振荡频率是 Nf_0,所以具有 9% 超量的峰值宽度近似于 $\dfrac{1}{2Nf_0}$.当 N 增加时,振荡频率增加,而峰值宽度 $\dfrac{1}{2Nf_0}$ 减小. 随着 N 趋近于无穷大,误差功率趋于零,因为误差大部分是由这些峰值组成的,而它们的宽度都趋于零.因此,随着 N 趋于无穷大,相应的傅里叶级数在紧靠不连续点的左右与 $f(t)$ 差 9%,但误差功率仍趋于零.在这种情况下,产生这种混淆的根本原因是傅里叶级数在均方意义下收敛.均方收敛的意义所能保证的仅仅是误差能量随着 N 趋于无穷大时而趋于零.因此,级数与 $f(t)$ 在某些点上的值是可以不同的,但其误差信号能量为零.

因此,一个在均方意义下收敛于 $f(t)$ 的级数,不需要在每个点上收敛于 $f(t)$.这恰恰是当 $f(t)$ 有跳变不连续点时发生在傅里叶级数上的现象,这同时也是使得傅里叶级数收敛能与吉布斯现象相兼容的原因.只有当 $f(t)$ 存在跳变不连续点时才会出现吉布斯现象.当使用傅里叶级数的前 N 项合成连续 $f(t)$ 时,在 N 趋于无穷大时,级数在所有 t 值上都收敛于 $f(t)$,而没有任何吉布斯现象.

4.4　周　期　信　号

一个周期信号具有双重特征 —— 时域和频域.它能用它的波形来描述,或者用它的频谱来表征.时域和频域描述互为补充以期对一个信号有更深入的了解.如欲深入地观察就需要理解这两方面的特征.

4.4.1　周期信号的频谱

如前所述,周期信号可以分解成一系列正弦信号或虚指数信号之和,即

$$f_{T_0}(t) = \frac{A_0}{2} + \sum_{n=1}^{\infty} A_n \cos(n\omega_0 t + \varphi_n) \qquad (4-91)$$

或

$$f_{T_0}(t) = \sum_{n=-\infty}^{\infty} F_n e^{jn\omega_0 t} \qquad (4-92)$$

其中,$F_n = \frac{1}{2} A_n e^{j\varphi_n} = |F_n| e^{j\varphi_n}$.

式(4-91)和式(4-92)的各分量的幅度 A_n 和 F_n 及相位 φ_n 都是 $n\omega_0$ 的函数,如果把 A_n 对 $n\omega_0$ 的关系绘成如图 4-24(a) 所示的线图,便可清楚而直观地看出各频率分量的相对大小,这种图称为信号的幅度频谱或简称幅度谱.图中每条线代表某一频率分量的幅度,称为谱线.连接各谱线顶点的曲线(如图 4-24 中虚线所示)称为包络线,它反映各分量的幅度随频率变化情况.类似地,还可以画出各分量的相位 φ_n 对频率 $n\omega_0$ 的线图,这种图称为相位频谱,简称相位谱,如图 4-24(b) 所示.因为 $n \geq 0$,所以称这种频谱为单边谱.周期信号的频谱只会出现在 $0, \omega_0, 2\omega_0, \cdots$ 离散频率点上,这种频谱称为离散谱,这是周期信号频谱的主要特点.也可画出 $|F_n| \sim n\omega_0$ 和 $\varphi_n \sim n\omega_0$ 的关系,如图 4-24(c) 和图 4-24(d) 所示的频谱称为双边谱.因为 F_n 一般是复函数,所以称这种频谱为复数频谱.由于 F_n 不仅包括正频率项,而且含有负频率项,因此这种频谱相对于纵轴左右是对称的.

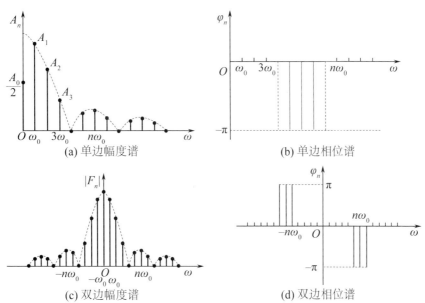

(a) 单边幅度谱　　　　　　　　(b) 单边相位谱

(c) 双边幅度谱　　　　　　　　(d) 双边相位谱

图 4-24　周期信号的频谱

从图 4-24 中可以看出频谱图具有如下特点:① 周期信号的频谱具有谐波(离散)性,谱线位置是基频 ω_0 的整数倍;② 一般具有收敛性,即随着频率的增加,谐波振幅的总趋势是减小的.

下面以周期矩形脉冲为例,说明周期信号频谱的特点.

4.4.2   周期矩形脉冲的频谱

分析周期为 T_0 的矩形脉冲的频谱,基波角频率为 $\omega_0 = \dfrac{2\pi}{T_0}$. 在前面的分析中已经得到周期矩形信号的三角型傅里叶级数为

$$f(t) = \frac{E\tau}{T_0} + \frac{2E\tau}{T_0} \sum_{n=1}^{\infty} \mathrm{Sa}\left(\frac{n\omega_0\tau}{2}\right)\cos(n\omega_0 t)$$

$$= \frac{E\tau}{T_0} + \frac{2E\tau}{T_0} \sum_{n=1}^{\infty} \mathrm{Sa}\left(\frac{n\pi\tau}{T_0}\right)\cos(n\omega_0 t) \qquad (4-93)$$

及其指数型傅里叶级数展开式

$$f(t) = \sum_{n=-\infty}^{\infty} F_n \mathrm{e}^{jn\omega t} = \frac{E\tau}{T_0} \sum_{n=-\infty}^{\infty} \mathrm{Sa}\left(\frac{n\omega_0\tau}{2}\right) \mathrm{e}^{jn\omega_0 t} = \frac{E\tau}{T_0} \sum_{n=-\infty}^{\infty} \mathrm{Sa}\left(\frac{n\pi\tau}{T_0}\right) \mathrm{e}^{jn\omega_0 t} \qquad (4-94)$$

对于式(4-93)和式(4-94)而言,若给定 τ,T_0(或 ω_0)和 E,就可以求出直流分量、基波与各次谐波分量的幅度,它们等于

$$a_0 = \frac{2E\tau}{T_0} \qquad (4-95)$$

$$a_n = \frac{2E\tau}{T_0} \mathrm{Sa}\left(\frac{n\omega_0\tau}{2}\right) = \frac{2E\tau}{T_0} \mathrm{Sa}\left(\frac{n\pi\tau}{T_0}\right) \qquad (4-96)$$

$$F_n = \frac{E\tau}{T_0} \mathrm{Sa}\left(\frac{n\omega_0\tau}{2}\right) = \frac{E\tau}{T_0} \mathrm{Sa}\left(\frac{n\pi\tau}{T_0}\right) \qquad (4-97)$$

图 4-25 中画出了 $E=1$,$T_0=4\tau$ 的周期矩形脉冲的频谱,由于本例中 F_n 为实数,其相位为 0、π 或 -π.

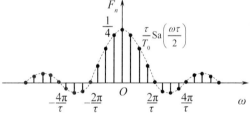

图 4-25   周期矩形脉冲的频谱

从图中可以看出:

(1)周期矩形脉冲信号的频谱具有一般周期信号频谱的共同特点,它们的频谱都是离散的. 周期矩形脉冲信号的频谱仅含有 $\omega = n\omega_0$ 的各分量,其相邻两谱线的间隔是 $\omega_0 = \dfrac{2\pi}{T_0}$,脉冲周期 T_0 越长,谱线间隔越小,频谱越稠密;反之,则越稀疏.

(2)对于周期矩形脉冲而言,直流分量、基波及各谐波分量的大小正比于脉冲幅度 E 和脉宽 τ,反比于周期 T_0. 其各谱线的幅度按包络线 $\mathrm{Sa}\left(\dfrac{\omega\tau}{2}\right)$ 的规律变化. 在 $\left(\dfrac{\omega\tau}{2}\right) = m\pi (m=\pm 1,\pm 2,\cdots)$,即 $\omega = \dfrac{2m\pi}{\tau}$ 的各处,包络为零,其相应的谱线,亦即相应的频率分量也等于零.

(3)周期矩形脉冲信号包含无限多条谱线,也就是说,它可分解为无限多个频率分量. 实际上由于各分量的幅度随频率增高而减小,其信号能量主要集中在第一个零点 $\left(\omega = \dfrac{2\pi}{\tau}\right)$ 以内. 在允许一定失真的条件下,只需传送频率较低的那些分量就够了. 通常把 $0 \leqslant \omega \leqslant \dfrac{2\pi}{\tau}$ 这段频率范围称为周期矩形脉冲信号的频带宽度或信号的带宽,用符号 B 表示,即周期矩形脉冲信号的频带宽度(带宽)为

$$B_\omega = \frac{2\pi}{\tau} \tag{4-98}$$

显然,频带宽度 B 只与脉冲宽度 τ 有关,而且成反比关系.

为了说明在不同脉宽 τ 和不同周期 T_0 的情况下周期矩形信号频谱的变化规律,图 4-26 画出了周期相同、脉冲宽度不同的信号及其频谱. 由图可见,由于周期相同,因而相邻谱线的间隔相同;脉冲宽度越窄,其频谱包络线第一个零点的频率越高,即信号带宽越宽,频带内所含的分量越多.可见,信号的频带宽度与脉冲宽度成反比.由式(4-97)可见,信号周期不变而脉冲宽度减小时,频谱的幅度也相应减小.

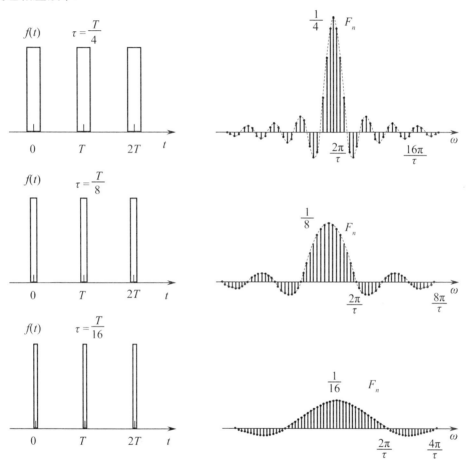

图 4-26　脉冲宽度与频谱的关系

图 4-27 画出了脉冲宽度相同而周期不同的信号及其频谱.由图可见,这时频谱包络线的零点所在位置不变,而当周期增长时,相邻谱线的间隔减小,频谱变密.如果周期无限增长(这时就成为非周期信号),那么,相邻谱线的间隔将趋于零,周期信号的离散频谱就过渡为非周期信号的连续频谱.

由式(4-97)可知,随着周期的增长,各谐波分量的幅度也相应减小.如果周期 T 无限增长(这时就成为非周期信号),那么,谱线间隔将趋近于零,周期信号的离散频谱就过渡到非周期信号的连续频谱,各频率分量的幅度也趋近于无穷小.

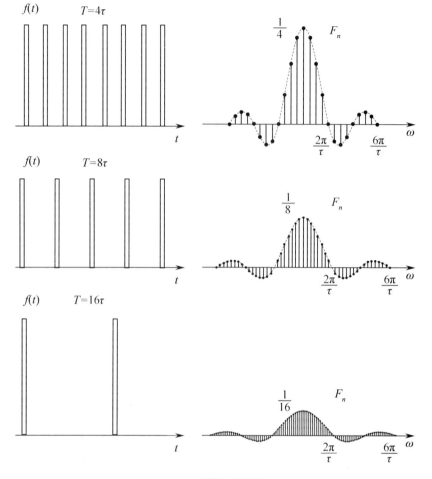

图 4 - 27　周期与频谱的关系

4.4.3　周期信号频域的功率

周期信号一般是功率信号,为了方便,研究周期信号在 $1\,\Omega$ 电阻上消耗的平均功率,称为归一化平均功率. 如果周期信号 $f(t)$ 是实函数,无论它是电压信号还是电流信号,其平均功率都为

$$P = \frac{1}{T}\int_{-\frac{T}{2}}^{\frac{T}{2}} f^2(t)\mathrm{d}t \tag{4-99}$$

将 $f(t)$ 的傅里叶级数展开式代入式(4-99),得

$$P = \frac{1}{T}\int_{-\frac{T}{2}}^{\frac{T}{2}} \left[\frac{A_0}{2} + \sum_{n=1}^{\infty} A_n\cos(n\omega t + \varphi_n)\right]^2\mathrm{d}t \tag{4-100}$$

将式(4-100)被积函数展开,在展开式中具有 $\cos(n\omega t + \varphi_n)$ 形式的余弦项,其在一个周期内的积分等于零;具有 $A_n\cos(n\omega t + \varphi_n)A_m\cos(m\omega t + \varphi_m)$ 形式的项,当 $m \neq n$ 时,其积分值为零,对于 $m = n$ 的项,其积分值为 $\frac{T}{2}A_n^2$,因此,式(4-100)的积分为

$$P = \frac{1}{T}\int_{-\frac{T}{2}}^{\frac{T}{2}} \left[\frac{A_0}{2} + \sum_{n=1}^{\infty} A_n\cos(n\omega t + \varphi_n)\right]^2\mathrm{d}t = \left(\frac{A_0}{2}\right)^2 + \sum_{n=1}^{\infty}\frac{1}{2}A_n^2 \tag{4-101}$$

式(4-101)等号右端的第一项为直流功率,第二项为各次谐波的功率之和. 式(4-101)表明,周期信号的功率等于直流功率与各次谐波功率之和,而这些谐波分量的平均功率就等于傅里叶级数系

数的模平方. 由于 $|F_n| = \dfrac{1}{2}A_n$, 式 (4-101) 可改写为

$$P = \left(\dfrac{A_0}{2}\right)^2 + \sum_{n=1}^{\infty} \dfrac{1}{2}A_n^2 = \left(\dfrac{A_0}{2}\right)^2 + 2\sum_{n=1}^{\infty}\left(\dfrac{A_n}{2}\right)^2 = \sum_{n=-\infty}^{\infty}|F_n|^2 \qquad (4-102)$$

它表明：对于周期信号，在时域中求得的信号功率与在频域中求得的信号功率相等.

　　例 4-6　试计算图 4-28(a) 所示的信号在频谱第一个零点以内各分量的功率所占总功率的百分比.

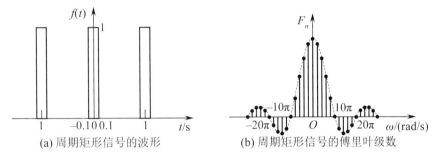

(a) 周期矩形信号的波形　　　　　(b) 周期矩形信号的傅里叶级数

图 4-28　周期矩形信号的频谱功率

　　解：　根据图 4-28 可求得 $f(t)$ 的功率为

$$P = \dfrac{1}{T}\int_{-\frac{T}{2}}^{\frac{T}{2}} f^2(t)\,\mathrm{d}t = \int_{-0.1}^{0.1} 1^2\,\mathrm{d}t = 0.2$$

将 $f(t)$ 展开为指数型傅里叶级数

$$f(t) = \sum_{n=-\infty}^{\infty} F_n \mathrm{e}^{\mathrm{j}n\omega t} = \sum_{n=-\infty}^{\infty} F_n \mathrm{e}^{\mathrm{j}n(2\pi/T)t}$$

　　由式 (4-97) 可得傅里叶系数为

$$F_n = \dfrac{\tau}{T}\mathrm{Sa}\left(\dfrac{n\omega_0\tau}{2}\right) = \dfrac{\tau}{T}\mathrm{Sa}\left(\dfrac{n\pi\tau}{T}\right) = 0.2\mathrm{Sa}(0.2n\pi)$$

其频谱如图 4-28(b) 所示，频谱的第一个零点在 $n=5$. 这时 $\omega = 5\omega_0 = \dfrac{10\pi}{T} = 10\pi$ rad/s. 于是，在频谱第一个零点内的各分量的功率和为

$$P_{10\pi} = \sum_{n=-\infty}^{\infty}|F_n|^2 = |F_0|^2 + 2\sum_{n=1}^{5}|F_n|^2$$

$$= (0.2)^2 + 2(0.2)^2 \times \left[\mathrm{Sa}^2(0.2\pi) + \mathrm{Sa}^2(0.4\pi) + \mathrm{Sa}^2(0.6\pi) + \mathrm{Sa}^2(0.8\pi) + \mathrm{Sa}^2(\pi)\right]$$

$$= 0.04 + 0.08 \times (0.8751 + 0.5728 + 0.2546 + 0.05470 + 0) = 0.1806$$

$$\dfrac{P_{10\pi}}{P} = \dfrac{0.1806}{0.2} = 90.3\%$$

即频谱第一个零点以内各分量的功率占总功率的 90.3%.

4.4.4　线性时不变系统对周期信号的响应

　　周期信号可以分解为傅里叶级数，这就给求解任意周期信号输入线性时不变系统之后的零状态响应提供了一种新的方法. 如果一个线性时不变系统的单位冲激响应为 $h(t)$，输入信号为 $\mathrm{e}^{\mathrm{j}\omega t}$，由第 2 章可知，该系统的零状态响应为

$$y(t) = \mathrm{e}^{\mathrm{j}\omega t} * h(t) = h(t) * \mathrm{e}^{\mathrm{j}\omega t} = \int_{-\infty}^{\infty} h(\tau)\mathrm{e}^{\mathrm{j}\omega(t-\tau)}\,\mathrm{d}\tau = \mathrm{e}^{\mathrm{j}\omega t}\int_{-\infty}^{\infty} h(\tau)\mathrm{e}^{-\mathrm{j}\omega\tau t}\,\mathrm{d}\tau \qquad (4-103)$$

其中，$\int_{-\infty}^{\infty} h(\tau) \mathrm{e}^{-\mathrm{j}\omega \tau t} \mathrm{d}\tau$ 只与频率 ω 有关，而与时间无关，记为

$$H(\mathrm{j}\omega) = \int_{-\infty}^{\infty} h(\tau) \mathrm{e}^{-\mathrm{j}\omega \tau t} \mathrm{d}\tau \tag{4-104}$$

称为系统的频率响应. 于是，式(4-103) 可写为

$$y(t) = \mathrm{e}^{\mathrm{j}\omega t} H(\mathrm{j}\omega) = |H(\mathrm{j}\omega)| \mathrm{e}^{\mathrm{j}\varphi(\omega)} \mathrm{e}^{\mathrm{j}\omega t} = |H(\mathrm{j}\omega)| \mathrm{e}^{\mathrm{j}[\omega t + \varphi(\omega)]} \tag{4-105}$$

式(4-105) 的物理意义是，当输入信号为 $\mathrm{e}^{\mathrm{j}k\omega_0 t}$ 时，系统的零状态响应为

$$H(\mathrm{j}k\omega_0) \mathrm{e}^{\mathrm{j}k\omega_0 t} = |H(\mathrm{j}k\omega_0)| \mathrm{e}^{\mathrm{j}[k\omega_0 t + \varphi(k\omega_0)]}$$

即系统的响应是同频率的虚指数信号，但振幅和相位发生了变化.

当输入信号为任意周期信号 $f(t) = \sum\limits_{n=-\infty}^{\infty} F_n \mathrm{e}^{\mathrm{j}n\omega_0 t}$ 时，系统的零状态响应为

$$y(t) = \sum_{n=-\infty}^{\infty} F_n H(\mathrm{j}n\omega_0) \mathrm{e}^{\mathrm{j}n\omega_0 t} \tag{4-106}$$

即系统的响应具有傅里叶级数的形式，是一个与输入同周期的周期信号.

4.5 连续时间非周期信号傅里叶变换

4.5.1 非周期信号的傅里叶变换

在 4.4 节中，以周期矩形脉冲信号为例，研究了周期信号的频谱与波形参数的关系，即在一个周期内

$$f(t) = \begin{cases} 1, & |t| < \dfrac{\tau}{2} \\ 0, & \dfrac{\tau}{2} < |t| < -\dfrac{T_0}{2} \end{cases} \tag{4-107}$$

以周期 T_0 重复，如图 4-29 所示.

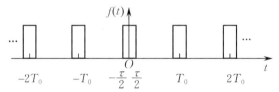

图 4-29 周期矩形脉冲信号

在 4.2 节中求出该矩形脉冲信号的傅里叶级数系数 F_n 是

$$F_n = \frac{2\sin\left(\dfrac{n\omega_0 \tau}{2}\right)}{n\omega_0 T_0} \tag{4-108}$$

其中 $\omega_0 = \dfrac{2\pi}{T_0}$.

当周期 T_0 无限增大时，周期信号转化为非周期性的单脉冲信号. 而谱线的间隔变小，若周期 T_0 趋于无穷大，则谱线的间隔趋于无穷小，离散谱就变成连续谱了. 同时，由式(4-108)可知，由于周期 T_0 趋于无穷大，频谱的幅度趋于零而失去应有的意义. 但是，从物理概念上考虑，一个信号必然含有一定的能量，无论信号怎样分解，其所含的能量是不变的. 所以不管周期怎么增大，频谱的分布依然存在.

基于上述原因，对非周期信号不能采用第 4.4 节中的频谱表示方法. 如果在系数 F_n 的两边同

乘以 T_0,可以理解为一个包络函数的采样,即

$$T_0 F_n = \left. \frac{2\sin\left(\frac{\omega\tau}{2}\right)}{\omega} \right|_{\omega=n\omega_0} \tag{4-109}$$

也就是说,若将 ω 看作一个连续变量,则函数 $\dfrac{2\sin\left(\frac{\omega\tau}{2}\right)}{\omega}$ 就代表 $T_0 F_n$ 的包络,这些系数就是在此包络上等间隔的样本. 而且,若 τ 固定,则 $T_0 F_n$ 的包络就与 T_0 无关. 在图 4-30 中,给出了 $T_0 F_n$ 的样本值,从图中可以看出,随着 T_0 增大,基波频率 $\omega_0 = \dfrac{2\pi}{T_0}$ 减小,该包络就被越来越密集的间隔采样. 随着 T_0 趋近于无穷大,原来的周期方波就趋近于一个矩形脉冲,乘以 T_0 后的傅里叶系数作为包络上的样本变得越来越密集,最后趋近于这个包络函数.

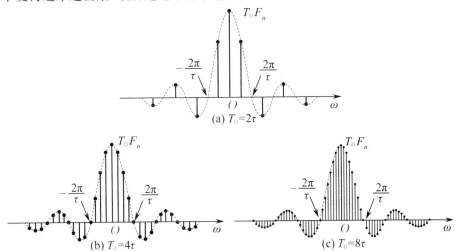

图 4-30 周期方波的傅里叶级数系数及其包络(τ 固定)

在建立非周期信号的傅里叶变换时,可以把非周期信号 $f(t)$ 当成一个周期信号在周期无穷大时的极限来处理,即如果周期信号的周期足够长,使得后一个脉冲到来之前,前一个脉冲的作用实际上早消失. 正如前面指出的,当周期 T 趋近于无穷大时,谱线间隔 ω 趋近于无穷小 $\left(\omega = \dfrac{2\pi}{T}\right)$,从而信号的频谱变为连续频谱. 各频率分量的幅度也趋近于无穷小,不过,这些无穷小量之间仍有差别. 为了描述非周期信号的频谱特性,引入频谱密度的概念. 令

$$F(\mathrm{j}\omega) = \lim_{T\to\infty} \frac{F_n}{\frac{1}{T}} = \lim_{T\to\infty} F_n T \tag{4-110}$$

即单位频率上的频谱,就称 $F(\mathrm{j}\omega)$ 为频谱密度函数.

在 4.2 节已经得到傅里叶级数表示式如下

$$f(t) = \sum_{n=-\infty}^{\infty} F_n \mathrm{e}^{\mathrm{j}n\Omega t} = \sum_{n=-\infty}^{\infty} F_n \mathrm{e}^{\mathrm{j}n\left(\frac{2\pi}{T}\right)t} \tag{4-111}$$

$$F_n = \frac{1}{T} \int_{-\frac{T}{2}}^{\frac{T}{2}} f(t) \mathrm{e}^{-\mathrm{j}n\Omega t} \, \mathrm{d}t = \frac{1}{T} \int_{-\frac{T}{2}}^{\frac{T}{2}} f(t) \mathrm{e}^{-\mathrm{j}n\left(\frac{2\pi}{T}\right)t} \, \mathrm{d}t \tag{4-112}$$

式(4-111)和式(4-112)两边同乘以 T,得

$$F_n T = \int_{-\frac{T}{2}}^{\frac{T}{2}} f(t) \mathrm{e}^{-\mathrm{j}n\Omega t} \, \mathrm{d}t \tag{4-113}$$

$$f(t) = \sum_{n=-\infty}^{\infty} F_n T e^{jn\Omega t} \frac{1}{T} \tag{4-114}$$

考虑到当周期 T 趋近于无穷大时，Ω 趋近于无穷小，取其为 $d\omega$. 而 $\frac{1}{T} = \frac{\Omega}{2\pi}$ 趋近于 $\frac{d\omega}{2\pi}$，$n\Omega$ 是变量，当 $\Omega \neq 0$ 时，它是离散值；当 Ω 趋近于无穷小时，它就成为连续变量，取为 ω，同时求和符号改写为积分，于是当 T 趋近于无穷大时，式(4-113)和式(4-114)成为

$$F(j\omega) = \int_{-\infty}^{\infty} f(t) e^{-j\omega t} \, dt \tag{4-115}$$

$$f(t) = \frac{1}{2\pi} \int_{-\infty}^{\infty} F(j\omega) e^{j\omega t} \, d\omega \tag{4-116}$$

式(4-115)称为函数 $f(t)$ 的傅里叶变换，式(4-116)称为函数 $F(j\omega)$ 的逆变换. $F(j\omega)$ 称为 $f(t)$ 的傅里叶变换或频谱密度函数，简称频谱. $f(t)$ 称为 $F(j\omega)$ 的傅里叶逆变换或原函数. 在这两种运算中仅存在两个小的差别：2π 因子仅出现在逆变换中，以及在指数的幂上具有相反的符号.

为书写方便，也可简记为

$$F(j\omega) = \mathscr{F}\{f(t)\} = \int_{-\infty}^{\infty} f(t) e^{-j\omega t} \, dt \tag{4-117}$$

$$f(t) = \mathscr{F}^{-1}\{F(j\omega)\} = \frac{1}{2\pi} \int_{-\infty}^{\infty} F(j\omega) e^{j\omega t} \, d\omega \tag{4-118}$$

或

$$f(t) \leftrightarrow F(j\omega)$$

如果上述变换中的自变量不用角频率 ω 而用频率 f，则由于 $\omega = 2\pi f$，式(4-115)和式(4-116)可写为

$$F(jf) = \int_{-\infty}^{\infty} f(t) e^{-j2\pi f t} \, dt \tag{4-119}$$

$$f(t) = \int_{-\infty}^{\infty} F(jf) e^{j2\pi f t} \, df \tag{4-120}$$

频谱密度函数 $F(j\omega)$ 一般是复函数，可以写为

$$F(j\omega) = |F(j\omega)| e^{j\varphi(\omega)} \tag{4-121}$$

式中，$|F(j\omega)|$ 是 $F(j\omega)$ 的模，它代表信号中各频率分量的相对大小. $\varphi(\omega)$ 是 $F(j\omega)$ 的相位函数，它表示信号中各频谱分量之间的相位关系. 为了与周期信号的频谱一致，习惯上也把 $|F(j\omega)| \sim \omega$ 与 $\varphi(\omega) \sim \omega$ 曲线分别称为非周期信号的幅度频谱与相位频谱.

式(4-115)也可写出三角函数形式

$$f(t) = \frac{1}{2\pi} \int_{-\infty}^{\infty} F(j\omega) e^{j\omega t} \, d\omega = \frac{1}{2\pi} \int_{-\infty}^{\infty} |F(j\omega)| e^{j[\omega t + \varphi(\omega)]} \, d\omega$$

$$= \frac{1}{2\pi} \int_{-\infty}^{\infty} |F(j\omega)| \cos[\omega t + \varphi(\omega)] \, d\omega + \frac{j}{2\pi} \int_{-\infty}^{\infty} |F(j\omega)| \sin[\omega t + \varphi(\omega)] \, d\omega$$

若 $f(t)$ 是实函数，$|F(j\omega)|$ 和 $\varphi(\omega)$ 分别是频率 ω 的偶函数和奇函数. 这样，上式简化为

$$f(t) = \frac{1}{2\pi} \int_{-\infty}^{\infty} |F(j\omega)| \cos[\omega t + \varphi(\omega)] \, d\omega = \frac{1}{\pi} \int_{0}^{\infty} |F(j\omega)| \cos[\omega t + \varphi(\omega)] \, d\omega$$

可见，非周期信号和周期信号一样，也可以分解成许多不同频率的正、余弦分量. 不同的是，由于非周期信号的周期趋于无穷大，基波幅度趋于无穷小，它包含了频率从零到无穷大的一切频率分量. 同时，对任一能量有限信号，在各频率点的分量幅度 $\frac{|F(j\omega)| d\omega}{\pi}$ 趋于无穷小. 因此信号的频谱不能再用幅度表示，而改用密度函数来表示. 类似于物质的密度是单位体积的质量，函数 $|F(j\omega)|$ 可看作单位频率的振幅，称函数 $F(j\omega)$ 为频谱密度函数.

4.5.2　傅里叶变换的物理解释

一个信号的傅里叶频谱指出了合成该信号所要求的各正弦分量的相对幅度和相位.一个周期信号的傅里叶频谱具有有限的幅度并存在于离散频率点上(ω_0 及其整数倍).这样的一个频谱是容易理解的.而一个非周期信号的频谱由于它有一个连续频谱就不是那么容易理解了.

通过考虑一个类似的、具体的物理现象能够解释这个连续频谱的概念.连续分布的一个熟悉例子就是一根横梁的载荷问题.例如,现考虑一根横梁在均匀分布的点 $y_1, y_2, y_3, \cdots, y_n$ 上载荷 $D_1, D_2, D_3, \cdots, D_n$ 单位,如图 $4-31$(a) 所示.这根梁上的总负载 W_T 是在这 n 个点上载荷的和:

$$W_T = \sum_{i=1}^{n} D_i$$

现在考虑一个连续载荷的梁如图 $4-31$(b) 所示.在这种情况下,虽然看起来是在全部点上都有某一载荷,但是在任何一点上的载荷都是零.这并不意味着在这根梁上不存在载荷,在这种状况下,一种有意义的负载度量不是在某一点的负载,而是在那一点每单位长度的负载密度.

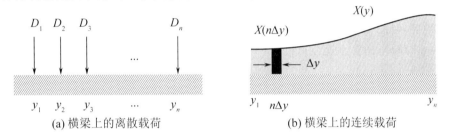

(a) 横梁上的离散载荷　　　　　　　(b) 横梁上的连续载荷

图 4 - 31　傅里叶变换的载荷解释

令 $X(y)$ 是这根梁的每单位长度的负载密度,那么在某一点 y,在长度 $\Delta y(\Delta y \to 0)$ 上的负载就是 $X(y)\Delta y$.为了求得梁上总负载,就将这根梁分割成间距为 $\Delta y(\Delta y \to 0)$ 的若干段,长度为 Δy 的第 n 段上的负载是 $X(n\Delta y)\Delta y$.总负载 W_T 给出为

$$W_T = \lim_{\Delta y \to 0} \sum_{y_1}^{y_n} X(n\Delta y)\Delta y = \int_{y_1}^{y_n} X(y)\mathrm{d}y$$

现在的情况是载荷在全部点上都存在,而 y 是一个连续变量.在离散载荷情况下,载荷仅在 n 个离散点上存在,而在其余点上没有负载,另外,在连续载荷情况下,负载在全部点上都存在,但是在任何特定的点 y,负载是零.在某一小的区段 Δy 上的负载是 $X(n\Delta y)\Delta y$.因此,即便在某一点 y 的负载是零,但是在那一点的相对负载还是 $X(y)$.

信号频谱中存在的情况和上述横梁的载荷问题完全类似.当 $f(t)$ 是周期时,频谱是离散的,$f(t)$ 可以表示成具有有限幅度的离散指数信号之和:

$$f(t) = \sum_{n=-\infty}^{\infty} F_n \mathrm{e}^{jn\omega t}$$

对于一个非周期信号,频谱变成连续的;也就是说,所有 ω 都存在频谱,但在谱中每个分量的幅度却为零.现在有意义的度量不是某一频率分量的幅度,而是在每单位频带内的频谱密度.由式 (4-116) 可知,在频带 $\mathrm{d}\omega$ 内的分量其贡献是 $(1/2\pi)F(j\omega)\mathrm{d}\omega = F(jf)\mathrm{d}f$,其中 $\mathrm{d}f$ 是以赫兹为单位的频带宽度.显然,$F(j\omega)$ 或 $F(jf)$ 就是每单位带宽(以赫兹为单位)的频谱密度.然而,实际中习惯称 $F(j\omega)$ 为 $f(t)$ 的频谱,而不称 $f(t)$ 的频谱密度.

4.5.3　傅里叶变换的收敛

必须指出,在前面推导傅里叶变换时并未遵循数学上的严格步骤.从理论上讲,傅里叶变换也应该满足一定的条件才能存在. 在导出式(4-115)和式(4-116)的傅里叶变换对时,假设 $f(t)$ 是任意的,但具有有限持续期. 在对傅里叶变换所采用的推导过程中,本身就暗示了 $f(t)$ 的傅里叶变换是否存在的条件应该和傅里叶级数收敛的条件相一致. 考虑按照式(4-115)求出的 $F(j\omega)$,令 $\tilde{f}(t)$ 表示将 $F(j\omega)$ 代入式(4-116)中得到的信号,即

$$\tilde{f}(t) = \frac{1}{2\pi}\int_{-\infty}^{\infty} F(j\omega)e^{j\omega t}\,d\omega$$

如果 $f(t)$ 能量有限,即

$$\int_{-\infty}^{\infty} |f(t)|^2\,dt < \infty \tag{4-122}$$

那么就能保证 $F(j\omega)$ 是有限的,即式(4-115)收敛. 用 $e(t)$ 表示 $\tilde{f}(t)$ 和 $f(t)$ 之间的误差,即 $e(t) = \tilde{f}(t) - f(t)$,那么

$$\int_{-\infty}^{\infty} |e(t)|^2\,dt = 0$$

因此,与周期信号类似,如果 $f(t)$ 能量有限,那么 $f(t)$ 和它的傅里叶表示 $\tilde{f}(t)$ 在个别点上或许有明显的不同,但是在能量上没有任何差别.

与周期信号一样,有另一组条件,这组条件充分保证了 $\tilde{f}(t)$ 除了那些不连续点外,在任何其他的 t 上都等于 $f(t)$,而在不连续点处 $\tilde{f}(t)$ 等于 $f(t)$ 在不连续点两边值的平均值. 这组条件称为狄里赫利条件. 它们是:

(1) 函数 $f(t)$ 在无限区间内绝对可积,即

$$\int_{-\infty}^{\infty} |f(t)|\,dt < \infty \tag{4-123}$$

但它并非必要条件. 借助奇异函数的概念,许多不满足绝对可积条件的函数也能进行傅里叶变换,这给信号与系统的分析带来很大的方便.

(2) 在任何有限区间内,$f(t)$ 只有有限个最大值和最小值.

(3) 在任何有限区间内,$f(t)$ 有有限个不连续点,并且在每个不连续点都必须是有限值. 因此,本身是连续的或者只有有限个不连续点的绝对可积信号都存在傅里叶变换.

数学中可严格证明,如果满足了这组狄里赫利条件,就充分保证了除去那些阶跃型不连续点外,在任何其他的 t 值上,$F(j\omega)$ 傅里叶逆变换都等于原函数 $f(t)$;而在阶跃型不连续点处,则等于其左右极限的平均值,但正如前面一再指出的,两者在能量上没有任何差别.

任何在实际中能够产生的信号都满足狄里赫利条件,因此都有傅里叶变换. 于是,一个信号的物理存在就是它的变换存在的充分条件.

用下列关系还可方便计算一些积分:

$$F(0) = \int_{-\infty}^{\infty} f(t)\,dt, \quad f(0) = \frac{1}{2\pi}\int_{-\infty}^{\infty} F(j\omega)\,d\omega$$

例 4-7 图 4-32(a) 所示为门函数,也称为矩形脉冲,用符号 $f(t) = Eg_\tau(t)$ 表示,其宽度为 τ,幅度 $E = 1$. 求其频谱函数.

解: 图 4-32(a) 的门函数可表示为

$$f(t) = \begin{cases} 1, & |t| \leqslant \dfrac{\tau}{2} \\ 0, & |t| > \dfrac{\tau}{2} \end{cases}$$

由式(4-115)可求得其频谱函数为

$$F(j\omega) = \int_{-\infty}^{\infty} f(t)e^{-j\omega t}\,dt = \int_{-\frac{\tau}{2}}^{\frac{\tau}{2}} e^{-j\omega t}\,dt = \frac{e^{-j\omega\frac{\tau}{2}} - e^{j\omega\frac{\tau}{2}}}{-j\omega} = \frac{2\sin\left(\dfrac{\omega\tau}{2}\right)}{\omega} = \tau\mathrm{Sa}\left(\dfrac{\omega\tau}{2}\right)$$

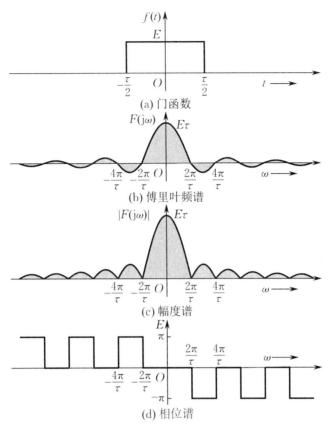

图 4 - 32　门函数及其频谱

图 4-32(b) 是按上式画出的频谱图. 由图可见,频谱图中第一个零值的角频率为 $\dfrac{2\pi}{\tau}$. 当脉冲宽度减小时,第一个零值频率也相应增大. 对于矩形脉冲,常取从零频率到第一个零值频率之间频段为信号的频带宽度,即

$$B_\omega = \frac{2\pi}{\tau} \text{ 或 } B_f = \frac{1}{\tau}$$

这样,矩形脉冲宽度越窄,其占有的频带越宽.

图 4-32(b) 所示的傅里叶变换 $F(j\omega)$ 展现出正和负的值,负值的幅度可以认为是相位为 $-\pi$ 或 π 的幅度值. 于是,可以画出幅度谱图 4-32(c) 和相位谱图 4-32(d). 由于一个负号可以通过用 $\pm\pi$ 的相位计入,其中 n 是任意的奇整数,因此能使用几种不同的方式画出;图 4-32(d) 的相位图是要求作为 ω 的奇函数画出的.

4.5.4　傅里叶变换的不同定义形式

傅里叶级数和变换是数学史上一项最美妙和最丰富多彩的研究成果. 它是处理数学、科学和工程等诸多方面问题不可或缺的工具.

一般情况下的傅里叶变换对定义为(为了方便起见,我们将傅里叶变换式重写如下)

$$F(j\omega) = \int_{-\infty}^{\infty} f(t) e^{-j\omega t} \, dt \tag{4-124}$$

$$f(t) = \frac{1}{2\pi} \int_{-\infty}^{\infty} F(j\omega) e^{j\omega t} \, d\omega \tag{4-125}$$

在有些情况下为了便于数值计算，也可以定义为

$$F(j\omega) = \frac{1}{\sqrt{2\pi}}\int_{-\infty}^{\infty} f(t)e^{-j\omega t}\,dt \tag{4-126}$$

$$f(t) = \frac{1}{\sqrt{2\pi}}\int_{-\infty}^{\infty} F(j\omega)e^{j\omega t}\,d\omega \tag{4-127}$$

如果上述变换中的自变量不用角频率 ω 而用频率 f，则由于 $\omega = 2\pi f$，可写为

$$F(jf) = \int_{-\infty}^{\infty} f(t)e^{-j2\pi ft}\,dt \tag{4-128}$$

$$f(t) = \int_{-\infty}^{\infty} F(jf)e^{j2\pi ft}\,df \tag{4-129}$$

式(4-128) 和式(4-129) 呈对称形式. 然而，傅里叶变换的定义，更一般的情况是

$$F(ju) = A\int_{-\infty}^{\infty} f(t)e^{-jktu}\,dt \tag{4-130}$$

$$f(t) = B\int_{-\infty}^{\infty} F(ju)e^{jktu}\,du \tag{4-131}$$

其中，有约束关系式：

$$A \cdot B = \frac{|k|}{2\pi}$$

当 $A = 1, B = \frac{1}{2\pi}, k = -1$ 时，得到的傅里叶变换定义式为

$$F(j\omega) = \int_{-\infty}^{\infty} f(t)e^{j\omega t}\,dt \tag{4-132}$$

$$f(t) = \frac{1}{2\pi}\int_{-\infty}^{\infty} F(j\omega)e^{-j\omega t}\,d\omega \tag{4-133}$$

后面章节中讲述的傅里叶变换的性质是根据式(4-124) 和式(4-125) 介绍的. 使用不同的定义形式，这些性质需要做出相应的修改和调整.

4.5.5　常用函数的傅里叶变换

例 4-8　已知单边指数信号的表示式为 $f(t) = e^{-\alpha t}u(t)$，其中，α 为正实数.

解：　$F(j\omega) = \int_0^{\infty} f(t)e^{-j\omega t}\,dt = \int_0^{\infty} e^{-\alpha t}e^{-j\omega t}\,dt = -\frac{1}{\alpha+j\omega}e^{-(\alpha+j\omega)t}\Big|_0^{\infty} = \frac{1}{\alpha+j\omega}$

得幅度谱和相位谱分别为

$$|F(j\omega)| = \frac{1}{\sqrt{\alpha^2+\omega^2}}, \quad \varphi(\omega) = -\arctan\left(\frac{\omega}{\alpha}\right)$$

单边指数信号的波形、幅度谱和相位谱如图 4-33 所示.

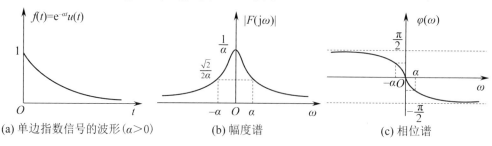

(a) 单边指数信号的波形($\alpha>0$)　　(b) 幅度谱　　(c) 相位谱

图 4-33　单边指数信号的波形、幅度谱和相位谱

例 4 - 9 已知双边指数信号的表示式为 $f(t) = \mathrm{e}^{-\alpha|t|}$,其中,$\alpha$ 为正实数.

解:
$$F(\mathrm{j}\omega) = \int_{-\infty}^{\infty} f(t)\mathrm{e}^{-\mathrm{j}\omega t}\,\mathrm{d}t = \int_{-\infty}^{0} \mathrm{e}^{\alpha t}\,\mathrm{e}^{-\mathrm{j}\omega t}\,\mathrm{d}t + \int_{0}^{\infty} \mathrm{e}^{-\alpha t}\,\mathrm{e}^{-\mathrm{j}\omega t}\,\mathrm{d}t$$

$$= \frac{1}{\alpha - \mathrm{j}\omega} + \frac{1}{\alpha + \mathrm{j}\omega} = \frac{2\alpha}{\alpha^2 + \omega^2}$$

得

$$|F(\mathrm{j}\omega)| = \frac{2\alpha}{\alpha^2 + \omega^2}, \quad \varphi(\omega) = 0$$

双边指数信号的波形和幅度谱如图 4 - 34 所示.

(a) 双边指数信号的波形 (b) 幅度谱

图 4 - 34   双边指数信号的波形和幅度谱

例 4 - 10 已知信号的表示式为 $f(t) = \begin{cases} -\mathrm{e}^{\alpha t}, & t < 0 \\ \mathrm{e}^{-\alpha t}, & t > 0 \end{cases}$,其中,$\alpha$ 为正实数.

解:
$$F(\mathrm{j}\omega) = \int_{-\infty}^{\infty} f(t)\mathrm{e}^{-\mathrm{j}\omega t}\,\mathrm{d}t = -\int_{-\infty}^{0} \mathrm{e}^{\alpha t}\,\mathrm{e}^{-\mathrm{j}\omega t}\,\mathrm{d}t + \int_{0}^{\infty} \mathrm{e}^{-\alpha t}\,\mathrm{e}^{-\mathrm{j}\omega t}\,\mathrm{d}t$$

$$= -\frac{1}{\alpha - \mathrm{j}\omega} + \frac{1}{\alpha + \mathrm{j}\omega} = \frac{-2\mathrm{j}\omega}{\alpha^2 + \omega^2}$$

得 $F(\mathrm{j}\omega)$ 的实部 $R(\mathrm{j}\omega)$ 和虚部 $X(\mathrm{j}\omega)$ 分别为

$$R(\mathrm{j}\omega) = 0, \quad X(\mathrm{j}\omega) = -\frac{2\omega}{\alpha^2 + \omega^2}$$

信号 $f(t)$ 的波形和频谱如图 4 - 35 所示.

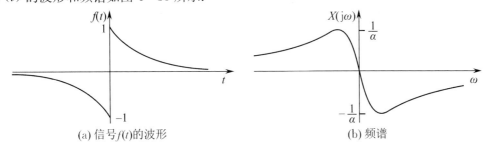

(a) 信号 $f(t)$ 的波形 (b) 频谱

图 4 - 35   信号 $f(t)$ 的波形和频谱

例 4 - 11 已知高斯脉冲的表示式为 $f(t) = E\mathrm{e}^{-\left(\frac{t}{\tau}\right)^2}$,其中,$\tau$ 为正实数.

解: $F(\mathrm{j}\omega) = \int_{-\infty}^{\infty} f(t)\mathrm{e}^{-\mathrm{j}\omega t}\,\mathrm{d}t = \int_{-\infty}^{\infty} E\mathrm{e}^{-\left(\frac{t}{\tau}\right)^2} \mathrm{e}^{-\mathrm{j}\omega t}\,\mathrm{d}t = E\int_{-\infty}^{\infty} \mathrm{e}^{-\left(\frac{t}{\tau}\right)^2}\left[\cos(\omega t) - \mathrm{j}\sin(\omega t)\right]\mathrm{d}t$

$$= 2E\int_{0}^{\infty} \mathrm{e}^{-\left(\frac{t}{\tau}\right)^2}\cos(\omega t)\,\mathrm{d}t = \sqrt{\pi}E\tau\,\mathrm{e}^{-\left(\frac{\omega\tau}{2}\right)^2}$$

它是一个正实数,所以高斯脉冲信号的相位谱为零.高斯脉冲的波形和频谱如图 4 - 36 所示.

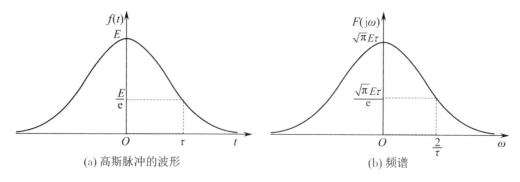

(a) 高斯脉冲的波形   (b) 频谱

图 4 - 36   高斯脉冲的波形和频谱

例 4 - 12   已知升余弦脉冲信号的表示式为 $f(t) = \dfrac{E}{2}\left[1 + \cos\left(\dfrac{\pi t}{\tau}\right)\right]$ $(0 \leqslant |t| \leqslant \tau)$.

解：

$$F(j\omega) = \int_{-\infty}^{\infty} f(t) e^{-j\omega t}\, dt = \int_{-\tau}^{\tau} \frac{E}{2}\left[1 + \cos\left(\frac{\pi t}{\tau}\right)\right] e^{-j\omega t}\, dt$$

$$= \frac{E}{2}\int_{-\tau}^{\tau} e^{-j\omega t}\, dt + \frac{E}{4}\int_{-\tau}^{\tau} e^{j\frac{\pi t}{\tau}} e^{-j\omega t}\, dt + \frac{E}{4}\int_{-\tau}^{\tau} e^{-j\frac{\pi t}{\tau}} e^{-j\omega t}\, dt$$

$$= E\tau \mathrm{Sa}(\omega\tau) + \frac{E\tau}{2}\mathrm{Sa}\left[\left(\omega - \frac{\pi}{\tau}\right)\tau\right] + \frac{E\tau}{2}\mathrm{Sa}\left[\left(\omega + \frac{\pi}{\tau}\right)\tau\right]$$

即 $F(j\omega)$ 是由三项构成,它们都是升余弦脉冲的频谱,只是有两项沿频率轴左、右平移了 $\omega = \dfrac{\pi}{\tau}$.
把上式简化,则可以得到

$$F(j\omega) = \frac{E\sin(\omega\tau)}{\omega\left[1 - \left(\dfrac{\omega\tau}{\pi}\right)^2\right]} = \frac{E\tau \mathrm{Sa}(\omega\tau)}{1 - \left(\dfrac{\omega\tau}{\pi}\right)^2}$$

其波形和频谱如图 4 - 37 所示.

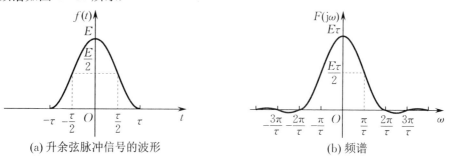

(a) 升余弦脉冲信号的波形   (b) 频谱

图 4 - 37   升余弦脉冲信号的波形和频谱

4.6   奇异函数的傅里叶变换

在第 2 章中已经认识到奇异函数在信号与系统的时域分析中所起的作用,这涉及单位冲激响应、单位阶跃响应及卷积等许多基本概念. 在频域分析中,奇异函数仍然起着重要作用,这样,需要研究奇异函数的傅里叶变换.

4.6.1   冲激函数的傅里叶变换

根据傅里叶变换的定义式,并且考虑到冲激函数的取样性质,得

$$F(j\omega) = \mathscr{F}\{\delta(t)\} = \int_{-\infty}^{\infty} \delta(t) e^{-j\omega t} dt = 1 \qquad (4-134)$$

即单位冲激函数的频谱是常数 1，也就是说，在整个频率范围内频谱是均匀分布的，如图 4 - 38 所示．其频谱密度在 $-\infty < \omega < \infty$ 区间处处相等，常称为"均匀谱"或"白色谱".

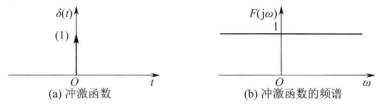

图 4 - 38　冲激函数及其频谱

4.6.2　冲激函数导数的傅里叶变换

因为 $\mathscr{F}\{\delta(t)\} = 1$，根据傅里叶逆变换有

$$\delta(t) = \frac{1}{2\pi} \int_{-\infty}^{\infty} e^{j\omega t} d\omega$$

将上式两边求导

$$\frac{d}{dt}[\delta(t)] = \frac{1}{2\pi} \int_{-\infty}^{\infty} (j\omega) e^{j\omega t} d\omega$$

得

$$\mathscr{F}\left[\frac{d}{dt}\delta(t)\right] = j\omega \qquad (4-135)$$

同理，可得

$$\mathscr{F}\left[\frac{d^n}{dt^n}\delta(t)\right] = (j\omega)^n \qquad (4-136)$$

4.6.3　常数 1 的傅里叶变换

前面得到 $\delta(t)$ 的傅里叶变换是常数 1，将其代入逆变换定义式，有

$$\frac{1}{2\pi} \int_{-\infty}^{\infty} e^{j\omega t} d\omega = \delta(t)$$

将 ω 用 t 替换，而 t 用 $-\omega$ 替换，得

$$\frac{1}{2\pi} \int_{-\infty}^{\infty} e^{-j\omega t} dt = \delta(-\omega) = \delta(\omega)$$

再根据傅里叶变换定义式，得

$$1 \leftrightarrow \int_{-\infty}^{\infty} e^{-j\omega t} dt = 2\pi\delta(\omega) \qquad (4-137)$$

直流信号及其频谱如图 4 - 39 所示.

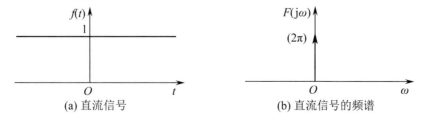

图 4 - 39　直流信号及其频谱

4.6.4　符号函数的傅里叶变换

有一些函数不满足绝对可积这一充分条件,如 $1,u(t)$ 等,但傅里叶变换却存在. 直接用定义式不好求解. 可构造一函数序列 $\{f_n(t)\}$ 逼近 $f(t)$,即 $f(t) = \lim_{n\to\infty} f_n(t)$. 而 $f_n(t)$ 满足绝对可积条件,并且 $\{f_n(t)\}$ 的傅里叶变换所形成的序列 $\{F_n(\mathrm{j}\omega)\}$ 是极限收敛的,则可定义 $f(t)$ 的傅里叶变换 $F(\mathrm{j}\omega)$ 为

$$F(\mathrm{j}\omega) = \lim_{n\to\infty} F_n(\mathrm{j}\omega)$$

这样定义的傅里叶变换也称为广义傅里叶变换.

符号函数 $\mathrm{sgn}(t)$ 定义为

$$\mathrm{sgn}(t) = \begin{cases} -1, & t < 0 \\ 1, & t > 0 \end{cases}$$

可看作图 $4-35$ 中的函数 $f_\alpha(t) = \begin{cases} -\mathrm{e}^{\alpha t}, & t < 0 \\ \mathrm{e}^{-\alpha t}, & t > 0 \end{cases}$ $(\alpha > 0)$,当 α 趋近零时的极限. 因此,它的频谱函数也是 α 趋近零时 $f_\alpha(t)$ 的频谱函数的极限. 根据

$$f_\alpha(t) \leftrightarrow F_\alpha(\mathrm{j}\omega) = -\frac{\mathrm{j}2\omega}{\alpha^2 + \omega^2}$$

它是 ω 的奇函数,在 $\omega = 0$ 处的频谱 $F_\alpha(0) = 0$. 因此,当 α 趋近于零时,有

$$\mathrm{sgn}(t) = \lim_{\alpha\to 0} f_\alpha(t)$$

$$\mathrm{sgn}(t) \leftrightarrow \lim_{\alpha\to 0} F_\alpha(\mathrm{j}\omega) = \lim_{\alpha\to 0}\left(-\frac{\mathrm{j}2\omega}{\alpha^2 + \omega^2}\right) = \begin{cases} \dfrac{2}{\mathrm{j}\omega}, & \omega \neq 0 \\ 0, & \omega = 0 \end{cases} \qquad (4-138)$$

符号函数及其频谱如图 $4-40$ 所示.

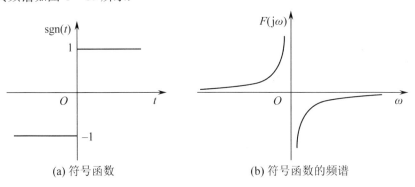

(a) 符号函数　　　　　　　　　　(b) 符号函数的频谱

图 4 - 40　符号函数及其频谱

4.6.5　单位阶跃函数 $u(t)$ 的傅里叶变换

单位阶跃函数 $u(t)$ 也不满足绝对可积条件. 它可看作幅度为 $\dfrac{1}{2}$ 的直流信号与幅度为 $\dfrac{1}{2}$ 的符号函数之和,如图 $4-41(a)$ 所示,即 $u(t) = \dfrac{1}{2} + \dfrac{1}{2}\mathrm{sgn}(t)$,对上式两边进行傅里叶变换,得

$$\mathscr{F}[u(t)] = \mathscr{F}\left[\frac{1}{2}\right] + \mathscr{F}\left[\frac{1}{2}\mathrm{sgn}(t)\right]$$

进一步可得

$$\mathscr{F}[u(t)] = \pi\delta(\omega) + \frac{1}{\mathrm{j}\omega} = \pi\delta(\omega) + \mathrm{j}\left(-\frac{1}{\omega}\right) \qquad (4\text{-}139)$$

频谱的虚部为 $-\dfrac{1}{\omega}$,它是 ω 的奇函数. 单位阶跃函数 $u(t)$ 及其频谱如图 $4\text{-}41$ 所示.

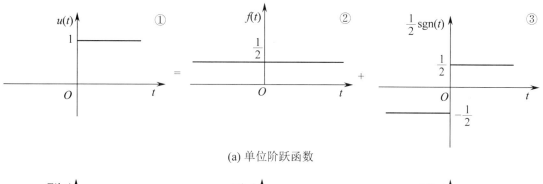

(a) 单位阶跃函数

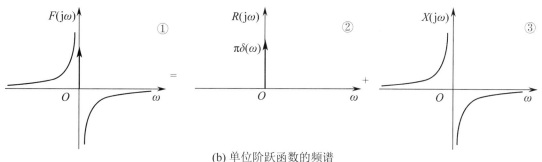

(b) 单位阶跃函数的频谱

图 $4\text{-}41$　单位阶跃函数及其频谱

可见,单位阶跃函数 $u(t)$ 的频谱在 $\omega = 0$ 点存在一个冲激函数,这是由于 $u(t)$ 含有直流分量. 此外,由于 $u(t)$ 不是纯直流信号,它在 $t = 0$ 点有跳变,因此在频谱中还出现其他频率分量.

4.7　连续时间傅里叶变换的性质

连续时间信号 $f(t)$ 可以用频谱密度 $F(\mathrm{j}\omega)$ 表示,也就是说,任意信号可以有两种描述方法:时域的描述和频域的描述. 这一节研究傅里叶变换的几个重要的性质,通过这些性质能够认识到在某一域中对函数进行某种运算,在另一域中所引起的效应. 另外,很多性质对简化傅里叶变换的求解是很有用的.

一个信号 $f(t)$ 及其频谱 $F(\mathrm{j}\omega)$ 由如下傅里叶变换及其逆变换公式:

$$F(\mathrm{j}\omega) = \mathscr{F}[f(t)] = \int_{-\infty}^{\infty} f(t)\mathrm{e}^{-\mathrm{j}\omega t}\,\mathrm{d}t$$

$$f(t) = \mathscr{F}^{-1}[F(\mathrm{j}\omega)] = \frac{1}{2\pi}\int_{-\infty}^{\infty} F(\mathrm{j}\omega)\mathrm{e}^{\mathrm{j}\omega t}\,\mathrm{d}\omega$$

联系起来. 为简便起见,用 $f(t) \leftrightarrow F(\mathrm{j}\omega)$ 表示时域与频域之间的对应关系.

4.7.1　线性

若 $f_1(t) \leftrightarrow F_1(\mathrm{j}\omega)$,$f_2(t) \leftrightarrow F_2(\mathrm{j}\omega)$,则对任意常数 a 和 b 有

$$af_1(t) + bf_2(t) \leftrightarrow aF_1(j\omega) + bF_2(j\omega) \tag{4-140}$$

由傅里叶变换的定义式很容易证明上述结论. 傅里叶变换是一种线性运算, 它满足叠加定理. 所以信号的频谱等于各个单独信号的频谱之和.

4.7.2　奇偶性

(1) $f(t)$ 是时间 t 的实函数

如果 $f(t)$ 是时间 t 的实函数, 利用欧拉公式 $e^{j\theta} = \cos(\theta) + j\sin(\theta)$, 则 $f(t)$ 的傅里叶变换式为

$$
\begin{aligned}
F(j\omega) &= \int_{-\infty}^{\infty} f(t) e^{-j\omega t} dt = \int_{-\infty}^{\infty} f(t)\cos(\omega t) dt - j\int_{-\infty}^{\infty} f(t)\sin(\omega t) dt \\
&= R(\omega) + jX(\omega) = |F(j\omega)| e^{j\varphi(\omega)}
\end{aligned} \tag{4-141}
$$

式中, 频谱函数的实部和虚部分别为

$$
\begin{cases}
R(\omega) = \displaystyle\int_{-\infty}^{\infty} f(t)\cos(\omega t) dt \\
X(\omega) = -\displaystyle\int_{-\infty}^{\infty} f(t)\sin(\omega t) dt
\end{cases} \tag{4-142}
$$

频谱函数的模和相角分别为

$$
\begin{cases}
|F(j\omega)| = \sqrt{R^2(\omega) + X^2(\omega)} \\
\varphi(\omega) = \arctan\left[\dfrac{X(\omega)}{R(\omega)}\right]
\end{cases} \tag{4-143}
$$

由式(4-142)可见, 频谱函数 $F(j\omega)$ 的实部 $R(\omega)$ 是偶函数, 虚部 $X(\omega)$ 是奇函数. 进而由式(4-143)可知, $|F(j\omega)|$ 是偶函数, 而 $\varphi(\omega)$ 是奇函数. 即实函数傅里叶变换的幅度谱是偶函数, 而相位谱是奇函数.

(2) $f(t)$ 是时间 t 的实函数, 并且是偶函数

如果 $f(t)$ 是时间 t 的实偶函数, 则 $f(t)\sin(\omega t)$ 是 t 的奇函数, 由式(4-142)有

$$X(\omega) = 0$$

$$F(j\omega) = R(\omega) = \int_{-\infty}^{\infty} f(t)\cos(\omega t) dt = 2\int_{0}^{\infty} f(t)\cos(\omega t) dt$$

这时, 频谱函数 $F(j\omega)$ 等于 $R(\omega)$, 它是 ω 的实偶函数.

(3) $f(t)$ 是时间 t 的实函数, 并且是奇函数

如果 $f(t)$ 是时间 t 的实奇函数, 则 $f(t)\cos(\omega t)$ 是 t 的奇函数, 由式(4-142)有

$$R(\omega) = 0$$

$$F(j\omega) = jX(\omega) = -j\int_{-\infty}^{\infty} f(t)\sin(\omega t) dt = -j2\int_{0}^{\infty} f(t)\sin(\omega t) dt$$

这时, 频谱函数 $F(j\omega)$ 等于 $jX(\omega)$, 它是 ω 的虚奇函数.

(4) 实函数 $f(-t)$ 的傅里叶变换

由傅里叶变换式还可求得 $f(-t)$ 的傅里叶变换为

$$\mathscr{F}[f(-t)] = \int_{-\infty}^{\infty} f(-t) e^{-j\omega t} dt \overset{\tau = -t}{=\!=\!=} \int_{\infty}^{-\infty} f(\tau) e^{j\omega t} d(-\tau)$$

$$= \int_{-\infty}^{\infty} f(\tau) e^{-j(-\omega)\tau} d\tau = F(-j\omega)$$

由于 $R(\omega)$ 是偶函数，$X(\omega)$ 是奇函数，故

$$F(-j\omega) = R(-\omega) + jX(-\omega) = R(\omega) - jX(\omega) = F^*(j\omega)$$

式中，$F^*(j\omega)$ 是 $F(j\omega)$ 的共轭复函数. 于是 $f(-t)$ 的傅里叶变换

$$\mathscr{F}[f(-t)] = F(-j\omega) = F^*(j\omega)$$

4.7.3　对偶性

若 $f(t) \leftrightarrow F(j\omega)$，则

$$F(jt) \leftrightarrow 2\pi f(-\omega) \tag{4-144}$$

证明： 由傅里叶逆变换定义有

$$f(t) = \frac{1}{2\pi} \int_{-\infty}^{\infty} F(j\omega) e^{j\omega t} \, d\omega$$

将上式中的自变量 t 换为 $-t$，得

$$f(-t) = \frac{1}{2\pi} \int_{-\infty}^{\infty} F(j\omega) e^{-j\omega t} \, d\omega$$

将上式中的 t 替换为 ω，将原有的 ω 替换为 t，得

$$f(-\omega) = \frac{1}{2\pi} \int_{-\infty}^{\infty} F(jt) e^{-j\omega t} \, dt$$

即

$$2\pi f(-\omega) = \int_{-\infty}^{\infty} F(jt) e^{-j\omega t} \, dt$$

上式右边的含义是 $F(jt)$ 的傅里叶变换，该式表明函数 $F(jt)$ 的傅里叶变换是 $2\pi f(-\omega)$.

例 4 - 13　求取样函数 $\dfrac{\omega_c}{2\pi} \mathrm{Sa}\left(\dfrac{\omega_c}{2} t\right) = \dfrac{\omega_c}{2\pi} \dfrac{\sin\left(\dfrac{\omega_c}{2} t\right)}{\dfrac{\omega_c}{2} t}$ 的频谱函数.

解：　直接利用傅里叶变换的定义式不易求出 $\mathrm{Sa}(t)$ 的傅里叶变换，利用对偶性则较为方便.

由前面可知，宽度为 τ，幅度为 1 的门函数 $g_\tau(t)$ 的频谱函数为 $\tau\mathrm{Sa}\left(\dfrac{\tau}{2}\omega\right)$，即

$$g_\tau(t) \leftrightarrow \tau\mathrm{Sa}\left(\frac{\tau}{2}\omega\right)$$

根据傅里叶变换的线性性质，有

$$\frac{1}{\tau} g_\tau(t) \leftrightarrow \mathrm{Sa}\left(\frac{\tau}{2}\omega\right)$$

根据傅里叶变换的对偶性，有

$$\mathrm{Sa}\left(\frac{\tau}{2}t\right) \leftrightarrow \frac{2\pi}{\tau} g_\tau(-\omega)$$

上式中的变量 τ 替换为 ω_c，并利用 $g_\tau(\omega)$ 是偶函数的性质，得

$$\mathrm{Sa}\left(\frac{\omega_c}{2}t\right) \leftrightarrow \frac{2\pi}{\omega_c} g_{\omega_c}(\omega)$$

即

$$\frac{\omega_c}{2\pi}\mathrm{Sa}\left(\frac{t\omega_c}{2}\right) \leftrightarrow g_{\omega_c}(\omega)$$

波形如图 4 - 42 所示.

显然，矩形脉冲的频谱为 Sa 函数，而 Sa 形脉冲的频谱为矩形函数.

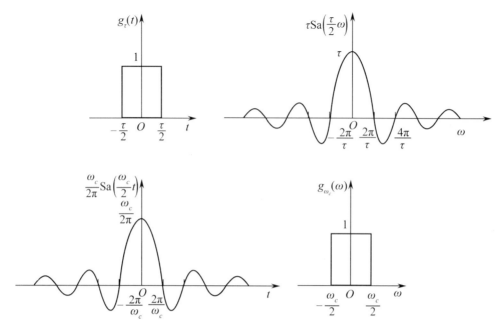

图 4 - 42   矩形脉冲和 Sa 函数的对偶性

例 4 - 14   求直流信号 $f(t) = 1$ 的频谱.

解：   由前面可知 $\delta(t) \leftrightarrow 1$. 根据傅里叶变换的对偶性及 $\delta(t)$ 的偶函数特性,有

$$1 \leftrightarrow 2\pi\delta(-\omega) = 2\pi\delta(\omega)$$

即冲激函数的频谱为常数,直流信号的频谱为冲激函数,如图 4 - 43 所示.

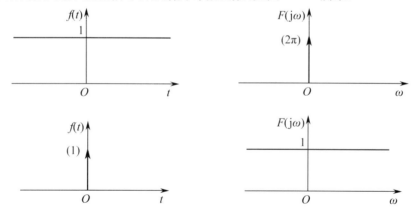

图 4 - 43   直流信号与冲激函数的对偶性

4.7.4   尺度变换

若 $f(t) \leftrightarrow F(j\omega)$,则

$$f(at) \leftrightarrow \frac{1}{|a|} F\left(j\frac{\omega}{a}\right) \tag{4 - 145}$$

其中,a 是一个不等于零的实常数. 这个性质可以直接由傅里叶变换的定义式得到,即

$$\mathscr{F}[f(at)] = \int_{-\infty}^{\infty} f(at)e^{-j\omega t} dt$$

利用变量替换 $\tau = at$,可得

$$\mathscr{F}\left[f(at)\right]=\begin{cases}\dfrac{1}{a}\displaystyle\int_{-\infty}^{\infty}f(\tau)\mathrm{e}^{-\mathrm{j}\frac{\omega}{a}\tau}\,\mathrm{d}\tau=\dfrac{1}{a}F\left(\mathrm{j}\,\dfrac{\omega}{a}\right), & a>0 \\[4mm] -\dfrac{1}{a}\displaystyle\int_{-\infty}^{\infty}f(\tau)\mathrm{e}^{-\mathrm{j}\frac{\omega}{a}\tau}\,\mathrm{d}\tau=-\dfrac{1}{a}F\left(\mathrm{j}\,\dfrac{\omega}{a}\right), & a<0\end{cases}$$

函数 $f(at)$ 代表函数 $f(t)$ 在时域被压缩了 $\dfrac{1}{a}$；同理，函数 $F\left(\mathrm{j}\,\dfrac{\omega}{a}\right)$ 表示函数 $F(\mathrm{j}\omega)$ 在频域被展宽了相同倍数 a。尺度变换性质是说，一个信号的时域压缩就形成它的频谱展宽，而信号的时域展宽导致它的频谱压缩。从直观上看，在时域压缩 $\dfrac{1}{a}$ 意味着信号变化加快了 a 倍。为了合成这样一个信号，它的正弦分量的频率必须提高 a 倍，这就意味着它的频谱展宽了 a 倍。同理，一个在时域展宽了的信号变化更慢了，所以它的分量频率就降低，这就意味着它的频谱压缩了。比如，信号 $\cos(2\omega_0 t)$ 就与信号 $\cos(\omega_0 t)$ 在时域压缩 $\dfrac{1}{2}$ 是相同的。显然，前者的频谱是后者频谱扩展 2 倍的结果。图 4-44 说明了尺度变换的效果。在通信技术中，有时需要将信号持续时间缩短以提高传输速度，这就不得不在频率内展宽其频谱宽度。

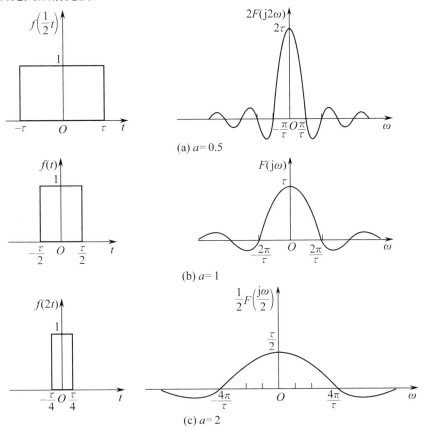

图 4-44　尺度变换的效果

对于 $a=-1$ 这种特殊情况，有 $f(-t)\leftrightarrow F(-\mathrm{j}\omega)$。它说明信号在时域沿纵轴反转，它的频谱也沿纵轴反转。

4.7.5　时移特性

若 $f(t)\leftrightarrow F(\mathrm{j}\omega)$，则

$$f(t - t_0) \leftrightarrow e^{-j\omega t_0} F(j\omega) \tag{4-146}$$

式中,t_0 为常数.式(4-146)表明,在时域中沿时间轴右移(即延时)t_0,其在频域中所有频率"分量"相应落后相位 ωt_0,而其幅度保持不变.

为了证明该性质,考虑傅里叶变换的定义式

$$\mathscr{F}[f(t-t_0)] = \int_{-\infty}^{\infty} f(t-t_0) e^{-j\omega t} dt$$

在该式中以 τ 替换 $t - t_0$,可得

$$\mathscr{F}[f(t-t_0)] = \int_{-\infty}^{\infty} f(\tau) e^{-j\omega(\tau+t_0)} d\tau = e^{-j\omega t_0} \int_{-\infty}^{\infty} f(\tau) e^{-j\omega \tau t} d\tau = e^{-j\omega t_0} F(j\omega)$$

同理,可得

$$\mathscr{F}[f(t+t_0)] = e^{j\omega t_0} F(j\omega)$$

这个结果表明,将一个信号延时 t_0 并没有改变它的幅度谱,然而相位谱变化 $-\omega t_0$.

在一个信号中的时间延迟会在它的频谱中产生一个线性相移.由于 $f(t)$ 是由它的傅里叶分量合成的,这些分量都是具有一定幅度和相位的正弦信号.延时信号 $f(t-t_0)$ 能用相同的正弦分量合成出,其中每一分量都延时 t_0,而各个分量的幅度仍然保持不变.因此,$f(t-t_0)$ 的幅度谱与 $f(t)$ 是一致的.然而,在每个正弦上延时 t_0 要改变每个分量的相位.例如,一余弦分量 $\cos \omega t$ 延时后为

$$\cos[\omega(t-t_0)] = \cos(\omega t - \omega t_0)$$

因此,在一个频率为 ω 的余弦分量中延时 t_0 就是相位滞后 ωt_0.这是一个 ω 的线性函数,意味着较高的频率分量必须按比例承受较大的相移以实现相同的延时.

如果信号既有时移又有尺度变换,则有

$$f(at - t_0) \leftrightarrow \frac{1}{|a|} e^{-j\frac{\omega}{a}t_0} F\left(j\frac{\omega}{a}\right)$$

显然,尺度变换和时移特性是上式的两种特殊情况.

例 4-15 求图 4-45 所示的 3 个矩形脉冲信号的频谱.

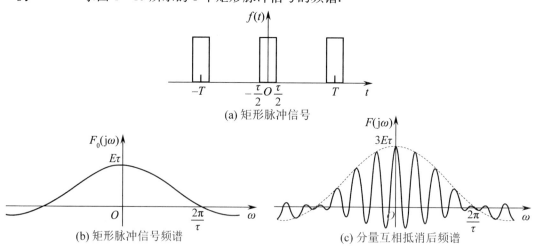

(a) 矩形脉冲信号

(b) 矩形脉冲信号频谱　　　　(c) 分量互相抵消后频谱

图 4-45　3 个矩形脉冲信号的频谱

解: 设位于坐标原点的单个脉冲表示为 $f_0(t)$,其频谱函数为 $F_0(j\omega)$,则图 4-45(a) 中的信号可表示为

$$f(t) = f_0(t+T) + f_0(t) + f_0(t-T)$$

根据线性和时移特性,它的频谱函数为

$$F(\mathrm{j}\omega) = F_0(\mathrm{j}\omega)(\mathrm{e}^{\mathrm{j}\omega T} + 1 + \mathrm{e}^{-\mathrm{j}\omega T}) = F_0(\mathrm{j}\omega)\frac{(\mathrm{e}^{\mathrm{j}\omega T} - \mathrm{e}^{-2\mathrm{j}\omega T})}{1 - \mathrm{e}^{-\mathrm{j}\omega T}}$$

$$= F_0(\mathrm{j}\omega)\frac{\mathrm{e}^{-\frac{\mathrm{j}\omega T}{2}}(\mathrm{e}^{\frac{\mathrm{j}3\omega T}{2}} - \mathrm{e}^{-\frac{\mathrm{j}3\omega T}{2}})}{\mathrm{e}^{-\frac{\mathrm{j}\omega T}{2}}(\mathrm{e}^{\frac{\mathrm{j}\omega T}{2}} - \mathrm{e}^{-\frac{\mathrm{j}\omega T}{2}})} = F_0(\mathrm{j}\omega)\frac{\sin\left(\dfrac{3\omega T}{2}\right)}{\sin\left(\dfrac{\omega T}{2}\right)}$$

由上式可以看出,当 $\omega = \dfrac{2m\pi}{T}(m = 0, \pm 1, \pm 2, \cdots)$ 时,

$$\lim_{\omega \to \frac{2m\pi}{T}} \frac{\sin\left(\dfrac{3\omega T}{2}\right)}{\sin\left(\dfrac{\omega T}{2}\right)} = 3$$

也就是说,在 $\omega = \dfrac{2m\pi}{T}$ 处,其频谱函数的幅度是 $F_0(\mathrm{j}\omega)$ 在该处幅度的 3 倍. 这是由于在这些频率处 3 个单个脉冲的各频率"分量"同相.

由上式还可看出,当 $\omega = \dfrac{2m\pi}{3T}$($m$ 为整数,但不等于 3 的整数倍) 时,式中分子为零,从而 $F(\mathrm{j}\omega) = 0$,这是由于 3 个单个脉冲的各频率"分量"相互抵消,如图 4-45(c) 所示. 当多个脉冲间隔为 T 重复排列时,信号的能量将向 $\omega = \dfrac{2m\pi}{T}$ 处集中,在该频率处频谱函数的幅度增大,而在其他频率处幅度减小,甚至等于零. 当脉冲个数无限增多时,这时就成为周期信号,其频谱函数除 $\omega = \dfrac{2m\pi}{T}$ 的各谱线外,其余频率"分量"均等于零,从而变成离散谱.

若有 N 个波形相同的脉冲$\left(N\text{ 为奇数,中间一个,即第}\dfrac{N+1}{2}\text{ 位于原点}\right)$,其相邻间隔为 T,则其频谱函数为

$$F(\mathrm{j}\omega) = F_0(\mathrm{j}\omega)\frac{\sin\left(\dfrac{N\omega T}{2}\right)}{\sin\left(\dfrac{\omega T}{2}\right)} \tag{4-147}$$

式中,$F_0(\mathrm{j}\omega)$ 为位于坐标原点的单个脉冲的频谱函数.

4.7.6　频移特性

若 $f(t) \leftrightarrow F(\mathrm{j}\omega)$,则

$$f(t)\mathrm{e}^{\pm \mathrm{j}\omega_0 t} \leftrightarrow F[\mathrm{j}(\omega \mp \omega_0)] \tag{4-148}$$

其中,ω_0 为常数. 式(4-148)表明,在时域中将信号 $f(t)$ 乘以 $\mathrm{e}^{\mathrm{j}\omega_0 t}$,对应于在频域中将频谱函数沿 ω 轴右移 ω_0;在时域中将信号 $f(t)$ 乘以 $\mathrm{e}^{-\mathrm{j}\omega_0 t}$,对应于在频域中将频谱函数沿 ω 轴左移 ω_0.

该性质很容易证明,根据傅里叶变换的定义式,有

$$\mathscr{F}[f(t)\mathrm{e}^{\mathrm{j}\omega_0 t}] = \int_{-\infty}^{\infty} f(t)\mathrm{e}^{\mathrm{j}\omega_0 t}\mathrm{e}^{-\mathrm{j}\omega t}\mathrm{d}t = \int_{-\infty}^{\infty} f(t)\mathrm{e}^{-\mathrm{j}(\omega - \omega_0)t}\mathrm{d}t$$

所以

$$\mathscr{F}[f(t)\mathrm{e}^{\mathrm{j}\omega_0 t}] = F[\mathrm{j}(\omega - \omega_0)]$$

同理
$$\mathscr{F}[f(t)e^{-j\omega_0 t}] = F[j(\omega + \omega_0)]$$

频移特性在通信系统中得到广泛的应用,如调幅、同步解调、变频等过程都是在频谱搬移的基础上实现的. 频谱搬移的实现原理是将信号 $f(t)$ 乘以载波信号 $\cos(\omega_0 t)$ 或 $\sin(\omega_0 t)$. 因为

$$\cos(\omega_0 t) = \frac{1}{2}(e^{j\omega_0 t} + e^{-j\omega_0 t}), \quad \sin(\omega_0 t) = \frac{1}{2j}(e^{j\omega_0 t} - e^{-j\omega_0 t})$$

于是,可以得出

$$\mathscr{F}[f(t)\cos(\omega_0 t)] = \frac{1}{2}F[j(\omega + \omega_0)] + \frac{1}{2}F[j(\omega - \omega_0)]$$

$$\mathscr{F}[f(t)\sin(\omega_0 t)] = \frac{j}{2}F[j(\omega + \omega_0)] - \frac{j}{2}F[j(\omega - \omega_0)]$$

可见,当用某低频信号 $f(t)$ 去调制角频率为 ω_0 的余弦或正弦信号时,已调信号的频谱是低频信号 $f(t)$ 的频谱 $F(j\omega)$ 分别向左和向右搬移 ω_0,在搬移过程中频谱幅度减半,但幅度谱的形状并未改变.

例 4-16　已知矩形调幅信号 $f(t) = g_\tau(t)\cos(\omega_0 t)$,其中 $g_\tau(t)$ 是幅度为 1 的门函数,试求其频谱函数.

解：
$$f(t) = g_\tau(t)\cos(\omega_0 t) = \frac{1}{2}g_\tau(t)e^{-j\omega_0 t} + \frac{1}{2}g_\tau(t)e^{j\omega_0 t}$$

由于 $g_\tau(t) \leftrightarrow \tau \mathrm{Sa}\left(\dfrac{\omega\tau}{2}\right)$,根据线性和频移特性,调制信号 $f(t)$ 的频谱函数

$$F(j\omega) = \frac{\tau}{2}\mathrm{Sa}\left[\frac{(\omega + \omega_0)\tau}{2}\right] + \frac{\tau}{2}\mathrm{Sa}\left[\frac{(\omega - \omega_0)\tau}{2}\right]$$

图 4-46(a) 画出了门函数 $g_\tau(t)$ 及其频谱,图 4-46(b) 画出了调制信号 $f(t)$ 及其频谱.

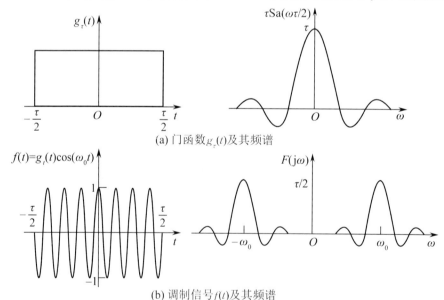

(a) 门函数 $g_\tau(t)$ 及其频谱

(b) 调制信号 $f(t)$ 及其频谱

图 4-46　矩形脉冲调制及其频谱

4.7.7　微分特性

若 $f(t) \leftrightarrow F(j\omega)$,则

$$\frac{\mathrm{d}f(t)}{\mathrm{d}t} \leftrightarrow \mathrm{j}\omega F(\mathrm{j}\omega) \tag{4-149}$$

$$\frac{\mathrm{d}^n f(t)}{\mathrm{d}t^n} \leftrightarrow (\mathrm{j}\omega)^n F(\mathrm{j}\omega) \tag{4-150}$$

式(4-150)表明在时域 $f(t)$ 对 t 取 n 阶导数对应于在频域中频谱 $F(\mathrm{j}\omega)$ 乘以 $(\mathrm{j}\omega)^n$. 该特性证明如下,由傅里叶逆变换,有

$$f(t) = \frac{1}{2\pi}\int_{-\infty}^{\infty} F(\mathrm{j}\omega)\mathrm{e}^{\mathrm{j}\omega t}\mathrm{d}\omega$$

两边对 t 求导数,得

$$\frac{\mathrm{d}f(t)}{\mathrm{d}t} = \frac{1}{2\pi}\int_{-\infty}^{\infty} [\mathrm{j}\omega F(\mathrm{j}\omega)]\mathrm{e}^{\mathrm{j}\omega t}\mathrm{d}\omega$$

所以有

$$\mathscr{F}\left[\frac{\mathrm{d}f(t)}{\mathrm{d}t}\right] = \mathrm{j}\omega F(\mathrm{j}\omega)$$

同理,可推出

$$\mathscr{F}\left[\frac{\mathrm{d}^n f(t)}{\mathrm{d}t^n}\right] = (\mathrm{j}\omega)^n F(\mathrm{j}\omega)$$

类似地,可推出频域微分特性. 若

$$f(t) \leftrightarrow F(\mathrm{j}\omega)$$

则

$$(-\mathrm{j}t)f(t) \leftrightarrow \frac{\mathrm{d}F(\mathrm{j}\omega)}{\mathrm{d}\omega} \tag{4-151}$$

$$(-\mathrm{j}t)^n f(t) \leftrightarrow \frac{\mathrm{d}^n F(\mathrm{j}\omega)}{\mathrm{d}\omega^n} \tag{4-152}$$

例 4-17　已知单位阶跃信号 $u(t)$ 的傅里叶变换,可利用此定理求出 $\delta(t)$, $\delta'(t)$ 和 $tu(t)$ 的频谱.

解:　由于

$$\mathscr{F}[u(t)] = \frac{1}{\mathrm{j}\omega} + \pi\delta(\omega)$$

根据时域微分性质,有

$$\mathscr{F}[\delta(t)] = \mathrm{j}\omega\left[\frac{1}{\mathrm{j}\omega} + \pi\delta(\omega)\right] = 1, \quad \mathscr{F}[\delta'(t)] = \mathrm{j}\omega$$

根据频域微分性质,有

$$\mathscr{F}[tu(t)] = \mathrm{j}\pi\delta'(\omega) - \frac{1}{\omega^2}$$

4.7.8　积分特性

若 $f(t) \leftrightarrow F(\mathrm{j}\omega)$,则

$$\int_{-\infty}^{t} f(\tau)\mathrm{d}\tau \leftrightarrow \pi F(0)\delta(\omega) + \frac{F(\mathrm{j}\omega)}{\mathrm{j}\omega} \tag{4-153}$$

其中, $F(0) = F(\mathrm{j}\omega)\Big|_{\omega=0} = \int_{-\infty}^{\infty} f(t)\mathrm{d}t$.

该特性证明如下,由卷积的积分运算有

$$\int_{-\infty}^{t} f(\tau)\mathrm{d}\tau = \int_{-\infty}^{t} f(\tau)\mathrm{d}\tau * \delta(t) = f(t) * u(t)$$

根据时域卷积定理(在 4.8 节)并考虑冲激函数的取样性质,得

$$\mathscr{F}\Big[\int_{-\infty}^{t} f(\tau)\mathrm{d}\tau\Big] = \mathscr{F}[f(t)]\mathscr{F}[u(t)] = F(\mathrm{j}\omega)\Big[\pi\delta(\omega) + \frac{1}{\mathrm{j}\omega}\Big]$$

$$= \pi F(0)\delta(\omega) + \frac{F(\mathrm{j}\omega)}{\mathrm{j}\omega}$$

所以有

$$\int_{-\infty}^{t} f(\tau)\mathrm{d}\tau \leftrightarrow \pi F(0)\delta(\omega) + \frac{F(\mathrm{j}\omega)}{\mathrm{j}\omega}$$

4.7.9 帕斯瓦尔定理

若 $f(t)$ 和 $F(\mathrm{j}\omega)$ 是一对傅里叶变换,则

$$\int_{-\infty}^{\infty} |f(t)|^{2}\mathrm{d}t = \frac{1}{2\pi}\int_{-\infty}^{\infty} |F(\mathrm{j}\omega)|^{2}\mathrm{d}\omega \qquad (4-154)$$

该式称为帕斯瓦尔定理. 该式直接用傅里叶变换就能得出,即

$$f(t) = \frac{1}{2\pi}\int_{-\infty}^{\infty} F(\mathrm{j}\omega)\mathrm{e}^{\mathrm{j}\omega t}\mathrm{d}\omega$$

$$f^{*}(t) = \Big[\frac{1}{2\pi}\int_{-\infty}^{\infty} F(\mathrm{j}\omega)\mathrm{e}^{\mathrm{j}\omega t}\mathrm{d}\omega\Big]^{*} = \frac{1}{2\pi}\int_{-\infty}^{\infty} F^{*}(\mathrm{j}\omega)\mathrm{e}^{-\mathrm{j}\omega t}\mathrm{d}\omega$$

所以有

$$\int_{-\infty}^{\infty} |f(t)|^{2}\mathrm{d}t = \int_{-\infty}^{\infty} f(t)f^{*}(t)\mathrm{d}t = \int_{-\infty}^{\infty} f(t)\Big[\frac{1}{2\pi}\int_{-\infty}^{\infty} F^{*}(\mathrm{j}\omega)\mathrm{e}^{-\mathrm{j}\omega t}\mathrm{d}\omega\Big]\mathrm{d}t$$

改变一下积分次序,有

$$\int_{-\infty}^{\infty} |f(t)|^{2}\mathrm{d}t = \frac{1}{2\pi}\int_{-\infty}^{\infty} F^{*}(\mathrm{j}\omega)\Big[\int_{-\infty}^{\infty} f(t)\mathrm{e}^{-\mathrm{j}\omega t}\mathrm{d}t\Big]\mathrm{d}\omega$$

上式右边方括号的这一项就是 $f(t)$ 的傅里叶变换,因此,可以得到

$$\int_{-\infty}^{\infty} |f(t)|^{2}\mathrm{d}t = \frac{1}{2\pi}\int_{-\infty}^{\infty} |F(\mathrm{j}\omega)|^{2}\mathrm{d}\omega$$

式(4-154)的左边是信号 $f(t)$ 的总能量. 帕斯瓦尔定理指出,这个总能量既可以按每单位时间内的能量 $|f(t)|^{2}$ 在整个时间内积分计算出来,也可以按每单位频率内的能量 $\frac{1}{2\pi}|F(\mathrm{j}\omega)|^{2}$ 在整个频率范围内积分而得到. 因此,$|F(\mathrm{j}\omega)|^{2}$ 常称为信号 $f(t)$ 的能谱密度.

4.8 卷 积 定 理

傅里叶表示最重要的特性之一就是卷积特性. 在这一节中,可以看到信号在时域中的卷积转换为频域中对应的傅里叶表示的乘积. 根据卷积特性,在分析线性时不变系统的零状态响应时,可以采用频域中的乘积来代替信号时域中的卷积,这样能简化系统的分析.

4.8.1 时域卷积定理

若 $f_{1}(t) \leftrightarrow F_{1}(\mathrm{j}\omega)$,$f_{2}(t) \leftrightarrow F_{2}(\mathrm{j}\omega)$,则

$$f_{1}(t) * f_{2}(t) \leftrightarrow F_{1}(\mathrm{j}\omega)F_{2}(\mathrm{j}\omega) \qquad (4-155)$$

时域卷积定理的证明如下,根据卷积的定义有

$$f_1(t) * f_2(t) = \int_{-\infty}^{\infty} f_1(\tau) f_2(t - \tau) d\tau$$

其傅里叶变换为

$$\mathscr{F}[f_1(t) * f_2(t)] = \int_{-\infty}^{\infty} \left[\int_{-\infty}^{\infty} f_1(\tau) f_2(t - \tau) d\tau \right] e^{-j\omega t} dt = \int_{-\infty}^{\infty} f_1(\tau) \left[\int_{-\infty}^{\infty} f_2(t - \tau) e^{-j\omega t} dt \right] d\tau$$

$$= \int_{-\infty}^{\infty} f_1(\tau) F_2(j\omega) e^{-j\omega\tau} d\tau = F_2(j\omega) \int_{-\infty}^{\infty} f_1(\tau) e^{-j\omega\tau} d\tau = F_1(j\omega) F_2(j\omega)$$

所以

$$\mathscr{F}[f_1(t) * f_2(t)] = F_1(j\omega) F_2(j\omega)$$

上式表明,函数卷积的傅里叶变换是函数傅里叶变换的乘积. 即在时域中两个函数的卷积对应于在频域中两个函数频谱的乘积.

时域卷积定理在信号与系统分析中十分重要. 正如该定理所表达的,它将两个信号的卷积映射为其傅里叶变换的乘积. 在第 2 章,得到 LTI 系统的零状态响应 $y_{zs}(t)$ 是激励 $f(t)$ 与单位冲激响应 $h(t)$ 的卷积,即

$$y_{zs}(t) = f(t) * h(t) = \int_{-\infty}^{\infty} f(\tau) h(t - \tau) d\tau$$

根据时域卷积定理,零状态响应的傅里叶变换是激励 $f(t)$ 的傅里叶变换 $F(j\omega)$ 与单位冲激响应 $h(t)$ 的傅里叶变换 $H(j\omega)$ 的乘积,即

$$y_{zs}(t) = f(t) * h(t) \leftrightarrow Y_{zs}(j\omega) = F(j\omega) H(j\omega)$$

这样,可以简化卷积的计算. 单位冲激响应的傅里叶变换 $H(j\omega)$ 称为该系统的频率响应,它控制着在每一频率 ω 处傅里叶变换复振幅和相位的变化.

在线性时不变系统分析中,频率响应 $H(j\omega)$ 所起的作用与其逆变换 —— 单位冲激响应 $h(t)$ 所起的作用是相同的. 首先,因为 $h(t)$ 完全表征了一个线性时不变系统,因此 $H(j\omega)$ 也一定是这样的. 其次,线性时不变系统的很多性质也能够很方便地借助 $H(j\omega)$ 来反映. 例如,如图 4 - 47 所示,两个线性时不变系统级联后的单位冲激响应是每个单位冲激响应的卷积,应用时域卷积定理可得出,两个线性时不变系统级联后的总频率响应就是单个频率响应的乘积,而且由此可明显看出,总的频率响应与级联次序无关.

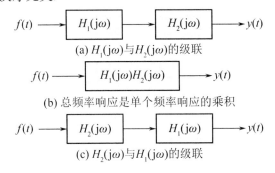

图 4 - 47 线性时不变系统的等效

4.8.2 频域卷积定理

若 $f_1(t) \leftrightarrow F_1(j\omega)$,$f_2(t) \leftrightarrow F_2(j\omega)$,则

$$f_1(t)f_2(t) \leftrightarrow \frac{1}{2\pi}F_1(j\omega) * F_2(j\omega) \qquad (4-156)$$

其中，$F_1(j\omega) * F_2(j\omega) = \int_{-\infty}^{\infty} F_1(j\eta)F_2(j\omega - j\eta)d\eta$.

频域卷积定理的证明如下，根据卷积的定义有

$$\frac{1}{2\pi}F_1(j\omega) * F_2(j\omega) = \frac{1}{2\pi}\int_{-\infty}^{\infty} F_1(j\eta)F_2(j\omega - j\eta)d\eta$$

其傅里叶逆变换为

$$\mathscr{F}^{-1}\left[\frac{1}{2\pi}F_1(j\omega) * F_2(j\omega)\right] = \frac{1}{2\pi}\int_{-\infty}^{\infty}\left[\frac{1}{2\pi}\int_{-\infty}^{\infty}F_1(j\eta)F_2(j\omega-j\eta)d\eta\right]e^{j\omega t}d\omega$$

$$= \frac{1}{2\pi}\int_{-\infty}^{\infty}F_1(j\eta)\left[\frac{1}{2\pi}\int_{-\infty}^{\infty}F_2(j\omega-j\eta)e^{j\omega t}d\omega\right]d\eta$$

$$= \frac{1}{2\pi}\int_{-\infty}^{\infty}F_1(j\eta)f_2(t)e^{j\eta t}d\eta$$

$$= f_2(t)\frac{1}{2\pi}\int_{-\infty}^{\infty}F_1(j\eta)e^{j\eta t}d\eta = f_1(t)f_2(t)$$

所以

$$f_1(t)f_2(t) \leftrightarrow \frac{1}{2\pi}F_1(j\omega) * F_2(j\omega)$$

上式表明，在时域中两个函数的乘积，对应于在频域中两个频谱函数的卷积的 $\frac{1}{2\pi}$.

例 4-18　已知 $f(t) = \begin{cases} E\cos\left(\dfrac{\pi t}{\tau}\right), & |t| < \dfrac{\tau}{2} \\ 0, & |t| > \dfrac{\tau}{2} \end{cases}$，利用卷积定理求余弦脉冲的频谱.

解：　把余弦脉冲 $f(t)$ 看成矩形脉冲 $g_\tau(t)$ 与无穷长余弦函数 $\cos\left(\dfrac{\pi t}{\tau}\right)$ 的乘积，如图 4-48 所示，其表达式为

$$f(t) = g_\tau(t)\cos\left(\frac{\pi t}{\tau}\right)$$

矩形脉冲的频谱为

$$G(j\omega) = E\tau Sa\left(\frac{\tau}{2}\omega\right)$$

余弦函数的傅里叶变换为

$$\mathscr{F}\left[\cos\left(\frac{\pi t}{\tau}\right)\right] = \pi\delta\left(\omega + \frac{\pi}{\tau}\right) + \pi\delta\left(\omega - \frac{\pi}{\tau}\right)$$

根据频域卷积定理，可以求得 $f(t)$ 的频谱为

$$F(j\omega) = \mathscr{F}\left[g_\tau(t)\cos\left(\frac{\pi t}{\tau}\right)\right] = \frac{1}{2\pi}E\tau Sa\left(\frac{\tau}{2}\omega\right) * \pi\left[\delta\left(\omega+\frac{\pi}{\tau}\right) + \delta\left(\omega-\frac{\pi}{\tau}\right)\right]$$

$$= \frac{E\tau}{2}Sa\left[\frac{\tau}{2}\left(\omega+\frac{\pi}{\tau}\right)\right] + \frac{E\tau}{2}Sa\left[\frac{\tau}{2}\left(\omega-\frac{\pi}{\tau}\right)\right]$$

上式化简后得到的余弦脉冲的频谱为

$$F(j\omega) = \frac{2E\tau}{\pi} \frac{\cos\left(\frac{\tau}{2}\omega\right)}{\left[1 - \left(\frac{\omega\tau}{\pi}\right)^2\right]}$$

如图 4 - 48 所示.

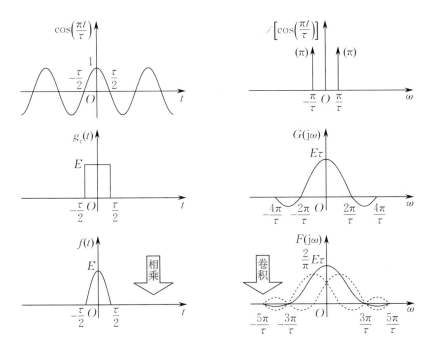

图 4 - 48   余弦脉冲的频谱

最后,将傅里叶变换的性质归纳如表 4 - 2 所示.

表 4 - 2   傅里叶变换的性质

名称	时域 $f(t) \leftrightarrow F(j\omega)$ 频域		
定义	$f(t) = \frac{1}{2\pi} \int_{-\infty}^{\infty} F(j\omega) e^{j\omega t} d\omega$		$F(j\omega) = \int_{-\infty}^{\infty} f(t) e^{-j\omega t} dt$ $F(j\omega) = \lvert F(j\omega) \rvert e^{j\varphi(\omega)} = R(\omega) + jX(\omega)$
线性	$a_1 f_1(t) + a_2 f_2(t)$		$a_1 F_1(j\omega) + a_2 F_2(j\omega)$
奇偶性	$f(t)$ 为实函数		$\lvert F(j\omega) \rvert = \lvert F(-j\omega) \rvert, \varphi(\omega) = -\varphi(-\omega)$ $R(\omega) = R(-\omega), X(\omega) = -X(-\omega)$ $F(-j\omega) = F^*(j\omega)$
		$f(t) = f(-t)$	$F(j\omega) = R(\omega), X(\omega) = 0$
		$f(t) = -f(-t)$	$F(j\omega) = jX(\omega), R(\omega) = 0$
	$f(t)$ 为虚函数		$\lvert F(j\omega) \rvert = \lvert F(-j\omega) \rvert, \varphi(\omega) = -\varphi(-\omega)$ $X(\omega) = X(-\omega), R(\omega) = -R(-\omega)$ $F(-j\omega) = -F^*(j\omega)$
反转	$f(-t)$		$F(-j\omega)$

名称		时域 $f(t) \leftrightarrow F(j\omega)$ 频域	
对称性		$F(jt)$	$2\pi f(-\omega)$
尺度变换		$f(at), a \neq 0$	$\dfrac{1}{\lvert a \rvert} F\left(j\dfrac{\omega}{a}\right)$
时移特性		$f(t \pm t_0)$	$e^{\pm j\omega t_0} F(j\omega)$
		$\dfrac{1}{\lvert a \rvert} e^{-j\frac{b}{a}\omega} F\left(j\dfrac{\omega}{a}\right)$	$f(at-b), a \neq 0$
频移特性		$f(t) e^{\pm j\omega_0 t}$	$F[j(\omega \mp \omega_0)]$
卷积定理	时域	$f_1(t) * f_2(t)$	$F_1(j\omega) F_2(j\omega)$
	频域	$f_1(t) \cdot f_2(t)$	$\dfrac{1}{2\pi} F_1(j\omega) * F_2(j\omega)$
时域微分		$f^{(n)}(t)$	$(j\omega)^n F(j\omega)$
时域积分		$f^{(-1)}(t)$	$\pi F(0)\delta(\omega) + \dfrac{1}{j\omega} F(j\omega)$
频域微分		$(-jt)^n f(t)$	$F^{(n)}(j\omega)$
频域积分		$\pi f(0)\delta(t) - \dfrac{1}{jt} f(t)$	$F^{(-1)}(j\omega)$

4.9　周期信号的傅里叶变换

在前面讨论了周期信号的傅里叶级数和非周期信号的傅里叶变换. 对于周期信号也能够建立傅里叶变换表示. 本节讨论周期信号的傅里叶变换, 以及傅里叶级数与傅里叶变换之间的关系.

4.9.1　正、余弦的傅里叶变换

常数 1 的傅里叶变换为

$$\mathscr{F}[1] = 2\pi\delta(\omega) \tag{4-157}$$

根据频移特性可得

$$\mathscr{F}[e^{j\omega_0 t}] = 2\pi\delta(\omega - \omega_0) \tag{4-158}$$

$$\mathscr{F}[e^{-j\omega_0 t}] = 2\pi\delta(\omega + \omega_0) \tag{4-159}$$

利用式（4-158）和式（4-159）, 可得正、余弦函数的傅里叶变换为

$$\mathscr{F}[\cos(\omega_0 t)] = \mathscr{F}\left[\frac{1}{2}(e^{j\omega_0 t} + e^{-j\omega_0 t})\right] = \pi[\delta(\omega - \omega_0) + \delta(\omega + \omega_0)] \tag{4-160}$$

$$\mathscr{F}[\sin(\omega_0 t)] = \mathscr{F}\left[\frac{1}{2j}(e^{j\omega_0 t} - e^{-j\omega_0 t})\right] = j\pi[\delta(\omega + \omega_0) - \delta(\omega - \omega_0)] \tag{4-161}$$

正、余弦信号的波形和频谱如图 4 - 49 所示.

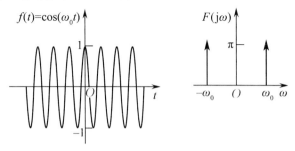

(a) 余弦信号波形及其频谱

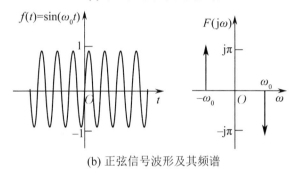

(b) 正弦信号波形及其频谱

图 4 - 49　正、余弦信号波形及其频谱

4.9.2　一般周期信号的傅里叶变换

前面讨论了正、余弦函数的傅里叶变换.为了得到一般性的结果,考虑一个周期为 T_0 的周期函数 $f_{T_0}(t)$,如前所述,周期信号 $f_{T_0}(t)$ 可展开成指数型傅里叶级数

$$f_{T_0}(t) = \sum_{n=-\infty}^{\infty} F_n \mathrm{e}^{\mathrm{j}n\omega_0 t}$$

式中,$\omega_0 = \dfrac{2\pi}{T_0}$ 是基波角频率,F_n 是傅里叶级数的系数,

$$F_n = \frac{1}{T_0} \int_{-\frac{T_0}{2}}^{\frac{T_0}{2}} f_{T_0}(t) \mathrm{e}^{-\mathrm{j}n\omega_0 t} \mathrm{d}t$$

对上式两端取傅里叶变换,应用傅里叶变换的<u>线性性质和频移特性</u>,并考虑 F_n 不是时间 t 的函数,得

$$F_{T_0}(\mathrm{j}\omega) = \mathscr{F}[f_{T_0}(t)] = \mathscr{F}\Big[\sum_{n=-\infty}^{\infty} F_n \mathrm{e}^{\mathrm{j}n\omega_0 t}\Big] = \sum_{n=-\infty}^{\infty} F_n \mathscr{F}[\mathrm{e}^{\mathrm{j}n\omega_0 t}] = 2\pi \sum_{n=-\infty}^{\infty} F_n \delta(\omega - n\omega_0)$$

$$(4 - 162)$$

式(4 - 162)表明,周期信号的傅里叶变换由一系列冲激函数组成,这些冲激函数位于信号的各谐波角频率 $n\omega_0(n = 0, \pm 1, \pm 2, \cdots)$ 处,其强度(即冲激函数的面积)为相应傅里叶级数系数 F_n 的 2π 倍,图 4 - 50 表示了这种关系.

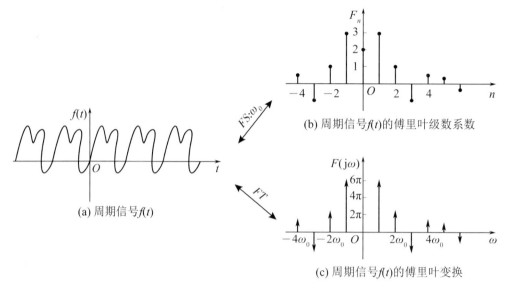

图 4-50　周期信号 $f(t)$ 的傅里叶级数系数和傅里叶变换表示

4.9.3　傅里叶级数系数与傅里叶变换

令 $f(t)$ 是一个有限持续期信号,它在一个周期$\left(-\dfrac{T_0}{2}, \dfrac{T_0}{2}\right)$内等于 $f_{T_0}(t)$,而在该周期外为零.那么有

$$F_n = \frac{1}{T_0}\int_{-\frac{T_0}{2}}^{\frac{T_0}{2}} f_{T_0}(t)\mathrm{e}^{-\mathrm{j}n\omega_0 t}\mathrm{d}t = \frac{1}{T_0}\int_{-\frac{T_0}{2}}^{\frac{T_0}{2}} f(t)\mathrm{e}^{-\mathrm{j}n\omega_0 t}\mathrm{d}t = \frac{1}{T_0}\int_{-\infty}^{\infty} f(t)\mathrm{e}^{-\mathrm{j}n\omega_0 t}\mathrm{d}t \quad (4-163)$$

由傅里叶变换的定义式,得

$$F(\mathrm{j}\omega) = \int_{-\infty}^{\infty} f(t)\mathrm{e}^{-\mathrm{j}\omega t}\mathrm{d}t = \int_{-\frac{T_0}{2}}^{\frac{T_0}{2}} f(t)\mathrm{e}^{-\mathrm{j}\omega t}\mathrm{d}t \quad (4-164)$$

比较式(4-163)和式(4-164)可得

$$F_n = \frac{1}{T_0}F(\mathrm{j}\omega)\bigg|_{\omega=n\omega_0} \quad (4-165)$$

式(4-165)表明,周期信号的傅里叶级数系数 F_n 等于 $F(\mathrm{j}\omega)$ 在频率为 $n\omega_0$ 处的值乘以 $1/T_0$.

例 4-19　周期矩形脉冲信号 $f_{T_1}(t)$ 如图 4-51 所示,其周期为 T_1,脉冲宽度为 τ,幅度为 E,求其频谱函数.

解:　在前面已经求得如图 4-51(a)所示的周期矩形脉冲的傅里叶级数系数[图 4-51(b)]为

$$F_n = \frac{E\tau}{T_1}\mathrm{Sa}\left(\frac{n\pi\tau}{T_1}\right) = \frac{E\tau}{T_1}\mathrm{Sa}\left(\frac{n\omega_1\tau}{2}\right), \quad n = 0, \pm 1, \pm 2, \cdots$$

把上式代入式(4-162),得

$$\mathscr{F}[f_{T_1}(t)] = \frac{2\pi E\tau}{T_1}\sum_{n=-\infty}^{\infty}\mathrm{Sa}\left(\frac{n\omega_1\tau}{2}\right)\delta(\omega-n\omega_1) = \sum_{n=-\infty}^{\infty}\frac{2E\sin\left(\frac{n\omega_1\tau}{2}\right)}{n}\delta(\omega-n\omega_1)$$

$f_{T_1}(t)$ 在一个周期$\left(-\dfrac{T_1}{2}, \dfrac{T_1}{2}\right)$内取值 $f(t)$ 的傅里叶变换为

$$F(\mathrm{j}\omega) = \frac{2E\sin\left(\frac{\omega\tau}{2}\right)}{\omega} = \frac{E\tau\sin\left(\frac{\omega\tau}{2}\right)}{\frac{\omega\tau}{2}} = E\tau\mathrm{Sa}\left(\frac{\omega\tau}{2}\right)$$

比较可得

$$F_n = \frac{1}{T_1} F(\mathrm{j}\omega) \bigg|_{\omega = n\omega_1}$$

式中，$\omega_1 = \dfrac{2\pi}{T_1}$ 是基波角频率. 图 4-51(c) 给出了频谱图. 由图可见，周期信号的频谱密度是离散的.

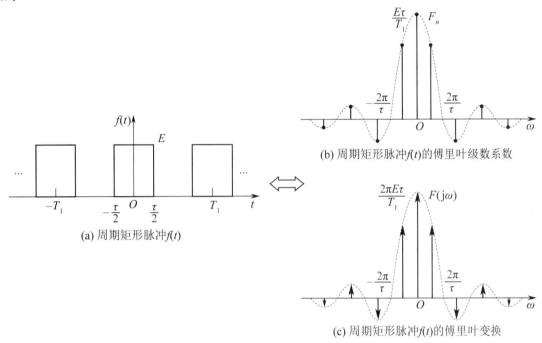

(a) 周期矩形脉冲 $f(t)$

(b) 周期矩形脉冲 $f(t)$ 的傅里叶级数系数

(c) 周期矩形脉冲 $f(t)$ 的傅里叶变换

图 4-51　周期矩形脉冲 $f(t)$ 的傅里叶级数系数和傅里叶变换

需要注意的是，对周期函数进行傅里叶变换时，得到的是频谱密度；而将该函数展开为傅里叶级数时，得到的是傅里叶级数系数，它代表虚指数分量的幅度和相位. 在引入冲激函数后，对周期函数也能进行傅里叶变换.

例 4-20　求周期为 T_0 的周期单位冲激函数序列 $\delta_{T_0}(t) = \sum\limits_{m=-\infty}^{\infty} \delta(t - mT_0)$ 的傅里叶变换，式中 m 为整数.

解：　首先求出周期单位冲激函数序列的傅里叶级数系数，得

$$F_n = \frac{1}{T_0} \int_{-\frac{T_0}{2}}^{\frac{T_0}{2}} f(t) \mathrm{e}^{-\mathrm{j}n\omega_0 t} \mathrm{d}t = \frac{1}{T_0} \int_{-\frac{T_0}{2}}^{\frac{T_0}{2}} \delta_{T_0}(t) \mathrm{e}^{-\mathrm{j}n\omega_0 t} \mathrm{d}t$$

由图 4-52(a) 可见，函数 $\delta_{T_0}(t)$ 在区间 $\left(-\dfrac{T_0}{2}, \dfrac{T_0}{2}\right)$ 只有一个冲激函数 $\delta(t)$. 考虑冲激函数的取样性质，上式可写为

$$F_n = \frac{1}{T_0} \int_{-\frac{T_0}{2}}^{\frac{T_0}{2}} \delta(t) \mathrm{e}^{-\mathrm{j}n\omega_0 t} \mathrm{d}t = \frac{1}{T_0}$$

然后将它代入式(4-162)，得 $\delta_{T_0}(t)$ 的傅里叶变换为

$$\mathscr{F}\left[\delta_{T_0}(t)\right] = \frac{2\pi}{T_0} \sum_{n=-\infty}^{\infty} \delta(\omega - n\omega_0) = \omega_0 \sum_{n=-\infty}^{\infty} \delta(\omega - n\omega_0)$$

令

$$\delta_{\omega_0}(\omega) = \sum_{n=-\infty}^{\infty} \delta(\omega - n\omega_0)$$

它是在频域内,周期为 ω_0 的周期单位冲激函数序列. 这样,时域周期为 T_0 的周期单位冲激函数序列 $\delta_{T_0}(t)$ 与其傅里叶变换的关系为

$$\delta_{T_0}(t) \leftrightarrow \omega_0 \delta_{\omega_0}(\omega)$$

上式表明,在时域中,周期为 T_0 的周期单位冲激函数序列 $\delta_{T_0}(t)$ 的傅里叶变换是一个在频域中周期为 ω_0,强度为 ω_0 的冲激序列. 图 4-52 中画出了 $\delta_{T_0}(t)$ 及其频谱函数.

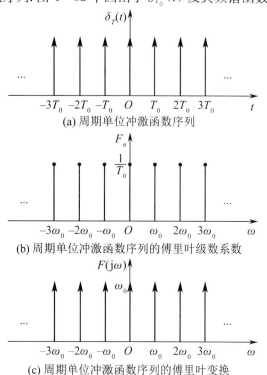

(a) 周期单位冲激函数序列

(b) 周期单位冲激函数序列的傅里叶级数系数

(c) 周期单位冲激函数序列的傅里叶变换

图 4-52　周期单位冲激序列的傅里叶级数系数及其傅里叶变换

4.10　用 Matlab 进行傅里叶分析

4.10.1　周期信号的傅里叶级数

图 4-9 所示信号的傅里叶级数展开式为

$$f(t) = \frac{E\tau}{T_0} + \frac{2E\tau}{T_0} \sum_{n=1}^{\infty} \mathrm{Sa}\left(\frac{n\omega_0\tau}{2}\right)\cos(n\omega_0 t) \tag{4-166}$$

当 $\tau = \dfrac{T_0}{2}$ 时,$f(t)$ 是一个占空比为 50% 的方波. 根据式(4-166),当 n 为偶数且非零时,$a_n = 0$,而当 n 为奇数时,a_n 在正负之间交替变化,因此 $a_0 = 1, a_1 = \dfrac{2}{\pi}, a_3 = -\dfrac{2}{3\pi}, a_5 = \dfrac{2}{5\pi}, \cdots$,即

$$f(t) = E\left[\frac{1}{2} + \frac{2}{\pi}\cos(\omega t) - \frac{2}{3\pi}\cos(3\omega t) + \frac{2}{5\pi}\cos(5\omega t) - \frac{2}{7\pi}\cos(7\omega t) + \cdots\right] \tag{4-167}$$

它只含直流分量和一、三、五……奇次谐波分量.

　　Matlab 中,周期矩形波信号或方波可用 square() 函数产生,其调用格式为

$$y = \mathrm{square}(t, \mathrm{duty}) \tag{4-168}$$

该函数产生一个周期为 2π、幅值为 ± 1 的周期方波信号,其中,duty 参数用来表示信号的占空比

duty％,即在一个周期内脉冲的宽度(正值部分)与脉冲周期的比值.占空比默认值为 50％.

　　Matlab 参考程序如下(设 $E = 1$):

```
t = -6:0.01:6;  %  时间范围及采样间隔
a0 = 0.5;  %  直流分量系数
T = 4;  %  周期
omega = 2* pi/T;
tao = 2;
y = 0.5* square(pi* (t+1)/2,50) +0.5;  %  产生周期为 4,幅值为 0 - 1,占空比为 50% 的方波
n_max = [1,3,5,7,19,99];
N = length(n_max);
for k = 1:N;
    n = 1:2:n_max(k);%  谐波分量数
    b = (-1).^((n-1)/2) * 2./(n.* pi);%  谐波分量的系数
    x = b* cos(omega* n'* t);%  所有谐波分量求和
    x = x+0.5;%  加上直流分量
subplot(3,2,k);
plot(t,y,'linewidth',2.5);
set(gca,'FontSize',18);
hold on;
plot(t,x,'R','linewidth',2.5);
hold off;
xlabel('t','fontsize',24);
ylabel('部分和的波形 ','fontsize',20);
axis([-6,6,-0.2,1.2]);
grid on;
title(['最大谐波数 = ',num2str(n_max(k))],'fontsize',20);
end
```

信号的傅里叶级数叠加如图 4 - 53 所示.

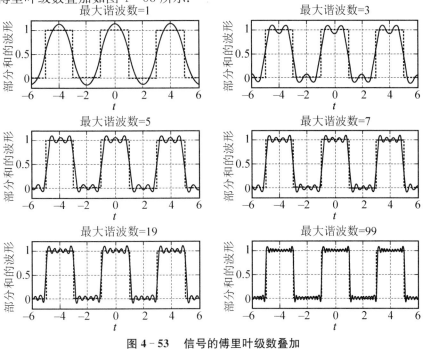

图 4 - 53 　 信号的傅里叶级数叠加

4.10.2　傅里叶变换的实现

Matlab 符号数学工具箱提供了直接求解傅里叶变换与傅里叶逆变换的函数 fourier( ) 和 ifourier( ). 然而,如果返回函数中有诸如冲激函数 $\delta(t)$ 等项时,用 ezplot( ) 函数无法作图. 对某些信号求变换时,其返回函数可能包含一些不能直接用符号表达的式子,甚至可能出现提示"未被定义的函数或变量",因而也不能对此返回函数作图. 此外,在很多实际情况中,尽管信号 $f(t)$ 是连续的,但经过抽样所得的信号则是多组离散的数值 $f[n]$,因此无法表示成符号表达式,此时不能应用 fourier( ) 函数对 $f(t)$ 进行处理,而只能用数值计算法来近似求解. 这里给出连续信号傅里叶变换的数值计算法.

从傅里叶变换定义出发,我们有

$$F(j\omega) = \int_{-\infty}^{\infty} f(t)e^{-j\omega t}\,dt = \lim_{\Delta \to 0}\sum_{n=-\infty}^{\infty} f(n\Delta)e^{-j\omega n\Delta}\Delta \tag{4-169}$$

当 Δ 足够小时,式(4-169)的近似情况可以满足实际需求. 对于时限信号 $f(t)$,或者在所研究的时间范围内让 $f(t)$ 衰减到足够小,从而近似地看成时限信号,则对式(4-169)可研究有限 n 的取值. 这时有

$$F(j\omega) \approx \Delta\sum_{n=-N}^{N} f(n\Delta)e^{-j\omega n\Delta} \tag{4-170}$$

傅里叶变换后在 ω 域用 Matlab 求解,对式(4-170)的角频率 ω 进行离散化处理. 假设离散化后得到 M 个样值,即

$$\omega_k = \frac{2\pi}{M\Delta}\cdot k, \quad 0 \leqslant k \leqslant M-1 \tag{4-171}$$

因此有

$$F(j\omega_k) = \Delta\sum_{n=-N}^{N} f(n\Delta)e^{-j\omega_k n\Delta} = \Delta\cdot\left[f(t_1)e^{-j\omega_k t_1} + f(t_2)e^{-j\omega_k t_2} + \cdots + f(t_{2N+1})e^{-j\omega_k t_{2N+1}}\right] \tag{4-172}$$

其中,$0 \leqslant k \leqslant M-1$. 式(4-172)用 Matlab 表示为

$$F(j\omega_k) = \Delta\cdot f[n]\cdot\exp(-j\cdot t'\cdot\omega_k) \tag{4-173}$$

其中,t' 表示对 t 进行转置计算.

例 4-21　设矩形信号 $f(t) = u(t+1) - u(t-1)$,用 Matlab 命令绘出该信号的频谱图. 当信号 $f(t)$ 的时域波形扩展为原来的 2 倍,或压缩为原来的 $\frac{1}{2}$ 时,则分别得到 $f(2t)$ 和 $f\left(\frac{t}{2}\right)$,用 Matlab 命令绘出 $f(2t)$ 和 $f\left(\frac{t}{2}\right)$ 的频谱,并加以比较.

解:　$f(t)$ 的频谱 $F(j\omega) = 2\text{Sa}(\omega)$,第一个零点是 π,一般将此频率视为信号的带宽,若将频率范围提高到该值的 50 倍,即 $\omega_0 = 50\pi$(其频率为 25 Hz),据此,可以确定取样间隔 $\Delta < \dfrac{1}{2f_0} = \dfrac{1}{2\times 25} = 0.02$.

Matlab 参考程序如下:

```
ts = -10;te = 10;dt = 0.01;
t = ts:dt:te;% ;定义时间范围
ws = -6* pi;we = 6* pi;dw = 0.01;
```

```
w = ws:dw:we;
f = ((t+1)>=0) - ((t-1)>=0);
F = f* exp(-j* t'* w)* dt;           %  傅里叶变换
F1 = abs(F);                         %  计算幅度
phaF = angle(F);                     %  计算相位
subplot(2,1,1)
plot(w,F1,'LineWidth',2.5);
set(gca,'FontSize',20);
grid on;
xlabel('\omega','fontsize',24);
ylabel('spectrum','fontsize',24);
title(['频谱图'],'fontsize',24);
axis([-18,18,0,2.2]);
subplot(2,1,2)
plot(w,phaF,'LineWidth',2.5);
set(gca,'FontSize',20);
grid on;
xlabel('\omega','fontsize',24);
ylabel('phase','fontsize',24);
title(['相位图'],'fontsize',24);
axis([-18,18,-3.5,3.5]);
```

$f(t)$ 的频谱图和相位图如图 4-54 所示.

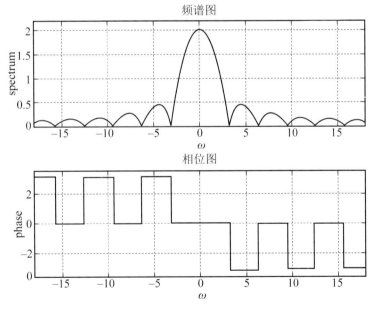

图 4-54　$f(t)$ 的频谱图和相位图

习　题　4

一、练习题

1. 有一个实值连续时间周期信号 $x(t)$,其基波周期 $T = 8$,$x(t)$ 的非零傅里叶级数系数是

$$a_1 = a_{-1} = 2, \quad a_3 = a_{-3}^* = 4j$$

试将 $x(t)$ 表示成如下形式：$x(t) = \sum_{k=0}^{\infty} A_k \cos(\omega_k t + \varphi_k)$.

2. 求下列周期信号的基波角频率和周期：

(1) e^{j100t}；　　　　　　　　　　　　　　　(2) $\cos(2t) + \sin(4t)$.

3. 求图 4-55 所示的周期锯齿信号指数型傅里叶级数，并大致画出频谱图.

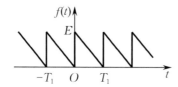

图 4-55　周期锯齿信号

4. 周期信号 $f(t)$ 的双边频谱如图 4-56 所示，写出 $f(t)$ 的函数表示式.

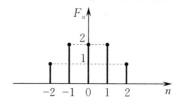

图 4-56　周期信号 $f(t)$ 的双边频谱

5. 对下面连续时间周期信号：$f(t) = 2 + \cos\left(\dfrac{2\pi}{3}t\right) + 4\sin\left(\dfrac{5\pi}{3}t\right)$，求基波频率 ω_0 和傅里叶级数系数 a_k，以表示成 $f(t) = \sum_{k=-\infty}^{\infty} a_k e^{jk\omega_0 t}$.

6. 计算下列连续时间周期信号：$f(t) = \begin{cases} 1.5, & 0 \leqslant t < 1 \\ -1.5, & 1 \leqslant t < 2 \end{cases}$ 的傅里叶级数系数 a_k.

7. 一个 $x(t)$ 信号具有如下信息：

(1) $x(t)$ 是实奇函数；

(2) $x(t)$ 是周期性的，周期 $T = 2$，傅里叶级数系数为 a_k；

(3) 对 $|k| > 1, a_k = 0$；

(4) $\dfrac{1}{2} \int_0^2 |x(t)|^2 dt = 1$.

试确定两个不同的信号都满足这些条件.

8. 已知 $f(t)$ 的傅里叶变换为 $F(j\omega)$，求下列函数的傅里叶变换：

(1) $f(1-t)$；　　　　　(2) $(1-t)f(1-t)$；　　　(3) $tf(2t)$；　　　　　(4) $t\dfrac{df(t)}{dt}$.

9. 求下列函数的傅里叶逆变换：

(1) $F(j\omega) = \begin{cases} 1, & |\omega| < \omega_0 \\ 0, & |\omega| > \omega_0 \end{cases}$；　　　　　(2) $F(j\omega) = \delta(\omega + \omega_0) - \delta(\omega - \omega_0)$.

10. 已知关系 $y(t) = x(t) * h(t)$ 和 $g(t) = x(3t) * h(3t)$，且 $x(t)$ 的傅里叶变换是 $X(j\omega)$，$h(t)$ 的傅里叶变换是 $H(j\omega)$，利用傅里叶变换性质证明 $g(t) = Ay(Bt)$，求出 A 和 B 的值.

11. 一个线性时不变系统，其频率响应是

$$H(j\omega) = \int_{-\infty}^{\infty} h(t) e^{-j\omega t} dt = \frac{\sin(4\omega)}{\omega}$$

若输入至该系统的信号是一周期信号

$$x(t) = \begin{cases} 1, & 0 \leqslant t < 4 \\ -1, & 4 \leqslant t < 8 \end{cases}$$

周期 $T = 8$,求系统的输出 $y(t)$.

12. 考虑信号 $f(t) = u(t-1) - 2u(t-2) + u(t-3)$ 和 $f_T(t) = \sum\limits_{k=-\infty}^{\infty} f(t-kT)$,其中,$T > 0$.令 a_k 为 $f_T(t)$ 的傅里叶级数系数,$F(\mathrm{j}\omega)$ 为 $f(t)$ 的傅里叶变换.

(1) 求 $F(\mathrm{j}\omega)$ 的闭式表达式;

(2) 求傅里叶系数 a_k 的表达式,并验证 $a_k = \dfrac{1}{T} F\left(\mathrm{j}\dfrac{2\pi k}{T}\right)$.

13. 假设 $g(t) = x(t)\cos t$,而 $g(t)$ 的傅里叶变换是 $G(\mathrm{j}\omega) = \begin{cases} 1, & |\omega| \leqslant 2 \\ 0, & \text{其他} \end{cases}$,求 $x(t)$.

14. 已知 $f(t)$ 的频谱函数 $F(\mathrm{j}\omega) = \operatorname{sgn}(\omega+1) - \operatorname{sgn}(\omega-1)$,试求 $f(t)$.

15. 有 3 个连续时间系统 S_1、S_2 和 S_3,它们对复指数输入 $\mathrm{e}^{\mathrm{j}5t}$ 的响应分别给出如下:

$$S_1 : \mathrm{e}^{\mathrm{j}5t} \to t\mathrm{e}^{\mathrm{j}5t}, \quad S_2 : \mathrm{e}^{\mathrm{j}5t} \to \mathrm{e}^{\mathrm{j}5(t-1)}, \quad S_3 : \mathrm{e}^{\mathrm{j}5t} \to \cos(5t)$$

对每一个系统,根据所给出的信息确定该系统是否为线性时不变系统.

16. 由图 4-57 所示的 RLC 电路实现的因果线性时不变系统,$x(t)$ 为输入电压,跨于电容器上的电压取为该系统的输出 $y(t)$.

(1) 求关联 $x(t)$ 和 $y(t)$ 的微分方程.

(2) 求系统对输入为 $x(t) = \mathrm{e}^{\mathrm{j}\omega t}$ 的系统频率响应.

(3) 若 $x(t) = \sin(t)$,求输出 $y(t)$.

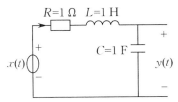

图 4-57　RLC 电路

17. 设 $X(\mathrm{j}\omega)$ 为图 4-58 所示信号 $x(t)$ 的傅里叶变换,求:

(1) $X(\mathrm{j}\omega)$ 的相位;(2) $X(\mathrm{j}0)$;(3) $\displaystyle\int_{-\infty}^{\infty} X(\mathrm{j}\omega)\,\mathrm{d}\omega$;(4) $\displaystyle\int_{-\infty}^{\infty} |X(\mathrm{j}\omega)|^2\,\mathrm{d}\omega$.

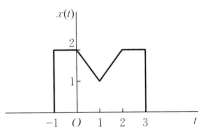

图 4-58　信号 $x(t)$

18. 已知两个周期矩形脉冲信号 $f_1(t)$ 和 $f_2(t)$.

(1) 若 $f_1(t)$ 的矩形宽度 $\tau = 1\,\mu\mathrm{s}$,周期 $T = 1\,\mu\mathrm{s}$,幅度 $E = 1\,\mathrm{V}$,试问该信号的谱线间隔是多少?带宽是多少?

(2) 若 $f_2(t)$ 的矩形宽度 $\tau = 2\,\mu\mathrm{s}$,周期 $T = 4\,\mu\mathrm{s}$,幅度 $E = 3\,\mathrm{V}$,试问该信号的谱线间隔是多少?带宽是多少?

(3) $f_1(t)$ 和 $f_2(t)$ 的基波幅度之比是多少?

19. 利用能量等式 $\displaystyle\int_{-\infty}^{\infty} f^2(t)\,\mathrm{d}t = \dfrac{1}{2\pi}\int_{-\infty}^{\infty} |F(\mathrm{j}\omega)|^2\,\mathrm{d}\omega$ 计算下列积分的值:

(1) $\displaystyle\int_{-\infty}^{\infty} \left[\dfrac{\sin(t)}{t}\right]^2\,\mathrm{d}t$; (2) $\displaystyle\int_{-\infty}^{\infty} \dfrac{\mathrm{d}x}{(1+x^2)^2}$.

20. 一个周期为 T 的周期信号 $f(t)$，已知其指数型傅里叶系数为 F_n，求下列周期信号的傅里叶系数：

(1) $f_1(t) = f(t - t_0)$；

(2) $f_2(t) = f(-t)$；

(3) $f_3(t) = \dfrac{\mathrm{d}f(t)}{\mathrm{d}t}$；

(4) $f_4(t) = f(at), a > 0$.

二、Matlab 实验题

1. 已知周期三角信号如图 4-59 所示，试求出该信号的傅里叶级数，利用 Matlab 编程实现其各次谐波的叠加，并验证其收敛性.

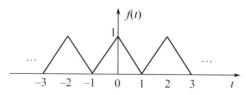

图 4-59   周期三角信号

2. 试用 Matlab 分析图 4-59 中周期三角信号的频谱. 当周期三角信号的周期和三角信号的宽度变化时，试观察其频谱的变化.

3. 试用 Matlab 数值计算单边指数信号 $f(t) = \mathrm{e}^{-at}u(t)$ 的傅里叶变换，并画出其波形.

4. 试用 Matlab 数值计算图 4-59 中间一个三角形脉冲的频谱，并画出其波形.

5. 试用 Matlab 数值计算高斯脉冲 $f(t) = E\mathrm{e}^{-\left(\frac{t}{\tau}\right)^2}$ 的频谱，并画出其幅度谱和相位谱.

第5章 信号与系统的频域分析

在线性时不变系统分析中,时域微分方程和卷积运算在频域中变成了代数运算,所以利用频域分析更为方便.本章研究频域分析在线性时不变系统分析、滤波、取样中的应用.在研究线性时不变系统时,将信号表示成基本信号的线性组合是很有利的,这些基本信号须具有以下性质:

(1) 由这些基本信号的线性组合能构成相当广泛的有用信号.

(2) 线性时不变系统对每一个基本信号的响应应该简单,以使系统对任意输入信号的响应有一个很方便的表示.傅里叶分析的很多重要价值都来自这一点.

5.1 线性时不变系统的频域分析

5.1.1 傅里叶变换的模和相位

一般来说,傅里叶变换的值是复数,可以用它的模和相位来表示.连续时间信号的傅里叶变换 $F(\mathrm{j}\omega)$ 用模和相位表示为

$$F(\mathrm{j}\omega) = \left|F(\mathrm{j}\omega)\right| e^{\mathrm{j}\varphi(\omega)} \tag{5-1}$$

正如在第4章讨论的,函数 $F(\mathrm{j}\omega)$ 为频谱密度函数.模 $\left|F(\mathrm{j}\omega)\right|$ 所描述的是一个信号的基本频率分量,即给出的是组成 $f(t)$ 的复指数信号相对振幅的大小.而 $\varphi(\omega)$ 不影响各频率分量的振幅,但提供了有关复指数信号的相对相位信息.$\varphi(\omega)$ 所代表的相位关系对信号 $f(t)$ 有着显著的影响,一般包含了信号的大量信息.即如果模 $\left|F(\mathrm{j}\omega)\right|$ 保持不变,不同的相位函数 $\varphi(\omega)$ 对信号的影响是显著的.例如,考虑下面的信号

$$f(t) = 1 + \frac{1}{2}\cos(2\pi t + \varphi_1) + \frac{1}{4}\cos(4\pi t + \varphi_2) + \frac{1}{6}\cos(6\pi t + \varphi_3) \tag{5-2}$$

图 5-1 分别给出了几个不同的初始相位情况下的 $f(t)$.该图说明不同的初始相位关系使得到的信号很不相同.

另一个说明相位的重要性的例子如图 5-2 所示.一幅图像的傅里叶变换的相位包含了图像中的大部分信息.图 5-2(a) 和图 5-2(b) 是两幅原图,图 5-2(c) 是用图 5-2(a) 的模特性和图 5-2(b) 的相位特性,经傅里叶逆变换后得到的图片.图 5-2(d) 是用图 5-2(b) 的模特性和图 5-2(a) 的相位特性,经傅里叶逆变换后得到的图片.从图中可以看出相位在图像的表示中具有重要作用.

一般来说,$F(\mathrm{j}\omega)$ 的相位函数的变化会导致信号

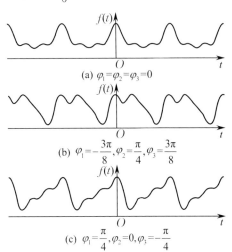

(a) $\varphi_1 = \varphi_2 = \varphi_3 = 0$

(b) $\varphi_1 = -\dfrac{3\pi}{8}, \varphi_2 = \dfrac{\pi}{4}, \varphi_3 = \dfrac{3\pi}{8}$

(c) $\varphi_1 = \dfrac{\pi}{4}, \varphi_2 = 0, \varphi_3 = -\dfrac{\pi}{4}$

图 5-1 不同的初始相位对 $f(t)$ 的影响

$f(t)$ 时域特性的改变. 在某些情况下, 相位失真很重要, 例如图像信号. 而在另一些情况下, 也可能不怎么重要, 例如听觉系统. 如果系统对输入信号的模和相位的改变不是我们希望的, 这种影响一般称为失真.

(a) 原图1

(b) 原图2

(c) 原图1的振幅+原图2的相位

(d) 原图2的振幅+原图1的相位

图 5 - 2   两幅图片相互交换相位

5.1.2　频率响应

系统的频域分析即傅里叶分析, 是将信号分解为无穷多项不同频率的虚指数函数之和, 研究虚指数函数作用于系统所引起的响应. 设线性时不变系统的单位冲激响应为 $h(t)$, 当激励为 $f(t)$ 时, 其零状态响应为

$$y(t) = h(t) * f(t) \tag{5-3}$$

当激励是角频率为 ω 的虚指数函数 $f(t) = \mathrm{e}^{\mathrm{j}\omega t}\,(-\infty < t < \infty)$ 时, 其零状态响应为

$$y(t) = h(t) * f(t) = \int_{-\infty}^{\infty} h(\tau)\mathrm{e}^{\mathrm{j}\omega(t-\tau)}\,\mathrm{d}\tau = \mathrm{e}^{\mathrm{j}\omega t}\int_{-\infty}^{\infty} h(\tau)\mathrm{e}^{-\mathrm{j}\omega\tau}\,\mathrm{d}\tau \tag{5-4}$$

其中, $\int_{-\infty}^{\infty} h(\tau)\mathrm{e}^{-\mathrm{j}\omega t}\,\mathrm{d}\tau$ 就是 $h(t)$ 的傅里叶变换, 记为 $H(\mathrm{j}\omega) = \int_{-\infty}^{\infty} h(\tau)\mathrm{e}^{-\mathrm{j}\omega\tau}\,\mathrm{d}\tau$, 则式(5-4) 可写为

$$y(t) = H(\mathrm{j}\omega)\mathrm{e}^{\mathrm{j}\omega t} \tag{5-5}$$

式(5-5) 表明, 当激励是幅度为1的虚指数函数 $f(t) = \mathrm{e}^{\mathrm{j}\omega t}$ 时, 系统的响应是系数为 $H(\mathrm{j}\omega)$ 的同频率虚指数函数. 即线性时不变系统对复指数信号的响应也是同样一个复指数信号, 不同的只是在幅度和相位上的变化. $H(\mathrm{j}\omega)$ 则反映了响应 $y(t)$ 的幅度和相位, 称为频率响应函数或系统函数.

当激励是角频率为 ω 的余弦信号, $f(t) = \cos(\omega t)$ 时,

$$f(t) = \cos(\omega t) = \frac{1}{2}\mathrm{e}^{\mathrm{j}\omega t} + \frac{1}{2}\mathrm{e}^{-\mathrm{j}\omega t}$$

其响应为

$$y(t) = \frac{1}{2}H(\mathrm{j}\omega)\mathrm{e}^{\mathrm{j}\omega t} + \frac{1}{2}H(-\mathrm{j}\omega)\mathrm{e}^{-\mathrm{j}\omega t} = \frac{1}{2}\mid H(\mathrm{j}\omega)\mid \mathrm{e}^{\mathrm{j}\varphi(\omega)} \cdot \mathrm{e}^{\mathrm{j}\omega t} + \frac{1}{2}\mid H(\mathrm{j}\omega)\mid \mathrm{e}^{-\mathrm{j}\varphi(\omega)} \cdot \mathrm{e}^{-\mathrm{j}\omega t}$$

$$= \frac{1}{2}\mid H(\mathrm{j}\omega)\mid \{\mathrm{e}^{\mathrm{j}[\omega t+\varphi(\omega)]} + \mathrm{e}^{-\mathrm{j}[\omega t+\varphi(\omega)]}\} = \mid H(\mathrm{j}\omega)\mid \cos[\omega t+\varphi(\omega)] \tag{5-6}$$

由式(5-6)可以看出,频率为 ω 的余弦信号输入系统时,其响应也是同频率的余弦信号,振幅和相位的改变同样由 $H(\mathrm{j}\omega)$ 的模和辐角确定.

按照数学中有关线性变换的理论,在某个线性函数变换中,若有一种函数经历线性变换后保持原函数不变,仅是原函数乘以一个常数(一般为复数),那么这种函数称为该线性函数变换的特征函数;而它经历线性变换后所乘的复常数,则称为在该线性函数变换下特征函数的特征值.因此,上面的结果表明,对于连续时间线性时不变系统而言,复正弦信号 $\mathrm{e}^{\mathrm{j}\omega t}$ 是这种线性时不变信号变换的特征信号,幅度因子 $H(\mathrm{j}\omega)$ 是相应的特征值.

当激励为任意信号 $f(t)$ 时,对式(5-3)两端进行傅里叶变换,利用卷积性质,得

$$Y(\mathrm{j}\omega) = H(\mathrm{j}\omega)F(\mathrm{j}\omega) \tag{5-7}$$

由式(5-3)和式(5-7)可见,单位冲激响应 $h(t)$ 反映了系统的时域特性,而频率响应 $H(\mathrm{j}\omega)$ 反映了系统的频域特性.它们之间的关系为

$$H(\mathrm{j}\omega) = \int_{-\infty}^{\infty} h(\tau)\mathrm{e}^{-\mathrm{j}\omega\tau}\mathrm{d}\tau \tag{5-8}$$

通常,频率响应可定义为系统的零状态响应的傅里叶变换 $Y(\mathrm{j}\omega)$ 与激励的傅里叶变换 $F(\mathrm{j}\omega)$ 之比,即

$$H(\mathrm{j}\omega) = \frac{Y(\mathrm{j}\omega)}{F(\mathrm{j}\omega)} \tag{5-9}$$

它是角频率的复函数,可写为

$$H(\mathrm{j}\omega) = \mid H(\mathrm{j}\omega)\mid \mathrm{e}^{\mathrm{j}\varphi(\omega)} \tag{5-10}$$

如令 $Y(\mathrm{j}\omega) = \mid Y(\mathrm{j}\omega)\mid \mathrm{e}^{\mathrm{j}\varphi_y(\omega)}$, $F(\mathrm{j}\omega) = \mid F(\mathrm{j}\omega)\mid \mathrm{e}^{\mathrm{j}\varphi_f(\omega)}$,则有

$$\mid H(\mathrm{j}\omega)\mid = \left| \frac{Y(\mathrm{j}\omega)}{F(\mathrm{j}\omega)} \right| \tag{5-11}$$

$$\varphi(\omega) = \varphi_y(\omega) - \varphi_f(\omega) \tag{5-12}$$

可见, $\mid H(\mathrm{j}\omega)\mid$ 是角频率为 ω 的输出与输入信号幅度之比,称为幅度特性; $\varphi(\omega)$ 是输出信号与输入信号的相位差,称为相频特性.由于 $H(\mathrm{j}\omega)$ 是函数 $h(t)$ 的傅里叶变换,根据奇偶性可知, $\mid H(\mathrm{j}\omega)\mid$ 是 ω 的偶函数, $\varphi(\omega)$ 是 ω 的奇函数.

式(5-7)说明,一个线性时不变系统对输入的作用就是改变信号中每一频率分量的振幅和相位.下面的式子就能详细地说明这个作用的性质,即

$$Y(\mathrm{j}\omega) = \mid Y(\mathrm{j}\omega)\mid \mathrm{e}^{\mathrm{j}\varphi_y(\omega)} = H(\mathrm{j}\omega)F(\mathrm{j}\omega)$$

$$= \mid H(\mathrm{j}\omega)\mid \mid F(\mathrm{j}\omega)\mid \mathrm{e}^{\mathrm{j}[\varphi_f(\omega)+\varphi(\omega)]} \tag{5-13}$$

从式(5-13)可见,一个线性时不变系统对输入信号的傅里叶变换模特性的作用就是将其乘以系统频率响应的模,为此, $\mid H(\mathrm{j}\omega)\mid$ 一般称为系统的增益.从式(5-13)还可以得出,线性时不变系统将输入的相位 $\varphi_f(\omega)$ 变换成在它基础上附加了一个相位 $\varphi(\omega)$,因此, $\varphi(\omega)$ 一般就称为系统的相移.系统的相移可以改变输入信号中各分量之间的相对相位关系,这样,即使系统的增益对所有频率都为常数的情况下,也有可能使输入信号在时域特性上产生很大的变化.

当相移 $\varphi(\omega)$ 是 ω 的线性函数时,相移在时域中的作用就是输入信号的时移.例如考虑

$$H(\mathrm{j}\omega) = \mathrm{e}^{-\mathrm{j}\omega t_0} \tag{5-14}$$

的连续时间线性时不变系统,它有单位增益和线性相位,即

$$|H(j\omega)| = 1 \qquad (5-15)$$

$$\varphi(\omega) = -\omega t_0 \qquad (5-16)$$

其所对应的时域效应就是

$$y(t) = f(t - t_0) \qquad (5-17)$$

当相移 $\varphi(\omega)$ 是 ω 的非线性函数时,输入信号中不同频率分量的相移不同,当这些复指数分量再次叠加在一起时,就会得到一个与输入信号有很大不同的信号,图 5-3 给出了非线性相位对信号的影响.

图 5-3(a) 给出了一个分别加到三个不同系统上的信号.图 5-3(b) 表示系统频率响应具有 $H_1(j\omega) = e^{-j\omega t_0}$ 时的输出,该系统是线性相移系统,它等于输入延时 t_0.图 5-3(c) 给出的是系统的增益为 1,具有非线性相移特性的系统输出,即

$$H_2(j\omega) = e^{j\varphi_2(\omega)} \qquad (5-18)$$

而图 5-3(d) 的输出为 $H_1(j\omega)$ 和 $H_2(j\omega)$ 的级联.

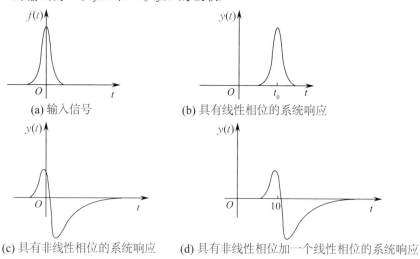

(a) 输入信号　　　　　　　(b) 具有线性相位的系统响应

(c) 具有非线性相位的系统响应　　(d) 具有非线性相位加一个线性相位的系统响应

图 5-3　非线性相位对信号的影响

具有线性相移特性的系统,其物理意义就是时移.而相移特性的斜率就是时移的大小.例如,在连续时间情况下,$\varphi(\omega) = -\omega t_0$,那么系统对输入信号的时移就是 t_0,即等效于延时 t_0.一般情况下,在每个频率上的延时等于在那个频率上相移特性斜率的负值,即群延时定义为

$$\tau(\omega) = -\frac{\mathrm{d}\varphi(\omega)}{\mathrm{d}\omega} \qquad (5-19)$$

利用频域函数分析系统问题的方法称为频域分析法或傅里叶变换法.时域分析和频域分析是从不同的角度对线性时不变系统进行分析的两种方法.时域分析是在时间域内进行的,它可以得到系统响应的波形;而频域分析是在频率域内进行的,它是信号分析和处理的有效工具.时域分析和频域分析的关系如图 5-4 所示.

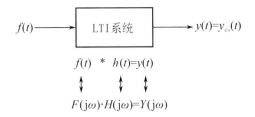

图 5-4　时域分析和频域分析的关系

例 5-1　线性时不变连续系统的幅频、相频特性如图 5-5(a) 和图 5-5(b) 所示,系统的输入 $f(t)$ 是图 5-5(c) 所示的矩形周期信号,求系统输出 $y(t)$.

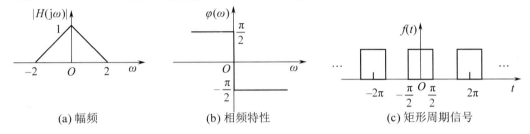

(a) 幅频　　　　　　(b) 相频特性　　　　　　(c) 矩形周期信号

图 5-5　线性时不变连续系统的频率特性和输入信号

解：　由 $f(t)$ 图形可知,其周期 T 和基波角频率 ω 分别为

$$T = 2\pi, \quad \omega = 1$$

傅里叶级数系数为

$$F_n = \frac{1}{T}\int_{-\frac{T}{2}}^{\frac{T}{2}} f(t)e^{-jn\omega t}\,\mathrm{d}t = \frac{1}{2\pi}\int_{-\frac{\pi}{2}}^{\frac{\pi}{2}} 1 \cdot e^{-jnt}\,\mathrm{d}t = \frac{1}{n\pi}\sin\frac{n\pi}{2}, \quad n = 0, \pm 1, \pm 2, \cdots$$

由上式可计算出 $f(t)$ 的直流分量和基波复振幅分别为

$$\frac{A_0}{2} = F_0 = \frac{1}{2}, \quad A_1 = 2F_1 = 2 \times \frac{1}{\pi} = \frac{2}{\pi}$$

根据系统的频率特性可知,只有 $f(t)$ 的直流分量、基波分量可通过系统,在输出端产生相应的输出.系统输出的直流分量和基波分量复振幅为

$$\frac{B_0}{2} = \frac{A_0}{2} \times H(j0) = \frac{1}{2}$$

$$B_1 = A_1 \times H(j\omega) = \frac{2}{\pi} \times H(j1) = \frac{2}{\pi} \times \frac{1}{2}e^{-j\frac{\pi}{2}} = \frac{1}{\pi}e^{-j\frac{\pi}{2}}$$

于是,输出为

$$y(t) = \frac{1}{2} + \frac{1}{\pi}\cos\left(t - \frac{\pi}{2}\right) = \frac{1}{2} + \frac{1}{\pi}\sin(t)$$

例 5-2　求出并画出下列各系统的频率响应(幅度响应和相位响应):

(1) 理想延时 T_0;

(2) 理想微分器;

(3) 理想积分器.

解：　(1) 理想延时 T_0

一个理想延时 T_0 的频率响应是

$$H(j\omega) = e^{-j\omega T_0}$$

结果

$$|H(\mathrm{j}\omega)| = 1, \quad \varphi(\omega) = -\omega T_0$$

图 5-6(a)给出了幅度和相位响应. 幅度响应对所有频率都是常数 1,相移随频率线性增加,其斜率为 $-T_0$,如果某个余弦波 $\cos\omega t$ 通过一个 T_0 延时器,其输出为 $y(t) = \cos[\omega(t - T_0)]$.

(2) 理想微分器

一个理想微分器的频率响应是

$$H(\mathrm{j}\omega) = \mathrm{j}\omega = \omega \mathrm{e}^{\mathrm{j}\frac{\pi}{2}}$$

结果

$$|H(\mathrm{j}\omega)| = \omega, \quad \varphi(\omega) = \frac{\pi}{2}$$

图 5-6(b) 给出了幅度和相位响应. 幅度响应随频率线性增加,相位响应对全部频率均为常数 $\frac{\pi}{2}$.

如果某个余弦波 $\cos\omega t$ 通过一个理想微分器,输出就为 $y(t) = \omega\cos\left(\omega t + \frac{\pi}{2}\right)$.

在理想微分器中,幅度响应正比于频率 $|H(\mathrm{j}\omega)| = \omega$,使得高频分量被增强. 所有的实际信号都会受到噪声的干扰,而噪声本质上是一个含有很高频率分量的宽带信号,一个微分器可以将噪声增大到期望信号淹没的程度,这就是为什么在实用中要避开理想微分器的原因.

(3) 理想积分器

一个理想积分器的频率响应是

$$H(\mathrm{j}\omega) = \frac{1}{\mathrm{j}\omega} = \frac{-\mathrm{j}}{\omega} = \frac{1}{\omega}\mathrm{e}^{-\mathrm{j}\frac{\pi}{2}}$$

结果

$$|H(\mathrm{j}\omega)| = \frac{1}{\omega}, \quad \varphi(\omega) = -\frac{\pi}{2}$$

图 5-6(c)给出了幅度和相位响应. 幅度响应与频率成反比,相位响应对全部频率均为常数 $-\frac{\pi}{2}$.

如果某个余弦波 $\cos\omega t$ 通过一个理想积分器,输出就为 $y(t) = \frac{1}{\omega}\cos\left(\omega t - \frac{\pi}{2}\right)$. 由于理想积分器的增益是 $|H(\mathrm{j}\omega)| = \frac{1}{\omega}$,因此它能抑制高频分量,而对 $\omega < 1$ 的低频分量予以增加. 这样,噪声信号就会受到积分器的抑制.

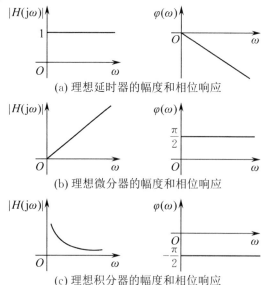

(a) 理想延时器的幅度和相位响应

(b) 理想微分器的幅度和相位响应

(c) 理想积分器的幅度和相位响应

图 5-6　理想延时器、微分器及积分器的幅度和相位响应

5.1.3　常系数线性微分方程表征的系统

正如第 2 章所介绍的,一类特别重要而有用的连续时间线性时不变系统是其输入-输出满足如下形式的线性常系数微分方程的系统:

$$\sum_{k=0}^{N} a_k \frac{\mathrm{d}^k y(t)}{\mathrm{d}t^k} = \sum_{k=0}^{M} b_k \frac{\mathrm{d}^k x(t)}{\mathrm{d}t^k} \tag{5-20}$$

有两种方法可以确定由式(5-20)的微分方程所描述的线性时不变系统的频率响应 $H(\mathrm{j}\omega)$. 第一种方法是若激励 $x(t) = \mathrm{e}^{\mathrm{j}\omega t}$,那么,其输出就一定是 $y(t) = H(\mathrm{j}\omega)\mathrm{e}^{\mathrm{j}\omega t}$. 第二种方法就是利用傅里叶变换的性质来求解该线性时不变系统的频率响应 $H(\mathrm{j}\omega)$.

对式(5-20)两边取傅里叶变换,得

$$\mathscr{F}\left\{\sum_{k=0}^{N} a_k \frac{\mathrm{d}^k y(t)}{\mathrm{d}t^k}\right\} = \mathscr{F}\left\{\sum_{k=0}^{M} b_k \frac{\mathrm{d}^k x(t)}{\mathrm{d}t^k}\right\} \tag{5-21}$$

根据傅里叶变换的线性性质,式(5-21)变为

$$\sum_{k=0}^{N} a_k \mathscr{F}\left\{\frac{\mathrm{d}^k y(t)}{\mathrm{d}t^k}\right\} = \sum_{k=0}^{M} b_k \mathscr{F}\left\{\frac{\mathrm{d}^k x(t)}{\mathrm{d}t^k}\right\} \tag{5-22}$$

并且由微分性质,可得

$$\sum_{k=0}^{N} a_k Y(\mathrm{j}\omega)\,(\mathrm{j}\omega)^k = \sum_{k=0}^{M} b_k X(\mathrm{j}\omega)\,(\mathrm{j}\omega)^k \tag{5-23}$$

即

$$Y(\mathrm{j}\omega)\left[\sum_{k=0}^{N} a_k\,(\mathrm{j}\omega)^k\right] = X(\mathrm{j}\omega)\left[\sum_{k=0}^{M} b_k\,(\mathrm{j}\omega)^k\right] \tag{5-24}$$

因此,由式(5-9)有

$$H(\mathrm{j}\omega) = \frac{Y(\mathrm{j}\omega)}{X(\mathrm{j}\omega)} = \frac{\displaystyle\sum_{k=0}^{M} b_k\,(\mathrm{j}\omega)^k}{\displaystyle\sum_{k=0}^{N} a_k\,(\mathrm{j}\omega)^k} \tag{5-25}$$

从式(5-25)可以看出,$H(\mathrm{j}\omega)$ 是一个有理函数,也就是两个 $\mathrm{j}\omega$ 的多项式之比. 其分子多项式的系数与式(5-20)右边的系数相同,而分母多项式的系数就是式(5-20)左边的系数.

例 5-3　有一个稳定的线性时不变系统,由如下微分方程表征:

$$\frac{\mathrm{d}^2 y(t)}{\mathrm{d}t^2} + 4\frac{\mathrm{d}y(t)}{\mathrm{d}t} + 3y(t) = \frac{\mathrm{d}x(t)}{\mathrm{d}t} + 2x(t)$$

求单位冲激响应.

解:　**解法一**　由式(5-25)可直接写出频率响应

$$H(\mathrm{j}\omega) = \frac{\mathrm{j}\omega + 2}{(\mathrm{j}\omega)^2 + 4(\mathrm{j}\omega) + 3} = \frac{1}{2}\left(\frac{1}{\mathrm{j}\omega + 1} + \frac{1}{\mathrm{j}\omega + 3}\right)$$

其逆变换为

$$h(t) = \frac{1}{2}\mathrm{e}^{-t}u(t) + \frac{1}{2}\mathrm{e}^{-3t}u(t)$$

解法二　令 $x(t) = \mathrm{e}^{\mathrm{j}\omega t}$,则

$$y(t) = H(\mathrm{j}\omega)\mathrm{e}^{\mathrm{j}\omega t}$$

把 $x(t)$ 和 $y(t)$ 代入上述方程,得

$$(\mathrm{j}\omega)^2 H(\mathrm{j}\omega)\mathrm{e}^{\mathrm{j}\omega t} + 4(\mathrm{j}\omega)H(\mathrm{j}\omega)\mathrm{e}^{\mathrm{j}\omega t} + 3H(\mathrm{j}\omega)\mathrm{e}^{\mathrm{j}\omega t} = (\mathrm{j}\omega)\mathrm{e}^{\mathrm{j}\omega t} + 2\mathrm{e}^{\mathrm{j}\omega t}$$

经整理后,得到

$$H(j\omega) = \frac{j\omega + 2}{(j\omega)^2 + 4(j\omega) + 3} = \frac{1}{2}\left(\frac{1}{j\omega + 1} + \frac{1}{j\omega + 3}\right)$$

其逆变换为

$$h(t) = \frac{1}{2}e^{-t}u(t) + \frac{1}{2}e^{-3t}u(t)$$

例 5 - 4   描述某系统的微分方程为 $\frac{dy(t)}{dt} + 2y(t) = f(t)$，求输入 $f(t) = e^{-t}u(t)$ 时系统的响应.

解: 令 $f(t)$ 的傅里叶变换为 $F(j\omega)$，$y(t)$ 的傅里叶变换为 $Y(j\omega)$. 对方程两边取傅里叶变换，得

$$j\omega Y(j\omega) + 2Y(j\omega) = F(j\omega)$$

由上式可得该系统的频率响应函数

$$H(j\omega) = \frac{Y(j\omega)}{F(j\omega)} = \frac{1}{j\omega + 2}$$

由于

$$F(j\omega) = \frac{1}{j\omega + 1}$$

故有

$$Y(j\omega) = H(j\omega)F(j\omega) = \frac{1}{(j\omega + 2)(j\omega + 1)} = \frac{1}{j\omega + 1} - \frac{1}{j\omega + 2}$$

取傅里叶逆变换，得

$$y(t) = (e^{-t} - e^{-2t})u(t)$$

5.1.4 时域分析与频域分析的联系

在求线性系统对任意输入的响应中，时域方法采用的是卷积，而频域方法采用的则是傅里叶积分. 尽管这两种方法有着明显的不同，但是它们的基本原理却是相似的. 在时域情况下将输入 $f(t)$ 表示成它的各种冲激分量之和；而在频域情况下则将输入表示成指数（或正弦）分量之和. 前者，通过将系统对各冲激分量的响应相加所得到的响应 $y(t)$ 产生卷积；后者，通过将系统对各指数分量的响应相加所得到的响应则得出傅里叶积分. 这些概念从数学上可表示如下.

1. 时域分析

$\delta(t) \Rightarrow h(t)$ 说明系统的单位冲激响应是 $h(t)$；

$f(t) = \int_{-\infty}^{\infty} f(\tau)\delta(t - \tau)d\tau$ 将 $f(t)$ 表示成各冲激分量之和；

$y(t) = \int_{-\infty}^{\infty} f(\tau)h(t - \tau)d\tau$ 将 $y(t)$ 表示成输入 $f(t)$ 的各冲激分量的响应之和.

2. 频域分析

$e^{j\omega t} \Rightarrow H(j\omega)e^{j\omega t}$ 说明系统对 $e^{j\omega t}$ 的响应是 $H(j\omega)e^{j\omega t}$；

$f(t) = \frac{1}{2\pi}\int_{-\infty}^{\infty} F(j\omega)e^{j\omega t}d\omega$ 将 $f(t)$ 表示成指数分量之和；

$y(t) = \frac{1}{2\pi}\int_{-\infty}^{\infty} F(j\omega)H(j\omega)e^{j\omega t}d\omega$ 将 $y(t)$ 表示成输入 $f(t)$ 的各指数分量的响应之和.

频域分析是通过利用它的频域响应（系统对各种不同的正弦分量的响应）来观察一个系统. 它将一个信号看成不同的正弦分量之和，而将一个信号通过一个线性系统就看作输入中的各种不同

的正弦分量通过这个系统.

在时域分析中使用冲激函数和在频域中使用指数 $e^{j\omega t}$,这一点绝不是偶然的,因为这两个函数是互为对偶的,即冲激 $\delta(t-\tau)$ 的傅里叶变换是 $e^{-j\omega \tau}$,而 $e^{j\omega_0 t}$ 的傅里叶变换是一个冲激 $2\pi\delta(\omega-\omega_0)$.

5.2　无失真传输与滤波

一般情况下,系统的响应波形与激励波形不相同,信号在传输过程中将产生失真.线性系统引起的信号失真由两个因素造成,一个是系统对信号中各频率分量幅度产生不同程度的衰减,使响应各频率分量的相对幅度产生变化,引起幅度失真.另一个是系统对各频率分量产生的相移不与频率成正比,使响应的各频率分量在时间轴上的相对位置产生变化,引起相位失真.在实际应用中,有时需要有意识地利用系统进行波形变换,这时必然产生失真.然而在某些情况下,希望传输过程中使信号失真最小,即无失真传输.

5.2.1　无失真传输

信号无失真传输是指系统的响应与激励信号相比,只有幅度的大小和出现时间的先后不同,而没有波形上的变化.设激励信号为 $f(t)$,经过无失真传输后,输出信号应为

$$y(t) = Kf(t-t_d) \tag{5-26}$$

即输出信号 $y(t)$ 的幅度是输入信号的 K 倍,而且比输入信号延迟 t_d.其频谱关系为

$$Y(j\omega) = Ke^{-j\omega t_d}F(j\omega) \tag{5-27}$$

由式(5-27)可见,为使信号传输无失真,系统的频率响应函数应为

$$H(j\omega) = \frac{Y(j\omega)}{F(j\omega)} = Ke^{-j\omega t_d} \tag{5-28}$$

其幅频特性和相频特性分别为

$$|H(j\omega)| = K \tag{5-29}$$

$$\varphi(\omega) = -\omega t_d \tag{5-30}$$

式(5-28)就是对系统的频率响应函数提出的无失真传输条件.欲使信号在通过线性系统时不产生任何失真,必须在信号的全部频带内,要求系统频率响应的幅频特性是一个常数,相频特性是一条通过原点的直线.无失真传输的幅频特性和相频特性如图5-7所示.

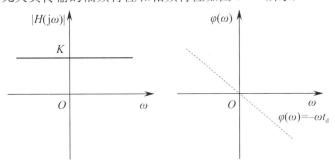

图 5-7　无失真传输的幅频特性和相频特性

式(5-28)的要求可以从物理概念上得到直观的解释.由于系统函数的幅度 $|H(j\omega)|$ 为常数 K,响应中各频率分量幅度的相对大小将与激励信号的情况一样,因而没有幅度失真.要保证没有相位失真,必须使响应中各频率分量与激励中各对应分量滞后同样的时间,这一要求反映到相位

特性是一条通过原点的直线.

　　对于传输系统相移特性的另一种描述方法是以"群时延"(或称群延时)特性来表示. 群时延 t_d 的定义为

$$t_d = -\frac{\mathrm{d}\varphi(\omega)}{\mathrm{d}\omega} \tag{5-31}$$

即群时延定义为系统相频特性对频率的导数并取负号. 在满足信号传输不产生相位失真的条件下, 其群时延特性应为常数. 由式(5-30)和式(5-31)还可看出, 信号通过系统的延迟时间 t_d 是系统相频特性 $\varphi(\omega)$ 斜率的负值. 与直接用 $\varphi(\omega)$ 描述相位特性相比较, 用群时延间接表达相位特性的好处是便于实际测量, 而且有助于理解调幅波传输过程的波形变化.

　　式(5-28)说明了为满足无失真传输对于系统函数 $H(j\omega)$ 的要求, 这是在频域方面提出的. 如果用时域特性表示, 由于系统的单位冲激响应 $h(t)$ 是 $H(j\omega)$ 的傅里叶逆变换, 即对式(5-28)取傅里叶逆变换, 得

$$h(t) = K\delta(t - t_d) \tag{5-32}$$

此结果表明, 当信号通过线性系统时, 无失真传输系统的单位冲激响应也应是冲激函数, 它只是输入冲激函数的 K 倍并延迟时间 t_d. 上述是信号无失真传输的理想条件. 当传输有限带宽的信号时, 只要在信号频带范围内, 系统的幅频、相频特性满足以上条件即可.

5.2.2　滤波

　　在各种不同的应用中, 改变一个信号中各频率分量的相对大小, 或者全部消除某些频率分量之类的要求, 这样一种过程称为滤波. 用于改变频谱形状的线性时不变系统称为频率成形滤波器(frequency-shaping filter). 用于基本上无失真地通过某些频率, 而显著地衰减或消除另一些频率的系统称为频率选择性滤波器(frequency-selective filter). 正如在 5.1 节中指出的, 一个线性时不变系统输出的频谱就是输入信号的频谱乘以该系统的频率响应. 因此, 滤波就是使信号通过恰当选取频率响应的系统.

　　(1) 频率成形滤波器

　　频率成形滤波器的主要目的是要改变信号的频谱形状. 音响系统是频率成形滤波器应用最广泛的一个例子. 例如, 在这类系统中一般都包含线性时不变滤波器, 以让听众可以改变声音中高低频分量的相对大小. 这些滤波器就与线性时不变系统相对应, 而它们的频率响应能够通过操纵音调控制来改变. 同时, 在高保真度的音响系统中, 为了补偿扬声器的频率响应特性, 往往在前置放大器中还包括一个所谓的均衡滤波器. 这些级联的滤波器合在一起称为音响系统的均衡电路.

　　另外一种常见的频率成形滤波器是图像处理系统. 例如, 输出为输入函数的导数, 即

$$y(t) = \frac{\mathrm{d}f(t)}{\mathrm{d}t} \tag{5-33}$$

在 $f(t) = \mathrm{e}^{\mathrm{j}\omega t}$ 的情况下, $y(t) = \mathrm{j}\omega \mathrm{e}^{\mathrm{j}\omega t}$, 其频率响应为

$$H(\mathrm{j}\omega) = \mathrm{j}\omega \tag{5-34}$$

通过傅里叶变换的时域微分性质对式(5-33)进行傅里叶变换, 也可求出式(5-34)的频率响应, 其频率响应曲线如图 5-8 所示.

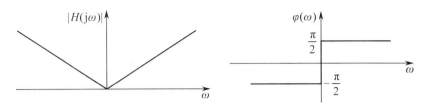

图 5 - 8　微分滤波器频率响应曲线

这个频率响应曲线表示：对复指数输入信号 $f(t) = e^{j\omega t}$ 来说，频率越大，其增益也越大. 其结果就是微分滤波器在增强信号中的快速变化部分时特别显著. 因为快速变化部分意味着有较高的频率分量.

（2）频率选择性滤波器

频率选择性滤波器的目的是去除不需要的频率成分. 通常情况下，可将理想滤波器分为四类：低通滤波器、高通滤波器、带通滤波器和带阻滤波器. 理想滤波器的幅频特性和相频特性如图 5 - 9 所示.

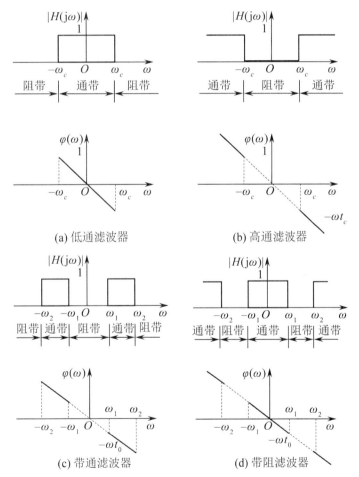

图 5 - 9　理想滤波器的幅频特性和相频特性

理想的低通滤波器能够无失真地传输位于 $[-\omega_c, \omega_c]$ 范围内的频率成分，如图 5 - 9(a) 所示. 此频率范围称为低通滤波器的通频带，此范围之外的频率成分则被抑制. 滤波器允许信号通过的频段称为滤波器的通带，不允许信号通过的频段称为阻带；截止频率 ω_c 用来表明要通过的频率与要阻止的频率之间的边界,而过渡带指由通带到阻带的这一过渡区,对理想低通滤波器来说,过渡带的带宽为 0. 高通滤波器就是允许通过高频分量,而衰减或阻止较低频率分量的滤波器,如图 5 - 9(b) 所示.

带通滤波器就是允许通过某一频带范围内的频率分量;而衰减或阻止低于该频带及高于该频带的频率分量的滤波器,如图 5 - 9(c) 所示.通频带为 $\omega_1 < \omega < \omega_2$,其中 ω_1 为下截止频率,ω_2 为上截止频率.带阻滤波器与带通滤波器相反,阻止某一频带范围内的频率分量通过,而允许其他低于该频带及高于该频带的频率分量通过的滤波器,如图 5 - 9(d) 所示.

5.2.3　理想低通滤波器

理想滤波器按不同的实际需要从不同角度给予定义.最常用到的是具有矩形幅度特性和线性相移特性的理想低通滤波器,即具有如图 5 - 9(a) 所示的幅频特性、相频特性. 它将低于某一角频率 ω_c 的信号无失真地传送,而阻止角频率高于 ω_c 的信号通过,其中 ω_c 称为截止角频率.信号能通过的频率范围称为通带;阻止信号通过的频率范围称为止带或阻带.

设理想低通滤波器的截止角频率为 ω_c,通带内幅频特性 $|H(j\omega)| = 1$,相频特性 $\varphi(\omega) = -\omega t_d$,则理想低通滤波器的频率响应可写为

$$H(j\omega) = g_{2\omega_c}(\omega)e^{-j\omega t_d} = \begin{cases} e^{-j\omega t_d}, & |\omega| < \omega_c \\ 0, & |\omega| > \omega_c \end{cases} \tag{5-35}$$

(1) 理想低通滤波器的单位冲激响应

系统的单位冲激响应 $h(t)$ 是 $H(j\omega)$ 的傅里叶逆变换,因此,理想低通滤波器的单位冲激响应为

$$h(t) = \mathscr{F}^{-1}\left[e^{-j\omega t_d} g_{2\omega_c}(\omega)\right] = \frac{\omega_c}{\pi} \mathrm{Sa}[\omega_c(t - t_d)] \tag{5-36}$$

根据傅里叶变换的对称性,得

$$g_\tau(t) \leftrightarrow \tau \mathrm{Sa}\left(\frac{\tau}{2}\omega\right)$$

则

$$\tau \mathrm{Sa}\left(\frac{\tau}{2}t\right) \leftrightarrow 2\pi g_\tau(-\omega) = 2\pi g_\tau(\omega)$$

令 $\dfrac{\tau}{2} = \omega_c$,得

$$2\omega_c \mathrm{Sa}(\omega_c t) \leftrightarrow 2\pi g_{2\omega_c}(\omega)$$

于是,得

$$\mathscr{F}^{-1}\left[g_{2\omega_c}(\omega)\right] = \frac{\omega_c}{\pi} \mathrm{Sa}(\omega_c t)$$

由傅里叶变换的时移特性,得理想低通滤波器的单位冲激响应为

$$h(t) = \mathscr{F}^{-1}\left[e^{-j\omega t_d} g_{2\omega_c}(\omega)\right] = \frac{\omega_c}{\pi} \mathrm{Sa}[\omega_c(t - t_d)] = \frac{\omega_c}{\pi} \frac{\sin[\omega_c(t - t_d)]}{\omega_c(t - t_d)} \tag{5-37}$$

其波形如图 5 - 10(a) 所示. 由图可见,理想低通滤波器单位冲激响应的峰值比输入的 $\delta(t)$ 延迟 t_d,而且输出脉冲在其建立之前就已出现. 对于实际的物理系统,当 $t < 0$ 时,输入信号尚未接入,当然不可能有输出. 这里的结果是由于采用了实际上不可能实现的理想化传输特性所致的,可见,尽管在研究问题时理想低通滤波器是十分需要的,它实际上是不可实现的非因果系统. 然而,有关理想滤波器的研究并不因其无法实现而失去价值,实际滤波器的分析与设计往往需要理想滤

波器的理论做指导.

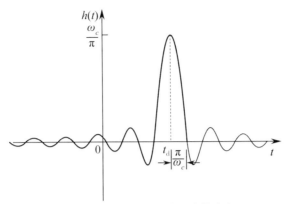

(a) 理想低通滤波器的单位冲激响应

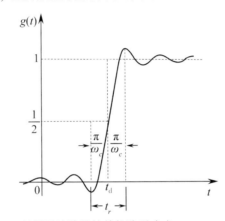

(b) 理想低通滤波器的单位阶跃响应

图 5 - 10　理想低通滤波器的单位冲激响应和单位阶跃响应

（2）理想低通滤波器的单位阶跃响应

如果具有跃变不连续点的信号通过低通滤波器,则不连续点在输出将被圆滑,产生渐变. 这是由于信号随时间的急剧改变意味着该信号拥有许多高频分量,低通滤波器滤除了一部分频率较高的分量. 阶跃信号作用于理想低通滤波器时,同样在输出端要呈现逐渐上升的波形,不再像输入信号那样急剧上升. 响应的上升时间取决于滤波器的截止频率.

设理想低通滤波器的单位阶跃响应为 $g(t)$,它等于 $h(t)$ 与单位阶跃函数的卷积,即

$$g(t) = h(t) * u(t) = \int_{-\infty}^{t} h(\tau)\mathrm{d}\tau \tag{5-38}$$

将式(5 - 37) 代入式(5 - 38),得

$$g(t) = \int_{-\infty}^{t} \frac{\omega_c}{\pi} \frac{\sin[\omega_c(\tau - t_\mathrm{d})]}{\omega_c(\tau - t_\mathrm{d})}\mathrm{d}\tau \tag{5-39}$$

这里,引入符号 $x = \omega_c(\tau - t_\mathrm{d})$,则 $\omega_c\mathrm{d}\tau = \mathrm{d}x$,令积分上限 $\omega_c(t - t_\mathrm{d}) = x_c$,进行变量替换后,得

$$g(t) = \frac{1}{\pi} \int_{-\infty}^{x_c} \frac{\sin x}{x}\mathrm{d}x = \frac{1}{\pi} \int_{-\infty}^{0} \frac{\sin x}{x}\mathrm{d}x + \frac{1}{\pi} \int_{0}^{x_c} \frac{\sin x}{x}\mathrm{d}x = \frac{1}{2} + \frac{1}{\pi}\mathrm{Si}(x_c) \tag{5-40}$$

函数 $\frac{\sin x}{x}$ 的积分称为"正弦积分",以符号 $\mathrm{Si}(y)$ 表示

$$\mathrm{Si}(y) = \int_{0}^{y} \frac{\sin x}{x}\mathrm{d}x \tag{5-41}$$

$\dfrac{\sin x}{x}$ 函数与 Si(y) 函数曲线如图 5-11 所示. 从图中可以看出 $\dfrac{\sin x}{x}$ 函数与 Si(y) 函数的一些特点.

Si(y) 是 y 的奇函数,随着 y 值增加,Si(y) 从 0 增长,以后围绕 $\dfrac{\pi}{2}$ 起伏,且逐渐趋于 $\dfrac{\pi}{2}$,各极值点与

$\dfrac{\sin x}{x}$ 函数的零点对应.

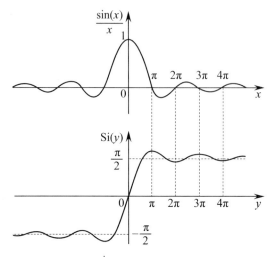

图 5-11 $\dfrac{\sin x}{x}$ 函数与 Si(y) 函数曲线

引用上述有关的数学结论,单位阶跃响应

$$g(t) = \frac{1}{2} + \frac{1}{\pi}\mathrm{Si}\left[\omega_c(t - t_d)\right] \qquad (5-42)$$

单位阶跃响应 $g(t)$ 如图 5-10(b) 所示. 由图可见,理想低通滤波器的截止频率 ω_c 越低,响应 $g(t)$ 上升越缓慢. 其次,理想低通滤波器的单位阶跃响应不像阶跃信号那样陡直上升,而且在 $-\infty <$ $t < 0$ 区间就已经出现.

理想低通滤波器单位阶跃响应的导数为

$$\frac{\mathrm{d}g(t)}{\mathrm{d}t} = h(t) \qquad (5-43)$$

它在 $t = t_d$ 处的极大值等于 $\dfrac{\omega_c}{\pi}$,是所有极值中最大的,此处单位阶跃响应上升得最快. 如果定义输出由最小值到最大值所需时间为上升时间 t_r,则由图 5-11 可以得到

$$t_r = 2 \cdot \frac{\pi}{\omega_c} = \frac{1}{B} \qquad (5-44)$$

这里,$B = \dfrac{\omega_c}{2\pi}$,是将角频率折合为频率的滤波器带宽. 由式(5-44) 可知,滤波器的通带越宽,即截止频率越高,其单位阶跃响应的上升时间越短,波形越陡. 也就是说,单位阶跃响应的上升时间与系统的通带宽度(截止频率) 成反比.

当从某信号的傅里叶变换恢复或逼近原信号时,如果原信号包含间断点,那么,在各间断点处,其恢复信号将出现过冲,这种现象称为吉布斯现象. 图5-10(b)所示的单位阶跃响应是用 $u(t)$ 的频谱 $|f| < f_c$ 的有限部分恢复信号,而滤除了 $|f| > f_c$ 的部分. 人们曾经以为,如果在恢复过程中使其包含足够多的频谱分量,这种现象将会减弱或消失. 实际上,由图 5-10(b) 可知,单位阶跃响应的第一个极大值发生在 $t = t_d + \dfrac{\pi}{\omega_c}$,将它代入式(5-42),得单位阶跃响应的极大值为

$$g_{\max} = \frac{1}{2} + \frac{1}{\pi} \mathrm{Si}\big[\omega_c(t - t_d)\big] = \frac{1}{2} + \frac{1}{\pi} \mathrm{Si}(\pi) = 1.0895 \qquad (5-45)$$

它与理想低通滤波器的通带宽度 ω_c 无关. 可见,增大理想低通滤波器的通带宽度 $B = f_c = \dfrac{\omega_c}{2\pi}$,可以使单位阶跃响应的上升时间 t_r 缩短,其过冲更靠近 $t = t_d$ 处,但不能减小过冲的幅度. 由式(5 – 45)可见,过冲幅度约为信号跃变值的 9%.

5.2.4　物理可实现系统的条件

为了能根据系统(或电路)的幅频特性、相频特性或单位冲激响应、单位阶跃响应判断系统(或电路)是否是物理可实现的,需要找到物理可实现系统所应满足的条件.

就时域特性而言,一个物理可实现的系统,其单位冲激响应在 $t < 0$ 时必须为 0,即

$$h(t) = 0, \quad t < 0 \qquad (5-46)$$

也就是说响应不应在激励作用之前出现,这一要求称为"因果条件".

就频域特性来说,佩利(Paley)和维纳(Wiener)证明了物理可实现的幅频特性 $|H(\mathrm{j}\omega)|$ 必须是平方可积的,即

$$\int_{-\infty}^{\infty} |H(\mathrm{j}\omega)|^2 \, \mathrm{d}\omega < \infty \qquad (5-47)$$

并且满足

$$\int_{-\infty}^{\infty} \frac{|\ln|H(\mathrm{j}\omega)||}{1 + \omega^2} \mathrm{d}\omega < \infty \qquad (5-48)$$

称为佩利-维纳准则. 不满足此准则的幅频特性,其相应系统(或电路)是非因果的,其响应将在激励之前出现.

由佩利-维纳准则可以看出,如果系统的幅频特性在某一有限频带内为零,则在此频带范围内 $|\ln|H(\mathrm{j}\omega)|| \to \infty$,从而不满足佩利-维纳准则,这样的系统是非因果的,这样的理想滤波器是物理不可实现的. 对于物理可实现的系统,其幅频特性可以在某些孤立的频率点上为零,但不能在某个有限频带内为零. 按此原理,理想低通、理想高通、理想带通、理想带阻等理想滤波器都是不可实现的.

例 5 – 5　某滤波器的零状态响应 $y_{zs}(t)$ 和输入信号 $f(t)$ 的关系为 $y_{zs}(t) = \dfrac{1}{\pi}\displaystyle\int_{-\infty}^{\infty} \dfrac{f(\tau)}{t-\tau}\mathrm{d}\tau$,求该滤波器的幅频特性和相频特性.

解：　根据冲激函数 $h(t)$ 的定义

$$h(t) = y_{zs}(t) \big|_{f(t)=\delta(t)} = \frac{1}{\pi} \int_{-\infty}^{\infty} \frac{\delta(\tau)}{t-\tau} \mathrm{d}\tau = \frac{1}{\pi t}$$

$$h(t) = \frac{1}{\pi t} \leftrightarrow H(\mathrm{j}\omega) = -\mathrm{j\,sgn}(\omega)$$

所以得幅频特性和相频特性分别为

$$|H(\mathrm{j}\omega)| = 1, \quad \varphi(\omega) = \begin{cases} -\dfrac{\pi}{2}, & \omega > 0 \\[2mm] \dfrac{\pi}{2}, & \omega < 0 \end{cases}$$

5.2.5　实际滤波器

由于理想滤波器在物理上是不可实现的,因此实际的滤波器的幅度响应存在某些偏离及通带

和阻带之间存在一个过渡带. 例如,实际用到的低通滤波器幅度响应特性如图 5‐12 所示. 在该图中,偏离单位增益的 $\pm\delta_1$,就是可容许的通带偏离,而 δ_2 就是可容许的阻带偏离,分别称为通带波纹和阻带波纹. ω_p 和 ω_s 分别称为通带边缘和阻带边缘. 从 ω_p 到 ω_s 的频率范围就是从通带到阻带的过渡,称为过渡带. 以上所讨论的概念和定义也适用于其他连续时间频率选择性滤波器.

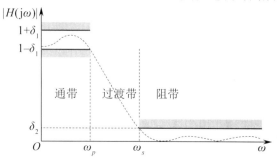

图 5‐12　实际用到的低通滤波器幅度响应特性

　　我们以简单的 RC 低通滤波器为例. RC 电路广泛应用于连续时间系统. 其中最简单的一个例子如图 5‐13 所示. 图中 $v_s(t)$ 是系统的输入,输出是电容上的电压 $v_C(t)$. 输入和输出电压由下列常系数微分方程描述:

$$RC\frac{\mathrm{d}v_C(t)}{\mathrm{d}t} + v_C(t) = v_s(t) \qquad (5\text{-}49)$$

　　假设电容的初始电压为零. 根据定义,当输入电压 $v_s(t) = \mathrm{e}^{\mathrm{j}\omega t}$ 时,输出电压一定是 $v_C(t) = H(\mathrm{j}\omega)\mathrm{e}^{\mathrm{j}\omega t}$,代入式(5‐49),得

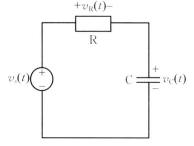

图 5‐13　一阶 RC 电路

$$RC\frac{\mathrm{d}}{\mathrm{d}t}\big[H(\mathrm{j}\omega)\mathrm{e}^{\mathrm{j}\omega t}\big] + H(\mathrm{j}\omega)\mathrm{e}^{\mathrm{j}\omega t} = \mathrm{e}^{\mathrm{j}\omega t} \qquad (5\text{-}50)$$

由此可得到

$$H(\mathrm{j}\omega) = \frac{1}{1+\mathrm{j}\omega RC} \qquad (5\text{-}51)$$

　　频率响应 $H(\mathrm{j}\omega)$ 的模和相位如图 5‐14 所示. 从图中可以看到,在频率 $\omega = 0$ 附近,$|H(\mathrm{j}\omega)| \approx 1$;而在频率有较大值时,$|H(\mathrm{j}\omega)|$ 显著减小. 因此,这一简单的 RC 滤波器,在以 $v_C(t)$ 为输出的情况下就是一个非理想的低通滤波器.

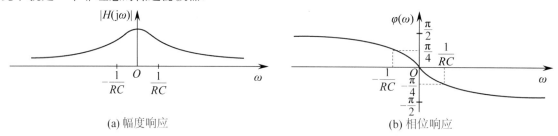

(a) 幅度响应　　　　　　　　　　　　　　　(b) 相位响应

图 5‐14　RC 滤波器的频率响应

　　为了分析该滤波器时域上的一些特性,需要得到该系统的单位冲激响应和单位阶跃响应. 该滤波器的单位冲激响应是

$$h(t) = \frac{1}{RC}\mathrm{e}^{-\frac{t}{RC}}u(t) \qquad (5\text{-}52)$$

单位阶跃响应是

$$g(t) = (1 - \mathrm{e}^{-\frac{t}{RC}})u(t) \qquad (5\text{-}53)$$

两个响应如图 5-15 所示. 比较图 5-14 和图 5-15 可以得出:假如希望让滤波器通过很低的一些频率,那么由图 5-14 可知 $\frac{1}{RC}$ 必须要小,或者等效为 RC 要大,以使那些不需要的频率分量有足够大的衰减. 然而,由图 5-10(b) 可知,RC 一旦变大,单位阶跃响应就得需要较长的时间才能达到它的稳定状态. 这就是说,该系统对阶跃输入的响应是缓慢的. 相反,如果希望有较快的单位阶跃响应,就需要较小的 RC 值,这就意味着该滤波器将通过较高的频率分量. 即滤波器的设计是在时域和频域特性之间的折中.

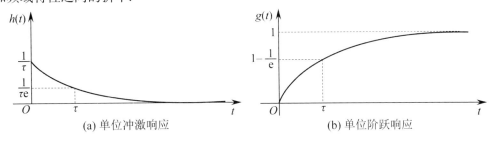

(a) 单位冲激响应　　　　　　　　　　(b) 单位阶跃响应

图 5-15　RC 滤波器的单位冲激响应和单位阶跃响应 $(\tau = RC)$

5.3　取　样　定　理

取样定理论述了在一定条件下,一个连续时间信号完全可以用该信号在等时间间隔上的瞬时值(或称样本值) 表示. 这些样本值包含了该连续时间信号的全部信息,利用这些样本值可以恢复原信号. 取样定理在连续时间信号与离散时间信号之间架起了一座桥梁. 由于离散时间信号(或数字信号) 的处理更为灵活、方便,在许多实际应用中(如数字通信系统等),首先将连续信号转换为相应的离散信号,并进行加工处理,然后再将处理后的离散信号转换为连续信号. 取样定理为连续时间信号与离散时间信号的相互转换提供了理论依据.

5.3.1　信号的取样

一般来讲,在没有任何附加条件下,我们不能指望一个信号都能唯一地由一组等间隔的样本值来表征. 例如,在图 5-16 中给出两个不同的连续时间信号,在 T 的整倍数时刻点上,它们全部有相同的值,即

$$x_1(nT) = x_2(nT) \tag{5-54}$$

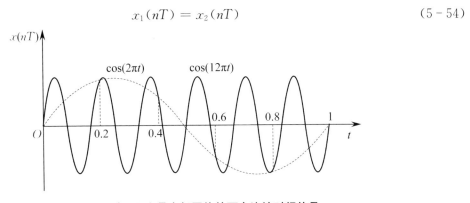

图 5-16　在 nT 上具有相同值的两个连续时间信号

很明显,有无限多个信号都可以产生一组给定的样本值. 然而,如果一个信号是带限的(即它的傅里叶变换在某一有限频带范围以外均为零),并且它的样本取得足够密的话(相对于信号中的

最高频率而言),那么这些样本值就能唯一地用来表征这一信号,并且能从这些样本中把信号完全恢复出来.例如,电影就是由样本恢复连续时间信号的一个例子.电影由一组按时间先后排列的单个画面所组成的,每个画面代表着一帧,当以足够快的速度来看这些时序样本时,我们就会感觉是原来连续活动景象的重现.

所谓"取样"就是利用取样脉冲序列 $s(t)$ 从连续信号 $f(t)$ 中"抽取"一系列离散样本值的过程.这样得到的离散信号称为取样信号.图 5-17 所示的取样信号 $f_s(t)$ 可表示为

$$f_s(t) = f(t)s(t) \tag{5-55}$$

式中,取样脉冲序列 $s(t)$ 也称为开关函数.如果其各脉冲间隔的时间相同,均为 T_s,就称为均匀取样. T_s 称为取样周期, $f_s = \dfrac{1}{T_s}$ 称为取样频率, $\omega_s = 2\pi f_s = \dfrac{2\pi}{T_s}$ 称为取样角频率.

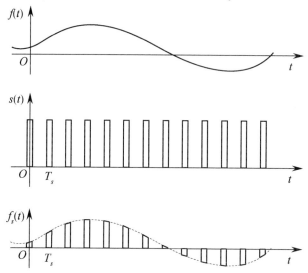

图 5-17　信号的取样

图 5-18 所示为实现取样的原理方框图.由图可见,连续信号经取样作用变成取样信号以后,往往需要再经量化、编码变成数字信号.这种数字信号经传输,然后进行上述过程的逆变换就可恢复原连续信号.基于这种原理所构成的数字通信系统在很多性能上都要比模拟通信系统优越.随着数字技术与计算机的迅速发展,这种通信方式已经得到了广泛的应用.

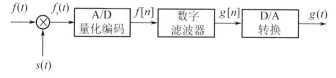

图 5-18　实现取样的原理方框图

如果连续信号 $f(t)$ 的傅里叶变换为 $F(\mathrm{j}\omega)$,取样脉冲序列 $s(t)$ 的傅里叶变换为 $S(\mathrm{j}\omega)$,取样后信号 $f_s(t)$ 的傅里叶变换为 $F_s(\mathrm{j}\omega)$,则由频域卷积定理,得取样信号 $f_s(t)$ 的频谱函数为

$$F_s(\mathrm{j}\omega) = \frac{1}{2\pi}F(\mathrm{j}\omega) * S(\mathrm{j}\omega) \tag{5-56}$$

因为 $s(t)$ 是周期信号,其傅里叶变换等于

$$S(\mathrm{j}\omega) = 2\pi \sum_{n=-\infty}^{\infty} S_n \delta(\omega - n\omega_s) \tag{5-57}$$

其中,

$$S_n = \frac{1}{T} \int_{-\frac{T_s}{2}}^{\frac{T_s}{2}} s(t) \mathrm{e}^{-\mathrm{j}n\omega_s t} \,\mathrm{d}t \tag{5-58}$$

是 $s(t)$ 的傅里叶级数的系数.

将式(5-57)代入式(5-56),得到取样信号 $f_s(t)$ 的傅里叶变换为

$$F_s(\mathrm{j}\omega) = \sum_{n=-\infty}^{\infty} S_n F(\omega - n\omega_s) \tag{5-59}$$

式(5-59)表明:信号在时域被抽样后,它的频谱 $F_s(\mathrm{j}\omega)$ 是连续信号频谱 $F(\mathrm{j}\omega)$ 的形状以抽样频率 ω_s 为间隔周期地重复而得到,在重复的过程中幅度被 $s(t)$ 的傅里叶系数 S_n 所加权.即在时域取样(离散化)相当于频域周期化.由于 S_n 只是 n(而不是 ω)的函数,因此 $F(\mathrm{j}\omega)$ 在重复过程中不会使形状发生变化.式(5-59)中加权系数 S_n 取决于抽样脉冲序列的形状,下面讨论两种典型的情况.

5.3.2　冲激取样

如果取样脉冲序列 $s(t)$ 是周期为 T_s 的冲激函数序列 $\delta_{T_s}(t)$,这种取样则称为"冲激取样"或"理想取样".这时,取样信号

$$s(t) = \delta_{T_s}(t) = \sum_{n=-\infty}^{\infty} \delta(t - nT_s) \tag{5-60}$$

其频谱为

$$S(\mathrm{j}\omega) = \omega_s \delta_{\omega_s}(\omega) = \omega_s \sum_{n=-\infty}^{\infty} \delta(\omega - n\omega_s) \tag{5-61}$$

即冲激序列 $\delta_{T_s}(t)$ 的频谱也是周期冲激序列.其中,$\omega_s = \dfrac{2\pi}{T_s}$.函数 $\delta_{T_s}(t)$ 及其频谱如图5-19(c)和图5-19(d)所示.

如果 $f(t)$ 是带限信号,即 $f(t)$ 的频谱只在区间 $(-\omega_m, \omega_m)$ 为有限值,而其余区间为0,这样的信号称为频带有限信号,简称带限信号,冲激取样信号 $f_s(t)$ 及其频谱如图5-19(e)和图5-19(f)所示.这时,取样信号 $f_s(t)$ 的频谱函数为

$$\begin{aligned}F_s(\mathrm{j}\omega) &= \frac{1}{2\pi} F(\mathrm{j}\omega) * \omega_s \sum_{n=-\infty}^{\infty} \delta(\omega - n\omega_s) = \frac{1}{T_s} \sum_{n=-\infty}^{\infty} F(\mathrm{j}\omega) * \delta(\omega - n\omega_s) \\ &= \frac{1}{T_s} \sum_{n=-\infty}^{\infty} F[\mathrm{j}(\omega - n\omega_s)] \end{aligned} \tag{5-62}$$

式(5-62)也可通过求出 $s(t)$ 的傅里叶级数系数得到

$$\begin{aligned}S_n &= \frac{1}{T_s} \int_{-\frac{T_s}{2}}^{\frac{T_s}{2}} s(t) \mathrm{e}^{-\mathrm{j}n\omega_s t} \,\mathrm{d}t = \frac{1}{T_s} \int_{-\frac{T_s}{2}}^{\frac{T_s}{2}} \delta_{T_s}(t) \mathrm{e}^{-\mathrm{j}n\omega_s t} \,\mathrm{d}t \\ &= \frac{1}{T_s} \int_{-\frac{T_s}{2}}^{\frac{T_s}{2}} \delta(t) \mathrm{e}^{-\mathrm{j}n\omega_s t} \,\mathrm{d}t = \frac{1}{T_s} \end{aligned} \tag{5-63}$$

将式(5-63)代入式(5-59)也可得到式(5-62)的结果.冲激取样信号 $f_s(t)$ 及其频谱如图5-19所示.

由图5-19可知,取样信号 $f_s(t)$ 的频谱由原信号频谱 $F(\mathrm{j}\omega)$ 的无限个频移项组成,其频移的角频率分别为 $n\omega_s(n=0,\pm1,\pm2,\cdots)$,其幅值为原频谱的 $\dfrac{1}{T_s}$.由取样信号 $f_s(t)$ 的频谱还可以看出,如果 $\omega_s > 2\omega_m$(即 $f_s > 2f_m$),那么各相邻频移后的频谱不会发生重叠,如图5-20(b)所示.这时就能设法(如利用低通滤波器)从取样信号的频谱 $F_s(\mathrm{j}\omega)$ 中得到原信号的频谱,即从取样信号 $f_s(t)$ 中恢复原信号 $f(t)$.如果 $\omega_s < 2\omega_m$,那么频移后的各相邻频谱将相互重叠,如图5-20(c)所示.这样就无法将它们分开,因而也不能再恢复原信号.频谱重叠的这种现象常称为混叠现象.可见,为了不发生混叠现象,必须满足 $\omega_s \geqslant 2\omega_m$.

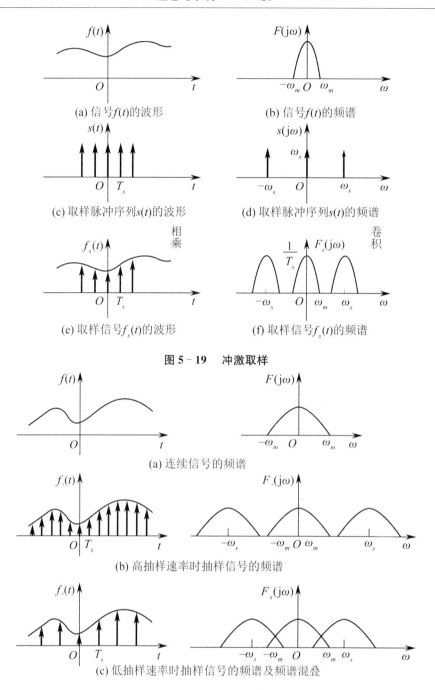

图 5 - 19　冲激取样

图 5 - 20　混叠现象

5.3.3　矩形脉冲取样

如果取样脉冲序列 $s(t)$ 是幅度为 E，脉宽为 $\tau(\tau < T_s)$ 的矩形脉冲序列 $p_{T_s}(t)$，如图 5 - 21 所示，则取样脉冲序列 $s(t)$ 的频谱函数为

$$S(\mathrm{j}\omega) = \mathscr{F}[p_{T_s}(t)] = \frac{2\pi E\tau}{T_s} \sum_{n=-\infty}^{\infty} \mathrm{Sa}\left(\frac{n\omega_s\tau}{2}\right)\delta(\omega - n\omega_s) \tag{5-64}$$

得取样信号 $f_s(t)$ 的频谱函数为

$$F_s(\mathrm{j}\omega) = \frac{1}{2\pi} F(\mathrm{j}\omega) * \frac{2\pi E\tau}{T_s} \sum_{n=-\infty}^{\infty} \mathrm{Sa}\!\left(\frac{n\omega_s\tau}{2}\right)\delta(\omega - n\omega_s)$$

$$= \frac{E\tau}{T_s} \sum_{n=-\infty}^{\infty} \mathrm{Sa}\!\left(\frac{n\omega_s\tau}{2}\right) F[\mathrm{j}(\omega - n\omega_s)] \tag{5-65}$$

式(5-65) 也可通过求出 $s(t)$ 的傅里叶级数系数得到

$$S_n = \frac{1}{T_s}\int_{-\frac{T_s}{2}}^{\frac{T_s}{2}} s(t)\mathrm{e}^{-jn\omega_s t}\,\mathrm{d}t = \frac{1}{T_s}\int_{-\frac{T_s}{2}}^{\frac{T_s}{2}} E\mathrm{e}^{-jn\omega_s t}\,\mathrm{d}t = \frac{E\tau}{T_s}\mathrm{Sa}\!\left(\frac{n\omega_s\tau}{2}\right) \tag{5-66}$$

将式(5-66)代入式(5-59)也可得到式(5-65)的结果. 图5-21画出了矩形脉冲取样信号及其频谱.

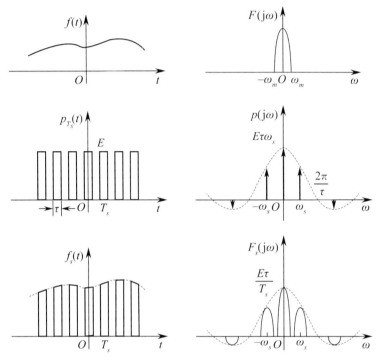

图 5-21　矩形脉冲取样信号及其频谱

比较式(5-65) 和式(5-62) 以及图5-20 与图5-21 可见,经过冲激取样或矩形脉冲取样后,其取样信号 $f_s(t)$ 的频谱相似. 因此,当 $\omega_s > 2\omega_m$ 时,矩形脉冲取样信号的频谱 $F_s(\mathrm{j}\omega)$ 也不会出现混叠,从而能从取样信号 $f_s(t)$ 中恢复原信号 $f(t)$. 但是,在矩形脉冲取样情况下,取样信号频谱的幅度不再是等幅的,而是受到周期矩形脉冲信号的傅里叶级数系数的加权,即以 $\mathrm{Sa}\!\left(\frac{n\omega_s\tau}{2}\right)$ 的规律变化.

5.3.4　连续时间信号的重建

设有冲激取样信号 $f_s(t)$,其取样频率 $\omega_s \geqslant 2\omega_m$($\omega_m$ 为原信号的最高角频率). $f_s(t)$ 及其频谱 $F_s(\mathrm{j}\omega)$ 如图5-22所示. 为了从 $F_s(\mathrm{j}\omega)$ 中无失真地恢复 $F(\mathrm{j}\omega)$,选择一个理想低通滤波器,其频率响应的幅度为 T_s,截止角频率为 $\omega_c\!\left(\omega_m < \omega_c \leqslant \frac{\omega_s}{2}\right)$,即

$$H(\mathrm{j}\omega) = \begin{cases} T_s, & |\omega| < \omega_c \\ 0, & |\omega| > \omega_c \end{cases} \tag{5-67}$$

即可恢复原信号.

$$F(j\omega) = F_s(j\omega)H(j\omega) \tag{5-68}$$

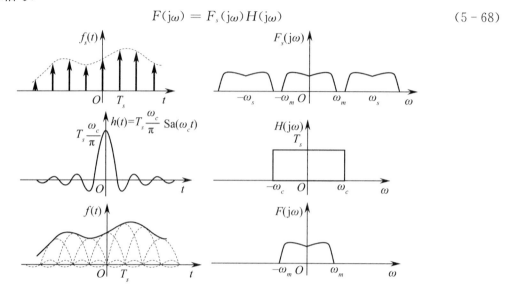

图 5-22　由取样信号恢复连续信号

根据卷积定理，式(5-68)对应于时域为

$$f(t) = f_s(t) * h(t) \tag{5-69}$$

由于冲激取样信号

$$f_s(t) = f(t)s(t) = f(t)\sum_{n=-\infty}^{\infty}\delta(t-nT_s) = \sum_{n=-\infty}^{\infty}f(nT_s)\delta(t-nT_s) \tag{5-70}$$

利用对称性，求得低通滤波器的单位冲激响应为

$$h(t) = \mathscr{F}^{-1}\big[H(j\omega)\big] = T_s\frac{\omega_c}{\pi}\mathrm{Sa}(\omega_c t) \tag{5-71}$$

利用时域卷积关系可求得输出信号，即原连续时间信号 $f(t)$，

$$f(t) = f_s(t) * h(t) = \sum_{n=-\infty}^{\infty}f(nT_s)\delta(t-nT_s) * T_s\frac{\omega_c}{\pi}\mathrm{Sa}(\omega_c t)$$

$$= \frac{T_s\omega_c}{\pi}\sum_{n=-\infty}^{\infty}f(nT_s)\mathrm{Sa}\big[\omega_c(t-nT_s)\big] \tag{5-72}$$

式(5-72)表明，连续信号 $f(t)$ 可以展开成正交取样函数（Sa 函数）的无穷级数，该级数的系数等于取样值 $f(nT_s)$. 也就是说，若在取样信号 $f_s(t)$ 的每个样点处，画一个最大峰值为 $f(nT_s)$ 的 Sa 函数波形，那么其合成波形就是原来的连续信号 $f(t)$，如图 5-22 所示. 按照线性系统的叠加性，当 $f_s(t)$ 通过理想低通滤波器时，取样序列的每个冲激信号产生一个响应，将这些响应叠加就可得出 $f(t)$，从而达到由 $f_s(t)$ 恢复 $f(t)$ 的目的. 因此，只要已知各取样值 $f(nT_s)$，就能唯一地确定出原信号 $f(t)$.

在临界条件下，$\omega_c = \dfrac{\omega_s}{2}$，则 $T_s = \dfrac{2\pi}{\omega_s} = \dfrac{\pi}{\omega_c}$. 所以有

$$h(t) = \mathrm{Sa}\left(\frac{\omega_s t}{2}\right) \tag{5-73}$$

将式(5-73)代入式(5-69)，有

$$f(t) = \sum_{n=-\infty}^{\infty}f(nT_s)\delta(t-nT_s) * \mathrm{Sa}\left(\frac{\omega_s t}{2}\right) = \sum_{n=-\infty}^{\infty}f(nT_s)\mathrm{Sa}\left[\frac{\omega_s}{2}(t-nT_s)\right] \tag{5-74}$$

此时,取样序列的各个单位冲激响应零点恰好落在取样时刻上,各单位冲激响应互相不产生"串扰". 当 $\omega_s > 2\omega_m$ 时,只要选择 $\omega_m < \omega_c < \omega_s - \omega_m$,即可正确恢复 $f(t)$ 的波形. 当 $\omega_s < 2\omega_m$ 时,$f_s(t)$ 的频谱出现混叠,这时,无论如何选择 ω_c 都不可能使叠加后的波形恢复 $f(t)$.

5.3.5 频域取样

已知连续频谱函数 $F(\mathrm{j}\omega)$,对应的时间函数为 $f(t)$. 若 $F(\mathrm{j}\omega)$ 在频域中被间隔为 ω_s 的冲激序列 $\delta_{\omega_s}(\omega) = \sum\limits_{n=-\infty}^{\infty} \delta(\omega - n\omega_s)$ 取样,那么取样后的频谱函数 $F_s(\mathrm{j}\omega)$ 所对应的时间函数 $f_s(t)$ 与 $f(t)$ 具有什么样的关系呢?

已知

$$F(\mathrm{j}\omega) = \mathscr{F}[f(t)] \tag{5-75}$$

若频域取样过程为

$$F_s(\mathrm{j}\omega) = F(\mathrm{j}\omega)\delta_{\omega_s}(\omega) = F(\mathrm{j}\omega)\sum_{n=-\infty}^{\infty}\delta(\omega - n\omega_s) \tag{5-76}$$

由于

$$s(t) = \delta_{T_s}(t) = \sum_{n=-\infty}^{\infty}\delta(t - nT_s) \leftrightarrow S(\mathrm{j}\omega) = \omega_s\delta_{\omega_s}(\omega) = \omega_s\sum_{n=-\infty}^{\infty}\delta(\omega - n\omega_s)$$

根据时域卷积定理,可得式(5-76)的逆变换为

$$f_s(t) = f(t) * \mathscr{F}^{-1}[\delta_{\omega_s}(\omega)] = f(t) * \frac{1}{\omega_s}\sum_{n=-\infty}^{\infty}\delta(t - nT_s)$$

$$= \frac{1}{\omega_s}\sum_{n=-\infty}^{\infty}f(t - nT_s) \tag{5-77}$$

其中,$\omega_s = \dfrac{2\pi}{T_s}$.

式(5-77)表明:若 $f(t)$ 的频谱 $F(\mathrm{j}\omega)$ 被间隔为 ω_s 的冲激序列在频域中取样,则在时域中等效于 $f(t)$ 以 $T_s = \dfrac{2\pi}{\omega_s}$ 为周期而重复,如图 5-23 所示. 也就是说,周期信号的频谱是离散的. 通过以上讨论,可以引出重要的取样定理.

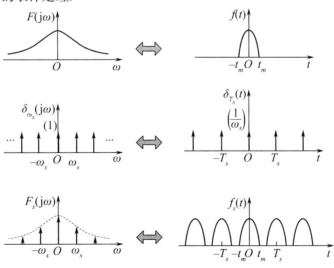

图 5-23   频域取样所对应的信号波形

5.3.6 取样定理

1. 时域取样定理

一个频谱在区间 $(-\omega_m,\omega_m)$ 以外为零的带限信号 $f(t)$，可唯一地由其在均匀间隔 $T_s\left(T_s<\dfrac{1}{2f_m}\right)$ 上的样值点 $f(nT_s)$ 确定.

为恢复原信号，必须满足两个条件：① $f(t)$ 必须是带限信号；② 取样频率不能太低，必须 $f_s>2f_m$，或者说，取样间隔不能太大，必须 $T_s<\dfrac{1}{2f_m}$，否则将发生混叠. 通常把最低允许的取样频率 $f_s=2f_m$ 称为奈奎斯特(Nyquist) 频率，把最大允许的取样间隔 $T_s=\dfrac{1}{2f_m}$ 称为奈奎斯特间隔.

对于抽样定理，可以从物理概念上做如下解释. 由于一个频带受限的信号波形绝不可能在很短的时间内产生独立的、实质的变化，它的最高变化速度受最高频率分量 ω_m 的限制. 因此，为了保留这一频率分量的全部信息，一个周期的间隔内至少取样两次，即必须满足 $f_s>2f_m$.

2. 频域取样定理

根据时域与频域的对称性，可以由时域取样定理直接推导出频域取样定理.

一个在时域区间 $(-t_m,t_m)$ 以外为零的有限时间信号 $f(t)$ 的频谱函数 $F(j\omega)$，可唯一地由其在均匀频率间隔 $f_s\left(f_s<\dfrac{1}{2t_m}\right)$ 上的样点值 $F(jn\omega_s)$ 确定.

从物理概念上不难理解，因为在频域中对 $F(j\omega)$ 进行抽样，等效于 $f(t)$ 在时域中重复形成周期信号 $f_s(t)$. 只要取样间隔不大于 $\dfrac{1}{2t_m}$，则在时域中波形就不会产生混叠，用矩形脉冲作为选通信号从周期信号 $f_s(t)$ 中选出单个脉冲就可以无失真地恢复出原信号 $f(t)$.

例 5 - 6 $f(t)$ 为具有最高频率 $f_{\max}=1\,\text{kHz}$ 的带限信号，求对 $f(t),f(2t),f(2t-1),f^3(t)$，$f(t)*f(2t),f(t)\cos(2000\pi t)$ 采样的奈奎斯特采样率 f_s.

解： 设 $f(t)$ 的傅里叶变换为 $F(j\omega)$，$f_{\max}=1\,\text{kHz}$，则由傅里叶变换的时域尺度变换性质有

$$f(2t)\leftrightarrow\frac{1}{2}F\left(j\,\frac{\omega}{2}\right),\quad f_{1\max}=2\,\text{kHz},\quad f_{1s}=4\,\text{kHz}$$

由时移性质，有

$$f(2t-1)\leftrightarrow\frac{1}{2}F\left(j\,\frac{\omega}{2}\right)\text{e}^{-\frac{j\omega}{2}},\quad f_{2\max}=2\,\text{kHz},\quad f_{2s}=4\,\text{kHz}$$

由频域卷积定理，有

$$f^3(t)\leftrightarrow\frac{1}{4\pi^2}F(j\omega)*F(j\omega)*F(j\omega),\quad f_{3\max}=3\,\text{kHz},\quad f_{3s}=6\,\text{kHz}$$

由时域卷积定理，有

$$f(t)*f(2t)\leftrightarrow F(j\omega)\frac{1}{2}F\left(j\,\frac{\omega}{2}\right),\quad f_{4\max}=1\,\text{kHz},\quad f_{4s}=2\,\text{kHz}$$

由信号调制关系，有

$$f(t)\cos(2000\pi t)\leftrightarrow\frac{1}{2}\{F[j(\omega+2000\pi)]+F[j(\omega-2000\pi)]\},f_{5\max}=2\,\text{kHz},f_{5s}=4\,\text{kHz}$$

5.4　用 Matlab 进行连续时间系统的频域分析

5.4.1　连续时间线性时不变系统的频域分析

连续线性时不变系统的频域分析法,称为傅里叶变换分析法.该方法是基于信号频谱分析的概念,讨论信号作用于线性系统时在频域中求解响应的方法.傅里叶变换分析法的关键是求取系统的频率响应.傅里叶变换分析法主要用来分析系统的频率响应特性,或分析输出信号的频谱,也可用来求解正弦信号作用下的正弦稳态响应.下面通过实例研究非周期信号激励下利用频率响应求零状态响应.

Matlab 提供的 freqs() 函数可直接计算系统的频率响应的数值解,其调用格式为

$$H = \text{freqs}(b,a,\omega) \tag{5-78}$$

其中,b 和 a 分别表示 $H(j\omega)$ 的分子和分母多项式的系数向量;ω 为系统频率响应的频率范围,其一般形式为 $\omega_1:d\omega:\omega_2$,$\omega_1$ 为频率起始值,ω_2 为频率终止值,$d\omega$ 为频率取样间隔.H 返回 ω 所定义的频率点上系统频率响应的样值.注意,H 返回的样值可能包含实部和虚部的复数.因此,如果想得到系统的幅频特性或相频特性,需要利用 abs() 函数和 angle() 函数来分别求得.

例 5-7　已知一个连续时间线性时不变系统的微分方程为

$$y''(t) + 5y'(t) + 6y(t) = x'(t) + 2x(t)$$

求该系统的频率响应,并绘出幅频特性和相频特性图.

解：　Matlab 计算程序如下：

```
ws = -3* pi;we = 3* pi;dw = 0.01;    % 频率的起始和终止范围及采样步长
w = ws:dw:we;    % 频率坐标
b = [1,2];
a = [1,5,6];
H = freqs(b,a,w);    % 频率响应
H1 = abs(H);    % 频率求模
phaH = angle(H);    % 相位
subplot(2,1,1)
plot(w,H1,'LineWidth',2.5);
set(gca,'FontSize',20);
grid on;
xlabel('\omega(rad/s)','fontsize',24);
ylabel('| H(\omega)|','fontsize',24);
title(['H(\omega) 的幅频特性'],'fontsize',24);
subplot(2,1,2)
plot(w,phaH,'LineWidth',2.5);
set(gca,'FontSize',20);
grid on;
xlabel('\omega(rad/s)','fontsize',24);
ylabel('\phi(\omega)','fontsize',24);
title(['H(\omega) 的相频特性'],'fontsize',24);
```

系统的幅频特性和相频特性如图 5-24 所示.

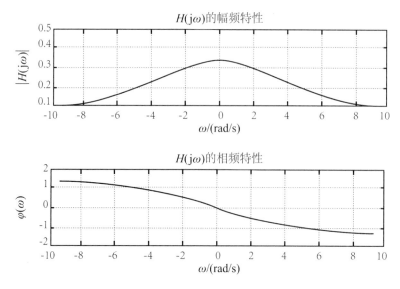

图 5 - 24　系统的幅频特性和相频特性

5.4.2　信号抽样及恢复

　　信号抽样是连续时间信号分析向离散时间信号分析转变的第一步,广泛应用于实际的各系统中. 所谓信号抽样就是利用抽样脉冲序列 $p(t)$ 从连续信号 $f(t)$ 中抽取一系列的离散样值,通过抽样过程得到的离散样值信号称为抽样信号,用 $f_s(t)$ 表示. 从数学上讲,抽样过程就是抽样脉冲 $p(t)$ 和连续信号 $f(t)$ 相乘的过程.

　　假设连续信号 $f(t)$ 的频谱为 $F(j\omega)$,抽样脉冲 $p(t)$ 是一个周期信号,它的频谱为

$$p(t) = \sum_{n=-\infty}^{\infty} P_n e^{jn\omega_s t} \leftrightarrow P(j\omega) = 2\pi \sum_{n=-\infty}^{\infty} P_n \delta(\omega - n\omega_s) \tag{5-79}$$

其中,$\omega_s = \dfrac{2\pi}{T_s}$ 为抽样角频率,T_s 为抽样间隔.

　　抽样的时域表示为

$$f_s(t) = f(t)p(t) \tag{5-80}$$

抽样的频域表示为

$$F_s(j\omega) = \frac{1}{2\pi} F(j\omega) * P(j\omega) = F(j\omega) * \sum_{n=-\infty}^{\infty} P_n \delta(\omega - n\omega_s) = \sum_{n=-\infty}^{\infty} P_n F[j(\omega - n\omega_s)]$$

$$\tag{5-81}$$

　　式(5-81)表明,信号在时域被抽样后,它的频谱是原连续信号的频谱以抽样角频率为间隔周期延拓,即信号在时域抽样或离散化,相当于频域周期化. 在频谱的周期重复过程中,其频谱幅度受抽样脉冲序列的傅里叶级数系数加权.

　　假设抽样信号为周期冲激脉冲序列,则

$$p(t) = \sum_{n=-\infty}^{\infty} \delta(t - nT_s) \leftrightarrow P(j\omega) = \omega_s \sum_{n=-\infty}^{\infty} \delta(\omega - n\omega_s) \tag{5-82}$$

$$f_s(t) = \sum_{n=-\infty}^{\infty} f(nT_s)\delta(t - nT_s) \tag{5-83}$$

因此,冲激脉冲序列抽样后信号的频谱为

$$F_s(\mathrm{j}\omega) = \frac{1}{T_s}\sum_{n=-\infty}^{\infty} F(\omega - n\omega_s) \tag{5-84}$$

抽样定理表明,当抽样间隔小于奈奎斯特间隔时,可用抽样信号 $f_s(t)$ 唯一地表示原信号 $f(t)$,即信号的恢复. 为了从频谱中无失真地恢复原信号,可采用截止频率为 $\omega_c \geqslant \omega_m$ 的理想低通滤波器. 选择一个理想低通滤波器,其频率响应的幅度为 T_s,截止角频率为 $\omega_c \left(\omega_m < \omega_c \leqslant \dfrac{\omega_s}{2}\right)$,即

$$H(\mathrm{j}\omega) = \begin{cases} T_s, & |\omega| < \omega_c \\ 0, & |\omega| > \omega_c \end{cases} \tag{5-85}$$

即可恢复原信号,恢复的频域表示式为:

$$F(\mathrm{j}\omega) = F_s(\mathrm{j}\omega)H(\mathrm{j}\omega) \tag{5-86}$$

根据卷积定理,式(5-86)对应于时域为

$$f(t) = f_s(t) * h(t) \tag{5-87}$$

利用对称性,求得低通滤波器的单位冲激响应为

$$h(t) = \mathscr{F}^{-1}[H(\mathrm{j}\omega)] = T_s\frac{\omega_c}{\pi}\mathrm{Sa}(\omega_c t) \tag{5-88}$$

利用时域卷积关系可求得输出信号,即原连续时间信号 $f(t)$

$$f(t) = f_s(t) * h(t) = \sum_{n=-\infty}^{\infty} f(nT_s)\delta(t - nT_s) * T_s\frac{\omega_c}{\pi}\mathrm{Sa}(\omega_c t)$$

$$= T_s\frac{\omega_c}{\pi}\sum_{n=-\infty}^{\infty} f(nT_s)\mathrm{Sa}[\omega_c(t - nT_s)] \tag{5-89}$$

式(5-89)表明,连续信号可以展开为抽样函数 $\mathrm{Sa}(t)$ 的无穷级数,该级数的系数等于抽样值.

利用 Matlab 中的函数 $\mathrm{sinc}(t) = \dfrac{\sin(\pi t)}{\pi t}$ 来表示 $\mathrm{Sa}(t)$,有 $\mathrm{Sa}(t) = \mathrm{sinc}\left(\dfrac{t}{\pi}\right)$,所以可以得到在 Matlab 中信号由 $f(nT_s)$ 重建 $f(t)$ 的表达式如下:

$$f(t) = T_s\frac{\omega_c}{\pi}\sum_{n=-\infty}^{\infty} f(nT_s)\mathrm{sinc}\left[\frac{\omega_c}{\pi}(t - nT_s)\right] \tag{5-90}$$

例 5-8　已知升余弦脉冲信号为

$$f(t) = \frac{E}{2}\left[1 + \cos\left(\frac{\pi t}{\tau}\right)\right] \quad (0 \leqslant |t| \leqslant \tau)$$

用 Matlab 编程实现该信号经冲激脉冲抽样后得到的抽样信号 $f_s(t)$ 及其频谱,并利用抽样信号 $f_s(t)$ 恢复原信号 $f(t)$,并计算恢复信号与原信号的绝对误差.

解:　当参数 $E = 1, \tau = \pi$,则 $f(t) = \dfrac{1}{2}(1 + \cos t)$,

截止频率 $\omega_m = 2, f_m = \dfrac{1}{\pi}, T_s = 1, f_s = 1$

Matlab 计算程序如下:

```
clear all;
clc;
wm = 2;                            % 截止频率
wc = 1.2 * wm;                     % 滤波范围
Ts = 1;                            % 采样周期
```

```
dt = 0.1;
t = -5:dt:5;                                          % 连续时间坐标
f1 = ((1+cos(t))/2).* (((t+pi) >= 0) - ((t-pi) >= 0));     % 原信号
subplot(4,2,1);
plot(t,f1,'linewidth',2.5);grid on;
axis([-5,5,-0.1,1.1]);
xlabel('t','fontsize',20),ylabel('f(t)','fontsize',20);
title('升余弦脉冲信号','fontsize',18)

N = 500;                                              % 正频率的采样点
k = -N:N;
w = pi* k/(N* dt);                                    % 角频率范围
f1w = dt* f1* exp(-j* t'* w);                         % 原始信号的频谱
subplot(4,2,2);
plot(w,abs(f1w),'linewidth',2.5);grid on;
axis([-2* 2* pi/Ts,2* 2* pi/Ts,-0.1,3.5]);
xlabel('\omega','fontsize',20),ylabel('F(j\omega)','fontsize',20);
title('升余弦脉冲信号的频谱','fontsize',20)

n = -N:N;
nTs = n* Ts;
fst = ((1+cos(nTs))/2).* (((nTs+pi) >= 0) - ((nTs-pi) >= 0));   % 采样信号
subplot(4,2,3);
plot(t,f1,':','linewidth',2.5),hold on;
stem(nTs,fst,'filled','linewidth',2.5),grid on;
axis([-5,5,-0.1,1.1]);
xlabel('nTs','fontsize',20),ylabel('f(nTs)','fontsize',20);
title('抽样间隔 Ts = 1 时的抽样信号 f(nTs)','fontsize',20);
hold off

f sw = Ts* fst* exp(-j* nTs'* w);                     % 采样信号的频谱
subplot(4,2,4);
plot(w,abs(fsw),'linewidth',2.5);grid on;
axis([-2* 2* pi/Ts,2* 2* pi/Ts,-0.1,3.5]);
xlabel('\omega','fontsize',20),ylabel('Fs(j\omega)','fontsize',20);
title('采样信号的频谱','fontsize',20)

f t = fst* Ts* (wc/pi)* sinc((wc/pi)* (ones(length(nTs),1)* t -…
    nTs'* ones(1,length(t))));                        % 重建的信号
subplot(4,2,5);
plot(t,ft,'linewidth',2.5);grid on;
axis([-5,5,-0.1,1.1]);
xlabel('t','fontsize',20),ylabel('f(t)','fontsize',20);
title('由 f(nTs) 信号重建得到的信号','fontsize',20)
```

```
ftw = dt * ft * exp (-j * t' * w);              % 重建的信号的频谱
subplot(4,2,6);
plot(w,abs(ftw),'linewidth',2.5);grid on;
axis([-2* 2* pi/Ts,2* 2* pi/Ts,-0.1,3.5]);
xlabel('\omega','fontsize',20),ylabel('F(j\omega)','fontsize',20);
title('信号重建后的频谱','fontsize',20)


error = abs(ft-f1);                             % 时域误差
subplot(4,2,7);
plot(t,error,'linewidth',2.5),grid on;
xlabel('t','fontsize',20),ylabel('error(t)','fontsize',20);
title('重建信号与原升余弦信号的绝对误差','fontsize',20)


errorFw = abs(abs(ftw) - abs(f1w));             % 频域误差
subplot(4,2,8);
plot(w,errorFw,'linewidth',2.5),grid on;
xlabel('\omega','fontsize',20),ylabel('error(j\omega)','fontsize',20);
axis([-2* 2* pi/Ts,2* 2* pi/Ts,0,0.08]);
title('重建信号与原升余弦信号的绝对频谱误差','fontsize',20)
```

抽样信号及其频谱分析如图 5 - 25 所示.

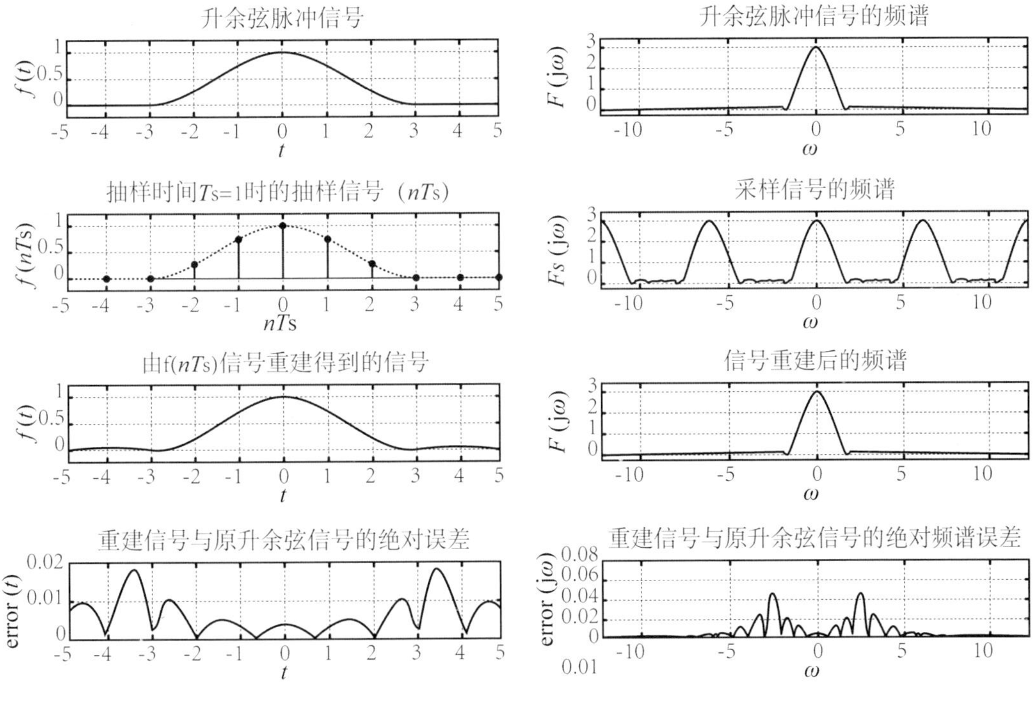

图 5 - 25　　抽样信号及其频谱分析

习 题 5

一、练习题

1. 有一个因果线性时不变系统,其频率响应为

$$H(j\omega) = \frac{1}{j\omega + 3}$$

对于某一特定的输入 $x(t)$,观察到该系统的输出是 $y(t) = e^{-3t}u(t) - e^{-4t}u(t)$,求 $x(t)$.

2. 一个线性时不变系统的频率响应为

$$H(j\omega) = \frac{2 - j\omega}{2 + j\omega}$$

若系统输入 $f(t) = \cos(2t)$,求该系统的输出 $y(t)$.

3. 已知三个不同单位冲激响应的线性时不变系统:

$$h_1(t) = u(t)$$

$$h_2(t) = -2\delta(t) + 5e^{-2t}u(t)$$

$$h_3(t) = 2te^{-t}u(t)$$

求这三个系统对输入 $x(t) = \cos t$ 的响应.

4. 一个因果线性时不变系统的输入和输出由下列微分方程表征:

$$\frac{d^2 y(t)}{dt^2} + 6\frac{dy(t)}{dt} + 8y(t) = 2x(t)$$

(1) 求该系统的单位冲激响应;

(2) 若 $x(t) = te^{-2t}u(t)$,求该系统的响应.

5. 一个因果稳定线性时不变系统,其频率响应为

$$H(j\omega) = \frac{j\omega + 4}{6 - \omega^2 + 5j\omega}$$

(1) 写出描述该系统输入 $x(t)$ 和输出 $y(t)$ 的微分方程;

(2) 求系统的单位冲激响应.

6. 一个线性时不变系统,输入为

$$x(t) = [e^{-t} + e^{-3t}]u(t)$$

响应 $y(t) = [2e^{-t} - 2e^{-4t}]u(t)$.

(1) 求该系统的频率响应;

(2) 确定该系统的单位冲激响应;

(3) 求描述该系统的微分方程.

7. 一个因果稳定线性时不变系统具有频率响应为 $H(j\omega) = \frac{1 - j\omega}{1 + j\omega}$,(1) 证明:$|H(j\omega)| = A$,并求出 A 的值;
(2) 求出该系统的群时延.

8. 一个因果线性时不变系统的输出 $y(t)$ 与其输入 $x(t)$ 由微分方程 $\frac{dy(t)}{dt} + 2y(t) = x(t)$ 表征;(1) 求频率响应 $H(j\omega) = \frac{Y(j\omega)}{X(j\omega)}$;(2) 求出该系统的群时延;(3) 若 $x(t) = e^{-t}u(t)$,求输出 $y(t)$ 及其傅里叶变换 $Y(j\omega)$.

9. 一个因果线性时不变系统的输入 $x(t)$ 和输出 $y(t)$ 的关系由下列方程给出:

$$\frac{dy(t)}{dt} + 10y(t) = \int_{-\infty}^{\infty} x(\tau)z(t - \tau)d\tau - x(t)$$

其中 $z(t) = e^{-t}u(t) + 3\delta(t)$.

(1) 求该系统的频率响应 $H(j\omega) = \frac{Y(j\omega)}{X(j\omega)}$;

(2) 求该系统的单位冲激响应.

10. 已知某线性时不变系统的频率响应函数 $H(j\omega)$ 如图 5-26 所示,若输入 $f(t)=1+\cos t$,求该系统的零状态响应 $y_{zs}(t)$.

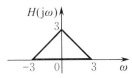

图 5-26　频率响应函数 $H(j\omega)$

11. 已知某高通滤波器的幅频特性和相频特性如图 5-27 所示,其中 $\omega_c=80\pi$,

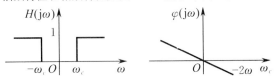

图 5-27　某高通滤波器的幅频特性和相频特性

(1) 计算该系统的单位冲激响应 $h(t)$;

(2) 若输入信号 $f(t)=1+0.5\cos(60\pi t)+0.2\cos(120\pi t)$,求该系统的稳态响应 $y(t)$.

12. 已知一 LTI 系统的频率响应为 $H(j\omega)=\begin{cases} e^{-j\frac{3}{2}\pi}, & |\omega|<2\pi \\ 0, & \text{其他} \end{cases}$,系统的输入信号 $f(t)$ 为周期 $T_0=\dfrac{4}{3}$ 冲激信号串,即 $f(t)=\displaystyle\sum_{n=-\infty}^{\infty}\delta(t-nT_0)$.

(1) 试求周期信号 $f(t)$ 指数型傅里叶级数的系数 F_n;

(2) 试求周期信号 $f(t)$ 的频谱 $F(j\omega)$;

(3) 试求系统的输出频谱 $Y(j\omega)$.

13. 某理想低通滤波器,其频率响应为

$$H(j\omega)=\begin{cases} 1, & |\omega|\leqslant 100 \\ 0, & |\omega|>100 \end{cases}$$

当基波周期为 $T=\dfrac{\pi}{6}$,其傅里叶级数系数为 a_n 的信号 $f(t)$ 输入到滤波器时,滤波器的输出为 $y(t)$,且 $y(t)=f(t)$.问对于什么样的 n 值,才保证 $a_n=0$?

14. 设 $x(t)$ 有傅里叶变换 $X(j\omega)$,令 $p(t)$ 为基波频率 ω_0 的周期信号,其傅里叶级数表示是

$$p(t)=\sum_{n=-\infty}^{\infty}a_n e^{jn\omega_0 t}$$

求

$$y(t)=x(t)p(t)$$

的傅里叶变换表达式.

15. 考虑一个连续时间理想带通滤波器,其频率响应为

$$H(j\omega)=\begin{cases} 1, & \omega_c\leqslant|\omega|\leqslant 3\omega_c \\ 0, & \text{其他} \end{cases}$$

(1) 若 $h(t)$ 是该滤波器的单位冲激响应,确定一个函数 $g(t)$,使之有 $h(t)=\left(\dfrac{\sin\omega_c t}{\pi t}\right)g(t)$.

(2) 当 ω_c 增加时,该滤波器的单位冲激响应是否更加向原点集中?

16. 在图 5-28 所示系统中,有两个时间函数 $x_1(t)$ 和 $x_2(t)$ 相乘,其乘积 $\omega(t)$ 由冲激函数采样,$x_1(t)$ 带限于 ω_1,$x_2(t)$ 带限于 ω_2,即

$$X_1(j\omega)=0,|\omega|\geqslant\omega_1, \quad X_2(j\omega)=0,|\omega|\geqslant\omega_2$$

试求最大的采样间隔 T,以使 $\omega(t)$ 通过利用某一理想低通滤波器能从 $\omega_p(t)$ 中恢复出来.

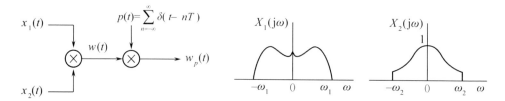

图 5-28　习题 16 用图

17. 有限频带信号 $f(t)$ 的最高频率为 100 Hz，若对下列信号进行时域取样，求最小取样频率：

(1) $f(3t)$；　(2) $f^2(t)$；　(3) $f(t) * f(2t)$；　(4) $f(t) + f^2(t)$.

18. 设信号 $x(t)$ 的奈奎斯特频率为 ω_0，试确定以下信号的奈奎斯特频率：

(1) $x(t) + x(t-1)$；　(2) $\dfrac{\mathrm{d}x(t)}{\mathrm{d}t}$；　(3) $x^2(t)$；　(4) $x(t)\cos(\omega_0 t)$.

19. 设 $x(t)$ 是一个奈奎斯特频率为 ω_0 的信号，且 $y(t) = x(t)p(t-1)$，其中，$p(t) = \sum\limits_{n=-\infty}^{\infty} \delta(t-nT)$，$T < \dfrac{2\pi}{\omega_0}$.

若将 $y(t)$ 输入一滤波器中，欲使其输出为 $x(t)$，试给出该滤波器的幅度谱和相位谱需满足的条件.

20. 确定下列信号的奈奎斯特采样频率与奈奎斯特间隔：

(1) $\mathrm{Sa}(100t)$；　　　　　　　　　　(2) $\mathrm{Sa}^2(100t)$；

(3) $\mathrm{Sa}(100t) + \mathrm{Sa}(50t)$；　　　　　　(4) $\mathrm{Sa}(100t) + \mathrm{Sa}^2(60t)$.

二、Matlab 实验题

1. 已知系统微分方程和激励信号如下，试用 Matlab 编程求系统的稳态响应：

(1) $\dfrac{\mathrm{d}y(t)}{\mathrm{d}t} + \dfrac{3}{2}y(t) = \dfrac{\mathrm{d}f(t)}{\mathrm{d}t}$，$f(t) = \cos 2t$；

(2) $\dfrac{\mathrm{d}^2 y(t)}{\mathrm{d}t^2} + 2\dfrac{\mathrm{d}y(t)}{\mathrm{d}t} + 3y(t) = -\dfrac{\mathrm{d}f(t)}{\mathrm{d}t} + 2f(t)$，$f(t) = 3 + \cos 2t + \cos 5t$.

2. 结合抽样定理，用 Matlab 编程实现 $\mathrm{Sa}(t)$ 信号经冲激脉冲抽样后得到的抽样信号 $f_s(t)$ 及其频谱，并利用 $f_s(t)$ 重构 $\mathrm{Sa}(t)$ 信号.

第6章 离散时间傅里叶变换

第4章和第5章研究了连续时间傅里叶变换(continuous-time fourier transform,CTFT)及其应用. 从中可以看出该变换在分析和了解连续时间信号与系统的性质中起到了很重要的作用. 同样,离散时间傅里叶变换对离散时间信号与系统的研究也起着极为重要的作用. 连续时间和离散时间信号分析中存在很多类似的地方,然而,它们之间也存在着不同之处. 在这一章里,主要利用离散时间傅里叶变换来研究离散时间系统的特性.

6.1 离散时间傅里叶级数

6.1.1 周期信号的离散时间傅里叶级数表示

一个周期为 T_0 的连续时间信号可以表示成一个三角型傅里叶级数,这个级数由基波频率为 $\omega_0 = \dfrac{2\pi}{T_0}$ 的正弦及其谐波组成. 这个指数型傅里叶级数由指数信号 e^{j0t},$e^{\pm j\omega_0 t}$,$e^{\pm j2\omega_0 t}$,$\cdots$,$e^{\pm jn\omega_0 t}$ 组成.

一个周期为 N_0 的离散时间信号 $f[n]$ 可以表示为

$$f[n] = f[n + mN_0], \quad m = 0, \pm 1, \pm 2, \cdots \tag{6-1}$$

使式(6-1)成立的最小 N_0 值就是基波周期,对应基波频率 $\Omega_0 = \dfrac{2\pi}{N_0}$. 采用同样的方法可将一个离散时间周期序列用离散时间傅里叶级数来表示,也就是用周期为 N_0 的复指数序列来表示. 把连续时间周期信号与离散时间周期序列的复指数用表 6-1 来加以对比.

表 6-1 连续时间周期信号与离散时间周期序列的对比

	基频序列	周期	基频	k 次谐波序列
连续周期	$e^{j\omega_0 t} = e^{j\left(\frac{2\pi}{T_0}\right)t}$	T_0	$\omega_0 = \dfrac{2\pi}{T_0}$	$e^{jk\left(\frac{2\pi}{T_0}\right)t}$
离散周期	$e^{j\Omega_0 n} = e^{j\left(\frac{2\pi}{N_0}\right)n}$	N_0	$\Omega_0 = \dfrac{2\pi}{N_0}$	$e^{jk\left(\frac{2\pi}{N_0}\right)n}$

所以周期为 N 的复指数序列的基频序列为

$$\varphi_1[n] = e^{j\left(\frac{2\pi}{N}\right)n} \tag{6-2}$$

其 k 次谐波序列为

$$\varphi_k[n] = e^{jk\left(\frac{2\pi}{N}\right)n} \tag{6-3}$$

虽然表现形式上和连续时间周期函数是相同的,但是离散时间傅里叶级数的谐波成分只有 N 个是独立的,这是和连续时间傅里叶级数的无穷多个谐波成分不同之处. 因为

$$e^{\frac{2\pi}{N}(k+mN)n} = e^{j\left(\frac{2\pi}{N}k + \frac{2\pi}{N}mN\right)n} = e^{j\left(\frac{2\pi}{N}k + 2\pi m\right)n} = e^{j\frac{2\pi}{N}kn} \tag{6-4}$$

式中,m 为任意整数. 因而对离散时间傅里叶级数,只能取 $k = 0$ 到 $N-1$ 的 N 个独立谐波分量. 也

就是正如在第 1 章中介绍的,离散时间复指数信号在频率 $\Omega + 2\pi\left(\Omega = k \cdot \dfrac{2\pi}{N}\right)$ 与频率 Ω 时是完全一样的,表明其频率是以 2π 为周期的函数. 即具有频率 Ω 的复指数信号与 $\Omega \pm 2\pi, \Omega \pm 4\pi, \cdots$ 这些频率的复指数信号是一样的.

因而,$f[n]$ 可展开成如下的离散时间傅里叶级数,即

$$f[n] = \sum_{k=\langle N\rangle} a_k \varphi_k[n] = \sum_{k=\langle N\rangle} a_k e^{jk\Omega n} = \sum_{k=\langle N\rangle} a_k e^{jk(\frac{2\pi}{N})n} \tag{6-5}$$

求和项表示成 $k=\langle N\rangle$ 的意思是从任意 k 值开始对 k 在 N 个连续整数的区间上求和. 例如,k 既可以取 $k=0,1,2,\cdots,N-1$,也可取 $k=1,2,\cdots,N$,等等,无论怎样取法,由于式(6-4)的关系存在,式(6-5)右边的求和都是一致的. 式(6-5)称为离散时间傅里叶级数,而系数 a_k 则称为傅里叶级数系数.

现在考虑式(6-5)的傅里叶级数系数的表示式,这要利用以下性质,即

$$\sum_{n=\langle N\rangle} e^{jk(\frac{2\pi}{N})n} = \begin{cases} N, & k=0, \pm N, \pm 2N, \cdots \\ 0, & \text{其他} \end{cases} \tag{6-6}$$

式(6-6)所说明的是:一个周期复指数序列的值在整个一个周期内求和,除非该复指数是某一个常数,否则其和为零. 应用几何求和公式可直接证明式(6-6)

$$\sum_{n=0}^{N-1} a^n = \begin{cases} N, & a=1 \\ \dfrac{1-a^N}{1-a}, & a \neq 1 \end{cases} \tag{6-7}$$

在式(6-5)的傅里叶级数表示式中,在该式两边各乘以 $e^{-jr(\frac{2\pi}{N})n}$,然后在一个周期内对 n 求和,得到

$$\sum_{n=\langle N\rangle} f[n] e^{-jr(\frac{2\pi}{N})n} = \sum_{n=\langle N\rangle}\sum_{k=\langle N\rangle} a_k e^{j(k-r)(\frac{2\pi}{N})n} \tag{6-8}$$

交换式(6-8)右边的求和次序得

$$\sum_{n=\langle N\rangle} f[n] e^{-jr(\frac{2\pi}{N})n} = \sum_{k=\langle N\rangle} a_k \sum_{n=\langle N\rangle} e^{j(k-r)(\frac{2\pi}{N})n} \tag{6-9}$$

根据式(6-6)的恒等关系,式(6-9)右边内层对 n 求和为零,除非 $(k-r)$ 为零或为 N 的整数倍. 因此,如果设置 r 值的变化范围与外层求和 k 值的变化范围一样,而在该范围内选择 r 值,那么式(6-9)右边最内层的求和,在 $k=r$ 时就等于 N;在 $k \neq r$ 时就等于 0. 因此,式(6-9)右边就演变为 Na_r,于是有

$$a_r = \frac{1}{N}\sum_{n=\langle N\rangle} f[n] e^{-jr(\frac{2\pi}{N})n} \tag{6-10}$$

这样,就求得一个傅里叶级数系数的表示式,离散时间傅里叶级数(discrete-time fourier series,DTFS)为

$$f[n] = \sum_{k=\langle N\rangle} a_k e^{jk(\frac{2\pi}{N})n} = \sum_{k=\langle N\rangle} a_k e^{jk\Omega n} \tag{6-11}$$

$$a_k = \frac{1}{N}\sum_{n=\langle N\rangle} f[n] e^{-jk(\frac{2\pi}{N})n} = \frac{1}{N}\sum_{n=\langle N\rangle} f[n] e^{-jk\Omega n} \tag{6-12}$$

由上可见,与连续时间周期信号不同(它有无限项谐波分量),由于 $e^{jk\Omega n} = e^{jk\frac{2\pi}{N}n}$ 也是周期为 N 的序列,因而离散周期序列 $f[n]$ 只有 N 个独立的谐波分量,即离散序列直流,基波 $e^{j\Omega n}$,二次谐波 $e^{j2\Omega n}$,$\cdots$,$(N-1)$ 次谐波 $e^{j(N-1)\Omega n}$. 可以证明,这 N 个谐波之间是相互正交的. 值得注意的是,a_k 也是一个以 N 为周期的周期序列,即

$$a_{(k+mN)} = \frac{1}{N}\sum_{n=\langle N\rangle} f[n]e^{-j\frac{2\pi}{N}(k+mN)n} = \frac{1}{N}\sum_{n=\langle N\rangle} f[n]e^{-j\frac{2\pi}{N}kn} = a_k \qquad (6-13)$$

例 6-1　周期为 N 的离散时间冲激序列

$$f[n] = \sum_{m=-\infty}^{\infty} \delta[n-mN]$$

如图 6-1 所示,求其离散时间傅里叶级数系数.

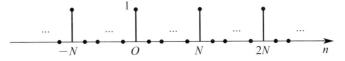

图 6-1　周期为 N 的离散时间冲激序列

解:　因为在 $f[n]$ 信号的每个周期中仅有一个非零值,所以在区间 $n=0$ 到 $n=N-1$ 中,得到离散时间傅里叶级数系数

$$a_k = \frac{1}{N}\sum_{n=0}^{N-1}\delta[n]e^{-jk\left(\frac{2\pi}{N}\right)n} = \frac{1}{N}$$

例 6-2　求图 6-2 所示的周期矩形脉冲序列 $f[n]$ 的离散傅里叶级数展开式.

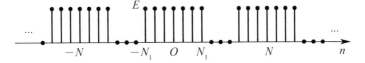

图 6-2　周期矩形脉冲序列 $f[n]$

解:　由于在 $-N_1 \leqslant n \leqslant N_1$ 内有 $f[n]=E$,所以将求和区间选在 $-N_1 \leqslant n \leqslant N_1$ 这一范围. 这时,可将式(6-12)表示为

$$a_k = \frac{1}{N}\sum_{n=-N_1}^{N_1} E e^{-jk\left(\frac{2\pi}{N}\right)n}$$

根据求和公式,得

$$a_k = \frac{E}{N}\frac{e^{jk\left(\frac{2\pi}{N}\right)N_1} - e^{-jk\left(\frac{2\pi}{N}\right)(N_1+1)}}{1 - e^{-jk\left(\frac{2\pi}{N}\right)}}$$

$$= \frac{E}{N}\frac{e^{-jk\left(\frac{2\pi}{2N}\right)}\left(e^{jk\left(\frac{2\pi}{2N}\right)(N_1+1/2)} - e^{-jk\left(\frac{2\pi}{2N}\right)\left(N_1+\frac{1}{2}\right)}\right)}{e^{-jk\left(\frac{2\pi}{2N}\right)}\left[e^{jk\left(\frac{2\pi}{2N}\right)} - e^{-jk\left(\frac{2\pi}{2N}\right)}\right]}$$

$$= \frac{E}{N}\frac{\sin[k\pi(2N_1+1)/N]}{\sin[k\pi/N]}, \quad k\neq 0, \pm N, \pm 2N, \cdots$$

和

$$a_k = \frac{E(2N_1+1)}{N}, \quad k=0, \pm N, \pm 2N, \cdots$$

利用洛必达法则,将 k 看成实数,有

$$\lim_{k\to 0, \pm N, \pm 2N, \cdots} \frac{E}{N}\frac{\sin[k\pi(2N_1+1)/N]}{\sin[k\pi/N]} = \frac{E(2N_1+1)}{N}$$

因此,a_k 的表达式通常写作

$$a_k = \frac{E}{N}\frac{\sin[k\pi(2N_1+1)/N]}{\sin[k\pi/N]}$$

6.1.2　离散时间周期信号的频谱

由式(6-11)可知,周期信号的傅里叶级数由 N_0 个分量组成,即

$$a_0, a_1 e^{j\Omega_0 n}, a_2 e^{j2\Omega_0 n}, \cdots, a_{N_0-1} e^{j(N_0-1)\Omega_0 n} \qquad (6-14)$$

这些分量的频率分别为 $0, \Omega_0, 2\Omega_0, \cdots, (N_0-1)\Omega_0$，其中 $\Omega_0 = \dfrac{2\pi}{N_0}$，第 k 次谐波的大小是 a_k.

一般来说，傅里叶系数 a_k 是复数，可表示为

$$a_k = |a_k| e^{j\varphi[k]} \qquad (6-15)$$

$|a_k|$ 对 Ω 的图称为幅度谱，$\varphi[k]$ 对 Ω 的图称为相位谱，这两个图就是 $f[n]$ 频谱. 已知这些频谱就能根据式(6-11)重构或合成 $f[n]$. 因此，傅里叶频谱是描述信号 $f[n]$ 的另一种方法. 信号的傅里叶频谱构成了 $f[n]$ 的频域描述，它和 $f[n]$ 的时域描述是等价的.

离散时间周期信号傅里叶级数表示非常类似于连续时间周期信号傅里叶级数的表示，区别为连续时间信号的频谱带宽是无限大的，并且由无穷多个谐波指数分量所组成. 与此相反，离散时间周期信号的频谱是带限的，并且最多只有 N 个分量.

如果以 Ω 为横轴，a_k 每间隔 2π 重复，而如果以 k 为横轴，a_k 每间隔 N 重复. 其次，若周期序列 $f[n]$ 是实函数，则

$$|a_k| = |a_{-k}|, \qquad \varphi[k] = -\varphi[-k] \qquad (6-16)$$

这样，幅度谱 $|a_k|$ 和相位谱 $\varphi[k]$ 分别是 k（或 Ω）的偶函数和奇函数.

分析如图 6-2 所示的离散时间周期矩形脉冲序列的频谱，周期为 N，基波角频率为 $\Omega = \dfrac{2\pi}{N}$. 在前面的分析中已经得到离散时间周期矩形脉冲序列傅里叶级数为

$$f[n] = \sum_{k=\langle N \rangle} a_k e^{jk(\frac{2\pi}{N})n} = \sum_{k=\langle N \rangle} a_k e^{jk\Omega n} \qquad (6-17)$$

$$a_k = \frac{E}{N} \frac{\sin[2k\pi(N_1+1/2)/N]}{\sin[k\pi/N]}, k \neq 0, \pm N, \pm 2N, \cdots \qquad (6-18)$$

$$a_k = \frac{E(2N_1+1)}{N}, k = 0, \pm N, \pm 2N, \cdots \qquad (6-19)$$

图 6-3(a) 至图 6-3(c) 中分别给出了 $N_1 = 2$ 时，$N = 10, N = 20$ 和 $N = 40$ 时的傅里叶级数系数. 从图中可以看出，当 N 增加时，a_k 变得越来越小.

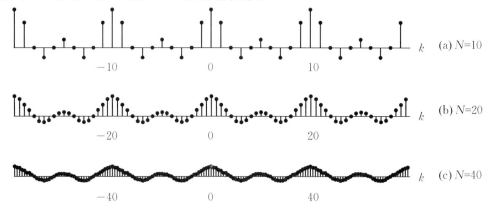

图 6-3　离散时间周期矩形脉冲序列的傅里叶级数系数

6.1.3　离散时间傅里叶级数的收敛

在第 4 章，我们以连续时间周期矩形信号为例，讨论了连续时间傅里叶级数的收敛问题. 从中可以看出，随着取的项数趋于无穷多时，傅里叶级数的有限项的和是如何收敛于方波信号的. 尤其

是在不连续点处存在吉伯斯现象,随着所考虑的项数的增加,部分和的起伏越来越向不连续点处压缩,但起伏峰值的大小与部分和中的项数无关而保持不变.

对于离散时间情况是否也存在吉伯斯现象呢?现在考察离散时间矩形脉冲序列的部分和. 为方便起见,先假设周期 N 为奇数,如图 6-4 所示的例子,$N=9$,$N_1=2$,对几个不同的 M 值求和

$$\tilde{f}[n] = \sum_{k=-M}^{M} a_k e^{jk\left(\frac{2\pi}{N}\right)n} \tag{6-20}$$

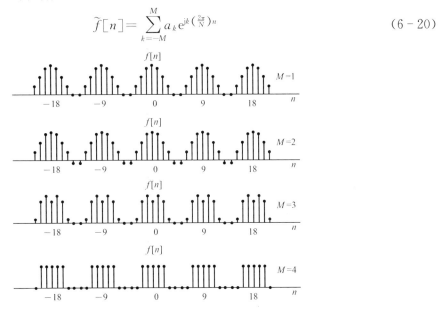

图 6-4　离散时间周期矩形脉冲序列的部分和表示

由图 6-4 可见,对于 $M=4$,部分和 $\tilde{f}[n]=f[n]$. 与连续时间情况相比,在离散时间情况下不存在任何收敛问题,也不存在吉伯斯现象. 类似地,若 N 为偶数,也可得出 $\tilde{f}[n]=f[n]$ 的结论. 一般来讲,离散时间傅里叶级数不存在任何收敛问题. 其原因是任何离散时间周期序列 $f[n]$ 完全是由有限的 N 个参数来表征的,这就是在一个周期内的 N 个序列值. 由式(6-11)和式(6-12)可以看出,这两个公式所涉及的都是有限的求和. 因此,只要 $f[n]$ 是有界的,即对所有的 n,$f[n]<\infty$,其离散时间傅里叶级数不存在任何收敛问题. 或者说,只要在一个周期内 $f[n]$ 的能量是有限的,即

$$\sum_{k=\langle N\rangle} |f[n]|^2 < \infty \tag{6-21}$$

其离散时间傅里叶级数就一定收敛.

相比之下,一个连续时间周期信号在单个周期内有连续取值问题,这就要求用无限多个傅里叶系数来表示它. 因此,连续时间傅里叶级数中没有任何一个部分和可以得到真正的 $f(t)$ 值. 随着项数趋于无穷多而考虑求极限的问题时,收敛问题就自然产生了.

6.2　离散时间非周期信号傅里叶变换

6.2.1　离散时间傅里叶变换的导出

在第 4 章中看到,一个连续时间周期方波的傅里叶级数可以看成一个包络函数的采样值,并且随着这个方波周期的增大,这些样本变得越来越密. 这一性质就使人想到一个非周期信号 $f(t)$ 可以这样来表示,首先产生一个周期信号 $f_p(t)$,使 $f_p(t)$ 在一个周期内等于 $f(t)$,然后随着这个

周期趋于无限大，$f_p(t)$ 就会在一个越来越大的时间间隔上等于 $f(t)$. 这样对 $f_p(t)$ 的傅里叶级数表示也就收敛于 $f(t)$ 的傅里叶变换表示.

6.1 节讲述了离散周期信号表示成有限项的指数信号之和. 这一节要将这种表示扩展到非周期信号. 这个过程的推导与连续时间信号所用的方法是相同的.

考虑某一序列 $f[n]$，它具有有限持续期，即对整数 N_1 和 $N_2(N_1 \leqslant N_2)$，在 $N_1 \leqslant n \leqslant N_2$ 范围以外，$f[n]=0$. 图 6-5(a) 给出了一个这种类型的信号. 由这个非周期信号可以构造一个周期序列 $f_p[n]$，使得对 $f[n]$ 仅是 $f_p[n]$ 的一个周期，如图 6-5(b) 所示. 随着所选周期 N 的增加，$f_p[n]$ 就在一个更长的时间间隔内与 $f[n]$ 一致，而当 $N \to \infty$ 时，对任意有限 n 值来说，都有 $f_p[n]=f[n]$.

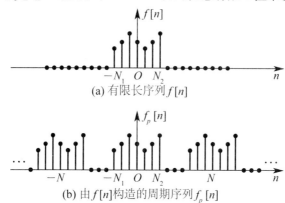

(a) 有限长序列 $f[n]$

(b) 由 $f[n]$ 构造的周期序列 $f_p[n]$

图 6-5　由有限长序列构造周期序列

由前面一节可得离散时间周期信号 $f_p[n]$ 的傅里叶级数表示式为

$$f_p[n] = \sum_{k=\langle N \rangle} a_k \mathrm{e}^{jk\left(\frac{2\pi}{N}\right)n} \tag{6-22}$$

$$a_k = \frac{1}{N} \sum_{n=\langle N \rangle} f_p[n] \mathrm{e}^{-jk\left(\frac{2\pi}{N}\right)n} \tag{6-23}$$

因为在包含区间 $N_1 \leqslant n \leqslant N_2$ 的一个周期上有 $f[n]=f_p[n]$，所以在式（6-22）中，求和区间就选在这个周期上，这样，在式（6-23）的求和中就可用 $f[n]$ 来代替 $f_p[n]$，得到

$$a_k = \frac{1}{N} \sum_{n=\langle N \rangle} f_p[n] \mathrm{e}^{-jk\left(\frac{2\pi}{N}\right)n} = \frac{1}{N} \sum_{n=N_1}^{N_2} f[n] \mathrm{e}^{-jk\left(\frac{2\pi}{N}\right)n} = \frac{1}{N} \sum_{n=-\infty}^{\infty} f[n] \mathrm{e}^{-jk\left(\frac{2\pi}{N}\right)n} \tag{6-24}$$

式（6-24）中已经考虑在区间 $N_1 \leqslant n \leqslant N_2$ 以外有 $f[n]=0$. 定义函数

$$F(\mathrm{e}^{j\Omega}) = \sum_{n=-\infty}^{\infty} f[n] \mathrm{e}^{-j\Omega n} \tag{6-25}$$

于是系数 a_k 是正比于 $F(\mathrm{e}^{j\Omega})$ 的各样本值，即

$$a_k = \frac{1}{N} F(\mathrm{e}^{jk\Omega_0}) \tag{6-26}$$

其中，$\Omega_0 = \dfrac{2\pi}{N}$ 用来表示频域中的样本间隔. 将式（6-26）代入式（6-22），得

$$f_p[n] = \sum_{k=\langle N \rangle} \frac{1}{N} F(\mathrm{e}^{jk\Omega_0}) \mathrm{e}^{jk\Omega_0 n} \tag{6-27}$$

因为 $\dfrac{1}{N} = \dfrac{\Omega_0}{2\pi}$，所以式（6-27）又可写成

$$f_p[n] = \frac{1}{2\pi} \sum_{k=\langle N \rangle} F(\mathrm{e}^{jk\Omega_0}) \mathrm{e}^{jk\Omega_0 n} \Omega_0 \tag{6-28}$$

与连续时间情况相同,随着 N 增加,Ω_0 减小,当 N 趋近于无穷大时,式(6 - 28)的求和过度为一个积分.根据式(6 - 25),$F(\mathrm{e}^{\mathrm{j}\Omega})$ 对 Ω 来说是周期性的,其周期为 2π,$\mathrm{e}^{\mathrm{j}\Omega n}$ 也是以 2π 为周期的,所以乘积 $F(\mathrm{e}^{\mathrm{j}\Omega})\mathrm{e}^{\mathrm{j}\Omega n}$ 也一定是周期性的.式(6 - 28)的求和是在 N 个宽为 $\Omega_0 = \dfrac{2\pi}{N}$ 的间隔内完成的,总的积分区间是一个 2π 的宽度.因此,当 N 趋近于无穷大时,$f_p[n] = f[n]$,式(6 - 28)变成

$$f[n] = \frac{1}{2\pi}\int_{2\pi} F(\mathrm{e}^{\mathrm{j}\Omega})\mathrm{e}^{\mathrm{j}\Omega n}\,\mathrm{d}\Omega \tag{6 - 29}$$

其中,因为 $F(\mathrm{e}^{\mathrm{j}\Omega})\mathrm{e}^{\mathrm{j}\Omega n}$ 的周期为 2π,所以积分区间可以取任何 2π 长度的间隔.这样,就得到

$$f[n] = \frac{1}{2\pi}\int_{2\pi} F(\mathrm{e}^{\mathrm{j}\Omega})\mathrm{e}^{\mathrm{j}\Omega n}\,\mathrm{d}\Omega \tag{6 - 30}$$

$$F(\mathrm{e}^{\mathrm{j}\Omega}) = \sum_{n=-\infty}^{\infty} f[n]\mathrm{e}^{-\mathrm{j}\Omega n} \tag{6 - 31}$$

式(6 - 30)和式(6 - 31)就是在离散时间情况下的傅里叶变换,即离散时间傅里叶变换(discrete-time fourier transform,DTFT).与连续时间情况一样,傅里叶变换 $F(\mathrm{e}^{\mathrm{j}\Omega})$ 给出了 $f[n]$ 是由哪些不同频率的复指数序列组成的,因此称为 $f[n]$ 的频谱.

与在连续时间情况一样,上述离散时间傅里叶变换的推导过程给我们在离散时间傅里叶级数和离散时间傅里叶变换之间提供了一种重要的关系.即一个周期信号 $f_p[n]$ 的傅里叶系数 a_k 可以用一个有限长序列 $f[n]$ 的傅里叶变换的等间隔样本来表示,这个 $f[n]$ 就等于在一个周期上的 $f_p[n]$,而在其余地方都为零.

离散时间傅里叶变换和连续时间傅里叶变换的区别在于离散时间傅里叶变换 $F(\mathrm{e}^{\mathrm{j}\Omega})$ 的周期性和有限积分区间.产生区别的原因是:在频率上相差 2π 的离散时间复指数是完全相同的.在前面一节看到,对周期离散时间信号而言,这就意味着傅里叶级数的系数也是周期性的,并且傅里叶级数表示式是一个有限项的和.对非周期信号而言,这就意味着 $F(\mathrm{e}^{\mathrm{j}\Omega})$ 也是周期性的,并且逆变换只涉及在一个频率区间内的积分,这个频率区间就是产生不同复指数信号的间隔,即任何 2π 长度的间隔.第 1 章中曾指出,作为 Ω 函数的周期性的结果是:$\Omega = 0$ 和 $\Omega = 2\pi$ 是同一个信号.因此,位于任何 π 偶数倍的 Ω 附近都是慢变化的,从而对应低频率的信号;而靠近 π 奇数倍的 Ω,在离散时间情况下都对应高的频率.因此,在图 6-6(a) 中的信号 $f_1[n]$ 的变换比图 6-6(b) 中的信号 $f_2[n]$ 的变化要慢一些.

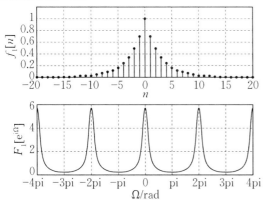

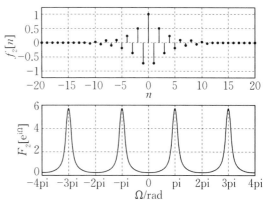

(a) 离散时间信号 $f_1[n]$ 及其傅里叶变换[注意:　　(b) 离散时间信号 $f_2[n]$ 及其傅里叶变换[注意:
　　$F_1(\mathrm{e}^{\mathrm{j}\Omega})$ 集中在 $\omega = 0,\pm 2\pi,\pm 4\pi,\cdots$ 附近]　　　$F_2(\mathrm{e}^{\mathrm{j}\Omega})$ 集中在 $\omega = \pm\pi,\pm 3\pi,\cdots$ 附近]

图 6 - 6　离散时间信号及其频谱

例 6-3　求出信号 $f[n] = \delta[n]$ 的离散时间傅里叶变换.

解:　对于 $f[n] = \delta[n]$,有

$$F(e^{j\Omega}) = \sum_{n=-\infty}^{\infty} f[n]e^{-j\Omega n} = \sum_{n=-\infty}^{\infty} \delta[n]e^{-j\Omega n} = 1$$

因此,有

$$\delta[n] \leftrightarrow 1$$

这个离散时间傅里叶变换对如图 6-7 所示.

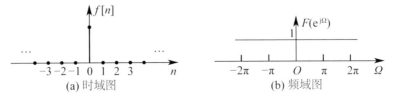

(a) 时域图　　　　(b) 频域图

图 6-7　离散时间单位序列及其傅里叶变换

例 6-4　求出信号 $F(e^{j\Omega}) = \sum_{k=-\infty}^{\infty} \delta(\Omega - 2k\pi)$ 的离散时间傅里叶变换的逆变换.

解:　根据定义,得

$$f[n] = \frac{1}{2\pi}\int_{-\pi}^{\pi} \delta(\Omega - 2k\pi)e^{j\Omega n}\,d\Omega = \frac{1}{2\pi}$$

因此,

$$f[n] = \frac{1}{2\pi} \leftrightarrow F(e^{j\Omega}) = \sum_{k=-\infty}^{\infty} \delta(\Omega - 2k\pi)$$

这个离散时间傅里叶变换对如图 6-8 所示.

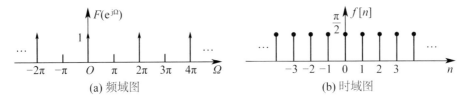

(a) 频域图　　　　(b) 时域图

图 6-8　信号及其傅里叶变换

6.2.2　离散时间傅里叶变换频谱特点

虽然 $f[n]$ 是一个离散时间信号,但它的频谱即 $F(e^{j\Omega})$ 却是 Ω 的连续函数.从式(6-30)可以看到,Ω 是一个连续变量,它可以从 $-\infty$ 到 ∞ 的连续区间内取任何值.

由式(6-31)可得

$$F[e^{j(\Omega+2\pi)}] = \sum_{n=-\infty}^{\infty} f[n]e^{-j(\Omega+2\pi)n} = \sum_{n=-\infty}^{\infty} f[n]e^{-j\Omega n}e^{-j2\pi n} = F(e^{j\Omega}) \tag{6-32}$$

即频谱 $F(e^{j\Omega})$ 是 Ω 的一个连续周期函数,周期为 2π.为了合成 $f[n]$ 需用到的是起始于 Ω 任意值且仅在 2π 频率区间内的频谱.为了方便,通常选取频率范围为 $(-\pi, \pi)$.

由式(6-31)可知,$f^*[n]$ 的离散时间傅里叶变换是

$$\text{DTFT}\{f^*[n]\} = \sum_{n=-\infty}^{\infty} f^*[n]e^{-j\Omega n} = F^*(e^{-j\Omega}) \tag{6-33}$$

对于实序列 $f[n]$,式(6-33)为 $f[n] \Leftrightarrow F^*(e^{-j\Omega})$,这意味着对实序列 $f[n]$ 有

$$F(e^{j\Omega}) = F^*(e^{-j\Omega}) \qquad\qquad (6-34)$$

因此,对于实信号 $f[n]$,$F(e^{j\Omega})$ 和 $F(e^{-j\Omega})$ 是共轭的. $F(e^{j\Omega})$ 一般为复数,其幅度谱和相位谱为

$$F(e^{j\Omega}) = |F(e^{j\Omega})|e^{j\varphi(\Omega)} \qquad\qquad (6-35)$$

由于 $F(e^{j\Omega})$ 的共轭对称性,对实信号 $f[n]$ 可得

$$|F(e^{j\Omega})| = |F(e^{-j\Omega})|$$

$$\varphi(\Omega) = -\varphi(-\Omega)$$

即对于实信号 $f[n]$,幅度谱 $|F(e^{j\Omega})|$ 是 Ω 的偶函数,相位谱 $\varphi(\Omega)$ 是 Ω 的奇函数.

例 6 - 5　图 6 - 9(a) 所示为时域矩形脉冲序列 $f[n] = \begin{cases} E, & |n| \leqslant N_1 \\ 0, & |n| > N_1 \end{cases}$,求其频谱函数.

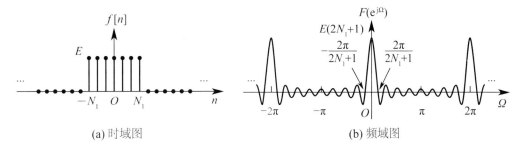

(a) 时域图　　　　　　　　　　　　(b) 频域图

图 6 - 9　时域矩形脉冲序列及其频谱

解:　由式(6 - 31)可求得其频谱函数为

$$F(e^{j\Omega}) = \sum_{n=-N_1}^{N_1} f[n]e^{-j\Omega n}$$

可得,(1) 当 $\Omega \neq 0, \pm 2\pi, \pm 4\pi, \cdots$ 时,有

$$F(e^{j\Omega}) = E\sum_{n=-N_1}^{N_1} e^{-j\Omega n} = E\frac{e^{j\Omega N_1} - e^{-j\Omega(N_1+1)}}{1 - e^{-j\Omega}}$$

$$= E\frac{e^{-\frac{j\Omega}{2}}(e^{j\Omega(N_1+\frac{1}{2})} - e^{-j\Omega(N_1+\frac{1}{2})})}{e^{-\frac{j\Omega}{2}}(e^{\frac{j\Omega}{2}} - e^{-\frac{j\Omega}{2}})} = \frac{E\sin\left[\dfrac{\Omega(2N_1+1)}{2}\right]}{\sin\left(\dfrac{\Omega}{2}\right)}$$

(2) 当 $\Omega = 0, \pm 2\pi, \pm 4\pi, \cdots$ 时,有

$$F(e^{j\Omega}) = E(2N_1+1)$$

由洛必达法则可以得到

$$\lim_{\Omega \to 0, \pm 2\pi, \pm 4\pi, \cdots} \frac{\sin\left[\dfrac{\Omega(2N_1+1)}{2}\right]}{\sin\left(\dfrac{\Omega}{2}\right)} = 2N_1 + 1$$

因此,在两种情况的结果可以合并为

$$F(e^{j\Omega}) = \frac{E\sin\left[\dfrac{\Omega(2N_1+1)}{2}\right]}{\sin\left(\dfrac{\Omega}{2}\right)}$$

本例题中,其频谱 $F(e^{j\Omega})$ 是纯实数,因此只给出了幅度谱,其图形如图 6 - 9(b) 所示.

例 6 - 6　求信号 $x[n] = a^n u[n]$,$|a| < 1$ 的频谱.

解:　由式(6-31)可求得其频谱函数为

$$X(\mathrm{e}^{\mathrm{j}\Omega}) = \sum_{n=-\infty}^{\infty} a^n u[n] \mathrm{e}^{-\mathrm{j}\Omega n} = \sum_{n=0}^{\infty} (a\mathrm{e}^{-\mathrm{j}\Omega})^n = \frac{1}{1-a\mathrm{e}^{-\mathrm{j}\Omega}}$$

图 6-10(a) 画出了 $a>0$ 时,$X(\mathrm{e}^{\mathrm{j}\Omega})$ 的模和相位;图 6-10(b) 画出了 $a<0$ 时的模和相位. 值得注意的是图中所有这些函数都是周期为 2π 的周期函数.

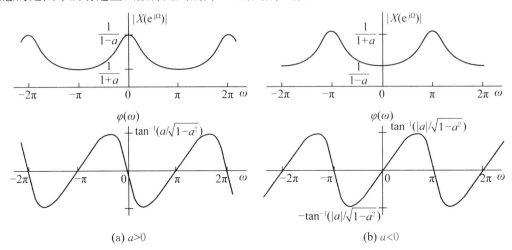

(a) $a>0$　　　　　　　　　　　　　(b) $a<0$

图 6-10　例 6-6 中信号的频谱

6.2.3　离散时间傅里叶变换的收敛问题

以上讨论是假设 $f[n]$ 为任意有限长序列情况下得到的,在信号为无限长的情况下,须考虑公式(6-31)中无穷项求和的收敛问题. 保证这个式收敛而对 $f[n]$ 所加的条件是与连续时间傅里叶变换的收敛条件相对应的. 如果 $f[n]$ 是绝对可和的,即

$$\sum_{n=-\infty}^{\infty} |f[n]| < \infty \tag{6-36}$$

或者,如果这个序列的能量是有限的,即

$$\sum_{n=-\infty}^{\infty} |f[n]|^2 < \infty \tag{6-37}$$

那么,式(6-31)就一定收敛.

而对式(6-30)来说,由于积分是在一个有限的积分区间内进行的,因此一般不存在收敛问题. 这一点与离散时间傅里叶级数的情况类似,由于只涉及一个有限项的求和,所以也就没有收敛问题的存在. 特别是,若用在频率范围为 $|\Omega| \leqslant \pi$ 的复指数的积分来近似一个非周期信号 $f[n]$,即

$$\tilde{f}[n] = \frac{1}{2\pi} \int_{-W}^{W} F(\mathrm{e}^{\mathrm{j}\Omega}) \mathrm{e}^{\mathrm{j}\Omega n} \mathrm{d}\Omega \tag{6-38}$$

那么,在 $W = \pi$ 的情况下有 $\tilde{f}[n] = f[n]$. 因此,在离散时间傅里叶级数情况下,看不到任何类似于吉伯斯现象的存在.

例 6-7　已知 $f[n] = \delta[n]$ 是一个单位脉冲序列,求 W 取不同值时,式(6-38)的值.

解:　由离散时间傅里叶变换式,有

$$F(\mathrm{e}^{\mathrm{j}\Omega}) = 1$$

与连续时间情况一样,单位脉冲序列的傅里叶变换在所有频率上都是相等的. 将上式代入式(6-38),得

$$\widetilde{f}[n] = \frac{1}{2\pi} \int_{-W}^{W} e^{j\Omega t} \, d\Omega = \frac{\sin Wn}{\pi n}$$

对应于几个不同的 W 值,$\widetilde{f}[n]$ 的结果如图 6-11 所示.由图可见,当 W 增加时,近似式 $\widetilde{f}[n]$ 的振荡频率增加,但其振幅在减小.当 $W = \pi$ 时,这些振荡完全消失,这时有 $\widetilde{f}[n] = f[n]$.

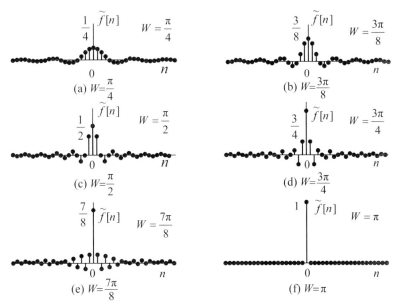

图 6-11　W 值不同 $\widetilde{f}[n]$ 的结果

6.2.4　离散时间傅里叶级数与离散时间傅里叶变换的关系

周期为 N 的离散时间信号 $f[n]$,其傅里叶级数为

$$f[n] = \sum_{k=\langle N \rangle} a_k e^{jk(\frac{2\pi}{N})n} = \sum_{k=\langle N \rangle} a_k e^{jk\Omega_0 n} \tag{6-39}$$

式中,$\Omega_0 = \dfrac{2\pi}{N}$ 是基波角频率,a_k 是傅里叶级数的系数.

$$a_k = \frac{1}{N} \sum_{n=\langle N \rangle} f[n] e^{-jk\Omega_0 n}$$

为了求出式(6-39)的离散时间傅里叶变换,考虑如下信号:

$$f[n] = e^{jk\Omega_0 n} \tag{6-40}$$

由于离散时间傅里叶变换对 Ω 来说必须是周期性的,且周期为 2π.因此,式(6-40)的离散时间傅里叶变换应该是

$$\text{DTFT}(e^{jk\Omega_0 n}) = F(e^{j\Omega}) = 2\pi \sum_{m=-\infty}^{\infty} \delta(\Omega - k\Omega_0 - m2\pi) \tag{6-41}$$

将式(6-41)代入式(6-30),即离散时间傅里叶逆变换,得

$$\frac{1}{2\pi} \int_{2\pi} F(e^{j\Omega}) e^{j\Omega n} \, d\Omega = \frac{1}{2\pi} \int_{2\pi} 2\pi \sum_{m=-\infty}^{\infty} \delta(\Omega - k\Omega_0 - m2\pi) e^{j\Omega n} \, d\Omega = e^{jk\Omega_0 n} \tag{6-42}$$

值得注意的是,在任意一个长度为 2π 的积分区间内,在式(6-41)中只包括一个冲激.

于是,对式(6-39)两端进行离散时间傅里叶变换,应用 6.3 节的离散时间傅里叶变换的线性性质和频移特性,并考虑到 a_k 不是 n 的函数,得

$$F_N(e^{j\Omega}) = \text{DTFT}\left\{ \sum_{k=\langle N \rangle} a_k e^{jk\Omega_0 n} \right\} = 2\pi \sum_{k=\langle N \rangle} a_k \sum_{m=-\infty}^{\infty} \delta(\Omega - k\Omega_0 - m2\pi) \tag{6-43}$$

由于 a_k 是以 N 为周期的,而且 $N\Omega_0 = 2\pi$,有

$$k\Omega_0 + m2\pi = k\Omega_0 + mN\Omega_0 = (k + mN)\Omega_0 = k\Omega_0 \ (-\infty < k < \infty) \qquad (6-44)$$

于是,可以把式(6-43)右端两个求和合在一起而重写 $f[n]$ 的离散时间傅里叶变换为

$$F_N(e^{j\Omega}) = 2\pi \sum_{k=-\infty}^{\infty} a_k \delta(\Omega - k\Omega_0) \qquad (6-45)$$

可见,周期信号的离散时间傅里叶变换表示是一个间隔为基频 Ω_0 的冲激序列.第 k 个冲激的强度为 $2\pi a_k$,图 6-12 描绘了离散时间周期信号的离散时间傅里叶级数和离散时间傅里叶变换的表示.可见,离散时间傅里叶级数的 a_k 和相应的离散时间傅里叶变换的 $F_N(e^{j\Omega})$ 形状相似.

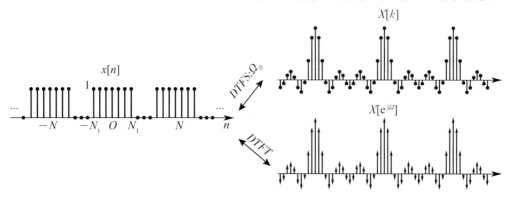

图 6-12　周期离散时间信号的傅里叶级数和傅里叶变换表示

式(6-45)建立了离散时间傅里叶级数和离散时间傅里叶变换之间的关系.已知离散时间傅里叶级数系数和基频 Ω_0,通过在 Ω_0 的整数倍处设置冲激并将相应的离散时间傅里叶级数系数加权 2π 倍,便可得到离散时间傅里叶变换表示.同样,可从离散时间傅里叶变换表示得到离散时间傅里叶级数系数.

6.3　离散时间傅里叶变换的性质

与连续时间傅里叶变换一样,离散时间傅里叶变换的各种性质也可以增加对变换本质的进一步了解,同时,在简化一个信号的正变换和逆变换的求取上也是很有用的.

一个信号 $f[n]$ 及其频谱 $F(e^{j\Omega})$ 由如下傅里叶变换及其逆变换公式:

$$F(e^{j\Omega}) = \sum_{n=-\infty}^{\infty} f[n]e^{-j\Omega n} \qquad (6-46)$$

$$f[n] = \frac{1}{2\pi} \int_{2\pi} F(e^{j\Omega}) e^{j\Omega n} d\Omega \qquad (6-47)$$

联系起来.为简便起见,用

$$f[n] \leftrightarrow F(e^{j\Omega})$$

表示时域与频域之间的对应关系.

6.3.1　周期性

离散时间傅里叶变换对 Ω 来说总是周期性的,其周期为 2π,即

$$F[e^{j(\Omega+2\pi)}] = F(e^{j\Omega}) \qquad (6-48)$$

这一点与连续时间傅里叶变换是不同的,一般来说,后者不是周期性的.

6.3.2　线性性质

若 $f_1[n] \leftrightarrow F_1(e^{j\Omega})$，$f_2[n] \leftrightarrow F_2(e^{j\Omega})$，则对任意常数 a 和 b 有

$$af_1[n] + bf_2[n] \rightarrow aF_1(e^{j\Omega}) + bF_2(e^{j\Omega}) \tag{6-49}$$

6.3.3　时移与频移性质

若 $f[n] \leftrightarrow F(e^{j\Omega})$，则

$$f[n-n_0] \leftrightarrow e^{-j\Omega n_0} F(e^{j\Omega}) \tag{6-50}$$

和

$$e^{j\Omega_0 n} f[n] \leftrightarrow F[e^{j(\Omega-\Omega_0)}] \tag{6-51}$$

这个结果表明，将一个信号延迟 n_0 个样本不改变它的幅度谱，然而相位谱要改变 $-n_0\Omega$. 这个添加的相位是 Ω 的线性函数，斜率为 $-n_0$.

6.3.4　共轭与共轭对称性

若 $f[n] \leftrightarrow F(e^{j\Omega})$，则

$$f^*[n] \leftrightarrow F^*(e^{-j\Omega})$$

若 $f[n]$ 是实数序列，那么其变换是共轭对称的，即

$$F(e^{j\Omega}) = F^*(e^{-j\Omega})$$

若 $F(e^{j\Omega})$ 的实部和虚部分别为 $\mathrm{Re}[F(e^{j\Omega})]$ 和 $\mathrm{Im}[F(e^{j\Omega})]$，写成模与相位的形式为 $F(e^{j\Omega}) = |F(e^{j\Omega})| e^{j\varphi(\Omega)}$，据此可得，

$$\mathrm{Re}[F(e^{j\Omega})] = \mathrm{Re}[F(e^{-j\Omega})] \tag{6-52}$$

$$\mathrm{Im}[F(e^{j\Omega})] = -\mathrm{Im}[F(e^{-j\Omega})] \tag{6-53}$$

$$|F(e^{j\Omega})| = |F(e^{-j\Omega})| \tag{6-54}$$

$$\varphi(\Omega) = -\varphi(-\Omega) \tag{6-55}$$

这表明，$\mathrm{Re}[F(e^{j\Omega})]$ 是 Ω 的偶函数，而 $\mathrm{Im}[F(e^{j\Omega})]$ 是 Ω 的奇函数. 同理，$F(e^{j\Omega})$ 的模是 Ω 的偶函数，其相位是 Ω 的奇函数.

6.3.5　差分与累加

离散时间情况下的差分与累加对应连续时间情况下的微分与积分. 若

$$f[n] \leftrightarrow F(e^{j\Omega})$$

根据线性和时移性质，则一次差分信号 $f[n] - f[n-1]$ 的傅里叶变换对就是

$$f[n] - f[n-1] \leftrightarrow (1 - e^{-j\Omega}) F(e^{j\Omega}) \tag{6-56}$$

其累加的傅里叶变换就是

$$\sum_{m=-\infty}^{n} f[m] \leftrightarrow \frac{1}{(1-e^{-j\Omega})} F(e^{j\Omega}) + \pi F(e^{j \cdot 0}) \sum_{k=-\infty}^{\infty} \delta(\Omega - 2\pi k) \tag{6-57}$$

其中，右边的冲激串反映了累加过程中可能出现的直流或平均值.

6.3.6　时间反转

若 $f[n] \leftrightarrow F(e^{j\Omega})$，则

$$f[-n] \leftrightarrow F(e^{-j\Omega}) \tag{6-58}$$

6.3.7　时域卷积定理

若 $f_1[n] \leftrightarrow F_1(e^{j\Omega}), f_2[n] \leftrightarrow F_2(e^{j\Omega})$，则

$$f_1[n] * f_2[n] \rightarrow F_1(e^{j\Omega})F_2(e^{j\Omega}) \tag{6-59}$$

时域卷积对应频域相乘. 其中

$$f_1[n] * f_2[n] = \sum_{m=-\infty}^{\infty} f_1[m]f_2[n-m]$$

6.3.8　频域卷积定理

若 $f_1[n] \leftrightarrow F_1(e^{j\Omega}), f_2[n] \leftrightarrow F_2(e^{j\Omega})$，则

$$f_1[n]f_2[n] \leftrightarrow \frac{1}{2\pi}[F_1(e^{j\Omega}) * F_2(e^{j\Omega})] = \frac{1}{2\pi}\int_{2\pi} F_1(e^{j\theta})F_2[e^{j(\Omega-\theta)}]d\theta$$

6.3.9　帕斯瓦尔定理

若 $f[n] \leftrightarrow F(e^{j\Omega})$，则

$$\sum_{n=-\infty}^{\infty} |f[n]|^2 = \frac{1}{2\pi}\int_{2\pi} |F(e^{j\Omega})|^2 d\Omega$$

上式左边就是信号 $f[n]$ 中的总能量，帕斯瓦尔定理表明这个总能量可以在离散时间频率的 2π 区间上用积分每单位频率上的能量密度 $|F(e^{j\Omega})|^2 d\Omega$ 来获得. 即时域总能量等于频域一个周期内的总能量.

6.4　4 种傅里叶变换表示

在第 4 章和本章学习了傅里叶变换的 4 种表现形式. 即连续时间傅里叶级数、连续时间傅里叶变换、离散时间傅里叶级数、离散时间傅里叶变换. 傅里叶变换就是建立以时间为自变量的"信号"与以频率为自变量的"频谱"函数之间的某种变换关系. 从前面的分析可以看出，在傅里叶变换的 4 种表现形式中，周期与离散、非周期与连续性在时域与频域中表现出对称关系. 本节讨论 4 种傅里叶变换表示类型的不同特点.

6.4.1　连续时间傅里叶级数

设 $f_T(t)$ 代表一个周期为 T 的周期连续时间函数，其傅里叶级数系数 F_n 是离散频率的非周期函数. $f_T(t)$ 和 F_n 组成的变换对为

$$f(t) = \sum_{n=-\infty}^{\infty} F_n e^{jn\omega t} = \sum_{n=-\infty}^{\infty} F_n e^{jn(\frac{2\pi}{T})t} \tag{6-60}$$

$$F_n = \frac{1}{T}\int_{-\frac{T}{2}}^{\frac{T}{2}} f_T(t)e^{-jn\omega t}dt = \frac{1}{T}\int_{-\frac{T}{2}}^{\frac{T}{2}} f_T(t)e^{-jn(\frac{2\pi}{T})t}dt \tag{6-61}$$

其中，$\omega = \frac{2\pi}{T}$ 为离散频谱相邻两谱线之间的角频率间隔，n 为谐波序号.

这一变换对的示意图如图 6-13 所示. 可以看出，时域的连续函数造成频域内的非周期的频谱函数，而频域的离散谱就与时域的周期相对应.

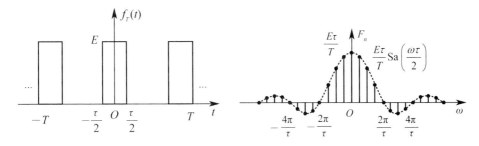

图 6 - 13　连续时间周期函数傅里叶级数系数的示意图

6.4.2　连续时间傅里叶变换

连续时间信号 $f(t)$ 和其傅里叶变换 $F(\mathrm{j}\omega)$ 组成的变换对为

$$F(\mathrm{j}\omega) = \int_{-\infty}^{\infty} f(t)\mathrm{e}^{-\mathrm{j}\omega t}\,\mathrm{d}t \qquad (6-62)$$

$$f(t) = \frac{1}{2\pi}\int_{-\infty}^{\infty} F(\mathrm{j}\omega)\mathrm{e}^{\mathrm{j}\omega t}\,\mathrm{d}\omega \qquad (6-63)$$

这一变换对的示意图如图 6-14 所示. 可以看出,时域的连续函数对应频域内的非周期性的频谱函数,而时域的非周期性对应频域内连续的频谱密度函数.

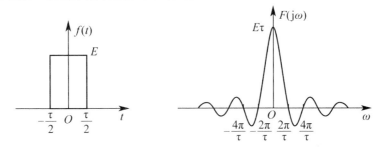

图 6 - 14　连续时间信号及其傅里叶变换

假设连续时间信号 $f(t)$ 为周期信号 $f_T(t)$ 的一个主周期($m=0$),即 $f_T(t)$ 和 $f(t)$ 的关系为

$$f_T(t) = \sum_{m=-\infty}^{\infty} f(t+mT) \qquad (6-64)$$

周期信号 $f_T(t)$ 的傅里叶级数系数

$$F_n = \frac{1}{T}\int_0^T f_T(t)\mathrm{e}^{-\mathrm{j}n\omega_0 t}\,\mathrm{d}t = \frac{1}{T}\int_0^T f(t)\mathrm{e}^{-\mathrm{j}n\omega_0 t}\,\mathrm{d}t \qquad (6-65)$$

式中,$\omega_0 = \dfrac{2\pi}{T}$,第一个周期的单脉冲信号 $f(t)$ 的频谱 $F_0(\mathrm{j}\omega)$ 为

$$F_0(\mathrm{j}\omega) = \int_{-\infty}^{\infty} f(t)\mathrm{e}^{-\mathrm{j}\omega t}\,\mathrm{d}t = \int_0^T f(t)\mathrm{e}^{-\mathrm{j}\omega t}\,\mathrm{d}t \qquad (6-66)$$

式(6-66) 中,利用了 $f(t)$ 的有限持续时间改变积分的上、下限. 比较式(6-65) 和式(6-66),得

$$F_n = \frac{1}{T}F_0(\mathrm{j}n\omega_0) = \frac{1}{T}F_0(\mathrm{j}\omega)\bigg|_{\omega=n\omega_0} \qquad (6-67)$$

可见,周期信号的傅里叶系数 F_n 等于 $F_0(\mathrm{j}\omega)$ 在频率为 $n\omega_0$ 处的值乘以 $\dfrac{1}{T}$. 即傅里叶级数系数为傅里叶变换被 T 归一化的样本.

6.4.3　离散时间傅里叶级数

$f_N[n]$代表一个周期为 N 的周期离散时间函数,其傅里叶级数系数 a_k 是离散频率的周期函数. $f_N[n]$和 a_k 组成的变换对为

$$f_N[n] = \sum_{k=\langle N \rangle} a_k e^{jk\left(\frac{2\pi}{N}\right)n} = \sum_{k=\langle N \rangle} a_k e^{jk\Omega_0 n} \tag{6-68}$$

$$a_k = \frac{1}{N} \sum_{n=\langle N \rangle} f_N[n] e^{-jk\left(\frac{2\pi}{N}\right)n} = \frac{1}{N} \sum_{n=\langle N \rangle} f_N[n] e^{-jk\Omega_0 n} \tag{6-69}$$

其中,数字角频率 $\Omega_0 = \dfrac{2\pi}{N}$.

这一变换对的示意图如图 6-15 所示.可以看出,时域的离散化造成频域的周期延拓,而频域的离散化造成时间函数也是呈周期性的,即时域和频域都是离散的和周期性的.

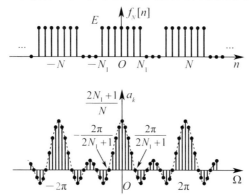

图 6-15　离散时间周期信号的傅里叶级数

6.4.4　离散时间傅里叶变换

离散时间信号 $f[n]$ 和其傅里叶变换 $F(e^{j\Omega})$ 组成的变换对为

$$F(e^{j\Omega}) = \sum_{n=-\infty}^{\infty} f[n] e^{-j\Omega n} \tag{6-70}$$

$$f[n] = \frac{1}{2\pi} \int_{2\pi} F(e^{j\Omega}) e^{j\Omega n} \, d\Omega \tag{6-71}$$

这一变换对的示意图如图 6-16 所示.可以看出,时域的离散化造成频域的周期延拓,而时域的非周期性对应于频域的连续性.

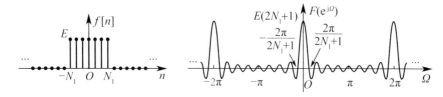

图 6-16　离散时间信号和其傅里叶变换的示意图

假设离散时间信号 $f[n]$ 为周期离散时间信号 $f_N[n]$ 的一个主周期($m=0$),即 $f_N[n]$ 和 $f[n]$ 的关系为

$$f_N[n] = \sum_{m=-\infty}^{\infty} f(n + mN) \tag{6-72}$$

周期离散信号 $f_N[n]$ 的离散时间傅里叶级数系数就是

$$a_k = \frac{1}{N} \sum_{n=0}^{N-1} f_N[n] e^{-jk\Omega_0 n} = \frac{1}{N} \sum_{n=0}^{N-1} f[n] e^{-jk\Omega_0 n} \tag{6-73}$$

第一个周期离散信号 $f[n]$ 的离散时间傅里叶变换 $F(e^{j\Omega})$ 为

$$F(e^{j\Omega}) = \sum_{n=-\infty}^{\infty} f[n] e^{-j\Omega n} = \sum_{n=0}^{N-1} f[n] e^{-j\Omega n} \tag{6-74}$$

式(6-74)中,利用了 $f[n]$ 的有限持续时间改变积分的上、下限. 比较式(6-73)和式(6-74),得

$$a_k = \frac{1}{N} F(e^{jk\Omega_0}) = \frac{1}{N} F(e^{j\Omega}) \Big|_{\Omega = k\Omega_0} \tag{6-75}$$

可见,$f_N[n]$ 的离散时间傅里叶级数系数就是 $f[n]$ 的离散时间傅里叶变换在 $\frac{2\pi}{N}$ 间隔处的样本除以 N. 图 6-17 在时域及频域中说明了这些关系. 其物理意义是对有限持续时间非周期信号的离散时间傅里叶变换的抽样效果就是对时域信号的周期性扩展.

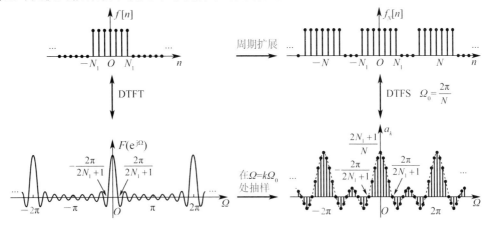

图 6-17 DTFS 系数与 DTFT 的关系

连续和离散时间傅里叶级数表示式中,信号表示为具有相同周期的复正弦信号的加权叠加. 一组离散的频率包含在级数中,因此,频域表达式包括系数的离散集合. 相比之下,对于非周期信号,连续和离散时间傅里叶变换表达式包含复正弦信号对于连续频率的加权积分. 因此,非周期信号的频域表达式是频率的连续函数. 时域周期信号具有离散的频域表达式,而非周期时间信号具有连续的频域表达式.

观察离散时间信号的傅里叶表示式,无论是离散时间傅里叶级数还是离散时间傅里叶变换,都是频率的周期函数. 这是因为用来表示离散时间信号的离散复正弦信号是以 2π 为周期的频率函数. 也就是说,频率相差为 2π 整数倍的离散时间信号是相同的;与此对比的是,连续时间信号的傅里叶表示式中,具有不同频率的连续时间信号总是不同的,因此连续时间信号的频域表示是非周期性的. 总之,离散时间信号有周期性的频域表示,而连续时间信号有非周期性的频域表示.

一般来说,一个域的离散必然造成另一个域的周期延拓;与此对应的是,一个域的连续必然造成另一个域的非周期性的表示,如图 6-17 所示.

表 6-2 总结了 4 种傅里叶表示的周期特性,表的上边和左边指出了时域特性,而表的下边和右边指出了频域特性.

表 6 - 2　4 种傅里叶表达式

时域	周期(t,n)	非周期(t,n)	
连续(t)	傅里叶级数 $$f_T(t) = \sum_{n=-\infty}^{\infty} F_n \mathrm{e}^{jn\omega_0 t}$$ $$F_n = \frac{1}{T} \int_{-\frac{T}{2}}^{\frac{T}{2}} f_T(t) \mathrm{e}^{-jn\omega_0 t} \mathrm{d}t$$ $f_T(t)$ 的周期为 T，$\omega_0 = \dfrac{2\pi}{T}$	傅里叶变换 $$f(t) = \frac{1}{2\pi} \int_{-\infty}^{\infty} F(j\omega) \mathrm{e}^{j\omega t} \mathrm{d}\omega$$ $$F(j\omega) = \int_{-\infty}^{\infty} f(t) \mathrm{e}^{-j\omega t} \mathrm{d}t$$	非周期(n,ω)
离散$[n]$	离散时间傅里叶级数 $$f_N[n] = \sum_{k=\langle N \rangle} F_k \mathrm{e}^{jk\Omega_0 n}$$ $$F_k = \frac{1}{N} \sum_{n=\langle N \rangle} f_N[n] \mathrm{e}^{-jk\Omega_0 n}$$ $f_N[n]$ 和 F_k 的周期为 N，$\Omega_0 = \dfrac{2\pi}{N}$	离散时间傅里叶变换 $$f[n] = \frac{1}{2\pi} \int_{2\pi} F(\mathrm{e}^{j\Omega}) \mathrm{e}^{j\Omega n} \mathrm{d}\Omega$$ $$F(\mathrm{e}^{j\Omega}) = \sum_{n=-\infty}^{\infty} f[n] \mathrm{e}^{-j\Omega n}$$ $F(\mathrm{e}^{j\Omega})$ 的周期为 2π	周期(k,Ω)
	离散$[n]$	连续(ω,Ω)	频域

一般来说，在一个域中为连续的表示，在另一个域中就是非周期性的表示；与此对比的是，在一个域中是离散的表示，在另一个域中就是周期性的表示，如表 6 - 3 所示.

表 6 - 3　时域特性和频域特性

傅里叶变换形式	时域特性	频域特性
CTFS	连续，周期	非周期，离散
CTFT	连续，非周期	非周期，连续
DTFS	离散，周期	周期，离散
DTFT	离散，非周期	周期，连续

在这 4 种傅里叶变换形式中，离散时间傅里叶级数是唯一一种能在计算机上进行数值求解和运算的傅里叶表示. 这是因为无论是时域还是频域，信号的表达式都可以用一个包含 N 个数的有限集合来准确地表征. 离散时间傅里叶级数在计算上的易处理性具有重大的实际意义，在数值信号分析和系统实现中有广泛的应用，并且常常在数值上实现对其他 3 种傅里叶变换表达式的近似.

6.5　离散傅里叶变换及其性质

目前我们已讨论了 4 种形式的傅里叶变换，即连续时间傅里叶级数、连续时间傅里叶变换、离散时间傅里叶级数和离散时间傅里叶变换. 在计算机上实现信号的频谱分析及其他方面的工作时，对信号的要求是：在时域和频域都应是离散的，且都应是有限长的. 上述的 4 种变换中，只有离散时间傅里叶级数在时域和频域都是离散的，但又都是无限长的. 这给我们利用计算机技术进行傅里叶分析带来了困难.

离散傅里叶变换（discrete fourier transform，DFT），可以同时实现在时域和频域都是离散的，而且都是有限长的. DFT 是数字信号处理中最基本的，也是最重要的运算. 它除了在理论上十分重要之外，由于存在着离散傅里叶变换的有效快速算法，因此离散傅里叶变换在各种数字信号处理的算法中起着重要的作用.

6.5.1　离散傅里叶变换

假设 $f[n]$ 是长为 $L(L\leqslant N)$ 的有限长序列,$f_N[n]$ 是 $f[n]$ 的周期拓展,即

$$f_N[n]=\sum_{m=-\infty}^{\infty} f(n+mN) \tag{6-76}$$

其中,$f_N[n]$ 的一个周期的值为

$$f_N[n]=\begin{cases} f[n], & 0\leqslant n\leqslant L-1 \\ 0, & L\leqslant n\leqslant N-1 \end{cases} \tag{6-77}$$

图 6-18 表明了 $f[n]$ 和 $f_N[n]$ 的对应关系. 对于周期序列 $f_N[n]$,其第一个周期 $n=0$ 到 $N-1$ 的范围定义为"主值区间",故 $f[n]$ 可以看成 $f_N[n]$ 的主值区间序列. $f[n]$ 的离散时间傅里叶变换为

$$F(\mathrm{e}^{\mathrm{j}\Omega}) = \sum_{n=-\infty}^{\infty} f[n]\mathrm{e}^{-\mathrm{j}\Omega n} = \sum_{n=0}^{N-1} f[n]\mathrm{e}^{-\mathrm{j}\Omega n} \tag{6-78}$$

因此,由采样定理有 $f[n]$ 的频率样本 $F(\mathrm{e}^{\mathrm{j}k\frac{2\pi}{N}})$,$k=0,1,\cdots,N-1$,唯一表示了有限长序列 $f[n]$.

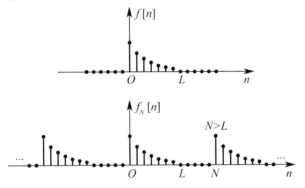

图 6-18　长为 L 的非周期序列 $f[n]$ 及其周期拓展

综上所述,长为 L 的有限长序列 $f[n]$ 的傅里叶变换为

$$F(\mathrm{e}^{\mathrm{j}\Omega}) = \sum_{n=0}^{L-1} f[n]\mathrm{e}^{-\mathrm{j}\Omega n}, \quad 0\leqslant \Omega\leqslant 2\pi \tag{6-79}$$

其中,求和的上下限反映出在区间 $0\leqslant n\leqslant L-1$ 外 $f[n]=0$ 这一事实. 当以等间隔频率 $\Omega_k=k\frac{2\pi}{N}(k=0,1,\cdots,N-1)$ 对 $F(\mathrm{e}^{\mathrm{j}\Omega})$ 进行采样时,其中 $N\geqslant L$,通常取 $N=L$,这样得到的样本为

$$F[k]=F(\mathrm{e}^{\mathrm{j}k\frac{2\pi}{N}}) = \sum_{n=0}^{L-1} f[n]\mathrm{e}^{-\mathrm{j}k\frac{2\pi}{N}n} = \sum_{n=0}^{N-1} f[n]\mathrm{e}^{-\mathrm{j}k\frac{2\pi}{N}n} \quad (k=0,1,\cdots,N-1) \tag{6-80}$$

式(6-80)是用于将长为 $L(L\leqslant N)$ 的序列 $f[n]$ 转变为长度为 N 的频率样本序列 $F[k]$. 因为频率样本是通过计算傅里叶变换 $F(\mathrm{e}^{\mathrm{j}\Omega})$ 的一组 N 个离散频率的值得到的,所以式(6-80)也称 $f[n]$ 的离散傅里叶变换.

对于从频率样本恢复序列 $f[n]$,则有

$$f[n]=f_N[n]=\sum_{k=0}^{N-1} a_k \mathrm{e}^{\mathrm{j}k\frac{2\pi}{N}n} \tag{6-81}$$

将式(6-75)代入式(6-81),得

$$f[n]=f_N[n]=\frac{1}{N}\sum_{k=0}^{N-1} F(\mathrm{e}^{\mathrm{j}k\frac{2\pi}{N}})\mathrm{e}^{\mathrm{j}k\frac{2\pi}{N}n}$$

$$= \frac{1}{N} \sum_{k=0}^{N-1} F[k] e^{jk\frac{2\pi}{N}n} \quad (n = 0, 1, \cdots, N-1) \tag{6-82}$$

这被称为离散傅里叶逆变换（inverse discrete-time fourier transform，IDFT）．

为今后研究的方便，引入符号 W_N，

$$W_N = e^{-j\left(\frac{2\pi}{N}\right)} \tag{6-83}$$

如果在所讨论的问题中不涉及 N 的变动，可省略下标，写作

$$W = e^{-j\left(\frac{2\pi}{N}\right)} \tag{6-84}$$

此外，用英文缩写字母 DFT[·] 表示取离散时间傅里叶级数的正变换（求系数），用 IDFT[·] 表示取离散傅里叶级数的逆变换（求时间函数）．这样，把离散时间傅里叶级数的变换对写作

$$\text{DFT}\{f[n]\} = F[k] = \sum_{n=0}^{N-1} f[n] e^{-jk\frac{2\pi}{N}n} = \sum_{n=0}^{N-1} f[n] W^{kn} \quad (k = 0, 1, \cdots, N-1) \tag{6-85}$$

$$\text{IDFT}\{F[k]\} = f[n] = \frac{1}{N} \sum_{k=0}^{N-1} F[k] e^{jk\frac{2\pi}{N}n} = \frac{1}{N} \sum_{k=0}^{N-1} F[k] W^{-kn} \quad (n = 0, 1, \cdots, N-1)$$
$$\tag{6-86}$$

式（6-85）和式（6-86）也可写成矩阵形式

$$\begin{bmatrix} F[0] \\ F[1] \\ \vdots \\ F[N-1] \end{bmatrix} = \begin{bmatrix} W^{0\times 0} & W^{0\times 1} & W^{0\times 2} & \cdots & W^{0\times(N-1)} \\ W^{1\times 0} & W^{1\times 1} & W^{1\times 2} & \cdots & W^{1\times(N-1)} \\ \vdots & \vdots & \vdots & \vdots & \vdots \\ W^{(N-1)\times 0} & W^{(N-1)\times 1} & W^{(N-1)\times 2} & \cdots & W^{(N-1)\times(N-1)} \end{bmatrix} \begin{bmatrix} f[0] \\ f[1] \\ \vdots \\ f[N-1] \end{bmatrix} \tag{6-87}$$

和

$$\begin{bmatrix} f[0] \\ f[1] \\ \vdots \\ f[N-1] \end{bmatrix} = \frac{1}{N} \begin{bmatrix} W^{-0\times 0} & W^{-1\times 0} & W^{-2\times 0} & \cdots & W^{-(N-1)\times 0} \\ W^{-0\times 1} & W^{-1\times 1} & W^{-2\times 1} & \cdots & W^{-(N-1)\times 1} \\ \vdots & \vdots & \vdots & \vdots & \vdots \\ W^{-0\times(N-1)} & W^{-1\times(N-1)} & W^{-2\times(N-1)} & \cdots & W^{-(N-1)\times(N-1)} \end{bmatrix} \begin{bmatrix} F[0] \\ F[1] \\ \vdots \\ F[N-1] \end{bmatrix} \tag{6-88}$$

简写为

$$\boldsymbol{F}[k] = \boldsymbol{W}^{kn} \boldsymbol{f}[n] \tag{6-89}$$

$$\boldsymbol{f}[n] = \frac{1}{N} \boldsymbol{W}^{-kn} \boldsymbol{F}[k] \tag{6-90}$$

其中 $\boldsymbol{f}[n]$ 与 $\boldsymbol{F}[k]$ 分别为 N 行的列矩阵，$\boldsymbol{W}^{kn}$ 与 $\boldsymbol{W}^{-kn}$ 均为 $N \times N$ 方阵，这两个方阵均为对称矩阵．

需要指出，若将 $f[n]$、$F[k]$ 分别理解为 $f_N[n]$，$F_N[k]$ 的主值序列，那么，DFT 变换对与 DTFS 变换对的表达式相同．实际上，DTFS 是按傅里叶分析严格定义的，而有限长序列的离散时间傅里叶变换 $F(e^{j\Omega})$ 是连续的、周期为 2π 的频率函数．为了使傅里叶变换可以利用计算机实现，人为地把 $f[n]$ 延拓成周期序列 $f_N[n]$，使 $f[n]$ 成为主值序列，这样，将 $f_N[n]$ 的离散、周期性的频率函数 $F_N[k]$ 的主值序列定义为 $f[n]$ 的离散傅里叶变换 $F[k]$．所以，离散傅里叶变换（DFT）并非指对任意离散信号进行傅里叶变换，而是为了利用计算机对有限长序列进行傅里叶变换而规定的一种专门运算．

例 6-8 求图 6-19(a) 所示的矩形脉冲序列 $f[n]$ 的离散时间傅里叶变换和离散傅里叶变换（设 $N = 10$）．

解： 离散时间傅里叶变换

$$F(e^{j\Omega}) = \text{DTFT} f[n] = \sum_{n=-2}^{2} e^{-j\Omega n} = \frac{\sin\left(\frac{5\Omega}{2}\right)}{\sin\left(\frac{\Omega}{2}\right)} \tag{6-91}$$

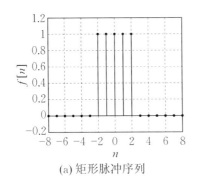
(a) 矩形脉冲序列

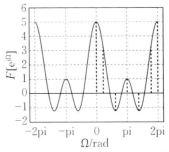
(b) 矩形脉冲序列的离散傅里叶变换

图 6-19　矩形脉冲序列 $f[n]$ 及其离散傅里叶变换

离散傅里叶变换

$$F[k] = \sum_{n=0}^{N-1} f[n] e^{-j\frac{\pi}{5}kn} = \sum_{n=-2}^{2} (e^{-\frac{\pi}{5}k})^n = \frac{e^{-\frac{2}{5}k} - e^{-j\frac{3\pi}{5}k}}{1 - e^{-\frac{\pi}{5}k}} = \frac{e^{-\frac{\pi}{10}k}(e^{j\frac{\pi}{2}k} - e^{-j\frac{\pi}{2}k})}{e^{-j\frac{\pi}{10}k}(e^{j\frac{\pi}{10}k} - e^{-j\frac{\pi}{10}k})}$$

故

$$F[k] = \frac{\sin\left(\frac{\pi}{2}k\right)}{\sin\left(\frac{\pi}{10}k\right)} \tag{6-92}$$

$f[n]$ 的离散时间傅里叶变换谱 $F(e^{j\Omega})$ 如图 6-19(b) 中的实线所示. 而 $f[n]$ 的离散傅里叶变换谱 $F[k]$ 如图 6-19(b) 中的虚线所示. 通过比较可以看出,$F[k]$ 是对式 $F(e^{j\Omega})$ 以 $N = 10$ 进行取样的样值.

6.5.2　离散傅里叶变换的性质

下面介绍离散傅里叶变换的一些重要性质. 利用符号

$$f[n] \leftrightarrow F[k]$$

表示时域与频域之间的对应关系,即

$$F[k] = \text{DFT}\{f[n]\}$$
$$f[n] = \text{IDFT}\{F[k]\}$$

1. 线性

若 $f_1[n] \leftrightarrow F_1[k]$,$f_2[n] \leftrightarrow F_2[k]$,则对于任意常数 a_1 和 a_2,有

$$a_1 f_1[n] + a_2 f_2[n] \leftrightarrow a_1 F_1[k] + a_2 F_2[k] \tag{6-93}$$

2. 对称性

若 $f[n] \leftrightarrow F[k]$,则

$$\frac{1}{N} F[n] \leftrightarrow f[-k] \tag{6-94}$$

其含义与连续时间信号傅里叶变换的对称性类似.

3. 时移特性

位于 $0 \leqslant n \leqslant N-1$ 区间的有限长序列 $f[n]$,其时移序列 $f[n-m]$ 是将序列 $f[n]$ 向右移动 m 位(位于 $m \leqslant n \leqslant N+m-1$ 区间),如图 6-20(b) 所示. 由于 DFT 的求和区间是在 0 到 $N-1$,这给时移序列的 DFT 分析带来了困难. 为解决这一问题,在 DFT 中的时间位移采用"圆周移位". 所谓圆周移位是先将有限长序列 $f[n]$ 周期延拓构成周期序列 $f_N[n]$,然后向右移动 m 位,得到时移序列 $f_N[n-m]$,如图 6-20(c) 所示,最后取 $f_N[n-m]$ 的主值,这样就得到有限长序列 $f[n]$

的圆周移位序列,如图 6 - 20(d) 所示. 圆周移位一般写作

$$f\{[n-m]\}_N G_N[n] \tag{6-95}$$

其中 $f\{[n-m]\}_N$ 表示对 $f[n]$ 进行圆周移位 m 位, $G_N[n]$ 表示长度为 N 的矩形脉冲序列,即

$$G_N(n) = u(n) - u(n-N)$$

故式(6 - 95) 表示对 $f[n]$ 进行圆周移位 m 位后取主值区间的值. 圆周移位也可称为循环移位,或简称圆移位.

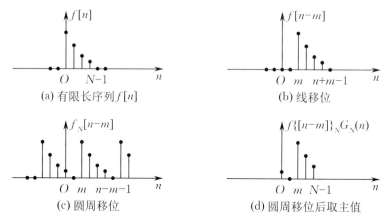

(a) 有限长序列 $f[n]$ (b) 线移位

(c) 圆周移位   (d) 圆周移位后取主值

图 6 - 20   有限长序列圆周移位

时移特性的定理内容为:若 $f[n] \leftrightarrow F[k]$,则

$$f\{[n-m]\}_N G_N[n] \leftrightarrow W^{mk} F[k] \tag{6-96}$$

式(6 - 96) 表明, $f[n]$ 进行圆周移位 m 位后,其 DFT 是将 $F[k]$ 乘上相位因子 W^{mk}.

4. 频移特性

若 $f[n] \leftrightarrow F[k]$,则

$$f[n]W^{-mn} \leftrightarrow F\{[k-m]\}_N G_N[k] \tag{6-97}$$

频移特性表明,若时间序列乘以指数项 W^{-mn},则其离散傅里叶变换就向右圆周移位 m 单位. 与连续时间信号类似,可以看作调制信号的频谱搬移,因而也称"调制定理".

5. 时域循环卷积(圆卷积) 定理

若有限长序列 $f_1[n]$ 和 $f_2[n]$ 的长度分别为 N 和 M,那么,两个序列的卷积和 $f[n]$ 仍为有限长序列,即

$$f[n] = f_1[n] * f_2[n] = \sum_{m=-\infty}^{\infty} f_1[m]f_2[n-m] = \sum_{m=-\infty}^{\infty} f_2[m]f_1[n-m] \tag{6-98}$$

式(6 - 98) 中 $f_1[m]$ 和 $f_2[n-m]$ 的非零区间分别为

$$0 \leqslant m \leqslant N-1 \tag{6-99}$$

$$0 \leqslant n-m \leqslant M-1 \tag{6-100}$$

联立解式(6 - 99) 和式(6 - 100) 两个不等式,得

$$0 \leqslant n \leqslant N+M-2 \tag{6-101}$$

式(6 - 101) 为有限长序列 $f[n]$ 的非零区间,即 $f[n]$ 的长度 L 为

$$L = N+M-1 \tag{6-102}$$

为了与将要讨论的循环卷积(圆卷积) 相区别,式(6 - 98) 的卷积称为线卷积. 图 6 - 21(a) 和图 6 - 21(b) 所示的 $f_1[n]$ 和 $f_2[n]$ 的长度分别为 $N = 4$ 和 $M = 5$,其线卷积和如图 6 - 21(c) 所示,长度 $L = 8$.

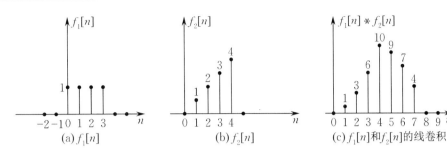

图 6 - 21 $f_1[n]$、$f_2[n]$ 及其线卷积

若有限长序列 $f_1[n]$ 和 $f_2[n]$ 的长度相等，均为 N，而且式(6 - 98)中的 $f_2[n-m]$ 或 $f_1[n-m]$ 圆周移位，则该卷积称为循环卷积，用 $\circledast$ 表示，即

$$f_1[n]\circledast f_2[n] = \sum_{m=0}^{N-1} f_1[m] f_2\{[n-m]\}_N = \sum_{m=0}^{N-1} f_2[m] f_1\{[n-m]\}_N \quad (6 - 103)$$

式(6 - 103) 循环卷积的取值在主值区间，即 $0 \leqslant m \leqslant N-1$，故循环卷积的结果仍为长度为 N 的有限长序列. 如果两个序列长度不等，可将长度较短的序列补一些零值点，构成两个长度相等的序列再进行循环卷积.

循环卷积的图解可按反褶、圆周位移、求和的步骤进行.

例 6 - 9 求图 6 - 21(a) 和图 6 - 21(b) 所示的 $f_1[n]$ 和 $f_2[n]$ 的循环卷积 $f[n]$.

解： 由于 $f_1[n]$ 的长度 $N=4$，$f_2[n]$ 的长度 $M=5$，故将 $f_1[n]$ 补一个零点，使 $f_1[n]$ 和 $f_2[n]$ 的长度均为 5. 根据

$$f[n] = \sum_{m=0}^{4} f_1[m] f_2\{[n-m]\}_5 G_5[n]$$

得

$$f[0] = \sum_{m=0}^{4} f_1[m] f_2\{[-m]\}_5 G_5[0]$$
$$= f_1[0] f_2\{[0]\} + f_1[1] f_2\{[-1]\} + f_1[2] f_2\{[-2]\} + f_1[3] f_2\{[-3]\} + f_1[4] f_2\{[-4]\}$$
$$= 0 + 4 + 3 + 2 + 0 = 9$$

$f_2\{[-m]\}_5 G_5[0]\{G_5[0] = 1\}$ 如图 6 - 22(a) 所示.

$$f[1] = \sum_{m=0}^{4} f_1[m] f_2\{[1-m]\}_5 G_5[1]$$

$f_2\{[1-m]\}_5 G_5[1]\{G_5[1] = 1\}$ 如图 6 - 22(b) 所示，故

$$f(1) = 1 + 0 + 4 + 3 = 8$$

$$\cdots\cdots$$

$f_1[n]$ 和 $f_2[n]$ 的循环卷积的结果如图 6 - 22(c) 所示.

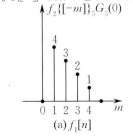 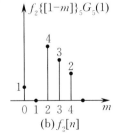 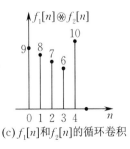

图 6 - 22 $f_1[n]$、$f_2[n]$ 及其循环卷积

比较图 6-22(c) 和图 6-21(c) 可见，循环卷积的结果与线卷积是不同的. 这是因为在线卷积的过程中，序列经反褶再向右平移，在左端将依次留出空位；而在循环卷积过程中，序列经反褶进行圆周移位，从右端移出去的样值又从左端循环出现，造成两种卷积的结果截然不同.

线卷积是系统分析的重要方法，而循环卷积可以利用数字计算机进行计算. 为了借助循环卷积求线卷积，要使循环卷积的结果与线卷积结果相同，可以采用补零的方法，使 $f_1[n]$ 和 $f_2[n]$ 的长度均为 $L \geqslant N+M-1$，这样使得做循环卷积时，向右端移出去的是零值，从而使左端循环出现的也是零值，保证了循环卷积与线卷积的情况相同，例如图 6-21 中的 $f_1[n]$ 和 $f_2[n]$ 采用补零的方法，使它们的长度均为 $L=8$，则循环卷积与线卷积的结果相同，如图 6-21(c) 所示.

时域循环卷积定理：若 $f_1[n] \leftrightarrow F_1[k]$，$f_2[n] \leftrightarrow F_2[k]$，则

$$f_1[n] \circledast f_2[n] \leftrightarrow F_1[k]F_2[k] \tag{6-104}$$

式(6-104) 表明，时域中两个函数的循环卷积对应于频域中两个频谱函数的乘积.

6. 频域循环卷积（频域圆卷积）定理

若 $f_1[n] \leftrightarrow F_1[k]$，$f_2[n] \leftrightarrow F_2[k]$，则

$$f_1[n]f_2[n] \leftrightarrow \frac{1}{N}F_1[k] \circledast F_2[k] \tag{6-105}$$

其中，$F_1[k] \circledast F_2[k] = \sum_{l=0}^{N-1} F_1[l]F_2\{[k-l]\}_N G_N[k]$. 式(6-105) 表明，时域中 $f_1[n]$ 和 $f_2[n]$ 相乘对应于频域中 $F_1[k]$ 与 $F_2[k]$ 循环卷积并乘以 $\frac{1}{N}$.

7. 巴塞瓦尔定理

若 $f[n] \leftrightarrow F[k]$，则

$$\sum_{n=0}^{N-1} |f[n]|^2 = \frac{1}{N}\sum_{k=0}^{N-1} |F[k]|^2 \tag{6-106}$$

若 $f[n]$ 为实序列，则

$$\sum_{n=0}^{N-1} f^2[n] = \frac{1}{N}\sum_{k=0}^{N-1} |F[k]|^2 \tag{6-107}$$

式(6-106) 和式(6-107) 称为巴塞瓦尔定理，它表明，在一个频域带限之内，功率谱之和与信号的能量成比例.

6.6　快速傅里叶变换

DFT 定义的引出，为使用计算机进行傅里叶分析提供了理论依据. 然而直接按此方法计算还会遇到一些实际困难，计算速度慢、设备重复. 随着样点 N 数目的增加，此矛盾将十分尖锐，致使这种计算失去实际价值. 于是，人们力图寻找一种快速而简便的算法，使 DFT 便于付诸实现. 1965年，库利与图基(Cooley, J. W. 和 Tukey, J. W.) 总结并发展了前人的研究成果，提出了一种快速、通用地进行 DFT 的计算方法，编出了使用这种方法的第一个程序. 此算法取名"快速傅里叶变换(fast fourier transform, FFT)"，也称"库利-图基算法".

这种算法把离散傅里叶变换分解为一系列较低阶的离散傅里叶变换，并利用了正弦 $e^{jk2\pi n}$ 的对称性及周期性. 低阶离散傅里叶变换的求值与复合所需的计算量比原始离散傅里叶变换的求值计算量少，故称为"快速".

已知表达式

$$F[k] = \sum_{n=0}^{N-1} f[n] e^{-jk\frac{2\pi}{N}n} = \sum_{n=0}^{N-1} f[n] W_N^{kn} \qquad (6-108)$$

$$f[n] = \frac{1}{N} \sum_{k=0}^{N-1} F[k] e^{jk\frac{2\pi}{N}n} = \frac{1}{N} \sum_{k=0}^{N-1} F[k] W_N^{-kn} \qquad (6-109)$$

可以求出离散傅里叶变换对的值. 这些表达式实际上是相似的, 差别仅在于被 N 归一化以及复指数的符号. 当 n 为单值时, 直接对式(6-109)求值需要 N 次复数相乘和 N−1 次复数相加. 于是, 计算 $f[n] (0 \leqslant n \leqslant N)$ 需要 N^2 次复数相乘和 $N(N-1)$ 次复数相加. 因而, 直接计算 DFT, 乘法次数和加法次数都是与 N^2 成正比的.

仔细观察 DFT 的运算就可以看出, 利用系数 W_N^{kn} 的一些固有特性, 就可减少 DFT 的运算量. 如:

(1)W_N^{kn} 的周期性

$$W_N^{kn} = W_N^{k(n+N)} = W_N^{(k+N)n}$$

(2)W_N^{kn} 的可约性

$$W_N^{kn} = W_{mN}^{mkn}, \ W_N^{kn} = W_{\frac{N}{m}}^{\frac{kn}{m}}$$

由此可得出

$$W_N^{\left(k+\frac{N}{2}\right)} = - W_N^k$$

快速傅里叶变换的算法如下: 先设序列 $f[n]$ 的点数为 $N = 2^L$, L 为正整数. 将 $N = 2^L (N$ 等于偶数) 的序列 $f[n] (n = 0, 1, 2 \cdots, N-1)$ 先按 n 的奇偶分成以下两组:

$$\left. \begin{array}{l} f[2r] = f_1[r] \\ f[2r+1] = f_2[r] \end{array} \right\} \quad r = 0, 1, \cdots, \frac{N}{2} - 1 \qquad (6-110)$$

则可将 DFT 简化为

$$F(k) = \mathrm{DFT}[f(n)] = \sum_{n=0}^{N-1} f(n) W_N^{kn} = \underbrace{\sum_{n=0}^{N-1} f(n) W_N^{kn}}_{n \text{为偶数}} + \underbrace{\sum_{n=0}^{N-1} f(n) W_N^{kn}}_{n \text{为奇数}}$$

$$= \sum_{r=0}^{\frac{N}{2}-1} f(2r) W_N^{k2r} + \sum_{r=0}^{\frac{N}{2}-1} f(2r+1) W_N^{k(2r+1)}$$

$$= \sum_{r=0}^{\frac{N}{2}-1} f_1(r) (W_N^2)^{kr} + W_N^k \sum_{r=0}^{\frac{N}{2}-1} f_2(r) (W_N^2)^{kr}$$

利用系数 W_N^{kn} 的可约性, 即 $W_N^2 = e^{-j\frac{2\pi}{N} \cdot 2} = e^{-j\frac{2\pi}{\frac{N}{2}}} = W_{\frac{N}{2}}$, 上式可表示成

$$F(k) = \sum_{r=0}^{\frac{N}{2}-1} f_1(r) W_{\frac{N}{2}}^{kr} + W_N^k \sum_{r=0}^{\frac{N}{2}-1} f_2(r) W_{\frac{N}{2}}^{kr} = F_1(k) + W_N^k F_2(k) \qquad (6-111)$$

式中, $F_1(k)$ 与 $F_2(k)$ 分别是 $f_1(r)$ 及 $f_2(r)$ 的 $\frac{N}{2}$ 点 DFT

$$F_1(k) = \sum_{r=0}^{\frac{N}{2}-1} f_1(r) W_{\frac{N}{2}}^{kr} = \sum_{r=0}^{\frac{N}{2}-1} f(2r) W_{\frac{N}{2}}^{kr} \qquad (6-112)$$

$$F_2(k) = \sum_{r=0}^{\frac{N}{2}-1} f_2(r) W_{\frac{N}{2}}^{kr} = \sum_{r=0}^{\frac{N}{2}-1} f(2r+1) W_{\frac{N}{2}}^{kr} \qquad (6-113)$$

由式(6-111)可以看出, 一个 N 点 DFT 已分解成两个 $\frac{N}{2}$ 点的 DFT, 它们按式(6-111)又组

合成一个 N 点 DFT. 但是,$f_1(r)$、$f_2(r)$ 以及 $F_1(k)$、$F_2(k)$ 都是 $\frac{N}{2}$ 点的序列,即 k、r 是满足 k,$r = 0, 1, 2, \cdots, \frac{N}{2} - 1$. 而 $F(k)$ 却有 N 点,而用式(6-111)计算得到的只是 $F(k)$ 的前一半项数的结果,要用 $F_1(k)$、$F_2(k)$ 来表达全部的 $F(k)$ 值,还必须应用系数的周期性,即

$$W_{\frac{N}{2}}^{kr} = W_{\frac{N}{2}}^{(k+\frac{N}{2})r}$$

这样可得到

$$F_1\left(\frac{N}{2} + k\right) = \sum_{r=0}^{\frac{N}{2}-1} f_1(r) W_{\frac{N}{2}}^{(k+\frac{N}{2})r} = \sum_{r=0}^{\frac{N}{2}-1} f_1(r) W_{\frac{N}{2}}^{kr} = F_1(k) \tag{6-114}$$

同理可得

$$F_2\left(\frac{N}{2} + k\right) = F_2(k) \tag{6-115}$$

式(6-114)、式(6-115)说明了后半部分 k 值 $\left(\frac{N}{2} \leqslant k \leqslant N - 1\right)$ 所对应的 $F_1(k)$、$F_2(k)$,分别等于前半部分 k 值 $\left(0 \leqslant k \leqslant \frac{N}{2} - 1\right)$ 所对应的 $F_1(k)$、$F_2(k)$.

再考虑 W_N^k 的以下性质:

$$W_N^{(\frac{N}{2}+k)} = W_N^{\frac{N}{2}} W_N^k = -W_N^k \tag{6-116}$$

这样,把式(6-114)、式(6-115)、式(6-116)代入式(6-111),就可将 $F(k)$ 表达式分为前后两部分:

前半部分 $F(k)\left(k = 0, 1, \cdots, \frac{N}{2} - 1\right)$ 可表示为

$$F(k) = F_1(k) + W_N^k F_2(k), \quad k = 0, 1, \cdots, \frac{N}{2} - 1 \tag{6-117}$$

后半部分 $F(k)\left(k = \frac{N}{2}, \cdots, N - 1\right)$ 可表示为

$$F\left(k + \frac{N}{2}\right) = F_1\left(k + \frac{N}{2}\right) + W_N^{(k+\frac{N}{2})} F_2\left(k + \frac{N}{2}\right)$$

$$= F_1(k) - W_N^k F_2(k), \quad k = 0, 1, \cdots, \frac{N}{2} - 1 \tag{6-118}$$

这样,只要求出 $0 \sim \left(\frac{N}{2} - 1\right)$ 区间的所有 $F_1(k)$、$F_2(k)$ 值,即可求出 $0 \sim (N-1)$ 区间内的所有 $F(k)$ 值,这就大大节省了运算量.

式(6-117)和式(6-118)的运算可以用图 6-23 所示的蝶形运算流图符号表示. 当支路上没有标出系数时,则该支路的传输系数为 1. 采用这种表示法,可将上面讨论的分解,过程如图 6-24 所示. 此图表示 $N = 2^3 = 8$ 的情况,其中输出值 $F(0) \sim F(3)$ 是由式(6-117)给出的,而输出值 $F(4) \sim F(7)$ 是由式(6-118)给出的.

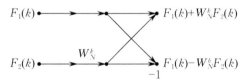

图 6-23 蝶形运算流图符号

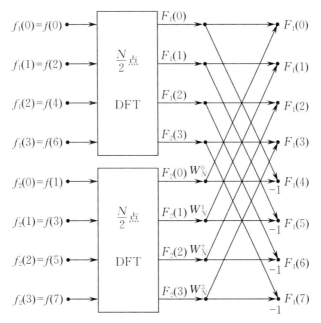

图 6 - 24　将一个 N 点 DFT 分解为两个 $\dfrac{N}{2}$ 点 DFT($N = 8$)

可以看出,每个蝶形运算需要一个复数乘法 $W_N^k F_2(k)$ 及两次复数加(减)法.据此,一个 N 点 DFT 分解为两个 $\dfrac{N}{2}$ 点 DFT 后,如果直接计算 $\dfrac{N}{2}$ 点 DFT,则每一个 $\dfrac{N}{2}$ 点 DFT 只需要 $\left(\dfrac{N}{2}\right)^2 = \dfrac{N^2}{4}$ 次复数乘法和 $\dfrac{N}{2}\left(\dfrac{N}{2}-1\right)$ 次复数加法,两个 $\dfrac{N}{2}$ 点 DFT 共需 $2 \times \left(\dfrac{N}{2}\right)^2 = \dfrac{N^2}{2}$ 次复数乘法和 $N\left(\dfrac{N}{2}-1\right)$ 次复数加法.此外,把两个 $\dfrac{N}{2}$ 点 DFT 合成为 N 点 DFT 时,有 $\dfrac{N}{2}$ 个蝶形运算,还需要 $\dfrac{N}{2}$ 次复数乘法及 $2 \times \dfrac{N}{2} = N$ 次复数加法.因而通过第一步分解后,总共需要 $\dfrac{N^2}{2} + \dfrac{N}{2} = \dfrac{N(N+1)}{2} \approx \dfrac{N^2}{2}$ 次复数乘法和 $N\left(\dfrac{N}{2}-1\right) + N = \dfrac{N^2}{2}$ 次复数加法,因此通过这样分解后运算工作量差不多减少了一半.既然如此,由于 $N = 2^l$,因而 $\dfrac{N}{2}$ 仍是偶数,可以进一步把每个 $\dfrac{N}{2}$ 点的输入子序列再按其奇偶部分分解为两个 $\dfrac{N}{4}$ 点的子序列.先将 $f_1(r)$ 进行分解:

$$\left.\begin{array}{l} f_1(2l) = f_3(l) \\ f_1(2l+1) = f_4(l) \end{array}\right\} \quad l = 0,1,\cdots,\dfrac{N}{4}-1 \tag{6-119}$$

同样可得出

$$F_1(k) = \sum_{l=0}^{\frac{N}{4}-1} f_1(2l) W_{\frac{N}{2}}^{k2l} + \sum_{l=0}^{\frac{N}{4}-1} f_1(2l+1) W_{\frac{N}{2}}^{k(2l+1)} = \sum_{l=0}^{\frac{N}{4}-1} f_3(l) W_{\frac{N}{4}}^{kl} + W_{\frac{N}{2}}^{k} \sum_{l=0}^{\frac{N}{4}-1} f_4(l) W_{\frac{N}{4}}^{kl}$$

$$= F_3(k) + W_{\frac{N}{2}}^{k} F_4(k), \quad k = 0,1,\cdots,\dfrac{N}{4}-1$$

且

$$F_1\left(\dfrac{N}{4}+k\right) = F_3(k) - W_{\frac{N}{2}}^{k} F_4(k), \quad k = 0,1,\cdots,\dfrac{N}{4}-1$$

其中

$$F_3(k) = \sum_{l=0}^{\frac{N}{4}-1} f_3(l) W_{\frac{N}{4}}^{kl} \qquad (6-120)$$

$$F_4(k) = \sum_{l=0}^{\frac{N}{4}-1} f_4(l) W_{\frac{N}{4}}^{kl} \qquad (6-121)$$

图 6-25 给出 $N=8$ 时,将一个 $\frac{N}{2}$ 点 DFT 分解成两个 $\frac{N}{4}$ 点 DFT,由这两个 $\frac{N}{4}$ 点 DFT 组成一个 $\frac{N}{2}$ 点 DFT 的流图.

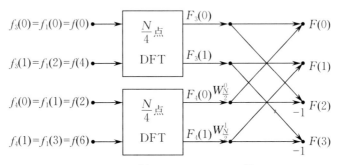

图 6-25 由两个 $\frac{N}{4}$ 点 DFT 组成一个 $\frac{N}{2}$ 点 DFT

$f_2(r)$ 也可进行同样的分解,得到

$$\left.\begin{array}{l} F_2(k) = F_5(k) + W_{\frac{N}{2}}^k F_6(k) \\ F_2\left(\dfrac{N}{4}+k\right) = F_5(k) - W_{\frac{N}{2}}^k F_6(k) \end{array}\right\} \quad k = 0,1,\cdots,\frac{N}{4}-1$$

其中

$$F_5(k) = \sum_{l=0}^{\frac{N}{4}-1} f_2(2l) W_{\frac{N}{4}}^{kl} = \sum_{l=0}^{\frac{N}{4}-1} f_5(l) W_{\frac{N}{4}}^{kl} \qquad (6-122)$$

$$F_6(k) = \sum_{l=0}^{\frac{N}{4}-1} f_2(2l+1) W_{\frac{N}{4}}^{kl} = \sum_{l=0}^{\frac{N}{4}-1} f_6(l) W_{\frac{N}{4}}^{kl} \qquad (6-123)$$

将系数统一为 $W_{\frac{N}{2}}^k = W_N^{2k}$,则一个 $N=8$ 点 DFT 就可分解为 4 个 $\frac{N}{4}=2$ 点 DFT,这样可得图 6-26 所示的流图.

根据上面的分析知道,利用 4 个 $\frac{N}{4}$ 点的 DFT 及两级蝶形组合运算来计算 N 点 DFT,比只用一次分解蝶形组合方式的计算量又减少了约一半.

如此不断分解,最后剩下的是 2 点 DFT,对于此例 $N=8$,就是 4 个 $\frac{N}{4}=2$ 点 DFT,其输出为 $F_3(k)$、$F_4(k)$、$F_5(k)$ 和 $F_6(k)$,$k=0,1$,这由式(6-120) 至式(6-123) 可以计算出来. 例如,由式(6-121) 可得

$$F_4(k) = \sum_{l=0}^{\frac{N}{4}-1} f_4(l) W_{\frac{N}{4}}^{kl} = \sum_{l=0}^{1} f_4(l) W_{\frac{N}{4}}^{kl}, \quad k=0,1$$

即

$$F_4(0) = f_4(0) + W_2^0 f_4(1) = f(2) + W_2^0 f(6) = f(2) + W_N^0 f(6) = f(2) + f(6)$$
$$F_4(1) = f_4(0) + W_2^1 f_4(1) = f(2) + W_2^1 f(6) = f(2) - W_N^0 f(6) = f(2) - f(6)$$

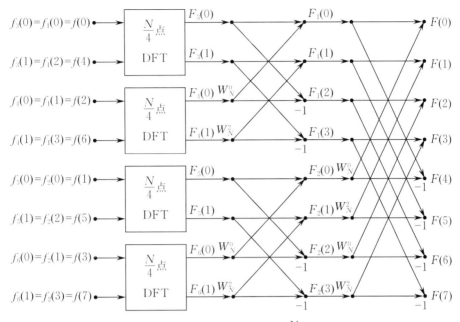

图 6‑26　将一个 N 点 DFT 分解为 4 个 $\dfrac{N}{4}$ 点 DFT$(N=8)$

注意,上式中,$W_2^1 = \mathrm{e}^{-\mathrm{j}\frac{2\pi}{2}\times 1} = \mathrm{e}^{-\mathrm{j}\pi} = -1 = -W_N^0$,故计算上式不需乘法. 类似地可求出 $F_3(k)$、$F_5(k)$、$F_6(k)$,这些 2 点 DFT 都可用一个蝶形结表示. 由此可得出一个按时间抽选运算的完整的 8 点 DFT 流图,如图 6‑27 所示.

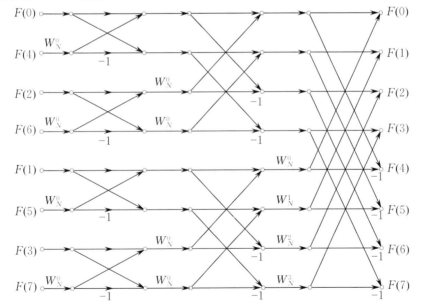

图 6‑27　按时间抽选运算的完整的 8 点 DFT 流图

这种方法的每一步分解都是按输入序列在时间上的次序是属于偶数还是属于奇数来分解为两个更短的子序列,所以称为"按时间抽选法"(DIT).

若不满足 $N = 2^L$,则可在序列 $f(n)$ 后补上零值点,使其达到这一要求. 补零后,时域点数增加,但有效数据不变,故频谱 $F(\mathrm{e}^{\mathrm{j}\Omega})$ 不变,只是频谱的抽样点增加,因而抽样点位置改变.

需要注意的是,在计算时,先要将输入数据 $f[n]$ 的 n 倒位序变成 $\hat{n}$,用 $f(\hat{n})$ 作为输入数据,再

来做 L 级的蝶形计算. 倒位序号是指将数 n 的二进制码的位序颠倒后的数元 $\hat{n}$. 例如，当 $N = 2^3 = 8$，即采用三位二进制码时，$n = (110)_2 = 6$，则 $\hat{n} = (011)_2 = 3$. 因而要将输入序列 $f(6)$ 和 $f(3)$ 互换即要做变址运算. 倒位序的树状结构见图 6-28.

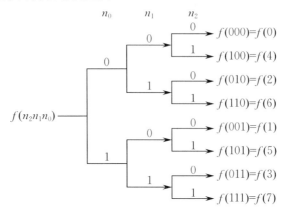

图 6-28　倒位序的树状结构

对于 N 为 2 的幂次，快速傅里叶变换算法需要 $N\log_2(N)$ 次复数相乘. 这说明，当 N 很大时，与 N^2 相比，可以极大地节省计算量. 例如，若 $N = 8192$，即 2^{13}，直接计算所需的算术运算量大约是快速傅里叶变换算法的 630 倍.

这里需要提醒的是关于次序的问题. 许多软件包中都有快速傅里叶变换算法的程序. 但因子 $\frac{1}{N}$ 的位置没有规范化. 某些程序将 $\frac{1}{N}$ 放在离散时间傅里叶级数系数 $F[k]$ 的表达式中，而有些程序却将 $\frac{1}{N}$ 放在时间信号 $f[n]$ 的表达式中. 还有一种惯用方法是把 $\frac{1}{\sqrt{N}}$ 放在 $F[k]$ 和 $f[n]$ 的每个表达式中. 这些做法唯一的区别就是用 N 或者 $\sqrt{N}$ 乘以离散傅里叶变换 $F[k]$.

6.7　线性常系数差分方程表征的系统

对一个线性时不变系统而言，其输出 $y[n]$ 和输入 $f[n]$ 之间的线性常系数差分方程一般具有如下形式：

$$\sum_{k=0}^{N} a_k y[n-k] = \sum_{k=0}^{M} b_k f[n-k] \qquad (6-124)$$

由这样的差分方程描述的系统是十分重要而有用的一类系统. 这一节将利用离散时间傅里叶变换的性质导出由这样一个方程所描述的线性时不变系统的频率响应 $H(e^{j\Omega})$. 所采用的方法与线性常系数微分方程所描述的连续时间线性时不变系统是一致的.

同样，有两种方法可以确定 $H(e^{j\Omega})$. 第一种方法，若激励 $f[n] = e^{j\Omega n}$，那么，其输出就一定是 $y[n] = H(e^{j\Omega})e^{j\Omega n}$ 这种形式. 第二种方法是利用了离散时间傅里叶变换的线性、卷积和时移性质. 设 $X(e^{j\Omega})$、$Y(e^{j\Omega})$ 和 $H(e^{j\Omega})$ 分别为输入 $f[n]$、输出 $y[n]$ 和单位脉冲响应 $h[n]$ 的傅里叶变换，那么离散时间傅里叶变换的卷积性质就意味着有

$$H(e^{j\Omega}) = \frac{Y(e^{j\Omega})}{F(e^{j\Omega})} \qquad (6-125)$$

在式 (6-124) 两边应用傅里叶变换，并利用线性和时移性质，可得

$$\sum_{k=0}^{N} a_k Y(e^{j\Omega}) e^{-jk\Omega} = \sum_{k=0}^{M} b_k F(e^{j\Omega}) e^{-jk\Omega}$$

或者等效为

$$H(e^{j\Omega}) = \frac{Y(e^{j\Omega})}{F(e^{j\Omega})} = \frac{\sum\limits_{k=0}^{M} b_k e^{-jk\Omega}}{\sum\limits_{k=0}^{N} a_k e^{-jk\Omega}} \tag{6-126}$$

由上式可见,与连续时间情况下一样,$H(e^{j\Omega})$ 是两个多项式的比. 在离散时间情况下,这些多项式的变量是 $e^{-j\Omega}$. 分子多项式的系数就是出现在式(6-124) 右边的系数,而分母多项式的系数就是式(6-124) 左边的系数.

例 6-10　考虑一个因果线性时不变系统,其差分方程为

$$y[n] - ay[n-1] = x[n]$$

式中,$|a| < 1$. 求该系统的单位冲激响应.

解:　根据式(6-126),该系统的频率响应是

$$H(e^{j\Omega}) = \frac{1}{1 - ae^{-j\Omega}}$$

上式就是序列 $a^n u[n]$ 的傅里叶变换. 因此,该系统的单位脉冲响应是 $h[n] = a^n u[n]$.

例 6-11　考虑一个因果线性时不变系统,其差分方程为

$$y[n] - \frac{3}{4}y[n-1] + \frac{1}{8}y[n-2] = 2x[n]$$

求该系统的单位冲激响应.

解:　该系统的频率响应是

$$H(e^{j\Omega}) = \frac{2}{1 - \frac{3}{4}e^{-j\Omega} + \frac{1}{8}e^{-j2\Omega}}$$

将上式按部分分式展开,得

$$H(e^{j\Omega}) = \frac{4}{1 - \frac{1}{2}e^{-j\Omega}} - \frac{2}{1 - \frac{1}{4}e^{-j\Omega}}$$

因此,该系统的单位脉冲响应是 $h[n] = 4\left(\frac{1}{2}\right)^n u[n] - 2\left(\frac{1}{4}\right)^n u[n]$.

6.8　用 Matlab 进行离散时间系统的频域分析

6.8.1　离散非周期信号的频谱分析

1. 序列的傅里叶变换

满足绝对可和的序列,即

$$\sum_{n=-\infty}^{\infty} |x[n]| < \infty \tag{6-127}$$

其傅里叶变换和逆变换定义为

$$X(e^{j\Omega}) = \sum_{n=-\infty}^{\infty} x[n]e^{-j\Omega n} \tag{6-128}$$

$$x[n] = \frac{1}{2\pi}\int_{2\pi} X(e^{j\Omega})e^{j\Omega n} d\Omega \tag{6-129}$$

序列 $x[n]$ 是离散的,但 $X(e^{j\Omega})$ 是以 2π 为周期的 Ω 的连续函数,为了能够在计算机上进行处理,需

要对 $x[n]$ 进行截断，并对频域进行离散化，近似处理后有

$$X(e^{j\Omega_k}) \approx \sum_{n=n_1}^{n_2} x[n]e^{-j\Omega_k n} \tag{6-130}$$

其中，$\Omega_k = \dfrac{2\pi}{M}k$，$M$ 是对 Ω 在一个周期内的采样点数，k 的值可任意确定，若观察一个周期内的频谱，$k = 0 \sim M-1$；若观察两个周期内的频谱，$k = 0 \sim 2M-1$，依此类推．

例 6-12　已知信号 $x[n] = u[n+4] - u[n-5]$，试用 Matlab 编程计算该信号的频谱并绘图．

解：　Matlab 计算程序如下：

```
ns =-20;
ne = 20;
n = ns:ne;                                  % n 的取值范围
m = 500;
k =-m:m;                                     % 频率点数
w = 2* pi* k/m;
n1 =-4;                                      % x[n] 值的开始
n2 = 5;                                      % x[n] 值的结束
xn = ((n-n1) >= 0) - ((n-n2) >= 0);
Xw = xn* (exp(-j* 2* pi/m)).^(n'* k);        % 傅里叶变换
subplot(3,1,1);
stem(n,xn,'fill','linewidth',2.5);grid on;   % 时域离散信号
set(gca,'FontSize',20);
xlabel('n','fontsize',24);
ylabel('x[n]','fontsize',24)
subplot(3,1,2);
plot(w,abs(Xw),'linewidth',2.5);grid on;     % 幅度特性
set(gca,'FontSize',20);
xlabel('\omega(rad/s)','fontsize',24);
ylabel('amplitude','fontsize',24);
axis([-pi,pi,0,10]);
subplot(3,1,3);
plot(w,angle(Xw),'linewidth',2.5);grid on;   % 相位特性
set(gca,'FontSize',20);
xlabel('\omega(rad/s)','fontsize',24);
ylabel('phase','fontsize',24);
axis([-pi,pi,-5,5]);
```

信号的幅频特性和相频特性如图 6-29 所示．

2. 快速傅里叶变换（FFT）

快速傅里叶变换并不是一种新的变换，只是离散傅里叶变换的快速算法．Matlab 提供了对离散信号进行快速傅里叶变换及逆变换的函数 fft() 和 ifft()，其调用格式如下．

fft(x)：利用快速傅里叶变换算法计算 x 的 M 点 DFT，其中 M 是 x 的长度．

fft(x,N)：利用快速傅里叶变换算法计算 x 的 N 点 DFT，其中 N 是用户指定的长度．

若 x 的长度 $M > N$，则将 x 截断为 N 点序列，再作 N 点 DFT．

若 x 的长度 $M < N$，则将 x 补零至 N 点，再作 N 点 DFT．

ifft(x)：利用快速傅里叶变换算法计算 x 的 M 点 IDFT，其中 M 是 x 的长度．

ifft(x,N)：利用快速傅里叶变换算法计算 x 的 N 点 IDFT，其中 N 是用户指定的长度．同样分两种情况，同 fft(x,N)．

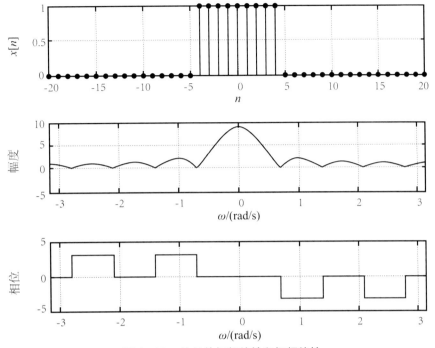

图 6 - 29　信号的幅频特性和相频特性

例 6 - 13　利用 FFT 计算下面两个序列的卷积和：

$$x[n] = \sin[0.4n]u[n]$$
$$h[n] = 0.9^n u[n]$$

解：　Matlab 计算程序如下：

```
n1 = 1:15;
xn = sin(0.4* n1);
n2 = 1:20;
hn = 0.9.^n2;
yn1 = conv(xn,hn);
M = length(n1);
N = length(n2);
ny1 = 0:(N+M)-2;
L = pow2(nextpow2(M+N-1));
ny2 = 0:L-1;
Xw = fft(xn,L);
Hw = fft(hn,L);
Yw = Xw.* Hw;
yn2 = ifft(Yw,L);
subplot(2,2,1);
stem(n1,xn,'fill','linewidth',2.5);
set(gca,'FontSize',20);
xlabel('n','fontsize',24);
title('x[n]','fontsize',24);
subplot(2,2,2);
stem(n2,hn,'fill','linewidth',2.5);
set(gca,'FontSize',20);
```

```
    xlabel('n','fontsize',24);
    title('h[n]','fontsize',24);
    subplot(2,2,3);
    stem(ny1,yn1,'fill','linewidth',2.5);
    set(gca,'FontSize',20);
    xlabel('n','fontsize',24);
    title('卷积','fontsize',24);
    subplot(2,2,4);
    stem(ny2,yn2,'fill','linewidth',2.5);
    axis([0,40,-2,4]);
    set(gca,'FontSize',20);
    xlabel('n','fontsize',24);
    title('利用 FFT 计算卷积','fontsize',24);
```

利用 FFT 计算卷积如图 6-30 所示.

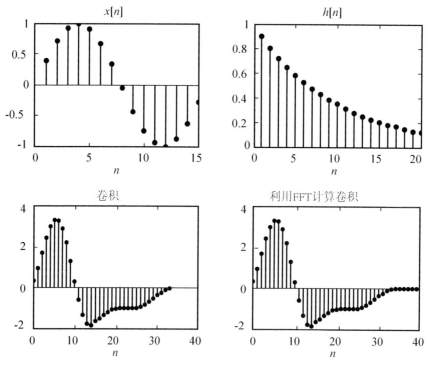

图 6-30　利用 FFT 计算卷积

6.8.2　利用 FFT 计算连续时间线卷积

前面已经分析，循环卷积的结果与线卷积是不同的. 线卷积是系统分析的重要方法，而循环卷积可以利用数字计算机进行计算. 为了借助循环卷积求线卷积，要使循环卷积的结果与线卷积结果相同，可以采用补零的方法，这样使得做循环卷积时，向右端移出去的是零值，从而使左端循环出现的也是零值，保证了循环卷积与线卷积的情况相同. 这时，便可以利用时域循环卷积定理来计算线卷积了.

例 6-14　用数值计算法求 $f_1(t)=u(t+1)-u(t-1)$ 与 $f_2(t)=\mathrm{e}^{-2t}u(t)$ 的卷积.

解：　本例用两种方法来求解卷积，一种是利用时域的方法，即利用函数 conv( )；第二种是利用快速傅里叶变换及逆变换的函数 fft( ) 和 ifft( ). Matlab 计算程序如下：

```
% 说明:本程序利用 FFT 求线卷积运算
clear all
clc;
% 参数准备
numf1 = 480;
% 函数 f1 的采样点数,由于计算时间坐标的范围为(-numf1/2—numf1/2-1)* dt,所以最好是偶数
numf2 = 500;   % 函数 f2 的采样点数
numftt = pow2(nextpow2(numf1+numf2-1)); % fft 的采样点数,满足 2.^N;
dt = 0.01;  % 采样间隔
tsf1 = -numf1* dt/2;   % 开始时间
tef1 = (numf1/2-1)* dt;   % 结束时间
tf1 = tsf1:dt:tef1;   % 函数 f1 的横坐标
tsf2 = -numf2* dt/2;   % 开始时间
tef2 = (numf2/2-1)* dt;   % 结束时间
tf2 = tsf2:dt:tef2;   % 函数 f2 的横坐标

% 函数 f1,f2 和时域卷积 gconv
f1 = ((tf1+1) >= 0) - ((tf1-1) >= 0);   % 函数 f1
f2 = exp(-2* tf2) .* (tf2 >= 0);   % 函数 f2
gconv = conv(f1,f2)* dt;   % 时域计算卷积 gconv = f1* f2
tsconv = tsf1+tsf2;
teconv = tef1+tef2;
tconv = tsconv:dt:teconv;    % 卷积后的横坐标

subplot(2,2,1);
plot(tf1,f1,'linewidth',2.5); grid on;   % 函数 f1 的图像
set(gca,'FontSize',20);
axis([tsf1,tef1,-0.1* max(f1),1.1* max(f1)]);
title(' 函数 f1(t)'); xlabel('t','fontsize',24)

subplot(2,2,2);
plot(tf2,f2,'linewidth',2.5), grid on;   % 函数 f2 的图像
set(gca,'FontSize',20);
axis([tsf2,tef2,-0.1* max(f2),1.1* max(f2)]);
title(' 函数 f2(t)'); xlabel('t','fontsize',24)

subplot(2,2,3),
plot(tconv,gconv,'linewidth',2.5), grid on; % 函数 gconv 的图像
set(gca,'FontSize',20);
axis([tsconv,teconv,-0.1* max(gconv),1.1* max(gconv)]);
set(gca,'xtick',[-5:1:5]);
title(' 时域计算卷积 f1(t)* f2(t)'); xlabel('t','fontsize',24)

% 以下是傅里叶变换计算卷积
f1w = fft(f1,numftt); % 函数 f1 的傅里叶变换
f2w = fft(f2,numftt);   % 函数 f2 的傅里叶变换
```

```
gfftw = f1w.* f2w;    %  频谱相乘
gfft = dt* (ifft(gfftw,numftt)); %  傅里叶逆变换
tsfft = tsconv;  %  开始时间
tefft = tsconv+dt* (numftt-1);  %  结束时间
tgfft = tsfft:dt:tefft;
subplot(2,2,4),
plot(tgfft,gfft,'linewidth',2.5);grid on;  %  函数 gfft 的图像
set(gca,'FontSize',20);
axis([tsconv,teconv,-0.1* max(gfft),1.1* max(gfft)]); %  显示范围和 gconv 的一致,目的是
```
为了比较
```
set(gca,'xtick',[-5:1:5]);
title(' 傅里叶变换计算卷积 f1(t)* f2(t)'); xlabel('t','fontsize',24)
```
两种计算卷积的结果如图 6 - 31 所示.

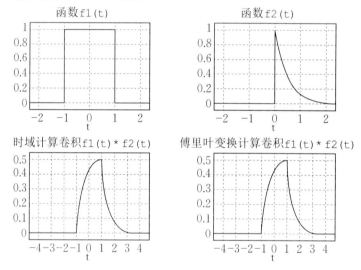

图 6 - 31　两种计算卷积的结果

6.8.3　利用 FFT 对连续信号进行频谱分析

实际工程中,经常遇到连续信号 $x(t)$,其频谱 $X(\mathrm{j}\omega)$ 也是连续函数. 设时域连续信号 $x(t)$ 的持续时间为 T_p,最高频率为 f_c,则 $x(t)$ 的傅里叶变换为

$$X(\mathrm{j}\omega) = \int_{-\infty}^{\infty} x(t)\mathrm{e}^{-\mathrm{j}\omega t}\,\mathrm{d}t \tag{6-131}$$

对 $x(t)$ 以采样频率 $f_s \geqslant 2f_c\left(T_s = \dfrac{1}{f_s}\right)$进行采样,得 $x(t) = x(nT_s)$. 设共采样 N 点,并做零阶近似$(t = nT_s, \mathrm{d}t = T_s)$ 得

$$X(\mathrm{j}\omega) = T_s \sum_{n=0}^{N} x(nT_s)\mathrm{e}^{-\mathrm{j}\omega nT_s} \tag{6-132}$$

由于 $X(\mathrm{j}\omega)$ 仍是 ω 的连续函数,因此对 $X(\mathrm{j}\omega)$ 在区间$[0,2\pi f_s]$上等间隔采样 N 点,采样间隔为 F,也是频率分辨率. 参数 f_s、T_p、N 和 F 满足如下关系:

$$F = \frac{f_s}{N} = \frac{1}{NT_s} \tag{6-133}$$

由于 $NT_s = T_p$,所以

$$F = \frac{1}{T_p} \tag{6-134}$$

式(6-134)说明要提高频率分辨率,就要增加 T_p,即增加信号的有效长度.

将 $f = kF, \omega = 2\pi f = 2\pi kF$ 代入式(6-132),可得 $X(\mathrm{j}\omega)$ 的采样

$$X(\mathrm{j}2\pi kF) = T_s \sum_{n=0}^{N} x(nT_s)\mathrm{e}^{-\mathrm{j}\frac{2\pi}{N}kn}, \quad 0 \leqslant k \leqslant N-1 \tag{6-135}$$

令 $X[k] = X(\mathrm{j}2\pi kF), x[n] = x[nT_s]$,则式(6-135) 写为

$$X[k] = T_s \sum_{n=0}^{N-1} x[n]\mathrm{e}^{-\mathrm{j}\frac{2\pi}{N}kn} = T_s \cdot \mathrm{DFT}\left\{x[n]\right\} \tag{6-136}$$

式(6-136)说明连续信号的频谱特性可以通过对连续信号采样并进行 DFT,再乘以 T_s 的近似方法得到.

同理,由

$$x(t) = \frac{1}{2\pi} \int_{-\infty}^{\infty} X(\mathrm{j}\omega)\mathrm{e}^{\mathrm{j}\omega t}\,\mathrm{d}\omega \tag{6-137}$$

可推导出

$$x[n] = x[nT_s] = F\sum_{n=0}^{N-1} X[k]\mathrm{e}^{\mathrm{j}\frac{2\pi}{N}kn} = FN\left\{\frac{1}{N}\sum_{n=0}^{N-1} X[k]\mathrm{e}^{\mathrm{j}\frac{2\pi}{N}kn}\right\} = \frac{1}{T_s}\mathrm{IDFT}\left\{X[k]\right\}$$

$$\tag{6-138}$$

这里的 DFT 和 IDFT 可以直接调用函数 fft() 和函数 ifft().

例 6-15　给定数学函数 $x(t) = 10\sin(40\pi t) + 5\cos(100\pi t)$,取 $N = 256$,试对 t 从 $0 \sim 1\,\mathrm{s}$ 进行采样,用 FFT 做快速傅里叶变换,绘制相应的频谱图.

解:　Matlab 计算程序如下:

```
N = 256;   % 采样点
T = 1;   % 采样时间 0- Ts
t = linspace(0,T,N);   % 时间坐标
xt = 10* sin(40* pi* t) +5* cos(100* pi* t);   % 函数 x(t)
dt = t(2) -t(1);
fs = 1/dt;   % 采用频率
Xw = fftshift(fft(xt));
Xw = dt* Xw;   % DFT 后乘 dt, 见式(6-136)
Xw = Xw/T;   % 得到与原信号振幅一致的值
num = (-N/2):1:(N/2-1);
f = num/(dt* N);   % 频率范围,单位 Hz
Xw_abs = abs(Xw);
plot(f,Xw_abs,'-* ', 'linewidth',2);
grid on;
xlabel('frequency(Hz)','fontsize',24);
ylabel('|X(f)| ','fontsize',24);
title(' 振幅-频率图 ','fontsize',24)
set(gca,'FontSize',20);
```

函数 $x(t)$ 的频谱如图 6-32 所示.

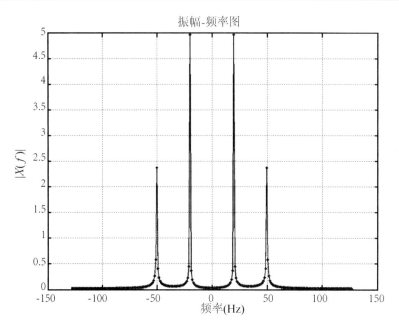

图 6 - 32　函数 $x(t)$ 的频谱

习　题　6

一、练习题

1. 有一个实值离散时间信号 $x[n]$，其基波周期 $N=5$，$x[n]$ 的非零傅里叶级数系数是

$$a_0 = 1,\ a_2 = a_{-2}^* = \mathrm{e}^{\mathrm{j}\frac{\pi}{4}},\ a_4 = a_{-4}^* = 2\mathrm{e}^{\mathrm{j}\frac{\pi}{3}}$$

试将 $x[n]$ 表示成如下形式：$x[n] = A_0 + \sum\limits_{n=1}^{\infty} A_n \sin(\Omega_n n + \varphi_n)$.

2. 一个信号 $x[n]$ 具有如下信息：

(1) $x[n]$ 是实偶信号；

(2) $x[n]$ 的周期 $N = 10$，傅里叶级数系数为 a_k；

(3) $a_{11} = 5$；

(4) $\dfrac{1}{10} \sum\limits_{n=0}^{9} |x[n]|^2 = 50$.

证明：$x[n] = A\cos(Bn + C)$，并给出常数 A、B 和 C 的值.

3. 一个频率响应为 $H(\mathrm{e}^{\mathrm{j}\Omega})$ 的线性时不变系统，其输入为脉冲串为

$$x[n] = \sum\limits_{k=-\infty}^{\infty} \delta[n - 4k]$$

其输出为

$$y[n] = \cos\left(\frac{5\pi}{2}n + \frac{\pi}{4}\right)$$

求 $H(\mathrm{e}^{\mathrm{j}k\frac{\pi}{2}})$ 在 $k = 0, 1, 2$ 和 3 时的值.

4. 有 3 个离散时间系统 S_1、S_2 和 S_3，它们对复指数输入 $\mathrm{e}^{\mathrm{j}n\frac{\pi}{2}}$ 的响应分别给出如下：

$$S_1 : \mathrm{e}^{\mathrm{j}n\frac{\pi}{2}} \to \mathrm{e}^{\mathrm{j}n\frac{\pi}{2}} u[n], \quad S_2 : \mathrm{e}^{\mathrm{j}n\frac{\pi}{2}} \to \mathrm{e}^{\mathrm{j}3n\frac{\pi}{2}}, \quad S_3 : \mathrm{e}^{\mathrm{j}n\frac{\pi}{2}} \to 2\mathrm{e}^{\mathrm{j}5n\frac{\pi}{2}}$$

对每一个系统，根据所给出的信息确定该系统是否为线性时不变系统.

5. 有一个实值离散时间周期信号 $x[n]$，其基波周期 $N = 5$，$x[n]$ 的非零傅里叶级数系数是

$$a_0 = 2, a_2 = a_{-2}^* = 2\mathrm{e}^{\mathrm{j}\frac{\pi}{6}}, a_4 = a_{-4}^* = \mathrm{e}^{\mathrm{j}\frac{\pi}{3}}$$

试将 $x[n]$ 表示成如下形式: $x[n] = A_0 + \sum\limits_{k=1}^{\infty} A_k \sin(\omega_k n + \varphi_k)$.

6. 有一个离散时间系统,其输入为 $x[n]$,输出为 $y[n]$. 它们的傅里叶变换式由下式所关联:

$$Y(e^{j\Omega}) = 2X(e^{j\Omega}) + e^{-j\Omega}X(e^{j\Omega}) - \frac{dX(e^{j\Omega})}{d\Omega}$$

(1) 该系统是线性的吗?陈述理由.

(2) 该系统是时不变的吗?陈述理由.

(3) 若 $x[n] = \delta[n]$,求 $y[n]$.

7. 计算下列傅里叶变换:

(1) $\delta[n-1] + \delta[n+1]$;　　　　　　　　(2) $\delta[n+2] - \delta[n-2]$.

8. 已知 $x[n]$ 的傅里叶变换为 $X(e^{j\Omega})$,用 $X(e^{j\Omega})$ 表示下列信号的傅里叶变换:

(1) $x_1[n] = x[1-n] + x[-1-n]$;

(2) $x_2[n] = \dfrac{x^*[-n] + x[n]}{2}$;

(3) $x_3[n] = (N-1)^2 x[n]$.

9. 试求如下序列的傅里叶变换:

(1) $x_1[n] = \delta[n-3]$;　　　　　　　　　　(2) $x_2[n] = \dfrac{1}{2}\delta[n+1] + \delta[n] + \dfrac{1}{2}\delta[n-1]$;

(3) $x_3[n] = a^n u[n]$,　$0 < a < 1$;　　　　　(4) $x_4[n] = u[n+3] - u[n-4]$.

10. 已知

$$X(e^{j\Omega}) = \begin{cases} 1, & |\Omega| < \Omega_0 \\ 0, & \Omega_0 < |\Omega| \leqslant \pi \end{cases}$$

求 $X(e^{j\Omega})$ 的傅里叶逆变换 $x[n]$.

11. 求下列离散时间信号的傅里叶变换:

(1) $f[n] = e^{j\Omega_0 n}$;　　　(2) $x[n] = \cos\Omega_0 n$;　　　(3) $c[n] = \sin\Omega_0 n$.

12. 设系统的单位脉冲响应 $h[n] = a^n u[n]$,$0 < a < 1$,输入序列为 $x[n] = \delta[n] + 2\delta[n-2]$.

(1) 求系统输出序列 $y[n]$;(2) 分别求出 $x[n]$、$h[n]$ 和 $y[n]$ 的傅里叶变换.

13. 利用帕斯瓦尔关系:

(1) 求信号 $f(n) = \dfrac{\sin(\Omega_0 n)}{\pi n}$ 的能量;

(2) 求级数 $A = \sum\limits_{n=0}^{\infty} \dfrac{1}{(2n+1)^2}$ 的值.

14. 一个单位冲激响应为 $h_1[n] = \left(\dfrac{1}{3}\right)^n u[n]$ 的线性时不变系统与另一单位脉冲响应为 $h_2[n]$ 的因果线性时不变系统并联,并联后的频率响应为

$$H(e^{j\Omega}) = \frac{-12 + 5e^{-j\Omega}}{12 - 7e^{-j\Omega} + e^{-j2\Omega}}$$

求 $h_2[n]$.

15. 考虑一个因果线性时不变系统 S,其输入 $x[n]$ 和输出 $y[n]$ 通过如下二阶差分方程描述:

$$y[n] - \frac{1}{6}y[n-1] - \frac{1}{6}y[n-2] = x[n]$$

(1) 求该系统的频率响应 $H(e^{j\Omega})$;

(2) 求该系统的单位脉冲响应 $h[n]$.

16. 有一个因果稳定线性时不变系统,其具有如下性质:

$$\left(\frac{4}{5}\right)^n u[n] \rightarrow n\left(\frac{4}{5}\right)^n u[n]$$

(1) 求该系统的频率响应 $H(e^{j\Omega})$;

(2) 求该系统的差分方程.

17. 描述一个因果线性时不变系统的差分方程是

$$y[n]+\frac{1}{2}y[n-1]=x[n]$$

（1）求该系统的频率响应 $H(e^{j\Omega})$；

（2）当 $x[n]=\left(\frac{1}{2}\right)^n u[n]$ 时，求系统的响应.

18. 考虑一个由两个线性时不变系统级联组成的系统，这两个系统的频率响应分别为

$$H_1(e^{j\Omega})=\frac{2-e^{-j\Omega}}{1+\frac{1}{2}e^{-j\Omega}} \text{ 和 } H_2(e^{j\Omega})=\frac{1}{1-\frac{1}{2}e^{-j\Omega}+\frac{1}{4}e^{-j2\Omega}}$$

求描述整个系统的差分方程.

19. 已知 LTI 离散时间系统单位冲激响应和输入信号分别为 $h[n]=\dfrac{\sin\left(\frac{\pi n}{3}\right)}{\pi n}$，$f[n]=\dfrac{\sin\left(\frac{\pi n}{4}\right)}{\pi n}$，求系统响应 $y[n]$.

20. 一个因果 LTI 离散时间系统的差分方程为

$$y[n]-\frac{7}{12}y[n-1]+\frac{1}{12}y[n-2]=f[n]$$

（1）求系统频率响应和单位冲激响应；

（2）设系统的输入信号为 $f[n]=\left(\frac{1}{2}\right)^n u[n]$，求系统响应 $y[n]$.

二、Matlab 实验题

1. 编程计算 $f_1[n]=u[n]-u[n-6]$ 和 $f_2[n]=n(u[n]-u[n-5])$ 的线卷积和循环卷积.

2. 利用 FFT 函数编程计算连续时间信号 $f_1(t)=u(t)-u(t-6)$ 和 $f_2(t)=t[u(t)-u(t-5)]$ 的卷积.

3. 已知升余弦脉冲信号为

$$f(t)=\frac{E}{2}\left[1+\cos\left(\frac{\pi t}{\tau}\right)\right],\quad 0\leqslant|t|\leqslant\tau$$

其中 $E=1$，试用 Matlab 编程计算当 $\tau=\pi,0.1\pi,0.01\pi$ 时信号的频谱并绘图.

4. 给定数学函数

$$y(t)=10\sin(20\pi t)+6\cos(120\pi t)$$

取 $N=256$，试对 t 从 $0\sim 1\,\mathrm{s}$ 进行采样，用 FFT 做快速傅里叶变换，绘制相应的频谱图.

第7章 连续时间系统的复频域分析

傅里叶分析以虚指数 $e^{j\omega t}$ 为基本信号,任意信号可分解为不同频率的虚指数分量,线性时不变系统的零状态响应是输入信号各分量所引起响应的积分.傅里叶变换揭示了时间函数和频谱函数之间的内在联系.然而,傅里叶分析具有一定的局限性,如有些信号不存在傅里叶变换;其次,不能分析系统的零输入响应.

本章引入复频率 $s = \sigma + j\omega(\sigma,\omega$ 均为实数),以复指数函数 e^{st} 为基本信号,任意信号可分解为许多不同复频率的复指数分量.线性时不变系统的零状态响应是输入信号各分量引起响应的积分,而且若考虑到系统的初始状态,则可求得系统的零输入响应,从而得到系统的全响应.这里用于系统分析的独立变量是复频率 s,称为 s 域分析或复频域分析.傅里叶变换建立了时域和频域间的联系,而拉普拉斯变换则建立了时域与复频域(s 域)间的联系.

7.1 拉普拉斯变换

7.1.1 拉普拉斯变换的描述

一个单位冲激响应为 $h(t)$ 的线性时不变系统,对任意输入 $f(t)$,其响应为

$$y(t) = h(t) * f(t) \tag{7-1}$$

考虑形如 $f(t) = e^{st}$ 的复指数信号,系统的响应是

$$y(t) = h(t) * e^{st} = \int_{-\infty}^{\infty} h(\tau)e^{s(t-\tau)}d\tau = e^{st}\int_{-\infty}^{\infty} h(\tau)e^{-s\tau}d\tau = H(s)e^{st} \tag{7-2}$$

其中,定义传递函数

$$H(s) = \int_{-\infty}^{\infty} h(\tau)e^{-s\tau}d\tau \tag{7-3}$$

系统对输入 $f(t) = e^{st}$ 的作用就是乘以传递函数 $H(s)$.若 s 为虚数(即 $s = j\omega$),式(7-3)的积分就对应于 $h(t)$ 的傅里叶变换.对一般的复变量 s 来说,式(7-3)就称为单位冲激响应 $h(t)$ 的拉普拉斯变换(Laplace transform).

一个信号 $f(t)$ 的双边拉普拉斯变换定义为

$$F_b(s) = \int_{-\infty}^{\infty} f(t)e^{-st}dt \tag{7-4}$$

应特别注意的是,这是一个自变量为 s 的函数,而 s 是在 e^{-st} 中指数的复变量.复变量 s 一般可写成 $s = \sigma + j\omega$,其中 σ 和 ω 分别是它的实部和虚部.为了方便起见,常将拉普拉斯变换表示为算子 $\mathscr{L}\{f(t)\}$ 形式,而把 $f(t)$ 和 $F(s)$ 之间的变换关系记为

$$f(t) \overset{\mathscr{L}}{\leftrightarrow} F(s) \tag{7-5}$$

当 $s = j\omega$ 时,式(7-4)就变成

$$F_b(j\omega) = \int_{-\infty}^{\infty} f(t) e^{-j\omega t} dt$$

这就是 $f(t)$ 的傅里叶变换,即

$$F_b(s)\big|_{s=j\omega} = \mathscr{F}\{f(t)\} \tag{7-6}$$

当复变量 s 不为纯虚数时,拉普拉斯变换与傅里叶变换也有一个直接的关系.将式(7-4)的 $F_b(s)$ 中的 s 表示成 $s = \sigma + j\omega$,则有

$$F_b(\sigma + j\omega) = \int_{-\infty}^{\infty} [f(t) e^{-\sigma t}] e^{-j\omega t} dt \tag{7-7}$$

我们可以把式(7-7)的右边看成 $f(t) e^{-\sigma t}$ 的傅里叶变换.这就是说,$f(t)$ 的拉普拉斯变换可以看成 $f(t)$ 乘以一个实指数信号以后的傅里叶变换.这个实指数 $e^{-\sigma t}$ 在时间上可以是衰减的,或者是增长的,这取决于 σ 是正还是负.

式(7-7)相应的傅里叶逆变换为

$$f(t) e^{-\sigma t} = \frac{1}{2\pi} \int_{-\infty}^{\infty} F_b(\sigma + j\omega) e^{j\omega t} d\omega \tag{7-8}$$

将式(7-8)两边各乘以 $e^{\sigma t}$,可得

$$f(t) = \frac{1}{2\pi} \int_{-\infty}^{\infty} F_b(\sigma + j\omega) e^{(\sigma + j\omega)t} d\omega \tag{7-9}$$

这就是说,在收敛域内,将 σ 固定不变,在 ω 从 $-\infty$ 到 ∞ 变化的这一组 $s = \sigma + j\omega$ 值按式(7-9)求值.因为 σ 是常数,所以有 $ds = jd\omega$,可得拉普拉斯逆变换的关系式为

$$f(t) = \frac{1}{2\pi j} \int_{\sigma - j\infty}^{\sigma + j\infty} F_b(s) e^{st} ds \tag{7-10}$$

式(7-4)和式(7-10)称为双边拉普拉斯变换对.两式中的 $f(t)$ 称为"原函数",$F_b(s)$ 称为"象函数".已知 $f(t)$ 求 $F_b(s)$,可由式(7-4)求出.反之,已知 $F_b(s)$,利用式(7-10)求 $f(t)$ 时称为逆双边拉普拉斯变换.常用符号 $\mathscr{L}[f(t)]$ 表示取拉普拉斯变换,以记号 $\mathscr{L}^{-1}[F(s)]$ 表示取拉普拉斯逆变换.于是,式(7-4)和式(7-10)分别写作

$$\mathscr{L}[f(t)] = F_b(s) = \int_{-\infty}^{\infty} f(t) e^{-st} dt$$

$$\mathscr{L}^{-1}[F_b(s)] = f(t) = \frac{1}{2\pi j} \int_{\sigma - j\infty}^{\sigma + j\infty} F_b(s) e^{st} ds$$

拉普拉斯变换与傅里叶变换的基本差别为:傅里叶变换将时域函数 $f(t)$ 变换为频域函数 $F_b(j\omega)$,时域中的变量 t 和频域中的变量 ω 都是实数;而拉普拉斯变换是将时间函数 $f(t)$ 变换为复变函数 $F_b(s)$.这时,时域中的变量 t 是实数,但 $F_b(s)$ 的变量 s 却是复数.与 ω 相比较,变量 s 可称为"复频率".傅里叶变换建立了时域和频域间的联系,而拉普拉斯变换则建立了时域与复频域(s 域)间的联系.

在拉普拉斯变换中,$e^{-\sigma t}$ 衰减因子的引入有着重要的意义.从数学的角度看,这是将函数 $f(t)$ 乘以因子 $e^{-\sigma t}$ 使之满足绝对可积条件;从物理角度看,是将频率 ω 变换为复频率 s. ω 只能描述振荡的重复频率,而 s 不仅能给出重复频率,还可以表示振荡幅度的衰减速率.

7.1.2 拉普拉斯变换的收敛域

如前所述,在引入拉普拉斯变换时,选择适当的 σ 值才可能使 $f(t) e^{-\sigma t}$ 的积分收敛,信号 $f(t)$

的双边拉普拉斯变换存在. 在保证 $f(t)\mathrm{e}^{-\sigma t}$ 积分收敛的情况下,复变量 s 在复平面上的取值区域称为象函数的收敛域(region of convergence,ROC).

例 7 - 1　设因果信号 $f_1(t) = \mathrm{e}^{\alpha t}u(t) = \begin{cases} 0, & t < 0 \\ \mathrm{e}^{\alpha t}, & t > 0 \end{cases}$($\alpha$ 为实数),求其拉普拉斯变换.

解:　将 $f_1(t)$ 代入拉普拉斯变换式,有

$$F_{b1}(s) = \int_0^\infty \mathrm{e}^{\alpha t}\mathrm{e}^{-st}\,\mathrm{d}t = \frac{\mathrm{e}^{-(s-\alpha)t}}{-(s-\alpha)}\bigg|_0^\infty = \frac{1}{s-\alpha}\Big[1 - \lim_{t\to\infty}\mathrm{e}^{-(\sigma-\alpha)t} \cdot \mathrm{e}^{-\mathrm{j}\omega t}\Big]$$

$$= \begin{cases} \dfrac{1}{s-\alpha}, & \mathrm{Re}[s] = \sigma > \alpha \\ \text{不定}, & \sigma = \alpha \\ \text{无界}, & \sigma < \alpha \end{cases}$$

从这个例子可以看出,正如傅里叶变换不是对所有信号都收敛一样,拉普拉斯变换也可能对某些 $\mathrm{Re}[s]$ 值收敛,而对另一些 $\mathrm{Re}[s]$ 值则不收敛. 对于因果信号,仅当 $\sigma = \mathrm{Re}[s] > \alpha$ 时,其拉普拉斯变换存在,即因果信号的拉普拉斯变换的收敛域为 s 平面 $\mathrm{Re}[s] > \alpha$ 的区域,如图 7 - 1(a)所示.

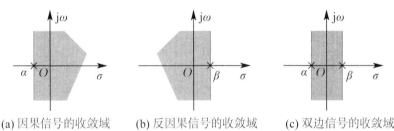

(a) 因果信号的收敛域　　　(b) 反因果信号的收敛域　　　(c) 双边信号的收敛域

图 7 - 1　$F_b(s)$ 的收敛域

例 7 - 2　设反因果信号 $f_2(t) = \mathrm{e}^{\beta t}u(-t) = \begin{cases} \mathrm{e}^{\beta t}, & t < 0 \\ 0, & t > 0 \end{cases}$($\beta$ 为实数),求其拉普拉斯变换.

解:　将 $f_2(t)$ 代入拉普拉斯变换式,有

$$F_{b2}(s) = \int_{-\infty}^0 \mathrm{e}^{\beta t}\mathrm{e}^{-st}\,\mathrm{d}t = \frac{\mathrm{e}^{-(s-\beta)t}}{-(s-\beta)}\bigg|_{-\infty}^0 = \begin{cases} \text{无界}, & \mathrm{Re}[s] = \sigma > \beta \\ \text{不定}, & \sigma = \beta \\ \dfrac{1}{-(s-\beta)}, & \sigma < \beta \end{cases}$$

可见,对反因果信号,仅当 $\mathrm{Re}[s] = \sigma < \beta$ 时积分收敛,即反因果信号象函数的收敛域为 s 平面 $\mathrm{Re}[s] < \beta$ 的区域,如图 7 - 1(b)所示.

如果有双边函数

$$f(t) = f_1(t) + f_2(t) = \begin{cases} \mathrm{e}^{\beta t}, & t < 0 \\ \mathrm{e}^{\alpha t}, & t > 0 \end{cases}$$

其双边拉普拉斯变换

$$F_b(s) = F_{b1}(s) + F_{b2}(s)$$

由以上讨论可知,双边函数象函数的收敛域为 $\alpha < \mathrm{Re}[s] < \beta$ 的带状区域,如图 7-1(c)所示,$\beta > \alpha$ 时,$f(t)$ 的象函数在该区域内存在,如果 $\beta \leqslant \alpha$,$F_{b1}(s)$ 与 $F_{b2}(s)$ 没有共同的收敛域,因而 $F_b(s)$ 不存在. 双边拉普拉斯变换便于分析双边信号,但其收敛条件较为苛刻,这也限制了它的应用.

7.1.3 单边拉普拉斯变换

通常遇到的信号都有初始时刻,不妨设其初始时刻为坐标的原点.这样在 $t < 0$ 时,有 $f(t) = 0$,从而式(7-4)可写为

$$F(s) = \int_0^\infty f(t)e^{-st}dt \tag{7-11}$$

称为单边拉普拉斯变换.单边拉普拉斯变换运算简便,用途广泛,它也是研究双边拉普拉斯变换的基础.单边拉普拉斯变换简称拉普拉斯变换,本书主要讨论单边拉普拉斯变换.

因果信号 $f(t)$ 更明确地写为 $f(t)u(t)$,其拉普拉斯变换简记为 $\mathscr{L}[f(t)]$,象函数用 $F(s)$ 表示,其逆变换简记为 $\mathscr{L}^{-1}[F(s)]$,单边拉普拉斯变换对可写为

$$F(s) = \mathscr{L}[f(t)] \overset{\text{def}}{=} \int_{0_-}^\infty f(t)e^{-st}dt \tag{7-12}$$

$$f(t) = \mathscr{L}^{-1}[F(s)] \overset{\text{def}}{=} \begin{cases} 0, & t < 0 \\ \dfrac{1}{2\pi j}\displaystyle\int_{\sigma-j\infty}^{\sigma+j\infty} F(s)e^{st}ds, & t > 0 \end{cases} \tag{7-13}$$

其变换与逆变换的关系也记作

$$f(t) \leftrightarrow F(s) \tag{7-14}$$

式(7-12)中积分下限取为 0_- 是考虑到 $f(t)$ 中可能包含 $\delta(t)$,$\delta'(t)$,… 奇异函数,今后未注明的 $t = 0$,均指 0_-.

为使象函数 $F(s)$ 存在,积分式(7-11)必须收敛,对此有如下定理.

若因果函数 $f(t)$ 满足:① 在有限区间内 $a < t < b$(其中 $0 \leqslant a < b < \infty$)可积;② 对于某个 σ_0 有

$$\lim_{t\to\infty} |f(t)|e^{-\sigma t} = 0, \quad \sigma > \sigma_0 \tag{7-15}$$

则对于 $\text{Re}[s] = \sigma > \sigma_0$,拉普拉斯积分式(7-11)绝对且一致收敛.

7.1.4 常用函数的拉普拉斯变换

下面根据拉普拉斯变换的定义式(7-11)推导几个常用函数的变换式.

(1)阶跃函数 $f(t) = u(t)$.

$$\mathscr{L}[u(t)] = \int_0^\infty e^{-st}dt = -\frac{e^{-st}}{s}\Big|_0^\infty = \frac{1}{s}$$

即

$$u(t) \leftrightarrow \frac{1}{s}, \quad \text{Re}[s] > 0 \tag{7-16}$$

(2)冲激函数 $f(t) = \delta(t)$ 及 $f(t) = \delta'(t)$.

$$\mathscr{L}[\delta(t)] = \int_0^\infty \delta(t)e^{-st}dt = \int_0^\infty \delta(t)dt = 1$$

$$\mathscr{L}[\delta'(t)] = \int_{0_-}^\infty \delta'(t)e^{-st}dt = \int_{0_-}^\infty e^{-st}d\delta(t)$$

$$= e^{-st}\delta(t)\Big|_{0_-}^\infty - \int_{0_-}^\infty \delta(t)(-s)e^{-st}dt$$

$$= 0 - (-s) = s$$

即

$$\delta(t) \leftrightarrow 1, \quad \text{Re}[s] > -\infty \tag{7-17}$$

$$\delta'(t) \leftrightarrow s, \quad \mathrm{Re}[s] > -\infty \tag{7-18}$$

（3）指数函数 $f(t) = \mathrm{e}^{s_0 t} u(t)$（$s_0$ 为复常数）.

$$\mathscr{L}[\mathrm{e}^{s_0 t} u(t)] = \int_0^\infty \mathrm{e}^{s_0 t} \mathrm{e}^{-st} \mathrm{d}t = \int_0^\infty \mathrm{e}^{-(s-s_0)t} \mathrm{d}t = \frac{1}{s-s_0}, \quad \mathrm{Re}[s] > \mathrm{Re}[s_0]$$

即

$$\mathrm{e}^{s_0 t} u(t) \leftrightarrow \frac{1}{s-s_0}, \quad \mathrm{Re}[s] > \mathrm{Re}[s_0] \tag{7-19}$$

若 s_0 为实数，令 $s_0 = \pm\alpha (\alpha > 0)$，得实指数函数的拉普拉斯变换为

$$\mathrm{e}^{\alpha t} u(t) \leftrightarrow \frac{1}{s-\alpha}, \quad \mathrm{Re}[s] > \alpha \tag{7-20}$$

$$\mathrm{e}^{-\alpha t} u(t) \leftrightarrow \frac{1}{s+\alpha}, \quad \mathrm{Re}[s] > -\alpha \tag{7-21}$$

若 s_0 为虚数，令 $s_0 = \pm\mathrm{j}\beta$，得虚指数函数的拉普拉斯变换为

$$\mathrm{e}^{\mathrm{j}\beta t} u(t) \leftrightarrow \frac{1}{s-\mathrm{j}\beta}, \quad \mathrm{Re}[s] > 0 \tag{7-22}$$

$$\mathrm{e}^{-\mathrm{j}\beta t} u(t) \leftrightarrow \frac{1}{s+\mathrm{j}\beta}, \quad \mathrm{Re}[s] > 0 \tag{7-23}$$

若令 $s_0 = 0$，得单位阶跃函数的象函数为

$$u(t) \leftrightarrow \frac{1}{s}, \quad \mathrm{Re}[s] > 0$$

（4）$f(t) = t^n u(t)$（n 为正整数）.

$$\mathscr{L}[t^n] = \int_0^\infty t^n \mathrm{e}^{-st} \mathrm{d}t = -\frac{t^n}{s} \mathrm{e}^{-st} \Big|_0^\infty + \frac{n}{s} \int_0^\infty t^{n-1} \mathrm{e}^{-st} \mathrm{d}t = \frac{n}{s} \int_0^\infty t^{n-1} \mathrm{e}^{-st} \mathrm{d}t$$

即

$$\mathscr{L}[t^n] = \frac{n}{s} \mathscr{L}[t^{n-1}]$$

当 $n = 1$ 时，

$$\mathscr{L}[t] = \frac{1}{s^2} \tag{7-24}$$

当 $n = 2$ 时，

$$\mathscr{L}[t^2] = \frac{2}{s^3} \tag{7-25}$$

依此类推，得

$$\mathscr{L}[t^n] = \frac{n!}{s^{n+1}} \tag{7-26}$$

由以上讨论可知，与傅里叶变换相比，拉普拉斯变换对时间函数 $f(t)$ 的限制要宽松得多，象函数 $F(s)$ 是复变函数，它存在于收敛域的半平面内，而傅里叶变换 $F(\mathrm{j}\omega)$ 仅是 $F(s)$ 收敛域中虚轴 $s = (\mathrm{j}\omega)$ 上的函数. 因此就能用复变函数理论研究线性系统的各种问题，从而扩大了人们的"视野"，使过去不易解决或不能解决的问题得到较满意的结果.

7.2　拉普拉斯变换的性质

在傅里叶变换的应用中，主要依赖傅里叶变换的性质. 同理，拉普拉斯变换的性质反映了信号

的时域特性与 s 域特性的关系.很多结果的导出和傅里叶变换中相应性质的导出是类似的,因此这里不进行详细推导.

7.2.1 线性性质

若 $f_1(t) \leftrightarrow F_1(s), \mathrm{Re}[s] > \sigma_1,$ 且 $f_2(t) \leftrightarrow F_2(s), \mathrm{Re}[s] > \sigma_2,$ 则

$$\alpha_1 f_1(t) + \alpha_2 f_2(t) \leftrightarrow \alpha_1 F_1(s) + \alpha_2 F_2(s), \quad \mathrm{Re}[s] > \max(\sigma_1, \sigma_2) \tag{7-27}$$

式中,α_1、α_2 为常数.式(7-27)中收敛域 $\mathrm{Re}[s] > \max(\sigma_1, \sigma_2)$ 是两个函数收敛域相重叠的部分.实际上,如果是两个函数之差,其收敛域可能是空的,即不存在拉普拉斯变换;其收敛域也可能扩大.

例 7-3 求单边正弦函数 $\sin(\beta t)u(t)$ 和单边余弦函数 $\cos(\beta t)u(t)$ 的象函数.

解: 由于

$$\sin(\beta t) = \frac{1}{2\mathrm{j}}(\mathrm{e}^{\mathrm{j}\beta t} - \mathrm{e}^{-\mathrm{j}\beta t})$$

根据线性性质并利用式(7-22)和式(7-23),得

$$\sin(\beta t)u(t) \leftrightarrow \mathscr{L}\left[\frac{1}{2\mathrm{j}}(\mathrm{e}^{\mathrm{j}\beta t} - \mathrm{e}^{-\mathrm{j}\beta t})u(t)\right] = \frac{1}{2\mathrm{j}}\mathscr{L}[\mathrm{e}^{\mathrm{j}\beta t}u(t)] - \frac{1}{2\mathrm{j}}\mathscr{L}[\mathrm{e}^{-\mathrm{j}\beta t}u(t)]$$

$$= \frac{1}{2\mathrm{j}} \cdot \frac{1}{s - \mathrm{j}\beta} - \frac{1}{2\mathrm{j}} \cdot \frac{1}{s + \mathrm{j}\beta} = \frac{\beta}{s^2 + \beta^2}, \quad \mathrm{Re}[s] > 0$$

同理可得

$$\cos(\beta t)u(t) \leftrightarrow \mathscr{L}\left[\frac{1}{2}(\mathrm{e}^{\mathrm{j}\beta t} + \mathrm{e}^{-\mathrm{j}\beta t})u(t)\right] = \frac{s}{s^2 + \beta^2}, \quad \mathrm{Re}[s] > 0$$

例 7-4 考虑信号 $f_1(t) = \mathrm{e}^{-t}u(t), f_2(t) = \mathrm{e}^{-t}u(t) - \mathrm{e}^{-2t}u(t),$ 求 $f(t) = f_1(t) - f_2(t)$ 的象函数.

解:
$$f_1(t) = \mathrm{e}^{-t}u(t) \leftrightarrow F_s(s) = \frac{1}{s+1}, \quad \mathrm{Re}(s) > -1$$

$$f_2(t) = \mathrm{e}^{-t}u(t) - \mathrm{e}^{-2t}u(t) \leftrightarrow F_2(s) = \frac{1}{s+1} - \frac{1}{s+2}, \quad \mathrm{Re}(s) > -1$$

$$f(t) = f_1(t) - f_2(t) = \mathrm{e}^{-2t}u(t) \leftrightarrow F(s) = \frac{1}{s+2}, \quad \mathrm{Re}(s) > -2$$

对这个例子来说,$F(s)$ 的收敛域能够比 $F_1(s)$、$F_2(s)$ 的收敛域大,这是由于在 $s = -1$ 极点抵消的结果,如图 7-2 所示.此例子说明一个由信号线性组合构成的信号,其拉普拉斯变换的收敛域有可能会扩大.

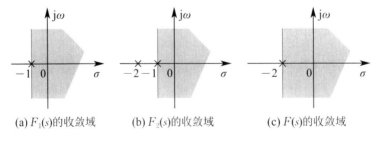

(a) $F_1(s)$的收敛域   (b) $F_2(s)$的收敛域   (c) $F(s)$的收敛域

图 7-2 例 7-4 的收敛域

7.2.2　时域尺度变换

若 $f(t) \leftrightarrow F(s),\mathrm{Re}[s] > \sigma_0$,且有实常数 $a > 0$,则

$$f(at) \leftrightarrow \frac{1}{a} F\left(\frac{s}{a}\right), \quad \mathrm{Re}[s] > a\sigma_0 \tag{7-28}$$

由式(7-28)可见,若 $F(s)$ 的收敛域为 $\mathrm{Re}[s] > \sigma_0$,则 $F\left(\dfrac{s}{a}\right)$ 的收敛域为 $\mathrm{Re}\left[\dfrac{s}{a}\right] > \sigma_0$,即 $\mathrm{Re}[s] > a\sigma_0$.

7.2.3　时移特性

若 $f(t) \leftrightarrow F(s),\mathrm{Re}[s] > \sigma_0$,且有正实常数 t_0,则

$$f(t-t_0)u(t-t_0) \leftrightarrow \mathrm{e}^{-st_0} F(s), \quad \mathrm{Re}[s] > \sigma_0 \tag{7-29}$$

此性质表明:若波形延迟时间为 t_0,则它的拉普拉斯变换应乘以 e^{-st_0}.例如,延迟时间为 t_0 的单位阶跃函数 $u(t-t_0)$,其变换式为 $\dfrac{\mathrm{e}^{-st_0}}{s}$.

如果函数 $f(t)u(t)$ 既延时又变换时间的尺度,即

$$f(t)u(t) \leftrightarrow F(s), \quad \mathrm{Re}[s] > \sigma_0$$

且有实常数 $a > 0, b \geqslant 0$,则

$$f(at-b)u(at-b) \leftrightarrow \frac{1}{a} \mathrm{e}^{-\frac{b}{a}s} F\left(\frac{s}{a}\right), \quad \mathrm{Re}[s] > a\sigma_0 \tag{7-30}$$

例 7-5　求矩形脉冲 $f(t) = g_\tau\left(t - \dfrac{\tau}{2}\right) = \begin{cases} 1, & 0 < t < \tau \\ 0, & \text{其他} \end{cases}$ 的拉普拉斯变换.

解:　由于

$$f(t) = g_\tau\left(t - \frac{\tau}{2}\right) = u(t) - u(t-\tau)$$

根据拉普拉斯变换的线性性质和时移特性,得

$$\mathscr{L}[f(t)] = \mathscr{L}\left[g_\tau\left(t - \frac{\tau}{2}\right)\right] = \mathscr{L}[u(t) - u(t-\tau)] = \frac{1}{s} - \frac{\mathrm{e}^{-s\tau}}{s} = \frac{1 - \mathrm{e}^{-s\tau}}{s}$$

其收敛域为 $\mathrm{Re}[s] > -\infty$.由本例题可见,两个阶跃函数的收敛域均为 $\mathrm{Re}[s] > 0$,而两者之差的收敛域比其中任何一个都大.

例 7-6　求因果性周期单位冲激函数 $\delta_T(t)u(t) = \displaystyle\sum_{m=0}^{\infty} \delta(t - mT)$ 的拉普拉斯变换.

解:　　$\delta_T(t)u(t) = \displaystyle\sum_{m=0}^{\infty} \delta(t - mT) = \delta(t) + \delta(t - T) + \cdots + \delta(t - mT) + \cdots$

由于 $\delta(t) \leftrightarrow 1$,根据时移特性,有

$$\delta(t - mT) \leftrightarrow \mathrm{e}^{-smT}$$

根据拉普拉斯变换的线性性质,得

$$\mathscr{L}[\delta_T(t)u(t)] = 1 + \mathrm{e}^{-sT} + \cdots + \mathrm{e}^{-snT} + \cdots = \frac{1}{1 - \mathrm{e}^{-sT}}, \quad \mathrm{Re}[s] > 0$$

于是有

$$\delta_T(t)u(t) \leftrightarrow \frac{1}{1 - \mathrm{e}^{-sT}}, \quad \mathrm{Re}[s] > 0$$

这里象函数的收敛域比任何一个冲激函数的收敛域都要小，这是由于该函数包含无限多个冲激函数，而拉普拉斯变换的线性性质关于收敛域的说明只适用于有限个函数求和的情形.

7.2.4　复频移特性

若 $f(t) \leftrightarrow F(s), \mathrm{Re}[s] > \sigma_0$，且有复常数 $s_a = \sigma_a + \mathrm{j}\omega_a$，则

$$f(t)\mathrm{e}^{s_a t} \leftrightarrow F(s - s_a), \quad \mathrm{Re}[s] > \sigma_0 + \sigma_a \tag{7-31}$$

例 7-7　求 $\mathrm{e}^{-at}\sin(\omega t)u(t)$ 和 $\mathrm{e}^{-at}\cos(\omega t)u(t)$ 的拉普拉斯变换.

解：　已知

$$\mathscr{L}[\sin(\omega t)u(t)] = \frac{\omega}{s^2 + \omega^2}, \quad \mathrm{Re}[s] > 0$$

由复频移特性

$$\mathscr{L}[\mathrm{e}^{-at}\sin(\omega t)u(t)] = \frac{\omega}{(s+a)^2 + \omega^2}, \quad \mathrm{Re}[s] > -a$$

同理，因

$$\mathscr{L}[\cos(\omega t)u(t)] = \frac{s}{s^2 + \omega^2}, \quad \mathrm{Re}[s] > 0$$

故有

$$\mathscr{L}[\mathrm{e}^{-at}\cos(\omega t)u(t)] = \frac{s+a}{(s+a)^2 + \omega^2}, \quad \mathrm{Re}[s] > -a$$

7.2.5　时域微分特性

时域微分和时域积分特性主要用于研究具有初始条件的微分、积分方程. 这里将考虑函数的初始值 $f(0_-) \neq 0$ 的情形.

微分特性：若 $f(t) \leftrightarrow F(s), \mathrm{Re}[s] > \sigma_0$，则

$$\left. \begin{aligned} f^{(1)}(t) &\leftrightarrow sF(s) - f(0_-) \\ f^{(2)}(t) &\leftrightarrow s^2 F(s) - sf(0_-) - f^{(1)}(0_-) \\ &\cdots \\ f^{(n)}(t) &\leftrightarrow s^n F(s) - \sum_{m=0}^{n-1} s^{n-1-m} f^{(m)}(0_-) \end{aligned} \right\} \tag{7-32}$$

上列各象函数的收敛域至少是 $\mathrm{Re}[s] > \sigma_0$.

如果 $f(t)$ 是因果函数，那么 $f(t)$ 及其各阶导数的值 $f^{(n)}(0_-) = 0(n = 0,1,2,\cdots)$，这时微分特性具有更简洁的形式

$$f^{(n)}(t) \leftrightarrow s^n F(s), \quad \mathrm{Re}[s] > \sigma_0 \tag{7-33}$$

例 7-8　若已知 $f(t) = \cos(t)u(t)$ 的拉普拉斯变换为 $F(s) = \dfrac{s}{s^2 + 1}$，求 $\sin(t)u(t)$ 的拉普拉斯变换.

解：

$$f^{(1)}(t) = \frac{\mathrm{d}f(t)}{\mathrm{d}t} = \cos t \frac{\mathrm{d}u(t)}{\mathrm{d}t} + \frac{\mathrm{d}\cos(t)}{\mathrm{d}t}u(t) = \cos(t)\delta(t) - \sin(t)u(t) = \delta(t) - \sin(t)u(t)$$

即

$$\sin(t)u(t) = \delta(t) - f^{(1)}(t)$$

根据拉普拉斯变换的时域微分特性,得

$$\mathscr{L}[\sin(t)u(t)] = \mathscr{L}[\delta(t) - f^{(1)}(t)] = \mathscr{L}[\delta(t)] - \mathscr{L}[f^{(1)}(t)]$$

$$= 1 - \left[s \cdot \frac{s}{s^2 + 1} - \cos(t)u(t)\big|_{t=0_-}\right]$$

$$= 1 - \left(s \cdot \frac{s}{s^2 + 1} - 0\right) = \frac{1}{s^2 + 1}$$

7.2.6　时域积分特性

这里用符号 $f^{(-n)}(t)$ 表示对函数 $f(x)$ 从 $-\infty$ 到 t 的 n 重积分,它也可表示为 $\left(\int_{-\infty}^{t}\right)^n f(x)\mathrm{d}x$,如果该积分的下限是 0,就表示为 $\left(\int_0^t\right)^n f(x)\mathrm{d}x$.

积分特性:若 $f(t) \leftrightarrow F(s)$,$\mathrm{Re}[s] > \sigma_0$,则

$$\left(\int_0^t\right)^n f(x)\mathrm{d}x \leftrightarrow \frac{1}{s^n}F(s) \qquad\qquad (7-34)$$

$$\left.\begin{aligned} f^{(-1)}(t) = \int_{-\infty}^{t} f(x)\mathrm{d}x &\leftrightarrow \frac{1}{s}F(s) + \frac{1}{s}f^{(-1)}(0_-) \\ &\cdots \\ f^{(-n)}(t) = \left(\int_{-\infty}^{t}\right)^n f(x)\mathrm{d}x &\leftrightarrow \frac{1}{s^n}F(s) + \sum_{m=1}^{n}\frac{1}{s^{n-m+1}}f^{(-m)}(0_-) \end{aligned}\right\} \qquad (7-35)$$

其收敛域至少是 $\mathrm{Re}[s] > \sigma_0$ 与 $\mathrm{Re}[s] > 0$ 重叠的部分.

例 7-9　已知 $\mathscr{L}[u(t)] = \dfrac{1}{s}$,利用阶跃函数的积分求 $t^n u(t)$ 的象函数.

解:　由于

$$\int_0^t u(x)\mathrm{d}x = tu(t)$$

$$\left(\int_0^t\right)^2 u(x)\mathrm{d}x = \int_0^t xu(x)\mathrm{d}x = \frac{1}{2}t^2 u(t)$$

$$\left(\int_0^t\right)^3 u(x)\mathrm{d}x = \int_0^t \frac{1}{2}x^2 u(x)\mathrm{d}x = \frac{1}{3\times 2}t^3 u(t)$$

$$\cdots$$

可以推得

$$\left(\int_0^t\right)^n u(x)\mathrm{d}x = \frac{1}{n!}t^n u(t)$$

利用积分特性式(7-34),考虑到 $\mathscr{L}[u(t)] = \dfrac{1}{s}$,得

$$\mathscr{L}\left[\frac{1}{n!}t^n u(t)\right] = \mathscr{L}\left[\left(\int_0^t\right)^n u(x)\mathrm{d}x\right] = \frac{1}{s^{n+1}}$$

即

$$t^n u(t) \leftrightarrow \frac{n!}{s^{n+1}} \qquad\qquad (7-36)$$

7.2.7　卷积定理

类似于傅里叶变换中的卷积定理,在拉普拉斯变换中也有时域和频域卷积定理,时域卷积定

理在系统分析中更为重要.

时域卷积定理：若因果函数 $f_1(t) \leftrightarrow F_1(s), \mathrm{Re}[s] > \sigma_1, f_2(t) \leftrightarrow F_2(s), \mathrm{Re}[s] > \sigma_2$，则

$$f_1(t) * f_2(t) \leftrightarrow F_1(s)F_2(s) \tag{7-37}$$

其收敛域至少是 $F_1(s)$ 收敛域与 $F_2(s)$ 收敛域的公共部分.

复频域（s 域）卷积定理：用类似的方法可证得

$$f_1(t)f_2(t) \leftrightarrow \frac{1}{2\pi \mathrm{j}} \int_{c-\mathrm{j}\infty}^{c+\mathrm{j}\infty} F_1(\eta) F_2(s-\eta) \mathrm{d}\eta = \frac{1}{2\pi \mathrm{j}} [F_1(s) * F_2(s)] \tag{7-38}$$

其中，$\mathrm{Re}[s] > \sigma_1 + \sigma_2, \sigma_1 < c < \mathrm{Re}[s] - \sigma_2$，式中积分 $\sigma = c$ 是 $F_1(\eta)$ 和 $F_2(s-\eta)$ 收敛域重叠部分内与虚轴平行的直线. 这里对积分路线的限制较严，而该积分的计算也比较复杂，因而复频域卷积定理较少应用.

例 7-10　已知某线性时不变系统的单位冲激响应 $h(t) = \mathrm{e}^{-t}u(t)$，求 $f(t) = u(t)$ 时的零状态响应 $y_{\mathrm{zs}}(t)$.

解：　由第 2 章可知，线性时不变系统的零状态响应为

$$y_{\mathrm{zs}}(t) = f(t) * h(t)$$

根据卷积定理有

$$Y_{\mathrm{zs}}(s) = F(s)H(s)$$

式中 $H(s) = \mathscr{L}[h(t)]$ 称为系统函数. 由于

$$f(t) \leftrightarrow F(s) = \frac{1}{s}$$

$$h(t) \leftrightarrow H(s) = \frac{1}{s+1}$$

故

$$Y_{\mathrm{zs}}(s) = F(s)H(s) = \frac{1}{s} \cdot \frac{1}{s+1} = \frac{1}{s} - \frac{1}{s+1}$$

对上式取拉普拉斯逆变换，得

$$y_{\mathrm{zs}}(t) = u(t) - \mathrm{e}^{-t}u(t) = (1 - \mathrm{e}^{-t})u(t)$$

7.2.8　s 域微分和积分

若 $f(t) \leftrightarrow F(s), \mathrm{Re}[s] > \sigma_0$，则

$$\left. \begin{aligned} (-t)f(t) &\leftrightarrow \frac{\mathrm{d}F(s)}{\mathrm{d}s} \\ (-t)^n f(t) &\leftrightarrow \frac{\mathrm{d}^n F(s)}{\mathrm{d}s^n}, \mathrm{Re}[s] > \sigma_0 \end{aligned} \right\} \tag{7-39}$$

$$\frac{f(t)}{t} \leftrightarrow \int_s^\infty F(\eta)\mathrm{d}\eta, \mathrm{Re}[s] > \sigma_0 \tag{7-40}$$

7.2.9　初值定理和终值定理

初值定理和终值定理常用于由 $F(s)$ 直接求 $f(0_+)$ 和 $f(\infty)$ 的值，而不必求出原函数 $f(t)$.

初值定理：为简单起见，设函数 $f(t)$ 不包含 $\delta(t)$ 及其各阶导数，且

$$f(t) \leftrightarrow F(s), \quad \mathrm{Re}[s] > \sigma_0$$

则有

$$
\left.\begin{aligned}
f(0_+) &= \lim_{t \to 0_+} f(t) = \lim_{s \to \infty} sF(s) \\
f'(0_+) &= \lim_{s \to \infty} s[sF(s) - f(0_+)] \\
f''(0_+) &= \lim_{s \to \infty} s[s^2 F(s) - sf(0_+) - f'(0_+)]
\end{aligned}\right\} \tag{7-41}
$$

终值定理：若函数 $f(t)$ 当 $t \to \infty$ 时的极限存在，即 $f(\infty) = \lim_{s \to \infty} f(t)$，且

$$
f(t) \leftrightarrow F(s), \quad \mathrm{Re}[s] > \sigma_0, \sigma_0 < 0
$$

则有

$$
f(\infty) = \lim_{s \to 0} sF(s) \tag{7-42}
$$

需要注意的是，终值定理是取 $s \to 0$ 的极限，因而 $s = 0$ 的点应在 $sF(s)$ 的收敛域内，否则不能应用终值定理.

例 7-11   如果函数 $f(t)$ 的象函数为 $F(s) = \dfrac{1}{s+\alpha}$，$\mathrm{Re}[s] > -\alpha$，求原函数 $f(t)$ 的初值和终值.

解： 由初值定理，得

$$
f(0_+) = \lim_{s \to \infty} sF(s) = \lim_{s \to \infty} \frac{s}{s+\alpha} = 1
$$

由 $F(s)$ 的原函数 $f(t) = \mathrm{e}^{-\alpha t} u(t)$ 验证以上结果对于正负 α 值都是正确的.

由终值定理，得

$$
f(\infty) = \lim_{s \to 0} sF(s) = \lim_{s \to 0} \frac{s}{s+\alpha} =
\begin{cases}
0, & \alpha > 0 & (1) \\
1, & \alpha = 0 & (2) \\
0, & \alpha < 0 & (3)
\end{cases}
$$

对于 $\alpha \geqslant 0$，$sF(s) = \dfrac{s}{s+\alpha}$ 的收敛域分别为 $\mathrm{Re}[s] > -\alpha (\alpha > 0)$ 和 $\mathrm{Re}[s] > -\infty (\alpha = 0)$，显然 $s = 0$ 在收敛域内，因而结果(1)、(2)正确；而对 $\alpha < 0$，$sF(s)$ 的收敛域为 $\mathrm{Re}[s] > -\alpha = |\alpha|$，$s = 0$ 不在收敛域内，因而结果(3)不正确，由 $F(s)$ 的原函数容易验证以上的结果.

例 7-12   如果函数 $f(t)$ 的象函数为

$$
F(s) = \frac{2s}{s^2 + 2s + 2}
$$

求原函数 $f(t)$ 的初值和终值.

解：

$$
f(0_+) = \lim_{s \to \infty} sF(s) = \lim_{s \to \infty} \frac{2s^2}{s^2 + 2s + 2} = 2
$$

$$
f(\infty) = \lim_{s \to 0} sF(s) = \lim_{s \to 0} \frac{2s^2}{s^2 + 2s + 2} = 0
$$

例 7-13   如果函数 $f(t)$ 的象函数为

$$
F(s) = \frac{s^2}{s^2 + 2s + 2}
$$

求原函数 $f(t)$ 的初值.

解：

$$
F(s) = 1 - \frac{2s+2}{s^2 + 2s + 2} = 1 + F_1(s)
$$

$$
f(0_+) = \lim_{s \to \infty} sF_1(s) = \lim_{s \to \infty} \frac{-2s^2 - 2s}{s^2 + 2s + 2} = -2
$$

最后,将单边拉普拉斯变换的性质归纳小结如表 7-1 所示,以便查阅.

表 7-1   单边拉普拉斯变换的性质

名称	时域 $f(t) \leftrightarrow F(s)$	s 域
定义	$f(t) = \dfrac{1}{2\pi j} \displaystyle\int_{\sigma-j\infty}^{\sigma+j\infty} F(s) e^{st} \, ds$	$F(s) = \displaystyle\int_0^\infty f(t) e^{-st} \, dt, \sigma > \sigma_0$
线性	$a_1 f_1(t) + a_2 f_2(t)$	$a_1 F_1(s) + a_2 F_2(s), \sigma > \max(\sigma_1, \sigma_2)$
尺度变换	$f(at)$	$\dfrac{1}{a} F\left(\dfrac{s}{a}\right), \sigma > a\sigma_0$
时移	$f(t-t_0) u(t-t_0)$	$e^{-st_0} F(s), \sigma > \sigma_0$
时移	$f(at-b) u(at-b), a > 0, b \geqslant 0, a \neq 0$	$\dfrac{1}{\|a\|} e^{-\frac{b}{a}s} F\left(\dfrac{s}{a}\right), \sigma > a\sigma_0$
复频移	$f(t) e^{s_a t}$	$F(s-s_a), \sigma > \sigma_0 + \sigma_a$
时域微分	$f^{(1)}(t)$	$sF(s) - f(0_-), \sigma > \sigma_0$
时域微分	$f^{(n)}(t)$	$s^n F(s) - \displaystyle\sum_{m=0}^{n-1} s^{n-1-m} f^{(m)}(0_-)$
时域积分	$\left(\displaystyle\int_{0_-}^t\right)^n f(x) \, dx$	$\dfrac{1}{s^n} F(s), \sigma > \max(\sigma_0, 0)$
时域积分	$f^{(-1)}(t)$	$\dfrac{1}{s} F(s) + \dfrac{1}{s} f^{(-1)}(0_-)$
时域积分	$f^{(-n)}(t)$	$\dfrac{1}{s^n} F(s) + \displaystyle\sum_{m=1}^n \dfrac{1}{s^{n-m+1}} f^{(-m)}(0_-)$
时域卷积	$f_1(t) * f_2(t)$	$F_1(s) F_2(s), \sigma > \max(\sigma_1, \sigma_2)$
时域相乘	$f_1(t) f_2(t)$	$\dfrac{1}{2\pi j} \displaystyle\int_{c-j\infty}^{c+j\infty} F_1(\eta) F_2(s-\eta) \, d\eta$ $\sigma > \sigma_1 + \sigma_2, \sigma_1 < c < \sigma - \sigma_2$
s 域微分	$(-t)^n f(t)$	$\dfrac{d^n F(s)}{ds^n}, \sigma > \sigma_0$
s 域积分	$\dfrac{f(t)}{t}$	$\displaystyle\int_s^\infty F(\eta) \, d\eta, \sigma > \sigma_0$
初值定理	$f(0_+) = \lim\limits_{s \to \infty} sF(s), F(s)$ 为真分式	
终值定理	$f(\infty) = \lim\limits_{s \to 0} sF(s), s = 0$ 在 $sF(s)$ 的收敛域内	

注:1. 表中 σ_0 为收敛坐标;

2. $f^{(n)}(t) \overset{\text{def}}{=} \dfrac{d^n f(t)}{dt^n}, F^{(n)}(s) \overset{\text{def}}{=} \dfrac{d^n F(s)}{ds^n}, f^{(-n)}(t) \overset{\text{def}}{=} \left(\displaystyle\int_{-\infty}^t\right)^n f(x) \, dx.$

7.3　拉普拉斯逆变换

　　拉普拉斯变换主要用于求解线性微分方程,经过变换,原函数所表示的微分方程变成了象函数所表示的代数方程.代数方程比较容易求解,但是解出象函数后还必须回到原函数,这才是所求的解.由象函数求解原函数的过程称为拉普拉斯逆变换.

　　求取拉普拉斯逆变换通常有两种方法:部分分式展开法和围线积分法.前者是将复杂变换式分解为许多简单变换式之和,然后分别查表可求得原信号,它适合于 $F(s)$ 为有理函数的情况;后者是直接进行拉普拉斯变换积分,它的适用范围更广.

7.3.1　利用留数定理求拉普拉斯逆变换

　　对于单边拉普拉斯逆变换,象函数 $F(s)$ 的拉普拉斯逆变换可按式(7-13)进行复变函数积分(用留数定理)求得.即象函数 $F(s)$ 的拉普拉斯逆变换为

$$f(t) = \mathscr{L}^{-1}\big[F(s)\big] \overset{\text{def}}{=\!=\!=} \begin{cases} 0, & t < 0 \\ \dfrac{1}{2\pi\mathrm{j}}\displaystyle\int_{\sigma-\mathrm{j}\infty}^{\sigma+\mathrm{j}\infty} F(s)\mathrm{e}^{st}\,\mathrm{d}s, & t > 0 \end{cases} \qquad (7\text{-}43)$$

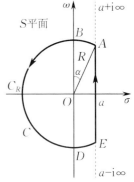

图 7-3　$F(s)$ 的围线积分路径

　　这是从象函数求原函数的一般公式.根据拉普拉斯变换存在的条件及其特性,上述积分应在收敛域内进行.若选常数 $\sigma > \sigma_0$,σ_0 为 $F(s)$ 的收敛坐标,则积分路线是 S 平面上横坐标为 σ,平行于纵坐标轴的一条直线.象函数在这条直线的右半开平面上没有奇点.实际应用中,常设法将积分路线变为适当的闭合路径,应用复变函数中的留数定理求得原函数.

　　考虑如图 7-3 所示的回路积分,其中,C_R 是以 $s = 0$ 为圆心,以 R 为半径的圆周在直线 $\mathrm{Re}(s) = a$ 左侧的圆弧.L 为圆弧 C_R 和线段 EA 组成的边界.

$$\oint_L F(s)\mathrm{e}^{st}\,\mathrm{d}s = \int_E^A F(s)\mathrm{e}^{st}\,\mathrm{d}s + \int_{C_R} F(s)\mathrm{e}^{st}\,\mathrm{d}s \qquad (7\text{-}44)$$

根据留数定理得

$$\oint_L g(s)\mathrm{d}s = 2\pi\mathrm{j}\sum \mathrm{Res}\big[g(s)\big] \qquad (7\text{-}45)$$

其中,$\sum \mathrm{Res}\big[g(s)\big]$ 为函数 $g(s)$ 在孤立奇点的留数(或残数)求和.在复变函数中,若函数 $g(s)$ 在某点 s_0 不可导,而在 s_0 的任意小邻域内除 s_0 外处处可导,便称 s_0 为 $g(s)$ 的孤立奇点.而在去除孤立奇点 s_0 而形成的环域上的解析函数 $g(s)$ 可展开为洛朗级数

$$g(s) = \sum_{k=-\infty}^{\infty} a_k\,(s-s_0)^k \qquad (7\text{-}46)$$

$(s-s_0)^{-1}$ 的系数 a_{-1} 由于具有特别重要的地位,因而专门起了名字,叫作函数 $g(s)$ 在奇点 s_0 的留数.

　　当 $R \to \infty$ 时,式(7-44)左端积分值为 $F(s)\mathrm{e}^{st}$ 在直线 $\mathrm{Re}(s) = a$ 左半开平面上所有奇点留数和的 $2\pi\mathrm{j}$ 倍,右端第一项为式(7-43)中的积分,第二项根据推广的约当引理而等于零,从而

$$f(t) = \frac{1}{2\pi\mathrm{j}}\int_{a-\mathrm{j}\infty}^{a+\mathrm{j}\infty} F(s)\mathrm{e}^{st}\,\mathrm{d}s = \sum \mathrm{Res}\big[F(s)\mathrm{e}^{st}\big] \qquad (7\text{-}47)$$

式中,求和为对 $F(s)\mathrm{e}^{st}$ 在直线 $\mathrm{Re}(s) = a$ 的左半开平面上的所有奇点进行.由于在直线 $\mathrm{Re}(s) = a$ 的右半开平面上无奇点,因而求和亦是对 $F(s)$ 在整个 s 平面上的所有奇点进行.现在的问题便归

结为留数的计算.

(1) 设 s_0 是 $g(s)$ 的单极点

$$\lim_{s \to s_0}[(s - s_0)g(s)] = \text{非零的有限值,即 Res}[g(s_0)] \tag{7-48}$$

式(7-48)可用来判断 s_0 是否为函数 $g(s)$ 的单极点,同时它又是计算函数 $g(s)$ 在单极点 s_0 的留数的公式.

若 $g(s)$ 可以表示为 $\dfrac{B(s)}{A(s)}$ 的特殊形式,其中 $B(s)$ 和 $A(s)$ 都在 s_0 点解析,s_0 是 $A(s)$ 的一阶零点,$B(s_0) \neq 0$,从而 s_0 是 $g(s)$ 的一阶极点,则

$$\text{Res}[g(s_0)] = \lim_{s \to s_0}(s - s_0)\frac{B(s)}{A(s)} = \frac{B(s_0)}{A'(s_0)} \tag{7-49}$$

(2) 设 s_0 是 $g(s)$ 的 m 阶极点

$$\lim_{s \to s_0}[(s - s_0)^m g(s)] = \text{非零的有限值} \tag{7-50}$$

运用式(7-50)可以判断 s_0 是否 m 阶级点.但其非零的有限值并非 $g(s)$ 在 s_0 的留数.

$$\text{Res}[g(s_0)] = \lim_{s \to s_0}\frac{1}{(m-1)!}\left\{\frac{\mathrm{d}^{m-1}}{\mathrm{d}s^{m-1}}[(s - s_0)^m g(s)]\right\} \tag{7-51}$$

利用式(7-48)和式(7-50),就可以判断极点的阶.利用它们及式(7-49)、式(7-51)还可算出函数 $g(s)$ 在极点的留数.需要注意的是,在计算留数时,式(7-44)和式(7-45)间有如下的关系:

$$g(s) = F(s)e^{st} \tag{7-52}$$

例 7-14 利用留数定理,求 $F(s) = \dfrac{1}{s^2 + 3s + 2}$,$\text{Re}(s) > -1$ 的原函数 $f(t)$.

解: 根据式(7-47),得

$$f(t) = \frac{1}{2\pi j}\int_{a-j\infty}^{a+j\infty} F(s)e^{st}\,\mathrm{d}s = \sum \text{Res}[F(s)e^{st}] = \sum \text{Res}\left[\frac{e^{st}}{s^2 + 3s + 2}\right]$$

从上式可知,$F(s)e^{st}$ 的两个单极点分别为 $s = -1, s = -2$,所以有

$$\text{Res}[F(s)e^{st}]_{s=-1} = \lim_{s \to -1}(s + 1)\frac{B(s)}{A(s)} = \frac{B(-1)}{A'(-1)} = e^{-t}$$

$$\text{Res}[F(s)e^{st}]_{s=-2} = \lim_{s \to -2}(s + 2)\frac{B(s)}{A(s)} = \frac{B(-2)}{A'(-2)} = -e^{-2t}$$

得

$$f(t) = (e^{-t} - e^{-2t})u(t)$$

例 7-15 利用留数定理,求 $F(s) = \dfrac{s+2}{s(s+1)^2}$,$\text{Re}(s) > 0$ 的原函数 $f(t)$.

解: 极点为 0 和 -1,分别求留数可得

$$\text{Res}[F(s)e^{st}]_{s=0} = \left[\frac{s+2}{(s+1)^2}e^{st}\right]_{s=0} = 2$$

$$\text{Res}[F(s)e^{st}]_{s=-1} = \frac{\mathrm{d}}{\mathrm{d}s}[(s+1)^2 F(s)e^{st}]_{s=-1} = \frac{\mathrm{d}}{\mathrm{d}s}\left(\frac{s+2}{s}e^{st}\right)_{s=-1}$$

$$= \frac{[-2 + s(s+2)t]e^{st}}{s^2}\bigg|_{s=-1} = -(2+t)e^{-t}u(t)$$

得

$$f(t) = [2(1 - e^{-t}) - te^{-t}]u(t)$$

7.3.2 部分分式展开法

实际上,若 $F(s)$ 是 s 的有理分式,可将 $F(s)$ 展开为部分分式,往往可借助一些代数运算将

$F(s)$ 表达式分解成常用函数的逆变换. 这种方法使求解过程大大简化, 无须进行积分运算, 称为部分分式分解法(或部分分式展开法).

如果 $F(s)$ 是 s 的有理分式, 它可写为

$$F(s) = \frac{B(s)}{A(s)} = \frac{b_m s^m + b_{m-1} s^{m-1} + \cdots + b_1 s + b_0}{s^n + a_{n-1} s^{n-1} + \cdots + a_1 s + a_0}$$

式中, 各系数 $a_i(i = 0, 1, \cdots, n)$, $b_j(j = 0, 1, \cdots, m)$ 均为实数, 为简便且不失一般性, 设 $a_n = 1$. 若 $m \geqslant n$, 可用多项式除法将象函数 $F(s)$ 分解为有理多项式 $P(s)$ 与有理真分式之和, 即

$$F(s) = P(s) + \frac{B(s)}{A(s)}$$

式中, $B(s)$ 的幂次小于 $A(s)$ 的幂次. 例如

$$F(s) = \frac{s^3 + 5s^2 + 9s + 7}{s^2 + 3s + 2} = s + 2 + \frac{s + 3}{s^2 + 3s + 2}$$

由于 $\mathscr{L}^{-1}[1] = \delta(t)$, $\mathscr{L}^{-1}[s] = \delta'(t)$, $\cdots$, 故上面多项式 $P(s)$ 的拉普拉斯逆变换由冲激函数及其各阶导数组成, 容易求得.

如果 $F(s)$ 是 s 的实系数有理真分式(式中 $m < n$), 则可写为

$$F(s) = \frac{B(s)}{A(s)} = \frac{b_m s^m + b_{m-1} s^{m-1} + \cdots + b_1 s + b_0}{s^n + a_{n-1} s^{n-1} + \cdots + a_1 s + a_0} \tag{7-53}$$

式中, 分母多项式 $A(s)$ 称为 $F(s)$ 的特征多项式, 方程 $A(s) = 0$ 称为特征方程, 它的根称为特征根, 也称 $F(s)$ 的固有频率(自然频率).

为将 $F(s)$ 展开为部分分式, 要先求出特征方程的 n 个特征根 $s_i(i = 1, 2, \cdots, n)$, s_i 称为 $F(s)$ 的极点. 特征根可能是实根(含零根), 也可能是复根(含虚根); 可能是单根, 也可能是重根. 下面分几种情况讨论.

1. 特征根为单根

如果方程 $A(s) = 0$ 的根都是单根, 其 n 个根 $s_1, s_2, \cdots, s_n$ 都互不相等, 那么根据代数理论, $F(s)$ 可展开为如下部分分式

$$F(s) = \frac{B(s)}{A(s)} = \frac{K_1}{s - s_1} + \frac{K_2}{s - s_2} + \cdots + \frac{K_i}{s - s_i} + \cdots + \frac{K_n}{s - s_n} = \sum_{i=1}^{n} \frac{K_i}{s - s_i} \tag{7-54}$$

其中, 待定系数 K_i 可用如下方法求得:

将式(7-54)等号两端同乘以 $(s - s_i)$, 得

$$(s - s_i)F(s) = \frac{(s - s_i)B(s)}{A(s)} = \frac{(s - s_i)K_1}{(s - s_1)} + \cdots + K_i + \cdots + \frac{(s - s_i)K_n}{(s - s_n)} \tag{7-55}$$

当 $s \to s_i$ 时, 由于各根均不相等, 故等号右端除了 K_i 一项均趋近于零, 于是得

$$K_i = (s - s_i)F(s)\big|_{s=s_i} = \lim_{s \to s_i}\left[(s - s_i)\frac{B(s)}{A(s)}\right] \tag{7-56}$$

系数 K_i 也可用另一种方法确定: 由于 s_i 是 $A(s) = 0$ 的根, 故有 $A(s_i) = 0$, 这样式(7-56)可改写为

$$K_i = \lim_{s \to s_i} \frac{B(s)}{\dfrac{A(s) - A(s_i)}{s - s_i}} \tag{7-57}$$

根据导数的定义, 当 $s \to s_i$ 时, 式(7-57)的分母为

$$\lim_{s \to s_i} \frac{A(s) - A(s_i)}{s - s_i} = \frac{\mathrm{d}}{\mathrm{d}s} A(s)\big|_{s=s_i} = A'(s_i)$$

所以
$$K_i = \frac{B(s_i)}{A'(s_i)} \tag{7-58}$$

利用拉普拉斯变换的线性性质,可得式(7-54)的原函数为

$$f(t) = \mathcal{L}^{-1}[F(s)] = \sum_{i=1}^{n} K_i e^{s_i t} u(t) \tag{7-59}$$

例 7-16　求 $F(s) = \dfrac{1}{s^2 + 3s + 2}$, $\mathrm{Re}(s) > -1$ 的原函数 $f(t)$.

解：　函数 $F(s)$ 的分母多项式
$$A(s) = s^2 + 3s + 2 = (s+1)(s+2)$$

方程 $A(s) = 0$ 有两个单实根,$s_1 = -1$,$s_2 = -2$,可求得各系数
$$K_1 = (s+1)F(s)\big|_{s=-1} = 1$$
$$K_2 = (s+2)F(s)\big|_{s=-2} = -1$$

所以

$$F(s) = \frac{1}{s^2 + 3s + 2} = \frac{1}{s+1} - \frac{1}{s+2}$$

取其拉普拉斯逆变换,得

$$f(t) = (e^{-t} - e^{-2t})u(t)$$

例 7-17　求 $F(s) = \dfrac{s^3 + 5s^2 + 9s + 7}{s^2 + 3s + 2}$ 的原函数 $f(t)$.

解：　由于分子的阶数比分母的高,所以用分子除以分母得到
$$F(s) = s + 2 + \frac{s+3}{(s+1)(s+2)}$$

现在,式中满足 $m < n$ 的要求,可按前述部分分式展开法分解得到
$$F(s) = s + 2 + \frac{2}{s+1} - \frac{1}{s+2}$$

取其拉普拉斯逆变换,得
$$f(t) = [\delta'(t) + 2\delta(t) + 2e^{-t} - e^{-2t}]u(t)$$

例 7-18　已知 $F(s) = \dfrac{10(s+2)(s+5)}{s(s+1)(s+3)}$,求其拉普拉斯逆变换.

解：　部分分式展开法
$$F(s) = \frac{K_1}{s} + \frac{K_2}{s+1} + \frac{K_3}{s+3} \quad (m < n)$$

其中

$$K_1 = sF(s)\big|_{s=0} = \frac{10(s+2)(s+5)}{(s+1)(s+3)}\bigg|_{s=0} = \frac{100}{3}$$

$$K_2 = (s+1)F(s)\big|_{s=-1} = \frac{10(s+2)(s+5)}{s(s+3)}\bigg|_{s=-1} = -20$$

$$K_3 = (s+3)F(s)\big|_{s=-3} = \frac{10(s+2)(s+5)}{s(s+1)}\bigg|_{s=-3} = -\frac{10}{3}$$

所以
$$F(s) = \frac{100}{3s} - \frac{20}{s+1} - \frac{10}{3(s+3)}$$

取其拉普拉斯逆变换,得
$$f(t) = \left(\frac{100}{3} - 20e^{-t} - \frac{10}{3}e^{-3t}\right)u(t)$$

2. 特征根为共轭单根

方程 $A(s)=0$ 若有复数根(或虚根),它们必共轭成对,否则,多项式 $A(s)$ 的系数中必有一部分是复数或虚数,而不可能全为实数.这种情况仍可采用上述实数极点求分解系数的方法.

设 $A(s)=0$ 有一对共轭单根 $s_{1,2}=-\alpha\pm\mathrm{j}\beta$,将 $F(s)$ 的展开式分为两个部分

$$
\begin{aligned}
F(s)=\frac{B(s)}{A(s)} &= \frac{B(s)}{(s+\alpha-\mathrm{j}\beta)(s+\alpha+\mathrm{j}\beta)A_2(s)} \\
&= \frac{K_1}{s+\alpha-\mathrm{j}\beta}+\frac{K_2}{s+\alpha+\mathrm{j}\beta}+\frac{B_2(s)}{A_2(s)} \\
&= F_1(s)+F_2(s)
\end{aligned}
\tag{7-60}
$$

式中,$F_1(s)=\dfrac{K_1}{s+\alpha-\mathrm{j}\beta}+\dfrac{K_2}{s+\alpha+\mathrm{j}\beta}$,$F_2(s)=\dfrac{B_2(s)}{A_2(s)}$. $F_2(s)$ 展开式的形式由 $A_2(s)=0$ 的根具体情况确定.

应用式(7-58),可求得

$$
K_1=\frac{B(s_1)}{A'(s_1)}=\frac{B(-\alpha+\mathrm{j}\beta)}{A'(-\alpha+\mathrm{j}\beta)}
$$

$$
K_2=\frac{B(s_2)}{A'(s_2)}=\frac{B(-\alpha-\mathrm{j}\beta)}{A'(-\alpha-\mathrm{j}\beta)}=\frac{B(s_1^*)}{A'(s_1^*)}
$$

由于 $B(s)$ 和 $A'(s)$ 都是 s 的实系数多项式,故 $B(s_1^*)=B^*(s_1)$,$A'(s_1^*)=A^{*\,'}(s_1)$,因而上述系数 K_1 与 K_2 互为共轭复数,即 $K_2=K_1^*$,假设

$$
K_1=A+\mathrm{j}B
$$

$$
K_2=A-\mathrm{j}B
$$

这样式(7-60)中的 $F_1(s)$ 可写为

$$
F_1(s)=\frac{A+\mathrm{j}B}{s+\alpha-\mathrm{j}\beta}+\frac{A-\mathrm{j}B}{s+\alpha+\mathrm{j}\beta}
$$

取其拉普拉斯逆变换,得

$$
\begin{aligned}
f_1(t)=\mathscr{L}^{-1}\big[F_1(s)\big] &= \mathscr{L}^{-1}\left[\frac{K_1}{s+\alpha-\mathrm{j}\beta}+\frac{K_2}{s+\alpha+\mathrm{j}\beta}\right] \\
&= \mathrm{e}^{-\alpha t}(K_1\mathrm{e}^{\mathrm{j}\beta t}+K_2\mathrm{e}^{-\mathrm{j}\beta t}) \\
&= 2\mathrm{e}^{-\alpha t}\big[A\cos(\beta t)-B\sin(\beta t)\big]
\end{aligned}
\tag{7-61}
$$

这样,只需求得一个系数 K_1,就可根据式(7-61)写出相应的结果.

例 7-19　求 $F(s)=\dfrac{s^2+3}{(s^2+2s+5)(s+2)}$ 的原函数 $f(t)$.

解:　$F(s)=\dfrac{s^2+3}{(s+1+2\mathrm{j})(s+1-2\mathrm{j})(s+2)}=\dfrac{K_0}{s+2}+\dfrac{K_1}{s+1-2\mathrm{j}}+\dfrac{K_2}{s+1+2\mathrm{j}}$

分别求系数 K_0,K_1,K_2,

$$
K_0=(s+2)F(s)\Big|_{s=-2}=\frac{7}{5}
$$

$$
K_1=\frac{s^2+3}{(s+1+2\mathrm{j})(s+2)}\Big|_{s=-1+2\mathrm{j}}=\frac{-1+2\mathrm{j}}{5}
$$

即 $A=-\dfrac{1}{5}$,$B=\dfrac{2}{5}$,根据式(7-61),可得 $F(s)$ 的拉普拉斯逆变换式为

$$
f(t)=\frac{7}{5}\mathrm{e}^{-2t}-2\mathrm{e}^{-t}\Big[\frac{1}{5}\cos(2t)+\frac{2}{5}\sin(2t)\Big]u(t)
$$

3. 特征根为重根

如果 $A(s) = 0$ 在 $s = s_1$ 处有 r 重根,即 $s = s_1 = \cdots = s_r$,而其余 $(n-r)$ 个根 $s_{r+1}, \cdots, s_n$ 都不等于 s_1,则象函数 $F(s)$ 的展开式可写为

$$F(s) = \frac{B(s)}{A(s)} = \frac{K_{11}}{(s-s_1)^r} + \frac{K_{12}}{(s-s_1)^{r-1}} + \cdots + \frac{K_{1r}}{s-s_1} + \frac{B_2(s)}{A_2(s)}$$

$$= \sum_{i=1}^{r} \frac{K_{1i}}{(s-s_1)^{r+1-i}} + \frac{B_2(s)}{A_2(s)} = F_1(s) + F_2(s) \tag{7-62}$$

式中,$F_2(s) = \dfrac{B_2(s)}{A_2(s)}$ 是除重根以外的项,且当 $s = s_1$ 时,$A_2(s_1) \neq 0$. 为求出系数 $K_{1i}(i = 1, 2, \cdots, r)$,将式(7-62)等号两端同乘以 $(s-s_1)^r$,得

$$(s-s_1)^r F(s) = K_{11} + (s-s_1)K_{12} + \cdots + (s-s_1)^{i-1}K_{1i} + \cdots$$

$$+ (s-s_1)^{r-1}K_{1r} + (s-s_1)^r \frac{B_2(s)}{A_2(s)} \tag{7-63}$$

令 $s = s_1$,得

$$K_{11} = \left[(s-s_1)^r F(s) \right]_{s=s_1} \tag{7-64}$$

将式(7-63)对 s 求导,得

$$\frac{\mathrm{d}}{\mathrm{d}s} \left[(s-s_1)^r F(s) \right] = K_{12} + \cdots + (i-1)(s-s_1)^{i-2}K_{1i} + \cdots$$

$$+ (r-1)(s-s_1)^{r-2}K_{1r} + \frac{\mathrm{d}}{\mathrm{d}s} \left[(s-s_1)^r \frac{B_2(s)}{A_2(s)} \right] \tag{7-65}$$

令 $s = s_1$,得

$$K_{12} = \frac{\mathrm{d}}{\mathrm{d}s} \left[(s-s_1)^r F(s) \right]_{s=s_1} \tag{7-66}$$

依此类推,可得

$$K_{1i} = \frac{1}{(i-1)!} \frac{\mathrm{d}^{i-1}}{\mathrm{d}s^{i-1}} \left[(s-s_1)^r F(s) \right] \bigg|_{s=s_1} \tag{7-67}$$

式中 $i = 1, 2, \cdots, r$.

已知 $\mathscr{L}[t^n u(t)] = \dfrac{n!}{s^{n+1}}$,利用复频移特性,可得

$$\mathscr{L}^{-1} \left[\frac{1}{(s-s_1)^{n+1}} \right] = \frac{1}{n!} t^n e^{s_1 t} u(t) \tag{7-68}$$

于是,式(7-62)中重根部分象函数 $F_1(s)$ 的原函数为

$$f_1(t) = \mathscr{L}^{-1} \left[\sum_{i=1}^{r} \frac{K_{1i}}{(s-s_1)^{r+1-i}} \right] = \left[\sum_{i=1}^{r} \frac{K_{1i}}{(r-i)!} t^{r-i} \right] e^{s_1 t} u(t) \tag{7-69}$$

例 7-20　求象函数 $F(s) = \dfrac{s+3}{(s+1)^3(s+2)}$ 的原函数 $f(t)$.

解:　$A(s) = 0$ 有三重根 $s_1 = s_2 = s_3 = -1$ 和单根 $s_4 = -2$. 故 $F(s)$ 可展开为

$$F(s) = \frac{s+3}{(s+1)^3(s+2)} = \frac{K_{11}}{(s+1)^3} + \frac{K_{12}}{(s+1)^2} + \frac{K_{13}}{s+1} + \frac{K_4}{s+2}$$

分别求得系数 $K_{1i}(i = 1, 2, 3)$ 和 K_4.

$$K_{11} = \left[(s+1)^3 F(s) \right]|_{s=-1} = 2$$

$$K_{12} = \frac{\mathrm{d}}{\mathrm{d}s} \left[(s+1)^3 F(s) \right]|_{s=-1} = -1$$

$$K_{13} = \frac{1}{2!} \cdot \frac{\mathrm{d}^2}{\mathrm{d}s^2} \left[(s+1)^3 F(s) \right] \big|_{s=-1} = 1$$

$$K_4 = \left[(s+2) F(s) \right] \big|_{s=-2} = -1$$

所以

$$F(s) = \frac{2}{(s+1)^3} - \frac{1}{(s+1)^2} + \frac{1}{s+1} - \frac{1}{s+2}$$

取其拉普拉斯逆变换,得

$$f(t) = \left[(t^2 - t + 1) \mathrm{e}^{-t} - \mathrm{e}^{-2t} \right] u(t)$$

7.4　复频域分析

拉普拉斯变换是分析线性连续系统的有力数学工具,它将描述系统的时域微积分方程变换为复频域的代数方程,使求解变得简单;其次,拉普拉斯变换包含系统的初始状态,这样,既可求出零输入响应,也可求出零状态响应.

7.4.1　微分方程的复频域解

描述线性时不变连续系统的数学模型是常系数微分方程.拉普拉斯变换将微分方程转换为代数方程,使得求解过程简单明了.设线性时不变系统的激励为 $f(t)$,响应为 $y(t)$,描述 n 阶系统的微分方程的一般形式可写为

$$\sum_{i=0}^{n} a_i y^{(i)}(t) = \sum_{j=0}^{m} b_j f^{(j)}(t) \tag{7-70}$$

式中,系数 $a_i (i = 0, 1, \cdots, n)$,$b_j (j = 0, 1, \cdots, m)$ 均为实数,设系统的初始状态为 $y(0_-), y^{(1)}(0_-), \cdots, y^{(n)}(0_-)$.

令 $\mathscr{L}[y(t)] = Y(s)$,$\mathscr{L}[f(t)] = F(s)$.根据时域微分定理,$y(t)$ 及其各阶导数的拉普拉斯变换为

$$\mathscr{L}[y^{(i)}(t)] = s^i Y(s) - \sum_{p=0}^{i-1} s^{i-1-p} y^{(p)}(0_-) \tag{7-71}$$

如果 $f(t)$ 是 $t = 0$ 时输入的,则在 $t = 0_-$ 时,$f(t)$ 及其各阶导数均为零,即 $f^{(j)}(0_-) = 0 (j = 0, 1, \cdots, m)$.因而 $f(t)$ 及其各阶导数的拉普拉斯变换为

$$\mathscr{L}[f^{(j)}(t)] = s^j F(s) \tag{7-72}$$

取式(7-70)的拉普拉斯变换并将式(7-71)和式(7-72)代入,得

$$\sum_{i=0}^{n} a_i \left[s^i Y(s) - \sum_{p=0}^{i-1} s^{i-1-p} y^{(p)}(0_-) \right] = \sum_{j=0}^{m} b_j s^j F(s) \tag{7-73}$$

即

$$\left[\sum_{i=0}^{n} a_i s^i \right] Y(s) - \sum_{i=0}^{n} a_i \left[\sum_{p=0}^{i-1} s^{i-1-p} y^{(p)}(0_-) \right] = \left[\sum_{j=0}^{m} b_j s^j \right] F(s) \tag{7-74}$$

由式(7-74)可解得

$$Y(s) = \frac{\displaystyle\sum_{i=0}^{n} a_i \left[\sum_{p=0}^{i-1} s^{i-1-p} y^{(p)}(0_-) \right]}{\left[\displaystyle\sum_{i=0}^{n} a_i s^i \right]} + \frac{\left[\displaystyle\sum_{j=0}^{m} b_j s^j \right]}{\left[\displaystyle\sum_{i=0}^{n} a_i s^i \right]} F(s)$$

$$= \frac{M(s)}{A(s)} + \frac{B(s)}{A(s)}F(s) \qquad (7-75)$$

式中，$A(s) = \sum_{i=0}^{n} a_i s^i$，$B(s) = \sum_{j=0}^{m} b_j s^j$，多项式 $A(s)$ 和 $B(s)$ 的系数仅与微分方程的系数 a_i、b_j 有关；$M(s) = \sum_{i=0}^{n} a_i \left[\sum_{p=0}^{i-1} s^{i-1-p} y^{(p)}(0_-) \right]$，它也是 s 的多项式，其系数与 a_i 和响应的各初始状态 $y^{(p)}(0_-)$ 有关而与激励无关.

由式(7-75)可以看出，其第一项仅与初始状态有关，而与输入无关，因而是零输入响应 $y_{zi}(t)$ 的象函数，记为 $Y_{zi}(s)$；其第二项仅与激励有关，而与初始状态无关，因而是零状态响应 $y_{zs}(t)$ 的象函数，记为 $Y_{zs}(s)$. 于是式(7-75)可写为

$$Y(s) = Y_{zi}(s) + Y_{zs}(s) = \frac{M(s)}{A(s)} + \frac{B(s)}{A(s)}F(s) \qquad (7-76)$$

式中，$Y_{zi}(s) = \frac{M(s)}{A(s)}$，$Y_{zs}(s) = \frac{B(s)}{A(s)}F(s)$. 取式(7-76)的拉普拉斯逆变换，得系统的全响应

$$y(t) = y_{zi}(t) + y_{zs}(t) \qquad (7-77)$$

例 7-21 描述某线性时不变系统的微分方程为

$$y''(t) + 5y'(t) + 6y(t) = 2f(t)$$

已知初始状态 $y(0_-) = 1$，$y'(0_-) = -1$，激励 $f(t) = 5\cos t u(t)$，求系统的全响应 $y(t)$.

解： 方程取拉普拉斯变换，可得全响应 $y(t)$ 的象函数为

$$Y(s) = Y_{zi}(s) + Y_{zs}(s) = \frac{M(s)}{A(s)} + \frac{B(s)}{A(s)}F(s), \quad F(s) = \frac{5s}{s^2+1}$$

$$Y(s) = \frac{sy(0_-) + y'(0_-) + 5y(0_-)}{s^2+5s+6} + \frac{2}{s^2+5s+6}F(s)$$

$$= \frac{s+4}{(s+2)(s+3)} + \frac{2}{(s+2)(s+3)}\frac{5s}{s^2+1}$$

$$= \frac{2}{s+2} + \frac{-1}{s+3} + \frac{-4}{s+2} + \frac{3}{s+3} + \frac{\frac{1}{2}-\frac{1}{2}j}{s-j} + \frac{\frac{1}{2}+\frac{1}{2}j}{s+j}$$

对上式进行拉普拉斯逆变换，得

$$y(t) = \left[2e^{-2t} - e^{-3t} - 4e^{-2t} + 3e^{-3t} + \cos(t) + \sin(t) \right]u(t)$$

$$= \left[2e^{-2t} - e^{-3t} - 4e^{-2t} + 3e^{-3t} + \sqrt{2}\cos\left(t - \frac{\pi}{4}\right) \right]u(t)$$

例 7-22 描述某线性时不变系统的微分方程为

$$\frac{d^2 y(t)}{dt^2} + 3\frac{dy(t)}{dt} + 2y(t) = x(t)$$

其初始条件为 $y(0_-) = \beta$，$y'(0_-) = \gamma$，设 $x(t) = \alpha u(t)$，求系统的零输入响应、零状态响应和全响应.

解： 对微分方程取拉普拉斯变换，有

$$s^2 Y(s) - sy(0_-) - y'(0_-) + 3sY(s) - 3y(0_-) + 2Y(s) = X(s)$$

即

$$(s^2+3s+2)Y(s) - \left[sy(0_-) + y'(0_-) + 3y(0_-) \right] = X(s)$$

可解得

$$Y(s) = Y_{zi}(s) + Y_{zs}(s) = \frac{sy(0_-) + y'(0_-) + 3y(0_-)}{(s^2+3s+2)} + \frac{X(s)}{(s^2+3s+2)}$$

将 $X(s) = \mathscr{L}[\alpha u(t)] = \dfrac{\alpha}{s}$ 和各初值代入上式,得

$$Y_{zi}(s) = \frac{sy(0_-) + y'(0_-) + 3y(0_-)}{(s^2 + 3s + 2)} = \frac{\beta(s+3)}{(s^2 + 3s + 2)} + \frac{\gamma}{(s^2 + 3s + 2)}$$

$$= \frac{2\beta}{s+1} + \frac{-\beta}{s+2} + \frac{\gamma}{s+1} + \frac{-\gamma}{s+2} = \frac{2\beta+\gamma}{s+1} + \frac{-(\beta+\gamma)}{s+2}$$

$$Y_{zs}(s) = \frac{\alpha}{s(s^2+3s+2)} = \alpha\left(\frac{1/2}{s} + \frac{-1}{s+1} + \frac{1/2}{s+2}\right)$$

对以上两式取拉普拉斯逆变换,得零输入响应和零状态响应分别为

$$y_{zi}(t) = (2\beta+\gamma)\mathrm{e}^{-t}u(t) - (\beta+\gamma)\mathrm{e}^{-2t}u(t)$$

$$y_{zs}(t) = \frac{\alpha}{2}u(t) - \alpha\mathrm{e}^{-t}u(t) + \frac{\alpha}{2}\mathrm{e}^{-2t}u(t)$$

系统的全响应为

$$y(t) = y_{zi}(t) + y_{zs}(t) = \frac{\alpha}{2}u(t) + (2\beta+\gamma-\alpha)\mathrm{e}^{-t}u(t) + \left(\frac{\alpha}{2}-\beta-\gamma\right)\mathrm{e}^{-2t}u(t)$$

7.4.2　系统函数

如前所述,描述 n 阶线性时不变系统的微分方程一般可写为

$$\sum_{i=0}^{n} a_i y^{(i)}(t) = \sum_{j=0}^{m} b_j f^{(j)}(t) \tag{7-78}$$

设 $f(t)$ 是 $t=0$ 时接入的,则其零状态响应的象函数为

$$Y_{zs}(s) = \frac{B(s)}{A(s)}F(s) \tag{7-79}$$

式中,$F(s)$ 为激励 $f(t)$ 的象函数,$A(s)$、$B(s)$ 分别为 $A(s) = \sum_{i=0}^{n} a_i s^i$,$B(s) = \sum_{j=0}^{m} b_j s^j$,很容易根据微分方程写出.

系统零状态响应的象函数 $Y_{zs}(s)$ 与激励的象函数 $F(s)$ 之比称为系统函数,用 $H(s)$ 表示,即

$$H(s) = \frac{Y_{zs}(s)}{F(s)} = \frac{B(s)}{A(s)} = \frac{\sum\limits_{j=0}^{m} b_j s^j}{\sum\limits_{i=0}^{m} a_i s^i} \tag{7-80}$$

由描述系统的微分方程容易写出该系统的系统函数 $H(s)$,反之亦然. 由式(7-80)可知,系统函数 $H(s)$ 只与描述系统的微分方程系数 a_i、b_j 有关,即只与系统的结构、元件参数等有关,而与外界因素(激励、初始状态等)无关. 引入系统函数的概念后,系统零状态响应 $y_{zs}(t)$ 的象函数可写为

$$Y_{zs}(s) = H(s)F(s) \tag{7-81}$$

单位冲激响应 $h(t)$ 是输入 $f(t) = \delta(t)$ 时系统的零状态响应,由于 $\mathscr{L}[\delta(t)] = 1$,故由式(7-81)可知,系统单位冲激响应 $h(t)$ 的拉普拉斯变换

$$\mathscr{L}[h(t)] = H(s) \tag{7-82}$$

即系统的单位冲激响应 $h(t)$ 与系统函数 $H(s)$ 是拉普拉斯变换对.

系统的单位阶跃响应 $g(t)$ 是输入 $f(t) = u(t)$ 时的零状态响应,由于 $\mathscr{L}[u(t)] = \dfrac{1}{s}$,故有

$$\mathscr{L}[g(t)] = \frac{1}{s}H(s) \tag{7-83}$$

一般情况下,若输入为 $f(t)$,其象函数为 $F(s)$,则零状态响应的象函数

$$Y_{zs}(s) = H(s)F(s)$$

取上式的拉普拉斯逆变换,并由时域卷积定理,有

$$y_{zs}(t) = \mathcal{L}^{-1}[Y_{zs}(s)] = \mathcal{L}^{-1}[H(s)F(s)] = h(t) * f(t) \tag{7-84}$$

可见,时域卷积定理将连续系统的时域分析与复频域分析紧密地联系起来,使系统分析方法更加丰富,手段更加灵活.

例 7-23 描述某线性时不变系统的微分方程为 $\dfrac{d^2 y(t)}{dt^2} + 3\dfrac{dy(t)}{dt} + 2y(t) = x(t)$,求系统的单位冲激响应 $h(t)$.

解: 令零状态响应的象函数为 $Y_{zs}(s)$,对微分方程取拉普拉斯变换,得

$$s^2 Y_{zs}(s) + 3s Y_{zs}(s) + 2Y_{zs}(s) = X(s)$$

于是得系统函数为

$$H(s) = \frac{Y_{zs}(s)}{X(s)} = \frac{1}{s^2 + 3s + 2} = \frac{1}{(s+1)(s+2)} = \frac{1}{s+1} - \frac{1}{s+2}$$

对上式取拉普拉斯逆变换,得系统的单位冲激响应为

$$h(t) = e^{-t}u(t) - e^{-2t}u(t)$$

例 7-24 设某线性时不变系统的初始状态一定,已知当输入 $f(t) = f_1(t) = \delta(t)$ 时,系统的全响应 $y_1(t) = 3e^{-t}u(t)$;当输入 $f(t) = f_2(t) = u(t)$ 时,系统的全响应 $y_2(t) = (1 + e^{-t})u(t)$;当输入 $f(t) = tu(t)$ 时,求系统的全响应.

解: 设系统的零输入响应 $y_{zi}(t)$ 和零状态响应 $y_{zs}(t)$ 的象函数分别为 $Y_{zi}(s)$ 和 $Y_{zs}(s)$.系统全响应 $y(t)$ 的象函数可写为

$$Y(s) = Y_{zi}(s) + Y_{zs}(s) = Y_{zi}(s) + H(s)F(s)$$

由已知条件,当输入 $f_1(t) = \delta(t)$ 时,$F_1(s) = 1$,故有

$$\mathcal{L}[y_1(t)] = Y_1(s) = Y_{zi}(s) + H(s) = \frac{3}{s+1}$$

当输入 $f_2(t) = u(t)$ 时,$F_2(s) = \dfrac{1}{s}$,故有

$$\mathcal{L}[y_2(t)] = Y_2(s) = Y_{zi}(s) + H(s)\frac{1}{s} = \frac{1}{s} + \frac{1}{s+1} = \frac{2s+1}{s(s+1)}$$

由以上方程可解得

$$H(s) = \frac{1}{s+1}, \quad Y_{zi}(s) = \frac{2}{s+1}$$

所以得零输入响应

$$y_{zi}(t) = \mathcal{L}^{-1}[Y_{zi}(s)] = 2e^{-t}u(t)$$

当输入 $f(t) = t \cdot u(t)$ 时,$F(s) = \dfrac{1}{s^2}$,故这时的零状态响应 $y_{zs}(t)$ 的象函数

$$Y_{zs}(s) = H(s)F(s) = \frac{1}{s^2(s+1)} = \frac{1}{s^2} - \frac{1}{s} + \frac{1}{s+1}$$

故得零状态响应

$$y_{zs}(t) = (t - 1 + e^{-t})u(t)$$

系统的全响应

$$y(t) = y_{zi}(t) + y_{zs}(t) = (t - 1 + 3e^{-t})u(t)$$

例 7 - 25　一个因果线性时不变系统,其输入 $f(t)$ 和输出 $y(t)$ 满足如下线性常系数微分方程:$\dfrac{\mathrm{d}y(t)}{\mathrm{d}t} + 3y(t) = f(t)$,求其单位冲激响应 $h(t)$.

解法一:　利用傅里叶变换法求解

令 $F(j\omega)$、$Y(j\omega)$ 分别为 $f(t)$ 和 $y(t)$ 的傅里叶变换,对方程两边进行傅里叶变换,得

$$j\omega Y(j\omega) + 3Y(j\omega) = F(j\omega)$$

根据 $H(j\omega)$ 的定义,有

$$H(j\omega) = \frac{Y(j\omega)}{F(j\omega)} = \frac{1}{j\omega + 3}$$

对上式进行傅里叶逆变换,得

$$h(t) = \mathrm{e}^{-3t}u(t)$$

解法二:　经典法求解

求单位阶跃响应 $g(t)$,有

$$\frac{\mathrm{d}g(t)}{\mathrm{d}t} + 3g(t) = 1$$

方程的解等于齐次解加特解,即

$$g(t) = g_h(t) + g_p(t)$$

特解

$$g_p(t) = \frac{1}{3}$$

特征根为 $\lambda = -3$,于是齐次解为

$$g_h(t) = c\mathrm{e}^{-3t}$$

即

$$g(t) = g_h(t) + g_p(t) = c\mathrm{e}^{-3t} + \frac{1}{3}$$

根据初始状态,

$$g(0_-) = g(0_+) = 0$$

得

$$c = -\frac{1}{3}$$

于是

$$g(t) = \left(-\frac{1}{3}\mathrm{e}^{-3t} + \frac{1}{3}\right)u(t)$$

根据单位冲激响应和单位阶跃响应的关系,求得

$$h(t) = \frac{\mathrm{d}g(t)}{\mathrm{d}t} = \mathrm{e}^{-3t}u(t)$$

解法三:　根据线性时不变系统的特性,当系统的输入 $f(t) = \mathrm{e}^{st}$ 时,响应

$$y(t) = H(s)\mathrm{e}^{st}$$

对上式求导,得

$$\frac{\mathrm{d}y(t)}{\mathrm{d}t} = H(s)s\mathrm{e}^{st}$$

将其代入方程,得

$$H(s)se^{st} + 3H(s)e^{st} = e^{st}$$

整理，得

$$H(s)(s+3) = 1$$

即

$$H(s) = \frac{1}{s+3}$$

对上式进行拉普拉斯逆变换，得单位冲激响应为

$$h(t) = e^{-3t}u(t)$$

例 7-26　已知当输入 $f(t) = e^{-t}u(t)$ 时，某线性时不变因果系统的零状态响应

$$y_f(t) = (3e^{-t} - 4e^{-2t} + e^{-3t})u(t)$$

求该系统的单位冲激响应和描述该系统的微分方程.

解：　根据传输函数的定义，有

$$H(s) = \frac{Y_f(s)}{F(s)} = \frac{2(s+4)}{(s+2)(s+3)} = \frac{4}{s+2} + \frac{-2}{s+3} = \frac{2s+8}{s^2+5s+6}$$

对上式进行拉普拉斯逆变换，得

$$h(t) = (4e^{-2t} - 2e^{-3t})u(t)$$

根据 $H(s)$ 的表达式，可写出该系统的微分方程的拉普拉斯变换为

$$s^2 Y_f(s) + 5s Y_f(s) + 6Y_f(s) = 2sF(s) + 8F(s)$$

对上式取拉普拉斯逆变换，得

$$y_f''(t) + 5y_f'(t) + 6y_f(t) = 2f'(t) + 8f(t)$$

于是，得微分方程为

$$y''(t) + 5y'(t) + 6y(t) = 2f'(t) + 8f(t)$$

例 7-27　某二阶线性时不变系统的系统函数 $H(s) = \dfrac{s^2+5}{s^2+2s+5}$，已知系统的初始状态 $y(0_-) = 0$，$y'(0_-) = -2$，输入 $f(t) = u(t)$，求系统的零输入响应、零状态响应和全响应，并确定其自由响应和强迫响应分量.

解：　根据系统函数可以写出系统的微分方程

$$y''(t) + 2y'(t) + 5y(t) = f''(t) + 5f(t)$$

对微分方程两边取单边拉普拉斯变换，得

$$s^2 Y(s) - sy(0_-) - y'(0_-) + 2sY(s) - 2y(0_-) + 5Y(s) = s^2 F(s) + 5F(s)$$

将初始状态 $y(0_-) = 0$，$y'(0_-) = -2$ 代入，并整理得

$$Y(s) = \frac{-2}{s^2+2s+5} + \frac{s^2+5}{s^2+2s+5}F(s)$$

可得系统的零输入响应为

$$y_{zi}(t) = \mathscr{L}^{-1}\left[\frac{-2}{s^2+2s+5}\right] = \mathscr{L}^{-1}\left[\frac{-2}{(s+1)^2+2^2}\right] = -e^{-t}\sin(2t)u(t)$$

将

$$F(s) = \mathscr{L}[f(t)] = \mathscr{L}[u(t)] = \frac{1}{s}$$

代入，可得零状态响应

$$y_{zs}(t) = \mathscr{L}^{-1}\left[\frac{s^2+5}{s^2+2s+5}F(s)\right] = \mathscr{L}^{-1}\left[\frac{s^2+5}{s(s^2+2s+5)}\right]$$

$$= \mathscr{L}^{-1}\left[\frac{1}{s} - \frac{2}{(s+1)^2+2^2}\right] = \left[1-\mathrm{e}^{-t}\sin(2t)\right]u(t)$$

系统的全响应为

$$y(t) = y_{zi}(t) + y_{zs}(t) = \left[1-2\mathrm{e}^{-t}\sin(2t)\right]u(t)$$

系统自由响应 $y_{自由响应}(t)$ 的象函数 $Y_{自由响应}(s)$ 的极点等于系统的特征根(固有频率). 也就是说,系统自由响应的函数形式由系统的固有频率确定. 而系统强迫响应 $y_{强迫响应}(t)$ 的象函数 $Y_{强迫响应}(s)$ 的极点就是 $F(s)$ 的极点,因而系统强迫响应的函数形式由激励函数确定. 根据分析,可得系统的自由响应分量为

$$y_{自由响应}(t) = -2\mathrm{e}^{-t}\sin(2t)u(t)$$

强迫响应分量为

$$y_{强迫响应}(t) = u(t)$$

7.4.3　电路的复频域模型

拉普拉斯变换可以将时域电路描述动态过程的常系数线性微分方程变换为复频域的代数方程,求出待求响应量的复频域函数,最后经拉普拉斯逆变换为所求解的时域响应. 应用拉普拉斯变换分析动态电路有两种方法,即变换方程和变换电路法. 前者是将描述动态电路的微分方程,经拉普拉斯变换为复频域的代数方程,在复频域求解后,逆变换为时域响应;后者是时域电路直接变换为复频域电路,即 s 域模型. 根据 s 域模型进行分析计算,得出响应量的 s 域形式,最后逆变换为时域响应. 本节主要讨论后一种方法.

研究电路问题的基本依据是描述互连各支路(或元件)电流、电压相互关系的基尔霍夫定律(KCL 和 KVL)和电路元件端电压与流经该元件电流的电压电流关系(VCR). KCL 方程描述了在任意时刻流入(或流出)任一节点电流的代数和恒等于零,即

$$\sum i(t) = 0 \tag{7-85}$$

它是各电流的一次函数(线性函数),若各电流 $i_j(t)$ 的象函数为 $I_j(s)$(称为象电流),则由线性性质有

$$\sum I(s) = 0 \tag{7-86}$$

式(7-86)表明,对任一节点,流入(或流出)该节点的象电流的代数和恒等于零.

同理,KVL 方程描述了在任意回路中,电压降(或电压升)之和恒等于零,即

$$\sum u(t) = 0 \tag{7-87}$$

它是各支路电压的一次函数,若各支路电压 $u_j(t)$ 的象函数为 $U_j(s)$(称为象电压),则由线性性质有

$$\sum U(s) = 0 \tag{7-88}$$

式(7-88)表明,在任一回路中,各支路象电压的代数和恒等于零.

对于线性时不变元件 R、L、C,若其端电压 $u(t)$ 与电流 $i(t)$ 为关联参考方向,其相应的象函数分别为 $U(s)$ 和 $I(s)$,那么由拉普拉斯变换的线性性质及微分性质、积分性质可得到它们的 s 域模型.

R、L、C 元件在时域中的电压和电流关系为

$$u_R(t) = Ri_R(t) \tag{7-89}$$

$$u_L(t) = L\frac{\mathrm{d}i_L(t)}{\mathrm{d}t} \tag{7-90}$$

$$u_C(t) = \frac{1}{C}\int_{-\infty}^{t} i_C(\tau)\mathrm{d}\tau \tag{7-91}$$

将式(7-89)至式(7-91)分别进行拉普拉斯变换,得到

$$U_R(s) = RI_R(s) \tag{7-92}$$

$$U_L(s) = sLI_L(s) - Li_L(0_-) \tag{7-93}$$

$$U_C(s) = \frac{1}{sC}I_C(s) + \frac{1}{s}u_C(0_-) \tag{7-94}$$

　　由式(7-92)至式(7-94)可见,s域中电阻端电压$U(s)$和电流$I(s)$之间的关系与时域中的关系一样呈线性关系.而电感端电压的象函数等于两项之差.根据 KVL,它是两部分电压相串联,其第一项是s域感抗sL与电流$I_L(s)$的乘积;其第二项相当于某电源的象函数$Li_L(0_-)$,可称为内部象电压源.这样,电感 L 的s域模型由感抗sL与内部象电压源$Li_L(0_-)$串联组成.电容端电压的象函数等于两项之和,其第一项是s域容抗$\frac{1}{sC}$与电流$I_C(s)$的乘积;其第二项相当于某电源的象函数$\frac{1}{s}u_C(0)$. R、L、C 元件在s域中的电压和电流关系如图7-4所示.

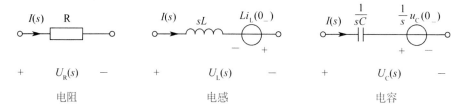

+　　　$U_R(s)$　　　−　　　　+　　　$U_L(s)$　　　−　　　　+　　　$U_C(s)$　　　−

电阻　　　　　　　　　　电感　　　　　　　　　　电容

图7-4　s域元件模型

在s域中,图7-4的模型并不是唯一的,通过对电流求解,可得

$$I_R(s) = \frac{1}{R}U_R(s) \tag{7-95}$$

$$I_L(s) = \frac{1}{sL}U_L(s) + \frac{1}{s}i_L(0) \tag{7-96}$$

$$I_C(s) = sCU_C(s) - Cu_C(0) \tag{7-97}$$

与此对应的s域元件模型如图7-5所示.

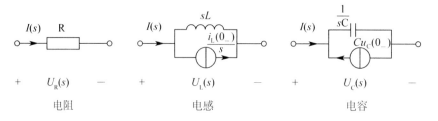

+　　　$U_R(s)$　　　−　　　　+　　　$U_L(s)$　　　−　　　　+　　　$U_C(s)$　　　−

电阻　　　　　　　　　　电感　　　　　　　　　　电容

图7-5　s域元件模型

　　由以上讨论可见,经过拉普拉斯变换,可以将时域中用微分、积分形式描述的元件端电压$u(t)$与电流$i(t)$的关系,变换为s域中用代数方程描述的$U(s)$与$I(s)$的关系,而且在s域中 KCL、KVL也成立.这样,在分析电路的各种问题时,将原电路中已知电压源、电流源都变换为相应的象函数;未知电压、电流也用其象函数表示;各电路元件都用其s域模型替代(初始状态变换为相应的内部

象电源),则可画出原电路的 s 域电路模型. 需要注意的是,在做电路的 s 域模型时,应画出其所有的内部象电源,并特别注意其参考方向.

例 7–28　如图 7–6(a)所示的电路,$u_s(t) = \mathrm{e}^{-4t}u(t)\mathrm{V}$,$u_C(0_-) = -2\mathrm{V}$,$i_L(0_-) = 0$. 试用 s 域分析法求电阻元件两端电压 $u(t)$.

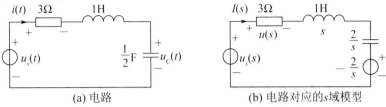

(a) 电路　　　　　　　　(b) 电路对应的 s 域模型

图 7–6　例 7–28 的电路及 s 域模型图

解：　(1) 做出 s 域模型,如图 7–6(b) 所示. 其中,电源象函数 $U_s(s) = \dfrac{1}{s+4}$；由于 $u_C(0_-) = -2\mathrm{V}$,按式(7–94),电容元件 s 域模型的附加电压源为 $\dfrac{1}{s}u_C(0) = -\dfrac{2}{s}$；又因为 $i_L(0_-) = 0$,按式 (7–93),电感元件 s 域模型的附加电压源为 $\dfrac{1}{s}i_L(0) = 0$.

(2) 列出电路的 KVL 方程

$$\left(s + 3 + \frac{2}{s}\right)I(s) = \frac{1}{s+4} + \frac{2}{s}$$

整理,得

$$(s^2 + 3s + 2)I(s) = \frac{s}{s+4} + 2$$

即

$$I(s) = \frac{3s + 8}{(s^2 + 3s + 2)(s+4)}$$

所以,电阻两端的电压象函数为

$$U(s) = 3I(s) = \frac{9s + 24}{(s^2 + 3s + 2)(s+4)} = \frac{5}{s+1} - \frac{3}{s+2} - \frac{2}{s+4}$$

(3) 对电压象函数进行拉普拉斯逆变换,得

$$u(t) = \mathscr{L}^{-1}\left[U(s)\right] = (5\mathrm{e}^{-t} - 3\mathrm{e}^{-2t} - 2\mathrm{e}^{-4t})u(t)\mathrm{V}$$

7.5　系统函数与系统特性

　　如前所述,系统函数定义为系统零状态响应的拉普拉斯变换与激励的拉普拉斯变换之比,用 $H(s)$ 表示,系统函数 $H(s)$ 只与描述系统的微分方程系数 a_i、b_i 有关,即只与系统的结构、元件参数等有关,而与外界因素(激励、初始状态等)无关. 拉普拉斯变换建立了时域函数 $h(t)$ 与 s 域函数 $H(s)$ 之间的联系. 由于 $h(t)$ 与 $H(s)$ 之间存在一定的对应关系,故可以从函数 $H(s)$ 的形式透视出 $h(t)$ 的内在性质.

　　一般在网络分析中,由于激励与响应既可以是电压,也可以是电流,因此网络函数可以是阻抗或导纳,也可以是数值比. 若激励与响应是同一端口,则网络函数称为"策动点函数" 或"驱动点函数";若激励与响应不在同一端口,就称为"转移函数" 或"传输函数". 策动点函数只可能是阻抗或导纳;而转移函数可以是阻抗、导纳或比值.

7.5.1 系统函数的零点与极点

连续时间线性时不变系统的系统函数是复变量 s 的有理分式. 它是 s 的有理多项式 $B(s)$ 与 $A(s)$ 之比, 即

$$H(s) = \frac{Y_{zs}(s)}{F(s)} = \frac{B(s)}{A(s)} = \frac{\sum\limits_{j=0}^{m} b_j s^j}{\sum\limits_{i=0}^{n} a_i s^i} \qquad (7-98)$$

式中, 系数 $a_i (i = 0, 1, \cdots, n)$, $b_j (j = 0, 1, \cdots, m)$ 均为实常数, 其中 $a_n = 1$.

$A(s)$ 与 $B(s)$ 都是 s 的有理多项式, 因而能求得多项式等于零的根. 其中, $A(s) = 0$ 的根 p_1, $p_2, \cdots, p_n$ 称为系统函数 $H(s)$ 的极点; $B(s) = 0$ 的根 $z_1, z_2, \cdots, z_m$ 称为系统函数 $H(s)$ 的零点. 这样, 将 $A(s)$ 与 $B(s)$ 分解因式后, 式 (7-98) 可写为

$$H(s) = \frac{B(s)}{A(s)} = \frac{b_m \prod\limits_{j=1}^{m}(s - z_j)}{\prod\limits_{i=1}^{n}(s - p_i)} \qquad (7-99)$$

还可按以下方式定义: 若 $\lim\limits_{s \to p_1} H(s) = \infty$, 但 $\left[(s - p_1)H(s)\right]_{s=p_1}$ 等于有限值, 则 $s = p_1$ 处有一阶极点. 若 $\left[(s - p_1)^k H(s)\right]_{s=p_1}$ 直到 $k = n$ 时才等于有限值, 则 $H(s)$ 在 $s = p_1$ 处有 n 阶极点.

极点 p_i 和零点 z_j 的值可能是实数、虚数或复数. 由于 $A(s)$ 和 $B(s)$ 的系数都是实数, 所以零点、极点若为虚数或复数, 则必共轭成对. 综上所述, $H(s)$ 的极 (零) 点有以下几种类型: 一阶实极 (零) 点, 它位于 s 平面的实轴上; 一阶共轭虚极 (零) 点, 它们位于虚轴上并且对称于实轴; 一阶共轭复极 (零) 点, 它们对称于实轴, 此外还有二阶和二阶以上的实、虚、复极 (零) 点.

由式 (7-98) 可以看出, 系统函数 $H(s)$ 一般有 n 个有限极点, m 个有限零点. 如果 $n > m$, 则当 s 沿任意方向趋于无限远, 即当 $|s| \to \infty$ 时, $\lim\limits_{|s| \to \infty} H(s) = \lim\limits_{|s| \to \infty} \frac{b_m s^m}{s^n} = 0$, 可以认为 $H(s)$ 在无穷远处有一个 $(n - m)$ 阶零点; 如果 $n < m$, 则当 $|s| \to \infty$ 时, $\lim\limits_{|s| \to \infty} H(s) = \lim\limits_{|s| \to \infty} \frac{b_m s^m}{s^n}$ 趋于无限, 可以认为 $H(s)$ 在无穷远处有一个 $(m - n)$ 阶极点. 本课程只研究 $m \leqslant n$ 的情形.

将系统函数的零、极点图绘在 s 平面中的, 用 "○" 表示零点, "×" 表示极点. 在同一位置画两个相同的符号表示为二阶, 如图 7-7 所示.

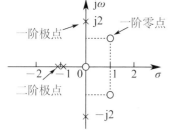

图 7-7 $H(s)$ 零、极点示意图

7.5.2 系统函数与时域特性

由于系统函数 $H(s)$ 与单位冲激响应 $h(t)$ 是一对拉普拉斯变换式, 因此, 只要知道 $H(s)$ 在 s 平面中零点、极点的分布情况, 就可预言该系统在时域方面 $h(t)$ 波形的特性. 如果把 $H(s)$ 展开部分分式, $H(s)$ 的每个极点将决定一项对应的时间函数. 具有一阶极点 $p_1, p_2, \cdots, p_n$ 的系统函数, 其单位冲激响应形式为

$$h(t) = \mathcal{L}^{-1}[H(s)] = \mathcal{L}^{-1}\left[\sum_{i=1}^{n} \frac{K_i}{s - p_i}\right] = \mathcal{L}^{-1}\left[\sum_{i=1}^{n} H_i(s)\right] = \sum_{i=1}^{n} h_i(t) = \sum_{i=1}^{n} K_i e^{p_i t} \qquad (7-100)$$

这里, p_i 可以是实数, 也可以是成对的共轭复数形式. 各项相应的幅值由系数 K_i 决定, 而 K_i 与零点分布情况有关.

　　下面分析系统函数的极点与原函数波形的对应关系. 连续系统的系统函数 $H(s)$ 的极点,按其在 s 平面上的位置可分为:左半开平面(不含虚轴的左半开平面)、虚轴和右半开平面三类.

　　(1) 极点在左半开平面,即极点有负实极点和共轭复极点(其实部为负).

　　若系统函数有负实单极点 $p = -\alpha(\alpha > 0)$,则 $H(s)$ 有因子 $\dfrac{k}{s+\alpha}$,其所对应的单位冲激响应函数 $h(t) = k\mathrm{e}^{-\alpha t}u(t)$,单位冲激响应呈指数衰减,如图 7-8 所示.

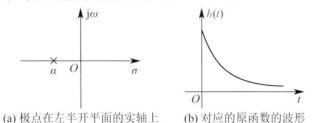

(a) 极点在左半开平面的实轴上　　　(b) 对应的原函数的波形

图 7-8　极点在左半开平面的实轴上

　　若系统函数有一对共轭复极点,$p_{1,2} = -\alpha \pm \mathrm{j}\beta$,则 $H(s)$ 中有因子 $\dfrac{k}{(s+\alpha)^2+\beta^2}$,其对应的响应函数为 $h(t) = k\mathrm{e}^{-\alpha t}\cos(\beta t + \theta)u(t)$,式中,$\theta$ 为常数. 响应呈指数衰减振荡,如图 7-9 所示.

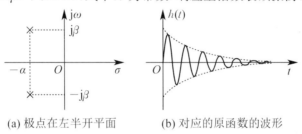

(a) 极点在左半开平面　　　　　(b) 对应的原函数的波形

图 7-9　极点在左半开平面

　　如果 $H(s)$ 在左半开平面有 r 重极点,则 $H(s)$ 中有因子 $\dfrac{1}{(s+\alpha)^r}$ 或 $\dfrac{1}{[(s+\alpha)^2+\beta^2]^r}$,它们所对应的响应函数分别为 $h(t) = k_i t^i \mathrm{e}^{-\alpha t}u(t)$ 或 $h(t) = k_i t^i \mathrm{e}^{-\alpha t}\cos(\beta t + \theta_i)u(t)(i = 0,1,2,\cdots,r-1)$,式中,$k_i$、$\theta_i$ 为常数. 当 $t \to \infty$ 时,它们均趋于零.

　　(2) 极点在虚轴上,即极点的实部为零.

　　若系统函数在虚轴上有单极点 $p = 0$,则 $H(s)$ 有因子 $\dfrac{k}{s}$,其所对应的单位冲激响应函数 $h(t) = ku(t)$,单位冲激响应的幅度不随时间变化,如图 7-10 所示.

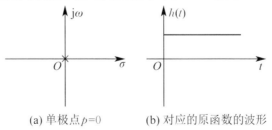

(a) 单极点 $p=0$　　　　　(b) 对应的原函数的波形

图 7-10　系统函数在虚轴上有单极点

　　若系统函数在虚轴上有一对共轭极点,$p_{1,2} = \pm \mathrm{j}\beta$,则 $H(s)$ 中有因子 $\dfrac{k}{s^2+\beta^2}$,其对应的响应函数为 $h(t) = k\cos(\beta t + \theta)u(t)$,式中,$\theta$ 为常数. 响应为等幅振荡,如图 7-11 所示. 如果 $H(s)$ 在虚

轴上有 r 重极点，相应于 $H(s)$ 中有因子 $\dfrac{1}{s^r}$ 或 $\dfrac{1}{(s^2+\beta^2)^r}$，它们所对应的响应函数分别为 $h(t)=k_i t^i u(t)$ 或 $h(t)=k_i t^i \cos(\beta t+\theta_i)u(t)(i=0,1,2,\cdots,r-1)$，式中，$k_i$、$\theta_i$ 为常数. 当 $t \to \infty$ 时，它们的幅度都随 t 的增加而增加.

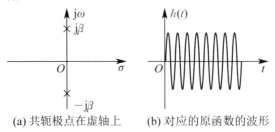

(a) 共轭极点在虚轴上   (b) 对应的原函数的波形

图 7 - 11   系统函数在虚轴上有共轭极点

（3）极点在右半开平面，即极点有正实极点和共轭复极点（其实部为正）.

若系统函数有正实单极点 $p=\alpha(\alpha>0)$，则 $H(s)$ 有因子 $\dfrac{k}{s-\alpha}$，其所对应的单位冲激响应函数 $h(t)=k\mathrm{e}^{\alpha t}u(t)$，单位冲激响应呈指数增加，如图 7 - 12 所示.

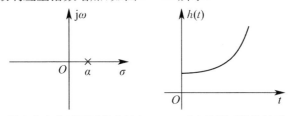

(a) 极点在右半开平面的实轴上   (b) 对应的原函数的波形

图 7 - 12   极点在右半开平面的实轴上

若系统函数有一对共轭复极点，$p_{1,2}=\alpha\pm\mathrm{j}\beta$，则 $H(s)$ 中有因子 $\dfrac{k}{(s-\alpha)^2+\beta^2}$，其对应的单位响应函数为 $h(t)=k\mathrm{e}^{\alpha t}\cos(\beta t+\theta)u(t)$，式中，$\theta$ 为常数. 响应幅度随 t 的增加呈指数增加，如图 7 - 13 所示.

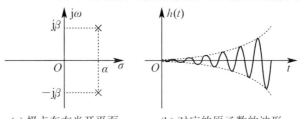

(a) 极点在右半开平面   (b) 对应的原函数的波形

图 7 - 13   极点在右半开平面

如果 $H(s)$ 在右半开平面有 r 重极点，则 $H(s)$ 中有因子 $\dfrac{1}{(s-\alpha)^r}$ 或 $\dfrac{1}{[(s-\alpha)^2+\beta^2]^r}$，它们所对应的响应函数分别为 $h(t)=k_i t^i \mathrm{e}^{\alpha t}u(t)$ 或 $h(t)=k_i t^i \mathrm{e}^{\alpha t}\cos(\beta t+\theta_i)u(t)(i=0,1,2,\cdots,r-1)$，式中 k_i、θ_i 为常数. 当 $t \to \infty$ 时，响应的幅度随 t 的增加呈增大趋势.

从上面的结论看出，若 $H(s)$ 的极点位于左半开平面，则 $h(t)$ 的波形为衰减形式；若 $H(s)$ 的极点位于右半开平面，则 $h(t)$ 的波形为增长；$H(s)$ 的极点位于虚轴上的一阶极点对应的 $h(t)$ 呈等幅振荡或阶跃；而虚轴上的二阶极点使 $h(t)$ 呈增长形式. 在系统理论研究中，按照 $h(t)$ 呈现衰减或增长的两种情况，将系统划分为稳定系统与非稳定系统两大类型. 显然，根据 $H(s)$ 的极点出现在左半或右半开平面即可判断系统是否稳定.

以上分析了 $H(s)$ 极点分布与时域函数的对应关系. 至于 $H(s)$ 零点分布的情况则只影响到时域函数的幅度和相位; s 平面中零点变动对于 t 平面波形的形式没有影响. 例如,图 7-14 所示为 $H(s)$ 零点、极点分布以及 $h(t)$ 波形,其表示式可以写作

$$\mathscr{L}^{-1}\left[\frac{(s+\alpha)}{(s+\alpha)^2+\omega^2}\right]=\mathrm{e}^{-\alpha t}\cos(\omega t) \tag{7-101}$$

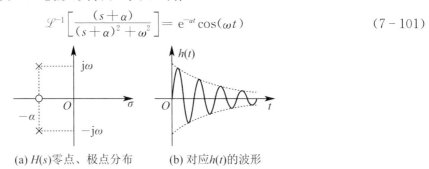

(a) $H(s)$零点、极点分布　　　　(b) 对应$h(t)$的波形

图 7-14　$H(s)$ 零点、极点分布以及 $h(t)$ 波形

假定保持极点不变,只移动零点 a 的位置,那么 $h(t)$ 波形将仍呈衰减振荡形式,振荡频率保持不变,只是幅度和相位有变化. 例如,将零点移至原点则有

$$\mathscr{L}^{-1}\left[\frac{s}{(s+\alpha)^2+\omega^2}\right]=\mathrm{e}^{-\alpha t}\left[\cos(\omega t)-\frac{\alpha}{\omega}\sin(\omega t)\right] \tag{7-102}$$

7.5.3　系统函数与频响特性

所谓"频响特性"是指系统在正弦信号激励之下稳态响应随信号频率的变化情况. 它包括幅度随频率的响应以及相位随频率的响应两个方面.

设系统函数用 $H(s)$ 表示,正弦激励源 $e(t)$ 为

$$e(t)=E_m\sin(\omega_0 t) \tag{7-103}$$

其变换式为

$$E(s)=\frac{E_m\omega_0}{s^2+\omega_0^2} \tag{7-104}$$

于是,系统响应的变换式 $R(s)$ 为

$$R(s)=E(s)H(s)=\frac{E_m\omega_0}{s^2+\omega_0^2}H(s)$$

$$=\frac{K_{-\mathrm{j}\omega_0}}{s+\mathrm{j}\omega_0}+\frac{K_{\mathrm{j}\omega_0}}{s-\mathrm{j}\omega_0}+\frac{K_1}{s-p_1}+\frac{K_2}{s-p_2}+\cdots+\frac{K_n}{s-p_n} \tag{7-105}$$

式中,$p_1,p_2,\cdots,p_n$ 是 $H(s)$ 的极点,$K_1,K_2,\cdots,K_n$ 为部分分式分解各项的系数,而

$$K_{-\mathrm{j}\omega_0}=(s+\mathrm{j}\omega_0)R(s)\Big|_{s=-\mathrm{j}\omega_0}=\frac{E_m\omega_0 H(-\mathrm{j}\omega_0)}{-2\mathrm{j}\omega_0}=\frac{E_m H_0\,\mathrm{e}^{-\mathrm{j}\varphi_0}}{-2\mathrm{j}}$$

$$K_{\mathrm{j}\omega_0}=(s-\mathrm{j}\omega_0)R(s)\Big|_{s=\mathrm{j}\omega_0}=\frac{E_m\omega_0 H(\mathrm{j}\omega_0)}{2\mathrm{j}\omega_0}=\frac{E_m H_0\,\mathrm{e}^{\mathrm{j}\varphi_0}}{2\mathrm{j}}$$

其中,$H(\mathrm{j}\omega_0)=H_0\,\mathrm{e}^{\mathrm{j}\varphi_0}$,$H(-\mathrm{j}\omega_0)=H_0\,\mathrm{e}^{-\mathrm{j}\varphi_0}$.

因此,可求得

$$\frac{K_{-\mathrm{j}\omega_0}}{s+\mathrm{j}\omega_0}+\frac{K_{\mathrm{j}\omega_0}}{s-\mathrm{j}\omega_0}=\frac{E_m H_0}{2\mathrm{j}}\left(-\frac{\mathrm{e}^{-\mathrm{j}\varphi_0}}{s+\mathrm{j}\omega_0}+\frac{\mathrm{e}^{\mathrm{j}\varphi_0}}{s-\mathrm{j}\omega_0}\right) \tag{7-106}$$

式(7-105)前两项的逆变换为

$$\mathscr{L}^{-1}\left[\frac{K_{-j\omega_0}}{s+j\omega_0}+\frac{K_{j\omega_0}}{s-j\omega_0}\right]=\frac{E_m H_0}{2j}(-e^{-j\varphi_0}e^{-j\omega_0 t}+e^{j\varphi_0}e^{j\omega_0 t})$$

$$=E_m H_0 \sin(\omega_0 t+\varphi_0) \tag{7-107}$$

系统的完全响应是

$$r(t)=\mathscr{L}^{-1}[R(s)]=E_m H_0 \sin(\omega_0 t+\varphi_0)+K_1 e^{p_1 t}+K_2 e^{p_2 t}+\cdots+K_n e^{p_n t} \tag{7-108}$$

对于稳定系统,其固有频率 $p_1,p_2,\cdots,p_n$ 的实部小于零,式(7-108)中各指数项均为指数衰减函数,当 t 趋于无穷大时,它们都趋于零,所以稳态响应 $r_{ss}(t)$ 就是式中的第一项

$$r_{ss}(t)=E_m H_0 \sin(\omega_0 t+\varphi_0) \tag{7-109}$$

可见,在频率为 ω_0 的正弦信号激励下,系统的稳态响应仍为同频率的正弦信号,但幅度乘以系数 H_0,相位移动 φ_0,H_0 和 φ_0 由系统函数在 ω_0 处的取值所决定.

$$H(s)\Big|_{s=j\omega_0}=H(j\omega_0)=H_0 e^{j\varphi_0} \tag{7-110}$$

当正弦激励信号的频率 ω 改变时,将变量 ω 代入 $H(s)$ 之中,即可得到频率响应特性

$$H(s)\Big|_{s=j\omega}=H(j\omega)=|H(j\omega)|e^{j\varphi(\omega)} \tag{7-111}$$

式中,$|H(j\omega)|$ 是幅频响应特性,φ 是相频响应特性.

根据系统函数 $H(s)$ 在 s 平面的零点、极点分布可以绘制频响特性曲线,包括幅频特性 $|H(j\omega)|$ 曲线和相频特性 $\varphi(\omega)$ 曲线.假设系统函数 $H(s)$ 的表示式为

$$H(s)=\frac{b_m \prod_{i=1}^{m}(s-z_i)}{\prod_{i=1}^{n}(s-p_i)} \tag{7-112}$$

取 $s=j\omega$,即在 s 平面中的虚轴移动,得到

$$H(j\omega)=\frac{b_m \prod_{i=1}^{m}(j\omega-z_i)}{\prod_{i=1}^{n}(j\omega-p_i)} \tag{7-113}$$

在 s 平面,任意复数都可用有向线段表示,可称为矢(向)量. 例如,某极点 p_i 可看作自原点指向该极点 p_i 的矢量,如图7-15所示.该复数的模 $|p_i|$ 是矢量的长度,其辐角是自实轴逆时针方向至该矢量的夹角. 变量 $j\omega$ 也可看作矢量. 这样,复数量 $j\omega-p_i$ 是矢量 $j\omega$ 与矢量 p_i 的差矢量,如图7-15所示. 当 ω 变化时,差矢量 $j\omega-p_i$ 也将随之变化.

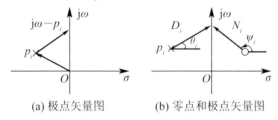

(a) 极点矢量图   (b) 零点和极点矢量图

图7-15　零点、极点矢量图

对于任意零点 z_i 和极点 p_i,相应的矢量可表示为

$$j\omega-z_i=N_i e^{j\psi_i} \tag{7-114}$$

$$j\omega-p_i=D_i e^{j\theta_i} \tag{7-115}$$

式中,N_i、D_i 分别表示两矢量的模,ψ_i、θ_i 则分别表示它们的辐角. 于是,式(7-113)可以写为

$$H(\mathrm{j}\omega) = \frac{b_m N_1 \mathrm{e}^{\mathrm{j}\psi_1} N_2 \mathrm{e}^{\mathrm{j}\psi_2} \cdots N_m \mathrm{e}^{\mathrm{j}\psi_m}}{D_1 \mathrm{e}^{\mathrm{j}\theta_1} D_2 \mathrm{e}^{\mathrm{j}\theta_2} \cdots D_n \mathrm{e}^{\mathrm{j}\theta_n}} = |H(\mathrm{j}\omega)| \mathrm{e}^{\mathrm{j}\varphi(\omega)} \tag{7-116}$$

式中,幅频响应为

$$|H(\mathrm{j}\omega)| = \frac{b_m N_1 N_2 \cdots N_m}{D_1 D_2 \cdots D_n} \tag{7-117}$$

相频响应为

$$\varphi(\omega) = (\psi_1 + \psi_2 + \cdots + \psi_m) - (\theta_1 + \theta_2 + \cdots + \theta_n) \tag{7-118}$$

当 ω 沿虚轴移动时,各复数因子(矢量)的模和辐角都随之改变,于是得出幅频特性曲线和相频特性曲线.

7.6　全通函数与最小相移函数

7.6.1　全通函数

如果一个系统函数的极点位于左半开平面,零点位于右半开平面,而且零点与极点对于虚轴互为镜像,那么,这种系统函数称为全通函数,此系统则称全通系统或全通网络.所谓全通是指它的幅频特性为常数,对于全部频率的正弦信号都能按同样的幅度传输系数通过.

设有二阶系统,其系统函数在左半开平面有一对共轭极点 $p_{1,2} = -\alpha \pm \mathrm{j}\beta$,它在右半开平面有一对共轭零点 $z_{1,2} = \alpha \pm \mathrm{j}\beta$,那么系统函数的零点和极点对于 $\mathrm{j}\omega$ 轴是镜像对称的,如图 7-16(a) 所示.其系统函数可写为

$$H(s) = \frac{(s - z_1)(s - z_2)}{(s - p_1)(s - p_2)} \tag{7-119}$$

其频率特性为

$$H(\mathrm{j}\omega) = \frac{(\mathrm{j}\omega - z_1)(\mathrm{j}\omega - z_2)}{(\mathrm{j}\omega - p_1)(\mathrm{j}\omega - p_2)} = \frac{B_1 B_2}{A_1 A_2} \mathrm{e}^{\mathrm{j}(\psi_1 + \psi_2 - \theta_1 - \theta_2)} \tag{7-120}$$

由图 7-16(a) 可见,对于所有的 ω 有 $A_1 = B_1, A_2 = B_2$,所以幅频特性为

$$H(\mathrm{j}\omega) = 1 \tag{7-121}$$

其相频特性为

$$\varphi(\omega) = \psi_1 + \psi_2 - \theta_1 - \theta_2 = 2\pi - 2\left[\arctan\left(\frac{\omega + \beta}{\alpha}\right) + \arctan\left(\frac{\omega - \beta}{\alpha}\right)\right] \tag{7-122}$$

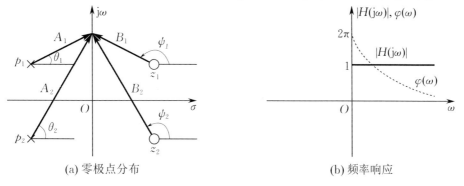

(a) 零极点分布　　　　　　　　　　(b) 频率响应

图 7-16　二阶全通函数的频率响应

由图 7-16 可见,当 $\omega = 0$ 时,$\theta_1 + \theta_2 = 0, \psi_1 + \psi_2 = 2\pi$,故 $\varphi(\omega) = 2\pi$;当 ω 趋近于无穷大时,$\psi_1 = \psi_2 = \theta_1 = \theta_2 = \frac{\pi}{2}$,故 $\varphi(\omega) \to 0$.其幅频和相频响应如图 7-16(b) 所示.

从以上分析可以看出,全通网络函数的幅频特性虽为常数,而相频特性却不受约束,因而,全通网络可以保证不影响待传送信号的幅度频谱特性,只改变信号的相位频谱特性,在传输系统中常用来进行相位校正,例如,作相位均衡器或移相器.

7.6.2 最小相移函数

前面已经讲过,为使系统稳定,系统函数的极点必须位于左半开平面.本节研究系统函数的零点对系统的影响.

假设有一系统函数 $H_a(s)$,它有两个极点 p_1 和 p_2,两个零点 z_1 和 z_2,它们都在左半开平面,其零点、极点分布如图 7-17(a) 所示.系统函数 $H_a(s)$ 可以写为

$$H_a(s) = \frac{(s-z_1)(s-z_2)}{(s-p_1)(s-p_2)} = \frac{(s-z_1)(s-z_1^*)}{(s-p_1)(s-p_1^*)} \tag{7-123}$$

另一系统函数 $H_b(s)$,它的极点与 $H_a(s)$ 相同,为 p_1 和 p_2,它的零点在右半开平面为 $z_3 = -z_1$ 和 $z_4 = -z_1^*$.其零点、极点分布如图 7-17(b) 所示.系统函数 $H_b(s)$ 可以写为

$$H_b(s) = \frac{(s-z_3)(s-z_4)}{(s-p_1)(s-p_2)} = \frac{(s+z_1)(s+z_1^*)}{(s-p_1)(s-p_1^*)} \tag{7-124}$$

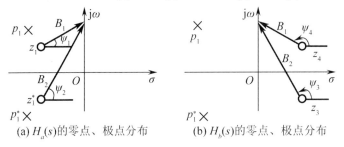

(a) $H_a(s)$的零点、极点分布　　　(b) $H_b(s)$的零点、极点分布

图 7-17　最小相移系统

由于 $H_a(s)$ 与 $H_b(s)$ 的极点相同,故它们在 s 平面上对应的矢量也相同,由于它们的零点镜像对称于 $j\omega$ 轴,它们对应的矢量的模也相同,因此 $H_a(s)$ 与 $H_b(s)$ 的幅频特性完全相同.

由图 7-17 可知,$H_a(j\omega)$ 与 $H_b(j\omega)$ 的相频特性分别为

$$\varphi_a(\omega) = (\psi_1 + \psi_2) - (\theta_1 + \theta_2) \tag{7-125}$$

$$\varphi_b(\omega) = (\pi - \psi_1 + \pi - \psi_2) - (\theta_1 + \theta_2) \tag{7-126}$$

两者的差为

$$\varphi_b(\omega) - \varphi_a(\omega) = 2\pi - 2(\psi_1 + \psi_2) \tag{7-127}$$

当 ω 由 0 增加到无穷大时,$(\psi_1 + \psi_2)$ 从 0 增加到 π,因此,对于任意角频率

$$\varphi_b(\omega) - \varphi_a(\omega) = 2\pi - 2(\psi_1 + \psi_2) \geqslant 0 \tag{7-128}$$

也就是说,对于任意角频率 $0 \leqslant \omega < \infty$,有

$$\varphi_b(\omega) \geqslant \varphi_a(\omega) \tag{7-129}$$

式(7-129) 表明,对于具有相同幅频特性的系统函数而言,零点位于左半开平面的系统函数,其相频特性 $\varphi(\omega)$ 最小,故称为最小相移函数.考虑到由纯电抗元件组成的电路,其网络函数的零点可能在虚轴上,也可定义如下:右半开平面没有零点的系统函数称为最小相移函数,相应的网络称为最小相移网络.

如果系统函数在右半开平面有零点,则称为非最小相移函数.例如

$$H_b(s) = \frac{(s-z_3)(s-z_4)}{(s-p_1)(s-p_2)} = \frac{(s+z_1)(s+z_1^*)}{(s-p_1)(s-p_1^*)}$$

若用$(s-z_1)(s-z_1^*)$同时乘上式的分子和分母,得

$$H_b(s) = \frac{(s+z_1)(s+z_1^*)}{(s-p_1)(s-p_1^*)}\frac{(s-z_1)(s-z_1^*)}{(s-z_1)(s-z_1^*)}$$

$$= H_a(s)\frac{(s+z_1)(s+z_1^*)}{(s-z_1)(s-z_1^*)} = H_a(s)H_c(s)$$

式中,$H_a(s)$是最小相移系统,而

$$H_c(s) = \frac{(s+z_1)(s+z_1^*)}{(s-z_1)(s-z_1^*)}$$

是全通函数. 由此可知,任意非最小相移函数都可表示为最小相移函数与全通函数的乘积. 即

$$\underbrace{H_b(s)}_{\text{非最小相移函数}} = \underbrace{H_a(s)}_{\text{最小相移函数}} \cdot \underbrace{H_c(s)}_{\text{全通函数}}$$

7.7　系统的因果性与稳定性

7.7.1　系统的因果性

连续因果系统指的是,系统的零状态响应 $y_{zs}(t)$ 不出现于激励 $f(t)$ 之前的系统. 也就是说,对于 $t=0$ 接入的任意激励 $f(t)$,即对于任意的

$$f(t) = 0, \quad t < 0 \tag{7-130}$$

如果系统的零状态响应有

$$y_{zs}(t) = 0, \quad t < 0 \tag{7-131}$$

就称该系统为因果系统,否则称为非因果系统.

连续因果系统的充分必要条件是:单位冲激响应

$$h(t) = 0, \quad t < 0 \tag{7-132}$$

或者,系统函数 $H(s)$ 的收敛域为

$$\mathrm{Re}(s) > \sigma_0 \tag{7-133}$$

即其收敛域为收敛坐标 σ_0 以右的半开平面,换言之,$H(s)$ 的极点都在收敛轴 $\mathrm{Re}(s) = \sigma_0$ 的左边.

7.7.2　系统的稳定性

稳定性是系统自身的性质之一,系统是否稳定与激励信号的情况无关. 系统的单位冲激响应 $h(t)$ 或系统函数 $H(s)$ 集中表征了系统的本性,当然,它们也反映了系统是否稳定. 判断系统是否稳定,可从时域或 s 域两个方面进行. 对于因果系统,观察在时间 t 趋于无限大时,$h(t)$ 是增长还是趋于有限值或者消失,这样可以确定系统的稳定性. 研究 $H(s)$ 在 s 平面中极点分布的位置,也可很方便地给出有关稳定性的结论. 从稳定性考虑,因果系统可划分为稳定系统、不稳定系统、临界稳定(边界稳定)系统三种情况.

(1) 稳定系统

如果 $H(s)$ 全部极点位于 s 左半开平面(不包括虚轴),则可以满足

$$\lim_{t \to \infty}[h(t)] = 0 \tag{7-134}$$

系统是稳定的.

（2）不稳定系统

如果 $H(s)$ 的极点位于 s 右半开平面,或在虚轴上具有二阶以上的极点,则在足够长时间以后,$h(t)$ 仍继续增长,系统是不稳定的.

（3）临界稳定系统

如果 $H(s)$ 的极点位于 s 平面虚轴上,且只有一阶,则在足够长时间以后,$h(t)$ 趋于一个非零的数值或形成一个等幅振荡. 此时系统处于上述两种类型的临界情况.

稳定系统的另一种定义方式如下:

一个连续系统,如果对任意的有界输入,其零状态响应也是有界的,则称该系统是有界输入-有界输出(BIBO)稳定系统. 也就是说,设 M_f、M_y 为正实常数,如果系统对于所有的激励

$$|f(t)| \leqslant M_f \tag{7-135}$$

其零状态响应为

$$y_{zs}(t) \leqslant M_y \tag{7-136}$$

则称该系统是稳定的.

连续系统是稳定系统的充分必要条件为

$$\int_{-\infty}^{\infty} |h(t)| \, \mathrm{d}t \leqslant M \tag{7-137}$$

式中,M 为正常数. 若系统的单位冲激响应是绝对可积的,则该系统是稳定的.

如果系统是因果的,显然稳定性的充要条件可简化为

$$\int_0^{\infty} |h(t)| \, \mathrm{d}t \leqslant M \tag{7-138}$$

对于既是稳定的又是因果的连续系统,其系统函数 $H(s)$ 的极点都在 s 平面的左半开平面. 其逆也成立,即若 $H(s)$ 的极点均在左半开平面,则该系统必是稳定的因果系统.

对于因果系统,从 BIBO 稳定性定义考虑,与 $H(s)$ 的极点分布来判断稳定性具有统一的结果,仅在类型划分方面略有差异. 当 $H(s)$ 的极点位于左半开平面时,$h(t)$ 绝对可积,系统稳定. 而当 $H(s)$ 极点位于右半开平面或在虚轴具有二阶以上极点时,$h(t)$ 不满足绝对可积条件,系统不稳定. 当 $H(s)$ 极点位于虚轴且只有一阶时称为临界稳定系统,$h(t)$ 处于不满足绝对可积的临界状况,从 BIBO 稳定性划分来看,由于未规定临界稳定类型,因而这种情况可属于不稳定范围.

例 7-29 如图 7-18 所示的线性反馈系统,子系统的系统函数为 $G(s) = \dfrac{1}{(s-1)(s+2)}$,当常数 k 满足什么条件时,系统是稳定的?

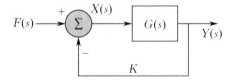

图 7-18 线性反馈系统

解: 如图 7-18 所示,加法器输出端的信号为

$$X(s) = -KY(s) + F(s)$$

输出信号为

$$Y(s) = G(s)X(s) = -KG(s)Y(s) + G(s)F(s)$$

可得反馈系统的系统函数为

$$H(s) = \frac{Y(s)}{F(s)} = \frac{G(s)}{1 + KG(s)} = \frac{1}{(s-1)(s+2) + K} = \frac{1}{s^2 + s - 2 + K}$$

其极点为

$$p_{1,2} = \frac{-1}{2} \pm \sqrt{\frac{9}{4} - K}$$

为使极点均在左半开平面,有两种情况:

(1) $\frac{9}{4} - K \geqslant 0$ 且 $\frac{-1}{2} + \sqrt{\frac{9}{4} - K} < 0$,得 $K > 2$;

(2) $\frac{9}{4} - K \leqslant 0$,得 $K \geqslant \frac{9}{4}$.

因此,当 $K > 2$ 时,系统稳定.

7.8　拉普拉斯变换与傅里叶变换

单边拉普拉斯变换与傅里叶变换的定义分别为

$$F(s) = \int_0^\infty f(t) \mathrm{e}^{-st} \mathrm{d}t, \quad \mathrm{Re}[s] > \sigma_0 \tag{7-139}$$

$$F(\mathrm{j}\omega) = \int_{-\infty}^\infty f(t) \mathrm{e}^{-\mathrm{j}\omega t} \mathrm{d}t \tag{7-140}$$

由于单边拉普拉斯变换中的信号 $f(t)$ 是因果信号,即当 $t < 0$ 时,$f(t) = 0$,因而只能研究因果信号的傅里叶变换与其拉普拉斯变换的关系.

设拉普拉斯变换的收敛域为 $\mathrm{Re}[s] > \sigma_0$,依据收敛坐标 σ_0 的值可分为以下 3 种情况.

(1) $\sigma_0 > 0$

如果 $f(t)$ 的象函数 $F(s)$ 的收敛坐标 $\sigma_0 > 0$,则其收敛域在虚轴以右,因而在 $s = \mathrm{j}\omega$ 处,即在虚轴上,式(7-139)不收敛.在这种情况下,函数 $f(t)$ 的傅里叶变换不存在.例如,函数 $f(t) = \mathrm{e}^{\alpha t} u(t)(\alpha > 0)$,其收敛域为 $\mathrm{Re}[s] > \alpha$.

(2) $\sigma_0 < 0$

如果象函数 $F(s)$ 的收敛坐标 $\sigma_0 < 0$,则其收敛坐标在虚轴以左,在这种情况下,式(7-139)在虚轴上也收敛.因而,在式(7-139)中,令 $s = \mathrm{j}\omega$,就得到相应的傅里叶变换.所以,若收敛坐标 $\sigma_0 < 0$,则因果函数 $f(t)$ 的傅里叶变换

$$F(\mathrm{j}\omega) = F(s)\big|_{s=\mathrm{j}\omega} \tag{7-141}$$

例如 $f(t) = \mathrm{e}^{-\alpha t} u(t)(\alpha > 0)$,其拉普拉斯变换为

$$F(s) = \frac{1}{s + \alpha}, \quad \mathrm{Re}[s] > -\alpha$$

其傅里叶变换为

$$F(\mathrm{j}\omega) = F(s)\big|_{s=\mathrm{j}\omega} = \frac{1}{\mathrm{j}\omega + \alpha}$$

(3) $\sigma_0 = 0$

如果象函数 $F(s)$ 的收敛坐标 $\sigma_0 = 0$,那么式(7-139)在虚轴上不收敛,因此不能直接利用式(7-141)求得其傅里叶变换.在这种情况下,函数具有拉普拉斯变换,而其傅里叶变换也可以存在,但不能简单地将拉普拉斯变换中的 s 代替 $\mathrm{j}\omega$ 求傅里叶变换.在它的傅里叶变换中将包括奇异函数项,例如,对于单位阶跃函数有

$$\mathscr{L}[u(t)] = \frac{1}{s}, \quad \mathrm{Re}[s] > 0 \tag{7-142}$$

$$\mathscr{F}[u(t)] = \frac{1}{\mathrm{j}\omega} + \pi\delta(\omega) \tag{7-143}$$

下面导出收敛边界位于虚轴时拉普拉斯变换与傅里叶变换联系的一般关系式. 假设函数 $f(t)$ 的象函数 $F(s)$ 的收敛坐标 $\sigma_0 = 0$，那么它必然在虚轴上有极点，即 $F(s)$ 的分母多项式 $A(s) = 0$ 必有虚根. 设 $A(s) = 0$ 有 n 个虚根(单根)$\mathrm{j}\omega_1, \mathrm{j}\omega_2, \cdots, \mathrm{j}\omega_n$，将 $F(s)$ 展开成部分分式，并把它分为两部分，其中令极点在左半开平面的部分为 $F_a(s)$. 这样，象函数 $F(s)$ 可以写为

$$F(s) = F_a(s) + \sum_{i=1}^{n} \frac{k_i}{s - \mathrm{j}\omega_i} \tag{7-144}$$

如令 $\mathscr{L}^{-1}[F_a(s)] = f_a(t)$，则式(7-144)的拉普拉斯逆变换为

$$f(t) = f_a(t) + \sum_{i=1}^{n} k_i \mathrm{e}^{\mathrm{j}\omega_i t} u(t) \tag{7-145}$$

求式(7-145)的傅里叶变换可得

$$\begin{aligned}
\mathscr{F}[f(t)] &= F_a(\mathrm{j}\omega) + \mathscr{F}\Big[\sum_{i=1}^{n} k_i \mathrm{e}^{\mathrm{j}\omega_i t} u(t)\Big] \\
&= F_a(\mathrm{j}\omega) + \sum_{i=1}^{n} k_i \Big\{\delta(\omega - \omega_i) * \Big[\pi\delta(\omega) + \frac{1}{\mathrm{j}\omega}\Big]\Big\} \\
&= F_a(\mathrm{j}\omega) + \sum_{i=1}^{n} \frac{k_i}{\mathrm{j}(\omega - \omega_i)} + \sum_{i=1}^{n} k_i \pi\delta(\omega - \omega_i) \tag{7-146}
\end{aligned}$$

在式(7-144)中，令 $s = \mathrm{j}\omega$，得

$$F(s)\big|_{s=\mathrm{j}\omega} = F_a(\mathrm{j}\omega) + \sum_{i=1}^{n} \frac{k_i}{\mathrm{j}(\omega - \omega_i)} \tag{7-147}$$

比较式(7-146)和式(7-147)，得

$$\mathscr{F}[f(t)] = F(s)\big|_{s=\mathrm{j}\omega} + \sum_{i=1}^{n} k_i \pi\delta(\omega - \omega_i) \tag{7-148}$$

即 $F(s)$ 的傅里叶变换包括两部分，第一部分是将 $F(s)$ 中的 s 以 $\mathrm{j}\omega$ 代入，第二部分为一系列冲激函数之和.

如果 $F(s)$ 具有 $\mathrm{j}\omega$ 轴上的多重极点，对应的傅里叶变换式还可能出现冲激函数的各阶导数项. 若

$$F(s) = F_a(s) + \frac{k_{11}}{(s - \mathrm{j}\omega_0)^m} + \frac{k_{12}}{(s - \mathrm{j}\omega_0)^{m-1}} + \cdots + \frac{k_{1m}}{s - \mathrm{j}\omega_0} \tag{7-149}$$

式中 $F_a(s)$ 的极点位于 s 左半开平面，在虚轴上有 m 重的极点 ω_0，k_0 为系数. 此时，可求得

$$\mathscr{F}[f(t)] = F(s)\big|_{s=\mathrm{j}\omega} + \frac{k_{11}\pi\mathrm{j}^{m-1}}{(m-1)!}\delta^{(m-1)}(\omega - \omega_0) + \frac{k_{12}\pi\mathrm{j}^{m-2}}{(m-2)!}\delta^{(m-2)}(\omega - \omega_0) + \cdots + k_{1m}\pi\delta(\omega - \omega_0)$$

$$\tag{7-150}$$

式中，$\delta^{(m-1)}(\omega - \omega_0)$ 为 $\delta(\omega - \omega_0)$ 求 $(m-1)$ 阶导数.

例 7-30　求 $f(t) = \sin(\omega_0 t)u(t)$ 的拉普拉斯变换和傅里叶变换.

解：
$$\mathscr{L}[\sin(\omega_0 t)u(t)] = \frac{\omega_0}{s^2 + \omega_0^2} = \frac{\frac{1}{2}\mathrm{j}}{s + \mathrm{j}\omega_0} + \frac{-\frac{1}{2}\mathrm{j}}{s - \mathrm{j}\omega_0}$$

利用式(7-148)可得

$$\mathscr{F}[\sin(\omega_0 t)u(t)] = \frac{\omega_0}{\omega_0^2 - \omega^2} + \mathrm{j}\frac{\pi}{2}[\delta(\omega + \omega_0) - \delta(\omega - \omega_0)]$$

例 7 - 31　求 $f(t) = tu(t)$ 的拉普拉斯变换和傅里叶变换.

解：
$$\mathscr{L}[tu(t)] = \frac{1}{s^2}$$

利用式 (7 - 150) 可得

$$\mathscr{F}[tu(t)] = \frac{1}{-\omega^2} + \mathrm{j}\pi\delta'(\omega)$$

7.9　用 Matlab 进行连续时间系统的复频域分析

7.9.1　拉普拉斯变换与拉普拉斯逆变换

对于不满足狄里赫利条件中绝对可积条件的时域函数,它们不存在傅里叶变换. 为此引入收敛因子 $\mathrm{e}^{-\sigma t}$,其中 σ 为任意实数,使得 $f(t)\mathrm{e}^{-\sigma t}$ 满足绝对可积条件,从而求 $f(t)\mathrm{e}^{-\sigma t}$ 的傅里叶变换,即把频域扩展到复频域.

连续时间信号 $f(t)$ 的单边拉普拉斯变换定义为

$$F(s) = \int_0^\infty f(t)\mathrm{e}^{-st}\,\mathrm{d}t \tag{7 - 151}$$

拉普拉斯逆变换定义为

$$f(t) = \frac{1}{2\pi\mathrm{j}}\int_{\sigma-\mathrm{j}\infty}^{\sigma+\mathrm{j}\infty} F(s)\mathrm{e}^{st}\,\mathrm{d}s \tag{7 - 152}$$

可以将拉普拉斯变换理解为广义的傅里叶变换.

Matlab 提供了 laplace( ) 函数和 ilaplace( ) 函数来实现单边拉普拉斯变换,其调用格式为

$$\mathrm{L} = \mathrm{laplace(f)} \tag{7 - 153}$$
$$\mathrm{f} = \mathrm{ilaplace(L)} \tag{7 - 154}$$

式中,L 返回的是默认符号为自变量 s 的符号表达式;f 则为时域表达式,默认的自变量为 t.

例 7 - 32　试用 Matlab 求 $f(t) = a\mathrm{e}^{-bt}u(t)$ 的拉普拉斯变换,并验证其逆变换.

解：　Matlab 计算程序如下：

```
syms a b t s;
L=laplace(a* exp(-b* t))
f=ilaplace(a/(s+b))
```

运行结果为

```
L=a/(s+b)
f=a* exp(-b* t)
```

7.9.2　基于 Matlab 部分分式展开法

通过 Matlab 提供的函数 residue( ) 可得到复杂有理分式 $F(s)$ 的部分分式展开式,其调用格式为

$$[\mathrm{r,p,k}] = \mathrm{residue(b,a)} \tag{7 - 155}$$

其中,b,a 分别表示 $F(s)$ 的分子和分母多项式的系数向量;r 为部分分式的系数;p 为极点;k 为 $F(s)$ 中整式部分的系数. 若 $F(s)$ 为有理真分式,则 k 为 0.

例 7 - 33　试用 Matlab 部分分式展开法求 $F(s) = \dfrac{s^3 + 5s^2 + 9s + 7}{s^2 + 3s + 2}$ 的因式分解.

解： Matlab 计算程序如下：

```
format rat;
b =[1,5,9,7];
a =[1,3,2];
[r,p,k]=residue(b,a)
```

程序中的 format rat 是将结果数据以分数的形式表示. 其运行结果为

```
r =
    -1
     2
p =
    -2
    -1
k =
     1         2
```

由于 $F(s)$ 不是真分式, 上述结果 k 返回整式部分的系数. 因此, $F(s)$ 可展开为

$$F(s) = s + 2 + \frac{2}{s+1} + \frac{-1}{s+2}$$

7.9.3 拉普拉斯变换法求解微分方程

拉普拉斯变换法是分析连续时间线性时不变系统的重要手段. 拉普拉斯变换将时域中的常系数线性微分方程, 变换为复频域中的代数方程, 而且系统的初始条件同时体现在该代数方程中, 因而简化了方程的求解. 借助 Matlab 符号数学工具箱实现拉普拉斯变换及逆变换的方法可以求解微分方程, 得到系统的完全响应.

例 7-34　系统的微分方程为 $y''(t)+3y'(t)+2y(t)=x(t)$, 已知激励信号 $x(t)=4e^{-2t}u(t)$, 初始条件为 $y(0_-)=3, y'(0_-)=4$, 求系统的零输入响应、零状态响应和全响应.

解：　对上式两边进行拉普拉斯变换, 并利用初始条件, 得

$$Y(s) = \frac{3s+13}{s^2+3s+2} + \frac{X(s)}{s^2+3s+2}$$

上式中, 第一项为零输入响应, 第二项为零状态响应.

Matlab 计算程序如下：

```
syms t s;
Yzis = (3* s+13)/(s^2+3* s+2);
yzi = ilaplace(Yzis)
xt = 4* exp(-2* t)* heaviside(t);
Xs = laplace(xt);
Yzss = Xs/(s^2+3* s+2);
yzs = ilaplace(Yzss);
yt = simplify(yzi+yzs)
```

系统的零输入响应为： $y_{zi}(t)=(10e^{-t}-7e^{-2t})u(t)$

系统的零状态响应为： $y_{zs}(t)=(4e^{-t}-4te^{-2t}-4e^{-2t})u(t)$

完全响应为： $y(t)=y_{zi}(t)+y_{zs}(t)=(14e^{-t}-4te^{-2t}-11e^{-2t})u(t)$

7.9.4 系统函数及其零极点

系统零状态响应的拉普拉斯变换与激励的拉普拉斯变换之比称为系统函数 $H(s)$. 在连续时间线性时不变系统的复频域分析中,系统函数起着十分重要的作用,它反映了系统的固有特性. 系统函数 $H(s)$ 通常是一个有理分式,其分子和分母均为可分解因子形式的多项式,各项因子表明了 $H(s)$ 零点和极点的位置,从零极点的分布情况可确定系统的性质. $H(s)$ 零极点的计算可应用 Matlab 中的 roots( ) 函数,分部求出分子和分母多项式的根即可.

例 7 - 35 已知系统函数为 $H(s) = \dfrac{s-2}{s^2+4s+5}$,试用 Matlab 编写程序计算其零极点并绘图.

解: Matlab 计算程序如下:

```
b = [1, -2];
a = [1, 4, 5];
zs = roots(b);
ps = roots(a);
plot(real(zs),imag(zs),'black o','markersize',20,'linewidth',2.5);
hold on;
plot(real(ps),imag(ps),'black x','markersize',20,'linewidth',2.5);
set(gca,'FontSize',20);
axis([-3,3,-2,2]);grid on;
legend('零点','极点','fontsize',24);
```

零极点分布图如图 7 - 19 所示.

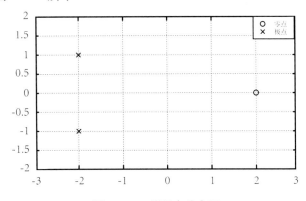

图 7 - 19 零极点分布图

在 Matlab 中还有一种简捷的方法画系统函数 $H(s)$ 的零极点分布图,即应用 pzmap( ) 函数,其调用格式为

$$\text{pzmap(sys)} \tag{7 - 156}$$

其中,sys 表示线性时不变系统的模型,可以通过 tf( ) 函数获得. Matlab 计算程序如下:

```
b = [1, -2];
a = [1, 4, 5];
sys = tf(b,a);
pzmap(sys)
axis([-3,3,-2,2]);
```

其结果如图 7 - 19 所示.

习 题 7

一、练习题

1. 求下列函数的单边拉普拉斯变换，并注明收敛域：

(1) $1 - e^{-t}$；　　　　(2) $3\sin t + 2\cos t$；　　　　(3) te^{-2t}；　　　　(4) $2\delta(t) - e^{-t}$.

2. 考虑信号

$$x(t) = e^{-5t}u(t) + e^{-\beta t}u(t)$$

其拉普拉斯变换记为 $X(s)$. 若 $X(s)$ 的收敛域是 $\text{Re}[s] > -3$，应在 β 的实部和虚部施加什么限制？

3. 已知一个绝对可积的信号 $x(t)$ 有一个极点在 $s = 2$，试回答下列问题：

(1) $x(t)$ 可能是有限持续期的吗？

(2) $x(t)$ 是左边的吗？

(3) $x(t)$ 是右边的吗？

(4) $x(t)$ 是双边的吗？

4. 已知拉普拉斯变换的表达式 $X(s) = \dfrac{s-1}{(s+2)(s+3)(s^2+s+1)}$，试问这样的信号有几个？

5. 已知信号 $x(t)$ 具有有理的拉普拉斯变换，且它的两个极点分别为 $s=-1$ 和 $s=-3$. 若 $g(t) = e^{2t}x(t)$，且其傅里叶变换 $G(j\omega)$ 收敛，试判断 $x(t)$ 是左边信号、右边信号还是双边信号？

6. 已知 $y(t) = x_1(t-2) * x_2(-t+3)$，其中 $x_1(t) = e^{-2t}u(t)$，$x_2(t) = e^{-3t}u(t)$，试用拉普拉斯变换的性质求 $y(t)$ 的拉普拉斯变换 $Y(s)$.

7. 已知因果函数 $f(t)$ 的象函数 $F(s) = \dfrac{1}{s^2-s+1}$，求下列函数 $y(t)$ 的象函数 $Y(s)$：

(1) $tf(2t-1)$；　　　　　　　　　　　(2) $e^{-t}f\left(\dfrac{t}{2}\right)$.

8. 求下列象函数 $F(s)$ 原函数的初值 $f(0_+)$ 和终值 $f(\infty)$：

(1) $F(s) = \dfrac{2s+3}{(s+1)^2}$；　　　　　　　　(2) $F(s) = \dfrac{3s+1}{s(s+1)}$.

9. 求下列函数 $F(s)$ 的拉普拉斯逆变换 $f(t)$：

(1) $F(s) = \dfrac{1}{(s+2)(s+4)}$；　　　　　　(2) $F(s) = \dfrac{s}{(s+2)(s+4)}$；

(3) $F(s) = \dfrac{s^2+4s+5}{s^2+3s+2}$；　　　　　　(4) $F(s) = \dfrac{(s+1)(s+4)}{s(s+2)(s+3)}$.

10. 已知 $e^{-at}u(t) \leftrightarrow \dfrac{1}{s+a}$，$\text{Re}[s] > \text{Re}[-a]$，求 $X(s) = \dfrac{2(s+2)}{s^2+7s+12}$，$\text{Re}[s] > -3$ 的拉普拉斯逆变换.

11. 已知两个右边信号 $x(t)$ 和 $y(t)$ 通过以下两个微分方程相联系：

$$\frac{\mathrm{d}x(t)}{\mathrm{d}t} = -2y(t) + \delta(t), \qquad \frac{\mathrm{d}y(t)}{\mathrm{d}t} = 2x(t)$$

试求 $X(s)$ 和 $Y(s)$ 及其收敛域.

12. 用拉普拉斯变换法解微分方程 $y'(t) + 2y(t) = f(t)$，其中 $f(t) = u(t)$，$y(0_-) = 1$.

13. 已知 $f(t) = u(t)$，$y(0_-) = 1$，$y'(0_-) = 2$，用拉普拉斯变换法解微分方程 $y''(t) + 5y'(t) + 6y(t) = 3f(t)$ 的零输入响应和零状态响应.

14. 系统的微分方程为 $\dfrac{\mathrm{d}^2 y(t)}{\mathrm{d}t^2} + 4\dfrac{\mathrm{d}y(t)}{\mathrm{d}t} + 3y(t) = 2\dfrac{\mathrm{d}x(t)}{\mathrm{d}t} + x(t)$，初始状态为 $y'(0_-) = 4$，$y(0_-) = 1$. 若激励为 $x(t) = e^{-2t}u(t)$. 试用拉普拉斯变换法求零输入响应、零状态响应和全响应.

15. 描述某线性时不变系统的微分方程为 $y''(t) + 4y'(t) + 3y(t) = f'(t) - 3f(t)$，求该系统的单位冲激响应 $h(t)$ 和单位阶跃响应 $g(t)$.

16. 设 $g(t) = x(t) + \alpha x(-t)$,其中 $x(t) = \beta e^{-t} u(t)$,$g(t)$ 的拉普拉斯变换是 $G(s) = \dfrac{s}{s^2 - 1}$,$-1 < \mathrm{Re}(s) < 1$,试确定 α,β 的值.

17. 对下列每个信号拉普拉斯变换的代数表示式,确定位于有限 s 平面的零点个数和在无限远点的零点个数:

(1) $\dfrac{1}{s+1} + \dfrac{1}{s+3}$;　　(2) $\dfrac{s+1}{s^2-1}$;　　(3) $\dfrac{s^3-1}{s^2+s+1}$.

18. 已知一因果 LTI 系统 S,其单位冲激响应为 $h(t)$,输入-输出方程为

$$\frac{d^3 y(t)}{dt^3} + (1+\alpha)\frac{d^2 y(t)}{dt^2} + \alpha(\alpha+1)\frac{dy(t)}{dt} + \alpha^2 y(t) = x(t)$$

(1) 如果 $g(t) = \dfrac{dh(t)}{dt} + h(t)$,$G(s)$ 有多少个极点?

(2) 参数 α 取哪些实数值时,系统 S 一定稳定?

19. 已知 $H(s)$ 的零极点分布图如图 7-20 所示,且 $h(0+) = 2$,求 $H(s)$ 和 $h(t)$ 的表达式.

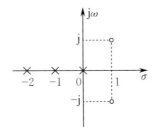

图 7-20　$H(s)$ 的零极点分布图

20. 根据相应的零极点分布图,利用傅里叶变换模的几何求值方法,确定下列每个拉普拉斯变换其相应的傅里叶变换的模特性是低通、高通或带通:

(1) $H_1(s) = \dfrac{1}{(s+1)(s+3)}$,$\mathrm{Re}\{s\} > -1$;

(2) $H_2(s) = \dfrac{s}{s^2+s+1}$,$\mathrm{Re}\{s\} > -\dfrac{1}{2}$.

二、Matlab 实验题

1. 试用 Matlab 命令求下列函数的拉普拉斯变换:

(1) te^{-t};　　　　　　　　　　　　　　(2) $(1+3t^2)e^{-2t}$.

2. 试用 Matlab 命令求下列函数的拉普拉斯逆变换:

(1) $\dfrac{2s}{(s+4)(s+1)}$;　　　　　　　　　(2) $\dfrac{1}{2s+1}$.

3. 已知描述某线性时不变系统的系统函数为

$$H(s) = \frac{2s^2 + 2s + 2}{s^3 + 3s^2 + 2s}$$

利用 Matlab 编程求系统的单位冲激响应.

4. 已知系统函数为

$$H(s) = \frac{1}{s^2 + 2as + 1},$$

试用 Matlab 画出 $a = 0, \dfrac{1}{4}, 1, 2$ 时系统的零极点分布图. 如果系统是稳定的,画出系统的幅频特性和相频特性曲线,并分析系统零点和极点位置对系统的幅频特性和相频特性有何影响.

第8章　离散时间系统的 z 域分析

线性时不变离散系统分析中, z 变换的作用类似于连续系统分析中的拉普拉斯变换.拉普拉斯变换是连续时间傅里叶变换的推广.做这种推广的部分原因是拉普拉斯变换比傅里叶变换有更广的适用范围,因为有不少信号,不存在傅里叶变换,但却有拉普拉斯变换.

z 变换是离散傅里叶变换的推广,它将描述系统的差分方程变换为代数方程,而且代数方程中包括了系统的初始状态,从而能求得系统的零输入响应和零状态响应以及全响应.这里用于分析的独立变量是复变量 z,故称为 z 域分析.

8.1 z 变 换

8.1.1 z 变换

由前面讨论可知,一个单位序列响应为 $h[n]$ 的线性时不变系统,对任意输入 $f[n]$,其响应为

$$y[n] = h[n] * f[n] \tag{8-1}$$

考虑形如 $f[n] = z^n$ 的复指数信号,系统的响应是

$$y[n] = h[n] * z^n = \sum_{k=-\infty}^{\infty} h[k] z^{(n-k)} = z^n \sum_{k=-\infty}^{\infty} h[k] z^{-k} \tag{8-2}$$

其中,定义传递函数

$$H(z) = \sum_{k=-\infty}^{\infty} h[k] z^{-k} \tag{8-3}$$

若 $z = e^{j\Omega}$,这里 Ω 为实数,则式(8-3)的求和式就是 $h[n]$ 的离散时间傅里叶变换.在更为一般的情况下,当 $|z|$ 不限制为 1 的时候,式(8-3)就称为 $h[n]$ 的 z 变换(z-transform).

一个离散时间信号 $f[n]$ 的双边 z 变换定义为

$$F(z) = \sum_{n=-\infty}^{\infty} f[n] z^{-n} \tag{8-4}$$

其中, z 是一个复变量.式(8-4)求和是在正、负 n 域(或称序域)进行的.如果求和只在 n 的非负值域进行(无论当 $n<0$ 时 $f[n]$ 是否为零),即

$$F(z) = \sum_{n=0}^{\infty} f[n] z^{-n} \tag{8-5}$$

称为序列 $f[n]$ 的单边 z 变换.由以上定义可见,如果 $f[n]$ 是因果序列,则单边、双边 z 变换相等,否则两者不等.今后在不致混淆的情况下,统称它们为 z 变换.

将复变量 z 表示成极坐标形式

$$z = re^{j\Omega} \tag{8-6}$$

用 r 表示 z 的模, Ω 表示它的相位.式(8-4)变成

$$F(re^{j\Omega}) = \sum_{n=-\infty}^{\infty} f[n](re^{j\Omega})^{-n} \tag{8-7}$$

等效为

$$F(re^{j\Omega}) = \sum_{n=-\infty}^{\infty} (f[n]r^{-n})e^{-j\Omega t} \tag{8-8}$$

由式(8-8)可见,$F(re^{j\Omega})$ 就是序列 $f[n]$ 乘以实指数 r^{-n} 后的离散时间傅里叶变换,即

$$F(re^{j\Omega}) = \mathscr{F}\{f[n]r^{-n}\} \tag{8-9}$$

指数加权 r^{-n} 可以随 n 增加而衰减,也可以随 n 增加而增长,这取决于 r 大于 1 还是小于 1.若 $r=1$,或等效于 $|z|=1$,式(8-3)就变为傅里叶变换,即

$$F(z)\Big|_{z=e^{j\Omega}} = F(e^{j\Omega}) = \mathscr{F}(f[n]) \tag{8-10}$$

在连续时间情况下,当变换变量的实部为零时,拉普拉斯变换就演变为傅里叶变换.利用复平面 s 来解释的话,这就意味着,在虚轴 $j\omega$ 上的拉普拉斯变换就是傅里叶变换.与此对应的是,在 z 变换中,当变换变量 z 的模为 1 时,即 $z=e^{j\Omega}$ 时,z 变换就演变为傅里叶变换.于是,傅里叶变换成为在复数 z 平面中,半径为 1 的圆上的 z 变换.

为书写简便,将 $f[n]$ 的 z 变换简记为 $\mathscr{Z}(f[n])$,象函数 $F(z)$ 的逆 z 变换简记为 $\mathscr{Z}^{-1}[F(z)]$. $f[n]$ 与 $F(z)$ 之间的关系简记为

$$f[n] \leftrightarrow F(z) \tag{8-11}$$

8.1.2　z 变换的收敛域

从式(8-9)可知,为了使 z 变换收敛,要求 $f[n]r^{-n}$ 的傅里叶变换收敛.对于任何一个具体的序列 $f[n]$ 来说,对某些 r 值,其傅里叶变换收敛,而对另一些 r 值来说则不收敛.一般来说,对于某一序列的 z 变换,存在着某一个 z 值的范围,对该范围内的 z,$F(z)$ 收敛.这样一些值的范围称为收敛域(region of convergence),也常用 ROC 表示.

由数学幂级数收敛的判断方法可知,当满足

$$\sum_{n=-\infty}^{\infty} |f[n]z^{-n}| = M < \infty \tag{8-12}$$

时,z 变换收敛,反之不收敛.显然,要满足此不等式,$|z|$ 值必须在一定范围之内才行,这个范围就是收敛域,收敛域内不能有极点.如果收敛域包括单位圆,则傅里叶变换也收敛.不同形式的序列,其收敛域不同.

1. 有限长序列

这类序列是指在有限区间 $n_1 \leqslant n \leqslant n_2$,序列才具有非零的有限值,在此区间外,序列值皆为零,其 z 变换为

$$F(z) = \sum_{n=n_1}^{n_2} f[n]z^{-n} \tag{8-13}$$

因此,$F(z)$ 是有限项级数之和,故只要级数的每一项有界,则级数就收敛,即要求

$$|f[n]z^{-n}| < \infty, \quad n_1 \leqslant n \leqslant n_2$$

由于 $f[n]$ 有界,故要求

$$|z^{-n}| < \infty, \quad n_1 \leqslant n \leqslant n_2$$

由于在 $0 < |z| < \infty$ 上都满足此条件,因此收敛域为除 $z = 0$ 及 $z = \infty$ 外的有限 z 平面,如图 8-1 所示.在一定情况下,收敛域可进一步扩大,如

$$0 < |z| \leqslant \infty, n_1 \geqslant 0$$
$$0 \leqslant |z| < \infty, n_2 < 0$$

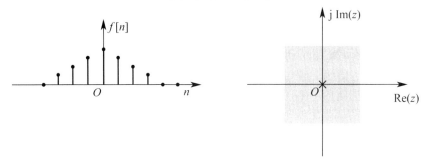

图 8-1　有限长序列及其收敛域($n_1 < 0, n_2 > 0; z = 0, z = \infty$ 除外)

2. 右边序列

这类序列是指在 $n \geqslant n_1$ 时,$f[n]$ 有值;在 $n < n_1$ 时,$f[n] = 0$.其 z 变换为

$$F(z) = \sum_{n=n_1}^{\infty} f[n]z^{-n} = \sum_{n=n_1}^{-1} f[n]z^{-n} + \sum_{n=0}^{\infty} f[n]z^{-n} \tag{8-14}$$

此式右端第一项为有限长序列的 z 变换,按前面的讨论可知,它的收敛域为有限 z 平面.第二项是 z 的负幂级数,按照级数收敛的定理可知,存在一个收敛半径 R^-,级数在以原点为圆心,以 R^- 为半径的圆外任何点都绝对收敛.式(8-14)只有两项都收敛时级数才收敛.所以,如果 R^- 是收敛域的最小半径,则右边序列 z 变换的收敛域为

$$R^- < |z| < \infty \tag{8-15}$$

右边序列及其收敛域如图 8-2 所示.

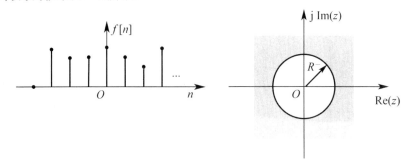

图 8-2　右边序列及其收敛域($n_1 < 0, z = \infty$ 除外)

因果序列是最重要的一种右边序列,即 $n_1 = 0$ 的右边序列.在 $n \geqslant 0$ 时,$f[n]$ 有值;$n < 0$ 时,$f[n] = 0$.其 z 变换中只有 z 的零幂和负幂项,因此级数收敛域为

$$F[z] = \sum_{n=0}^{\infty} f[n]z^{-n}, \quad R^- < |z| \leqslant \infty \tag{8-16}$$

所以,$|z| = \infty$ 处的 z 变换收敛是因果序列的特征,如图 8-3 所示.

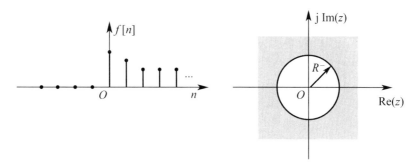

图 8-3　因果序列及其收敛域(包括 $z = \infty$)

3. 左边序列

这类序列是指只在 $n \leqslant n_2$ 时,$f[n]$ 有值;$n > n_2$ 时,$f[n] = 0$.其 z 变换为

$$F(z) = \sum_{n=-\infty}^{n_2} f[n]z^{-n} = \sum_{n=-\infty}^{0} f[n]z^{-n} + \sum_{n=1}^{n_2} f[n]z^{-n} \qquad (8-17)$$

等式第二项是有限长序列的 z 变换,收敛域为有限 z 平面,第一项是正幂级数,按照级数收敛定理,必存在收敛半径 R^+,级数在以原点为圆心,以 R^+ 为半径的圆内任何点都绝对收敛,如果 R^+ 为收敛域的最大半径,则综合以上两项,左边序列 z 变换的收敛域为

$$0 < |z| < R^+ \qquad (8-18)$$

如图 8-4 所示.

反因果序列是当 $n_2 = 0$ 时的左边序列,即在 $n_2 < 0$ 时的左边序列.当 $n \geqslant 0$ 时,$f[n] = 0$;当 $n < 0$ 时,$f[n]$ 有值.其 z 变换中只有 z 的正幂项,因此级数收敛域为

$$0 \leqslant |z| < R^+ \qquad (8-19)$$

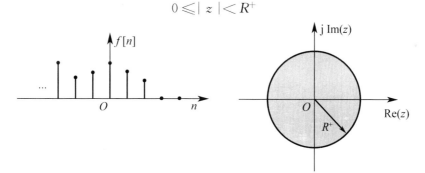

图 8-4　左边序列及其收敛域($n_2 > 0, z = 0$ 除外)

4. 双边序列

这类序列是指 n 为任意值时,$f[n]$ 皆有值的序列,可以把它看成一个右边序列和一个左边序列之和,即

$$F(z) = \sum_{n=-\infty}^{\infty} f[n]z^{-n} = \sum_{n=-\infty}^{-1} f[n]z^{-n} + \sum_{n=0}^{\infty} f[n]z^{-n} \qquad (8-20)$$

因而其收敛域是右边序列与左边序列收敛域的重叠部分. 等式右边第一项为左边序列,其收敛域为 $|z| < R^+$;第二项为右边序列,其收敛域为 $R^- < |z|$,如果满足

$$R^- < R^+$$

则存在公共收敛域,即双边序列,收敛域为

$$R^- < |z| < R^+ \qquad (8-21)$$

这是一个环状区域,如图 8-5 所示.

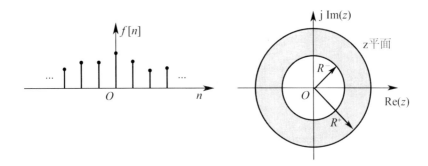

图 8 - 5　双边序列及其收敛域

下面举例来说明求各种序列 z 变换的收敛域的方法.

例 8 - 1　求序列 $f[n]=\delta[n]$ 的 z 变换及其收敛域.

解:
$$\mathscr{Z}\{\delta[n]\} = \sum_{n=-\infty}^{\infty} \delta[n]z^{-n} = 1, \quad 0 \leqslant |z| \leqslant \infty$$

所以收敛域是整个 z 的闭平面 $0 \leqslant |z| \leqslant \infty$.

例 8 - 2　求因果序列 $f_1[n]=a^n u[n]=\begin{cases}0, & n<0 \\ a^n & n \geqslant 0\end{cases}$ 的 z 变换及其收敛域(式中 a 为常数).

解:　将 $f_1[n]$ 代入式(8-4),有
$$F_1(z) = \sum_{n=-\infty}^{\infty} f[n]z^{-n} = \sum_{n=-\infty}^{\infty} a^n u[n]z^{-n} = \sum_{n=0}^{\infty} (az^{-1})^n$$

这是一个无穷项的等比级数求和,为使 $F_1(z)$ 收敛,就要求 $\sum_{n=0}^{\infty} |az^{-1}|^n < \infty$. 于是收敛域就是满足 $|az^{-1}|<1$ 的 z 值范围,或等效表示为 $|z|>|a|$ 的范围. 这样就有
$$F_1(z) = \sum_{n=0}^{\infty} (az^{-1})^n = \frac{1}{1-az^{-1}} = \frac{z}{z-a}, \quad |z|>|a|$$

可见,对于因果序列,仅当 $|z|>|a|$ 时,其 z 变换存在. 这样,序列与其象函数的关系为
$$a^n u[n] \leftrightarrow \frac{z}{z-a}, \quad |z|>|a| \tag{8-22}$$

在 z 平面上,收敛域 $|z|>|a|$ 是半径为 $|a|$ 的圆外区域,如图 8-6(a) 所示. 显然它也是单边 z 变换的收敛域.

例 8 - 3　求反因果序列 $f_2[n]=-b^n u[-n-1]=\begin{cases}-b^n, & n<0 \\ 0, & n \geqslant 0\end{cases}$ 的 z 变换及其收敛域(式中 b 为常数).

解:　将 $f_2[n]$ 代入式(8-4),有
$$F_2(z) = \sum_{n=-\infty}^{\infty} -b^n u[-n-1]z^{-n} = \sum_{n=-\infty}^{-1} -b^n z^{-n} = \sum_{n=1}^{\infty} -b^{-n}z^n$$

若 $|b^{-1}z|<1$,即 $|z|<|b|$,上式的求和收敛为
$$F_2(z) = \frac{z}{z-b}, \quad |z|<|b|$$

可见,对于反因果序列,仅当 $|z|<|b|$ 时,其 z 变换存在,即有

$$-b^n u[-n-1] \leftrightarrow \frac{z}{z-b}, \quad |z|<|b| \qquad (8-23)$$

在 z 平面上，$|z|<|b|$ 是半径为 $|b|$ 的圆内区域，如图 8-6(b) 所示.

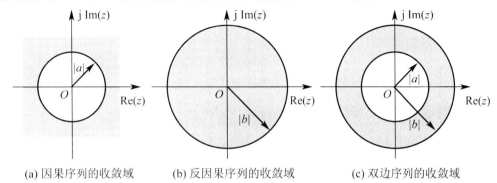

(a) 因果序列的收敛域　　　　(b) 反因果序列的收敛域　　　　(c) 双边序列的收敛域

图 8-6　z 变换的收敛域

例 8-4　已知双边序列 $f_3[n]=\begin{cases} a^n, & n\geqslant 0 \\ -b^n, & n\leqslant -1 \end{cases}$ 的 z 变换及其收敛域(式中 a,b 为常数).

解：　这是一个双边序列，其 z 变换为

$$F_3(z)=\sum_{n=-\infty}^{\infty}f_3[n]z^{-n}=\sum_{n=0}^{\infty}a^n z^{-n}-\sum_{n=-\infty}^{-1}b^n z^{-n}$$

$$=\frac{z}{z-a}+\frac{z}{z-b}, \quad |a|<|z|<|b|$$

其收敛域为 $|a|<|z|<|b|$，它是一个环状区域，如图 8-6(c) 所示. 就是说，在 $|b|>|a|$ 时，序列的双边 z 变换在该区域存在；显然若 $|b|<|a|$，没有共同的收敛域，因而 $f[n]$ 的双边 z 变换不存在. 可见，对于双边序列，其双边 z 变换的收敛条件比单边 z 变换的收敛条件要苛刻.

对于双边 z 变换必须标明其收敛域，否则其对应的序列将不是唯一的. 因果序列 $f[n]$ 的象函数 $f[z]$ 的收敛域为 $|z|>\alpha$ 的圆外区域. $|z|=\alpha$ 称为收敛圆半径. 反因果序列 $f[n]$ 的象函数 $f[z]$ 的收敛域为 $|z|<\beta$ 的圆内区域. $|z|=\beta$ 称为收敛圆半径.

8.1.3　常用序列的 z 变换

最后，给出几种常用序列的 z 变换. 式(8-22)的因果序列中，若令 a 为正实数，则有

$$a^n u[n] \leftrightarrow \frac{z}{z-a}, \quad |z|>|a| \qquad (8-24)$$

$$(-a)^n u[n] \leftrightarrow \frac{z}{z+a}, \quad |z|>|a| \qquad (8-25)$$

若令 $a=1$，则得单位阶跃序列的 z 变换为

$$u[n] \leftrightarrow \frac{z}{z-1}, \quad |z|>1 \qquad (8-26)$$

若令 $a=\mathrm{e}^{\pm\mathrm{j}\beta}$，则有

$$\mathrm{e}^{\mathrm{j}\beta n}u[n] \leftrightarrow \frac{z}{z-\mathrm{e}^{\mathrm{j}\beta}}, \quad |z|>1 \qquad (8-27)$$

$$\mathrm{e}^{-\mathrm{j}\beta n}u[n] \leftrightarrow \frac{z}{z-\mathrm{e}^{-\mathrm{j}\beta}}, \quad |z|>1 \qquad (8-28)$$

式(8-23)的反因果序列中有

$$-b^n u[-n-1] \leftrightarrow \frac{z}{z-b}, \quad |z| < |b| \qquad (8-29)$$

根据式(8-23),有

$$b^n u[-n-1] \leftrightarrow \frac{-z}{z-b}, \quad |z| < |b| \qquad (8-30)$$

$$(-b)^n u[-n-1] \leftrightarrow \frac{-z}{z+b}, \quad |z| < |b| \qquad (8-31)$$

若令 $b=1$,则得

$$u[-n-1] \leftrightarrow \frac{-z}{z-1}, \quad |z| < 1 \qquad (8-32)$$

由以上讨论可知:

(1) 对于因果序列,若 z 变换存在,则单、双边 z 变换象函数相同,收敛域亦相同,均为 $|z| > r_0(r_0$ 为收敛半径) 圆的外部.

(2) 如果 $f[n]$ 是一个右边序列,并且 $|z| = r_0$ 的圆位于收敛域内,那么 $|z| > r_0$ 的全部有限 z 值都一定在这个收敛域内.

(3) 对于反因果序列,它的双边 z 变换可能存在,其收敛域为 $|z| < r_0$,而任何反因果序列的单边 z 变换均为零,无研究意义.

(4) 如果 $f[n]$ 是一个左边序列,并且 $|z| = r_0$ 的圆位于收敛域内,那么 $0 < |z| < r_0$ 的全部有限 z 值都一定在这个收敛域内.

(5) 序列的 $F(z)$ 在其收敛域中,不包含任何极点,收敛域是以极点为边界的;且收敛域是连通的;收敛域内 $F(z)$ 及其导数都是 z 的连续函数,即在收敛域中,$F(z)$ 是解析函数.

8.2　z 变换的性质

和已经讨论过的其他变换一样,z 变换也具有许多性质,这些性质在离散时间信号与系统的研究中成为很有价值的工具. 由于这些性质的推导都与其他变换相类似,因此这里不进行详细推导. 下面的一些性质若无特别说明,既适用于单边 z 变换,也适用于双边 z 变换.

8.2.1　线性

若

$$f_1[n] \leftrightarrow F_1(z), \quad \alpha_1 < |z| < \beta_1$$
$$f_2[n] \leftrightarrow F_2(z), \quad \alpha_2 < |z| < \beta_2$$

且有任意常数 a_1, a_2,则

$$a_1 f_1[n] + a_2 f_2[n] \leftrightarrow a_1 F_1(z) + a_2 F_2(z) \qquad (8-33)$$

其收敛域至少是 $F_1(z)$ 与 $F_2(z)$ 收敛域的相交部分. 如果这些线性组合中某些零点与极点互相抵消,则收敛域可能扩大.

例 8-5　求单边余弦序列 $\cos[\beta n]u[n]$ 和正弦序列 $\sin[\beta n]u[n]$ 的 z 变换.

解:　由于

$$\cos[\beta n] = \frac{1}{2}\left[e^{j\beta n} + e^{-j\beta n}\right], \quad \sin[\beta n] = \frac{1}{2j}\left[e^{j\beta n} - e^{-j\beta n}\right]$$

根据 z 变换的线性性质,得

$$\mathscr{L}\{\cos[\beta n]u[n]\} = \mathscr{L}\left\{\frac{1}{2}\left[e^{j\beta n} + e^{-j\beta n}\right]u[n]\right\}$$

$$= \frac{1}{2}\mathscr{L}\{e^{j\beta n}u[n]\} + \frac{1}{2}\mathscr{L}\{e^{-j\beta n}u[n]\}$$

由于有 $e^{j\beta n}u[n] \leftrightarrow \dfrac{z}{z - e^{j\beta}}, |z| > 1, e^{-j\beta n}u[n] \leftrightarrow \dfrac{z}{z - e^{-j\beta}}, |z| > 1$,得

$$\mathscr{L}\{\cos[\beta n]u[n]\} = \frac{1}{2} \cdot \frac{z}{z - e^{j\beta}} + \frac{1}{2} \cdot \frac{z}{z - e^{-j\beta}} = \frac{z^2 - z\cos\beta}{z^2 - 2z\cos\beta + 1}$$

即

$$\cos[\beta n]u[n] \leftrightarrow \frac{z^2 - z\cos\beta}{z^2 - 2z\cos\beta + 1}, \quad |z| > 1$$

其收敛域为两个虚指数序列象函数收敛域的公共区域 $|z| > 1$.

同理,可得

$$\sin[\beta n]u[n] \leftrightarrow \frac{z\sin\beta}{z^2 - 2z\cos\beta + 1}, \quad |z| > 1$$

8.2.2　移位特性

1. 双边 z 变换的移位

若 $f[n] \leftrightarrow F(z), \alpha < |z| < \beta$,且有整数 $m > 0$,则

$$f[n \pm m] \leftrightarrow z^{\pm m}F(z), \quad \alpha < |z| < \beta \tag{8-34}$$

例 8-6　求图 8-7 所示的长度为 $2M+1$ 的矩形序列的 z 变换.

$$p[n] = \begin{cases} 1, & -M \leqslant n \leqslant M \\ 0, & n < -M, n > M \end{cases}$$

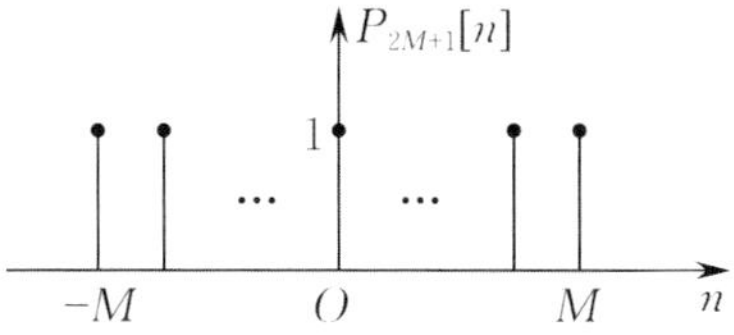

图 8-7　长度为 $2M+1$ 的矩形序列

解：　由图 8-7 可知,矩形序列可写为

$$p[n] = u[n+M] - u[n-(M+1)]$$

由于

$$u[n] \leftrightarrow \frac{z}{z-1}, \quad |z| > 1$$

根据移位特性可得

$$u[n+M] \leftrightarrow z^M\frac{z}{z-1}, \quad 1 < |z| < \infty$$

由于该序列移到了 $k < 0$ 区域,成为双边序列,故在 $z = \infty$ 也不收敛,其收敛域为 $1 < |z| < \infty$,而

$$u[n-(M+1)] \leftrightarrow z^{-(M+1)}\frac{z}{z-1}, \quad |z| > 1$$

根据 z 变换的线性性质，矩形序列 $p[n]$ 的 z 变换为

$$p[n] \leftrightarrow z^M \frac{z}{z-1} - z^{-(M+1)} \frac{z}{z-1} = \frac{z}{z-1}[z^M - z^{-(M+1)}], \quad 1 < |z| < \infty$$

2. 单边 z 变换的移位

为了求得差分方程的零输入响应和零状态响应，必须涉及单边 z 变换及序列移位后的单边 z 变换.

若 $f[n] \leftrightarrow F(z)$，$|z| > \alpha$（$\alpha$ 为正实数），且有整数 $m > 0$，则

$$f[n-1] \leftrightarrow z^{-1}F(z) + f[-1]$$
$$f[n-2] \leftrightarrow z^{-2}F(z) + f[-1]z^{-1} + f[-2]$$
$$f[n-3] \leftrightarrow z^{-3}F(z) + f[-1]z^{-2} + f[-2]z^{-1} + f[-3]$$
$$\cdots \tag{8-35}$$
$$f[n-m] \leftrightarrow z^{-m}\left[F(z) + \sum_{n=1}^{m} f[-n]z^n\right]$$

而

$$f[n+1] \leftrightarrow zF(z) - f[0]z$$
$$f[n+2] \leftrightarrow z^2 F(z) - f[0]z^2 - f[1]z$$
$$f[n+3] \leftrightarrow z^3 F(z) - f[0]z^3 - f[1]z^2 - f[2]z$$
$$\cdots \tag{8-36}$$
$$f[n+m] \leftrightarrow z^m\left[F(z) - \sum_{n=0}^{m-1} f[n]z^{-n}\right]$$

其收敛域为 $|z| > \alpha$.

例 8-7 求周期为 N 的因果周期性单位序列 $\delta_N[n]u[n] = \sum_{m=0}^{\infty} \delta[n-mN]$ 的 z 变换.

解： 由于 $\delta[n] \leftrightarrow 1$，根据移位特性，$\delta[n]$ 的右移序列的 z 变换为

$$\delta[n-mN] \leftrightarrow z^{-mN}$$

根据线性性质，其 z 变换为

$$\mathscr{Z}[\delta_N[n]u[n]] = 1 + z^{-N} + z^{-2N} + \cdots = \frac{1}{1-z^{-N}} = \frac{z^N}{z^N - 1}$$

即

$$\delta_N[n]u[n] \leftrightarrow \frac{z^N}{z^N - 1}, \quad |z| > 1$$

不难看出上式的收敛域为 $|z| > 1$. 这里象函数的收敛域比其中任何一个单位序列的收敛域都要小，这是因为 $\delta_N[n]u[n]$ 包含无限多个单位序列，而 z 变换线性性质关于收敛域的说明只适用于有限个序列相加的情形.

例 8-8 已知 $f[n] = a^n$（a 为实数）的单边 z 变换为 $F(z) = \frac{z}{z-a}$，$|z| > |a|$，求 $f_1[n] = a^{n-2}$ 和 $f_2[n] = a^{n+2}$ 的单边 z 变换.

解： 由于 $f_1[n] = f[n-2]$，由式（8-35）得其单边 z 变换为

$$F_1(z) = z^{-2}F(z) + f(-2) + z^{-1}f(-1) = z^{-2}\frac{z}{z-a} + a^{-2} + a^{-1}z^{-1} = \frac{a^{-2}z}{z-a}, \quad |z| > |a|$$

实际上，$f_1(n) = a^{n-2} = a^{-2}a^n = a^{-2}f(n)$，故 $F_1(z) = a^{-2}F(z) = a^{-2}\frac{z}{z-a}$. 由于 $f_2[n] =$

$f[n+2]$,可得其单边 z 变换为

$$F_2(z) = z^2 F_2(z) - f(0)z^2 - f(1)z = z^2 \frac{z}{z-a} - z^2 - az = a^2 \frac{z}{z-a}, \quad |z|>|a|$$

实际上,$f_2(n) = a^{n+2} = a^2 a^n = a^2 f(k)$,故 $F_2(z) = a^2 F(z) = a^2 \frac{z}{z-a}$.

8.2.3　z 域尺度变换(序列乘 a^n)

若 $f[n] \leftrightarrow F(z)$,$\alpha < |z| < \beta$ 且有常数 $a \neq 0$,则

$$a^n f[n] \leftrightarrow F\left(\frac{z}{a}\right), \quad |a|\alpha < |z| < |a|\beta \tag{8-37}$$

即序列 $f[n]$ 乘以指数序列 a^n 对应在 z 域的展缩.

式(8-37)中,若 a 换为 a^{-1},得

$$a^{-n} f[n] \leftrightarrow F(az), \quad \frac{\alpha}{|a|} < |z| < \frac{\beta}{|a|} \tag{8-38}$$

式(8-37)中,若 $a = -1$,得

$$(-1)^n f[n] \leftrightarrow F(-z), \quad \alpha < |z| < \beta \tag{8-39}$$

例 8-9　求指数衰减正弦序列 $a^n \sin(n\beta) u[n]$ 的 z 变换($0 < a < 1$).

解:　由例 8-5 得

$$\sin[n\beta]u[n] \leftrightarrow \frac{z\sin\beta}{z^2 - 2z\cos\beta + 1}, \quad |z| > 1$$

由式(8-37)可得

$$a^n \sin[n\beta]u[n] \leftrightarrow \frac{\dfrac{z}{a}\sin\beta}{\left(\dfrac{z}{a}\right)^2 - 2\left(\dfrac{z}{a}\right)\cos\beta + 1} = \frac{az\sin\beta}{z^2 - 2az\cos\beta + a^2}, \quad |z| > a$$

8.2.4　卷积定理

类似于连续系统分析,在离散系统分析中也有序列卷积定理和 z 域卷积定理,其中序列卷积定理在系统分析中占有重要地位,而 z 域卷积定理应用较少,这里从略.

若

$$f_1[n] \leftrightarrow F_1(z), \quad \alpha_1 < |z| < \beta_1$$
$$f_2[n] \leftrightarrow F_2(z), \quad \alpha_2 < |z| < \beta_2$$

则

$$f_1[n] * f_2[n] \leftrightarrow F_1(z)F_2(z) \tag{8-40}$$

其收敛域至少是 $F_1(z)$ 与 $F_2(z)$ 收敛域的相交部分.

例 8-10　求下列两个单边指数序列的卷积:

$$x[n] = a^n u[n]$$
$$h[n] = b^n u[n]$$

解:　因为

$$X[z] = \frac{z}{z-a}, |z| > |a|, \quad H[z] = \frac{z}{z-b}, |z| > |b|$$

由式(8-40)得

$$Y(z) = X(z)H(z) = \frac{z^2}{(z-a)(z-b)}$$

其收敛域为 $|z| > |a|$ 域 $|z| > |b|$ 的重叠部分.

把 $Y(z)$ 展开成部分分式,得

$$Y(z) = \frac{1}{a-b}\left(\frac{az}{z-a} - \frac{bz}{z-b}\right)$$

其逆 z 变换为

$$y[n] = x[n] * h[n] = \mathcal{Z}^{-1}\{Y[z]\} = \frac{1}{a-b}(a^{n+1} - b^{n+1})u[n]$$

8.2.5　z 域微分（序列乘 n）

若 $f[n] \leftrightarrow F(z), \alpha < |z| < \beta$,则

$$nf[n] \leftrightarrow -z\frac{\mathrm{d}}{\mathrm{d}z}F(z)$$

$$n^2 f[n] \leftrightarrow -z\frac{\mathrm{d}}{\mathrm{d}z}\left[-z\frac{\mathrm{d}}{\mathrm{d}z}F(z)\right]$$

$$\vdots$$

$$n^m f[n] \leftrightarrow \left[-z\frac{\mathrm{d}}{\mathrm{d}z}\right]^m F(z), \alpha < |z| < \beta \tag{8-41}$$

式中,$\left[-z\dfrac{\mathrm{d}}{\mathrm{d}z}\right]^m F(z)$ 表示的运算为

$$-z\frac{\mathrm{d}}{\mathrm{d}z}\left\{\cdots\left[-z\frac{\mathrm{d}}{\mathrm{d}z}\left(-z\frac{\mathrm{d}}{\mathrm{d}z}F(z)\right)\right]\cdots\right\}$$

共进行 m 次求导和乘以 $(-z)$ 的运算.

例 8-11　求序列 $n^2 u[n], \dfrac{n(n+1)}{2}u[n]$ 的 z 变换.

解：（1）由于 $u[n] \leftrightarrow \dfrac{z}{z-1}$,利用 z 域微分性质有

$$\mathcal{Z}\{nu[n]\} = -z\frac{\mathrm{d}}{\mathrm{d}z}\left(\frac{z}{z-1}\right) = \frac{z}{(z-1)^2}$$

即

$$nu[n] \leftrightarrow \frac{z}{(z-1)^2}, \quad |z| > 1$$

同理

$$\mathcal{Z}\{n^2 u[n]\} = -z\frac{\mathrm{d}}{\mathrm{d}z}\left[\frac{z}{(z-1)^2}\right] = \frac{z(z+1)}{(z-1)^3}$$

即

$$n^2 u[n] \leftrightarrow \frac{z(z+1)}{(z-1)^3}, \quad |z| > 1$$

（2）由于

$$\frac{n(n+1)}{2}u[n] = \frac{1}{2}(n^2 + n)u[n]$$

根据线性性质,可得

$$\frac{n(n+1)}{2}u[n] \leftrightarrow \frac{z^2}{(z-1)^3}, \quad |z| > 1$$

8.2.6 z 域积分(序列除以 n＋m)

若 $f[n] \leftrightarrow F(z), \alpha < |z| < \beta$,设有整数 m,且 $n+m > 0$,则

$$\frac{f[n]}{n+m} \leftrightarrow z^m \int_z^\infty \frac{F(\eta)}{\eta^{m+1}} \mathrm{d}\eta, \quad \alpha < |z| < \beta \tag{8-42}$$

若 $m = 0$ 且 $n > 0$,则

$$\frac{f[n]}{n} \leftrightarrow \int_z^\infty \frac{F(\eta)}{\eta} \mathrm{d}\eta, \quad \alpha < |z| < \beta \tag{8-43}$$

例 8-12 求序列 $\frac{1}{n+1} u[n]$ 的 z 变换.

解: 由于 $u[n] \leftrightarrow \frac{z}{z-1}$,故由式(8-42),有($m=1$)

$$\frac{1}{n+1} u[n] \leftrightarrow z \int_z^\infty \frac{\eta}{(\eta-1)\eta^2} \mathrm{d}\eta$$

积分

$$\int_z^\infty \frac{\eta}{(\eta-1)\eta^2} \mathrm{d}\eta = \int_z^\infty \left(\frac{1}{\eta-1} - \frac{1}{\eta} \right) \mathrm{d}\eta = \ln\left(\frac{\eta-1}{\eta} \right) \Big|_z^\infty = \ln\left(\frac{z}{z-1} \right)$$

故得

$$\frac{1}{n+1} u[n] \leftrightarrow z \ln\left(\frac{z}{z-1} \right), \quad |z| > 1$$

8.2.7 n 域反转

若 $f[n] \leftrightarrow F(z), \alpha < |z| < \beta$,则

$$f[-n] \leftrightarrow F(z^{-1}), \quad \frac{1}{\beta} < |z| < \frac{1}{\alpha} \tag{8-44}$$

8.2.8 部分和

若 $f[n] \leftrightarrow F(z), \alpha < |z| < \beta$,则

$$g[n] = \sum_{i=-\infty}^n f[i] \leftrightarrow \frac{z}{z-1} F(z), \quad \max(\alpha, 1) < |z| < \beta \tag{8-45}$$

例 8-13 求序列 $\sum_{i=0}^n a^i$(a 为实数) 的 z 变换.

解: 由于 $\sum_{i=0}^n a^i = \sum_{i=-\infty}^n a^i u[i]$,而

$$a^n u[n] \leftrightarrow \frac{z}{z-a}, \quad |z| > |a|$$

故由式(8-45)得

$$\sum_{i=0}^n a^i \leftrightarrow \frac{z^2}{(z-1)(z-1)}, \quad |z| > \max(|a|, 1)$$

8.2.9 初值定理和终值定理

初值定理适用于右边序列(或称有始序列),即适用于 $n < M$(M 为整数) 时 $f[n] = 0$ 的序列.

它可以由象函数直接求得序列的初值 $f(M)$, $f(M+1)$, …, 而不必求得原序列.

1. 初值定理

如果序列在 $n < M$ 时, $f[n] = 0$, 它与象函数的关系为

$$f[n] \leftrightarrow F(z), \alpha < |z| < \beta$$

则序列的初值为

$$f[M] = \lim_{z \to \infty} z^M F(z)$$

$$f[M+1] = \lim_{z \to \infty} \{z^{M+1} F(z) - z f[M]\}$$

$$f[M+2] = \lim_{z \to \infty} \{z^{M+2} F(z) - z^2 f[M] - z f[M+1]\} \tag{8-46}$$

如果 $M = 0$, 即 $f[n]$ 为因果序列, 这时序列的初值为

$$f[0] = \lim_{z \to \infty} F(z)$$

$$f[1] = \lim_{z \to \infty} \{z F(z) - z f[0]\}$$

$$f[2] = \lim_{z \to \infty} \{z^2 F(z) - z^2 f[0] - z f[1]\} \tag{8-47}$$

2. 终值定理

终值定理适用于右边序列, 可以由象函数直接求得序列的终值, 而不必求得原序列.

如果序列在 $n < M$ 时, $f[n] = 0$, 设

$$f[n] \leftrightarrow F(z), \quad \alpha < |z| < \beta$$

且 $0 \leqslant \alpha < 1$, 则序列的终值为

$$f[\infty] = \lim_{n \to \infty} f[n] = \lim_{z \to 1} \frac{z-1}{z} F(z) \tag{8-48}$$

或写为

$$f[\infty] = \lim_{z \to 1} (z-1) F(z) \tag{8-49}$$

式(8-49)中是取 $z \to 1$ 的极限, 因此终值定理要求 $z = 1$ 在收敛域内 ($0 \leqslant \alpha < 1$), 这时 $\lim_{n \to \infty} f[n]$ 存在.

例 8-14　某因果序列 $f[n]$ 的 z 变换为 (设 a 为实数) $F(z) = \dfrac{z}{z-a}$, $|z| > |a|$, 求 $f[0]$, $f[1]$, $f[2]$ 和 $f[\infty]$.

解： (1) 初值. 由初值定理可得

$$f[0] = \lim_{z \to \infty} \frac{z}{z-a} = 1$$

$$f[1] = \lim_{z \to \infty} \left[z \frac{z}{z-a} - z \right] = a$$

$$f[2] = \lim_{z \to \infty} \left[z^2 \frac{z}{z-a} - z^2 - za \right] = a^2$$

上述象函数的原序列为 $a^n u[n]$, 可见以上结果对任意实数 a 均正确.

(2) 终值. 由终值定理可得

$$\lim_{z \to 1} \frac{z-1}{z} \cdot \frac{z}{z-a} = \begin{cases} 0, & |a| < 1 \\ 1, & a = 1 \\ 0, & a = -1 \\ 0, & |a| > 1 \end{cases}$$

对于 $|a| < 1$, $z = 1$ 在 $F(z)$ 的收敛域内, 终值定理成立, 因而有

$$f[\infty] = \lim_{z \to 1} \frac{z-1}{z} \cdot \frac{z}{z-a} = 0$$

不难验证,原序列 $f[n] = a^n u[n]$,当 $|a| < 1$ 时以上结果正确.

对于 $|a| = 1$,当 $a = 1$ 时,原序列 $f[n] = u[n]$,上式的结果正确. 但当 $a = -1$ 时,原序列 $f[n] = (-1)^n u[n]$,这时 $\lim_{n \to \infty}(-1)^n u[n]$ 不收敛,因而终值定理不成立.

对于 $|a| > 1$,$z = 1$ 不在 $F(z)$ 的收敛域内,终值定理也不成立.

最后,将 z 变换的性质列于表 8-1 中,以便查阅.

表 8-1　z 变换的性质

名称		k 域	$f(k) \leftrightarrow F(z)$	z 域
定义		$f[n] = \dfrac{1}{2\pi j}\oint F(z)z^{k-1}\mathrm{d}z$		$F(z) = \sum\limits_{k=-\infty}^{\infty} f[n]z^{-k}, \alpha < |z| < \beta$
线性		$a_1 f_1[n] + a_2 f_2[n]$		$a_1 F_1(z) + a_2 F_2(z)$ $\max(\alpha_1, \alpha_2) < |z| < \max(\beta_1, \beta_2)$
移位	双边变换	$f[n \pm m]$		$z^{\pm m}F(z), \alpha < |z| < \beta$
	单边变换	$f[n-m], m > 0$		$z^{-m}F(z) + \sum\limits_{k=0}^{m-1} f[n-m]z^{-k}, |z| > \alpha$
		$f[n+m], m > 0$		$z^m F(z) - \sum\limits_{k=0}^{m-1} f[n]z^{m-k}, |z| > \alpha$
z 域尺度变换		$a^n f[n], a \neq 0$		$F\left(\dfrac{z}{a}\right), \alpha|a| < |z| < \beta|a|$
k 域卷积		$f_1[n] * f_2[n]$		$F_1(z)F_2(z)$ $\max(\alpha_1, \alpha_2) < |z| < \max(\beta_1, \beta_2)$
z 域微分		$n^m f[n], m > 0$		$\left[-z\dfrac{\mathrm{d}}{\mathrm{d}z}\right]^m F(z), \alpha < |z| < \beta$
z 域积分		$\dfrac{f[n]}{n+m}, n+m > 0$		$z^m \int_z^\infty \dfrac{F(\eta)}{\eta^{m+1}}\mathrm{d}\eta, \alpha < |z| < \beta$
k 域反转		$f[-n]$		$F(z^{-1}), \dfrac{1}{\beta} < |z| < \dfrac{1}{\alpha}$
部分和		$\sum\limits_{i=-\infty}^{n} f(i)$		$\dfrac{z}{z-1}F(z), \max(\alpha, 1) < |z| < \beta$
初值定理	因果序列	$f[0] = \lim\limits_{z \to \infty} F(z)$ $f[m] = \lim\limits_{z \to \infty} z^m \left\{ F(z) - \sum\limits_{k=0}^{m-1} f[n]z^{-k} \right\}, |z| > \alpha$		
终值定理		$f[\infty] = \lim\limits_{z \to 1} \dfrac{z-1}{z}F(z), \lim\limits_{n \to \infty} f[n]$ 收敛, $|z| > \alpha(0 < \alpha < 1)$		

注:α、β 为正实数,分别称为收敛域的内、外半径.

8.3　逆 z 变 换

8.3.1　逆 z 变换

由已知序列 $f[n]$ 的 z 变换 $F(z)$ 及其收敛域,求原序列 $f[n]$ 的运算称为逆 z 变换,记为

$$f[n] = \mathscr{Z}^{-1}[F(z)] \qquad\qquad (8\text{-}50)$$

由式(8-4)看出,这实质上是求 $F(z)$ 的幂级数展开式的系数. 在8.1节,曾把 z 变换看成一个指数加权后的序列的傅里叶变换,即

$$F(re^{j\Omega}) = \mathscr{F}\{f[n]r^{-n}\} \qquad\qquad (8\text{-}51)$$

其中的 r 值是位于收敛域内的 $z = re^{j\omega}$ 的模. 对式(8-51)两边进行傅里叶逆变换,得

$$f[n]r^{-n} = \mathscr{F}^{-1}\{F(re^{j\Omega})\}$$

即

$$f[n] = r^n \mathscr{F}^{-1}\{F(re^{j\Omega})\} \qquad\qquad (8\text{-}52)$$

利用离散时间傅里叶逆变换表示式,可得

$$f[n] = r^n \frac{1}{2\pi}\int_{2\pi} F(re^{j\Omega})e^{j\Omega n}\,d\Omega \qquad\qquad (8\text{-}53)$$

将 r^n 的指数因子移进积分符号内,得

$$f[n] = \frac{1}{2\pi}\int_{2\pi} F(re^{j\Omega})(re^{j\Omega})^n\,d\Omega \qquad\qquad (8\text{-}54)$$

这就是说,将 z 变换沿着收敛域内 $z = re^{j\Omega}$,r 固定,而 Ω 在一个 2π 区间内变化的闭合围线求值,就能够将 $f[n]$ 恢复出来. 将积分变量从 Ω 变为 z. 由于 $z = re^{j\Omega}$,r 固定,$dz = jre^{j\Omega}d\Omega = jz d\Omega$,或者 $d\Omega = \left(\dfrac{1}{j}\right)z^{-1}dz$. 这样,式(8-54) 在 Ω 的 2π 区间的积分,利用 z 变换以后,就对应变量 z 在环绕 $|z| = r$ 的圆上一周的积分. 因此,根据 z 平面内的积分,式(8-54)可重写为

$$f[n] = \frac{1}{2\pi j}\oint_C F(z)z^{n-1}\,dz \qquad\qquad (8\text{-}55)$$

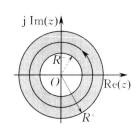

图 8-8　围线积分路径

式中,$\oint_C$ 记为在半径为 r,以原点为圆心的封闭圆上沿逆时针方向环绕一周的积分,如图 8-8 所示. r 的值可选为使 $F(z)$ 收敛的任何值;也就是使 $|z| = r$ 的积分围线位于收敛域内的任何值. 式(8-55) 就是逆 z 变换的正规数学表示式,求值要利用复平面的围线积分. 除了式(8-55) 的围线积分,还有其他的方法可以从 z 变换求得与其对应的序列. 对于一个有理 z 变换,其中特别有用的是利用部分分式展开法,下面分别介绍. 这里,我们只考虑单边 z 变换的情况.

8.3.2　围线积分法(留数法)

由于围线 C 包围了 $F(z)z^{n-1}$ 的所有孤立奇异点(极点),故此积分式可应用留数定理来进行运算,所以又称留数法. 这样,可以把式(8-55)的积分表示为围线 C 内所包含 $F(z)z^{n-1}$ 的各极点留数之和,即

$$f[n] = \frac{1}{2\pi j}\oint_C F(z)z^{n-1}\,dz = \sum \mathrm{Res}[F(z)z^{n-1}] \qquad\qquad (8\text{-}56)$$

式中,求和为 $F(z)z^{n-1}$ 在围线 C 的所有的奇点.

一般来说,$F(z)z^{n-1}$ 是有理分式,如果在 $z = z_0$ 处有 m 阶极点,此时它的留数由下式确定

$$\mathrm{Res}[F(z)z^{n-1}]_{z=z_0} = \frac{1}{(m-1)!}\left\{\frac{d^{m-1}}{ds^{m-1}}[(z-z_0)^m F(z)z^{n-1}]\right\}_{z=z_0} \qquad (8\text{-}57)$$

如果 $z = z_0$ 仅是一阶极点,即 $m = 1$,此时式(8-57) 可以简化为

$$\mathrm{Res}[F(z)z^{n-1}]_{z=z_0} = [(z-z_0)F(z)z^{n-1}]_{z=z_0} \qquad\qquad (8\text{-}58)$$

在利用式(8-57) 或式(8-58) 的时候,注意 $F(z)z^{n-1}$ 在围线 C 内极点除 $n = 0$ 时,在原点处

有一个极点可能不是 $F(z)$ 的极点外，其余极点均为 $F(z)$ 的极点.

例 8 - 15 引用围线积分法计算 $F(z) = \dfrac{2z^2 - 1.5z}{z^2 - 1.5z + 0.5}$ 所对应的离散函数 $f[n]$.

解： 由式(8 - 55)

$$f[n] = \frac{1}{2\pi j} \oint_C F(z) z^{n-1} \mathrm{d}z = \frac{1}{2\pi j} \oint_C \frac{(2z - 1.5) z^n}{(z - 0.5)(z - 1)} \mathrm{d}z$$

被积函数的极点 $z_1 = 0.5$ 和 $z_2 = 1$. 在这两个极点处的留数分别为

$$\mathrm{Res}\left[F(z) z^{n-1}\right]_{z=0.5} = \frac{(2z - 1.5) z^n}{(z - 1)} \bigg|_{z=0.5} = (0.5)^n$$

$$\mathrm{Res}\left[F(z) z^{n-1}\right]_{z=1} = \frac{(2z - 1.5) z^n}{(z - 0.5)} \bigg|_{z=1} = 1^n = 1$$

得

$$f[n] = \{(0.5)^n + 1\} u[n]$$

例 8 - 16 已知 $f[n]$ 的单边 z 变换为 $F(z) = \dfrac{2z^2 - 3z + 1}{z^2 - 4z - 5}$，试用留数法求原序列 $f[n]$.

解： 由

$$F(z) z^{n-1} = \frac{2z^2 - 3z + 1}{(z - 5)(z + 1)} z^{n-1}$$

当 $n \geqslant 1$ 时，$F(z) z^{n-1}$ 只有 $z_1 = 5$，$z_2 = -1$ 两个极点，这两个极点处的留数分别为

$$\mathrm{Res}\left[F(z) z^{n-1}\right]_{z=5} = \frac{(2z^2 - 3z + 1) z^{n-1}}{(z + 1)} \bigg|_{z=5} = 6\,(5)^{n-1}$$

$$\mathrm{Res}\left[F(z) z^{n-1}\right]_{z=-1} = \frac{(2z^2 - 3z + 1) z^{n-1}}{(z - 5)} \bigg|_{z=-1} = -(-1)^{n-1}$$

得

$$f[n] = \{6\,(5)^{n-1} - (-1)^{n-1}\} u[n-1]$$

当 $n = 0$ 时，$F(z) z^{-1}$ 有 $z_1 = 5$，$z_2 = -1$，$z_3 = 0$ 三个极点，这三个极点处的留数分别为

$$\mathrm{Res}\left[F(z) z^{-1}\right]_{z=5} = \frac{6}{5}$$

$$\mathrm{Res}\left[F(z) z^{-1}\right]_{z=-1} = 1$$

$$\mathrm{Res}\left[F(z) z^{-1}\right]_{z=0} = -\frac{1}{5}$$

得

$$f[0] = \frac{6}{5} + 1 - \frac{1}{5} = 2$$

将 $f[n]$ 用一个表达式来表示，则有

$$f[n] = 2\delta[n] + \{6\,(5)^{n-1} - (-1)^{n-1}\} u[n-1]$$

8.3.3 部分分式展开法

在离散系统分析中，经常遇到的象函数是 z 的有理分式，它可以写为

$$F(z) = \frac{B(z)}{A(z)} = \frac{b_m z^m + b_{m-1} z^{m-1} + \cdots + b_1 z + b_0}{z^n + a_{n-1} z^{n-1} + \cdots + a_1 z + a_0} \tag{8-59}$$

式中，$m \leqslant n$，$A(z)$、$B(z)$ 分别为 $F(z)$ 的分母和分子多项式. 类似于拉普拉斯变换中部分分式展开法，可以先将 $F(z)$ 展开成一些简单而常见的部分分式之和，然后分别求出各部分分式逆 z 变换，

把各逆 z 变换相加即可得到 $F(z)$.

只有真分式（即 $m < n$）才能展开为部分分式. 因此，当 $m = n$ 时还不能将 $F(z)$ 直接展开. z 变换的基本形式为 $\dfrac{z}{z - z_m}$，通常可以先将 $\dfrac{F(z)}{z}$ 展开，然后乘以 z；或者先从 $F(z)$ 中分出常数项，再将余下的真分式展开为部分分式.

如果象函数 $F(z)$ 有如式（8 - 59）的形式，则

$$\frac{F(z)}{z} = \frac{B(z)}{zA(z)} = \frac{B(z)}{z(z^n + a_{n-1}z^{n-1} + \cdots + a_1 z + a_0)} \tag{8 - 60}$$

式中，$B(z)$ 的最高次幂 $m < n + 1$.

$F(z)$ 的分母多项式为 $A(z)$，$A(z) = 0$ 有 n 个根，$z_1, z_2, \cdots, z_n$，它们称为 $F(z)$ 的极点. 按 $F(z)$ 极点的类型，$\dfrac{F(z)}{z}$ 的展开式有以下几种情况.

1. $F(z)$ 有单极点

如 $F(z)$ 的极点 $z_1, z_2, \cdots, z_n$ 都互不相同，且不等于 0，则 $\dfrac{F(z)}{z}$ 可展开为

$$\frac{F(z)}{z} = \frac{K_0}{z} + \frac{K_1}{z - z_1} + \cdots + \frac{K_n}{z - z_n} = \sum_{i=0}^{n} \frac{K_i}{z - z_i} \tag{8 - 61}$$

式中，$z_0 = 0$，各系数

$$K_i = (z - z_i) \left. \frac{F(z)}{z} \right|_{z = z_i} \tag{8 - 62}$$

将求得的各系数 K_i 代入式（8 - 61）后，等号两端同乘以 z，得

$$F(z) = K_0 + \sum_{i=1}^{n} \frac{K_i z}{z - z_i} \tag{8 - 63}$$

根据给定的收敛域，将式（8 - 63）划分为 $F_1(z)(|z| > \alpha)$ 和 $F_2(z)(|z| < \beta)$ 两部分，根据已知的变换对，如

$$\delta[n] \leftrightarrow 1 \tag{8 - 64}$$

$$a^n u[n] \leftrightarrow \frac{z}{z - a}, |z| > a \tag{8 - 65}$$

$$-a^n u[-n-1] \leftrightarrow \frac{z}{z - a}, |z| < a \tag{8 - 66}$$

等，就可求得式（8 - 63）的原函数.

例 8 - 17   已知象函数 $F(z) = \dfrac{z^2}{(z+1)(z-2)}$，其收敛域分别为：(1) $|z| > 2$；(2) $|z| < 1$；(3) $1 < |z| < 2$. 分别求其原序列.

解：   若将 $F(z)$ 展开为部分分式，求 $F(z)$ 的极点，即 $F(z)$ 分母多项式 $A(z) = 0$ 的根. 由 $F(z)$ 可知，其极点为 $z_1 = -1, z_2 = 2$. 于是 $\dfrac{F(z)}{z}$ 可展开为部分分式

$$\frac{F(z)}{z} = \frac{z^2}{z(z+1)(z-2)} = \frac{z}{(z+1)(z-2)} = \frac{K_1}{z+1} + \frac{K_2}{z-2}$$

由式（8 - 62）可得

$$K_1 = (z+1) \left. \frac{F(z)}{z} \right|_{z=-1} = \frac{1}{3}$$

$$K_2 = (z-2) \left. \frac{F(z)}{z} \right|_{z=2} = \frac{2}{3}$$

于是得

$$F(z) = \frac{\frac{1}{3}z}{z+1} + \frac{\frac{2}{3}z}{z-2}$$

（1）收敛域为 $|z| > 2$，故 $f[n]$ 为因果序列. 由式(8-65) 得

$$f[n] = \left[\frac{1}{3}(-1)^n + \frac{2}{3}(2)^n\right]u[n]$$

（2）收敛域为 $|z| < 1$，故 $f[n]$ 为反因果序列. 由式(8-66) 得

$$f[n] = \left[-\frac{1}{3}(-1)^n - \frac{2}{3}(2)^n\right]u[-n-1]$$

（3）收敛域为 $1 < |z| < 2$，由展开式不难看出，其第一项属于因果序列（$|z| > 1$），第二项属于反因果序列（$|z| < 2$）. 由式(8-65) 和式(8-66) 可分别求其逆 z 变换，最后得

$$f[n] = -\frac{2}{3}(2)^n u[-n-1] + \frac{1}{3}(-1)^n u[n]$$

2. $F(z)$ 有共轭单极点

如果 $F(z)$ 有一对共轭单极点 z_1 和 $z_2(z_2 = z_1^*)$，则可将 $\frac{F(z)}{z}$ 展开为

$$\frac{F(z)}{z} = \frac{F_a(z)}{z} + \frac{F_b(z)}{z} = \frac{K_1}{z-z_1} + \frac{K_2}{z-z_2} + \frac{F_b(z)}{z} \qquad (8-67)$$

式中，$\frac{F_b(z)}{z}$ 是 $\frac{F(z)}{z}$ 除共轭极点所形成分式外的其余部分，而

$$\frac{F_a(z)}{z} = \frac{K_1}{z-z_1} + \frac{K_2}{z-z_2} \qquad (8-68)$$

可以证明，若 $A(z)$ 是实系数多项式，则 $K_2 = K_1^*$. 因此，在有两个复共轭极点的情况下，其逆 z 变换形式为

$$f[n] = [K_1(z_1)^n + K_1^*(z_1^*)^n]u[n] \qquad (8-69)$$

这两项可结合起来得到实信号表示的形式. 将 K_1、z_1 写成极坐标的形式

$$K_1 = |K_1|e^{j\alpha}$$
$$z_1 = re^{j\beta}$$

其中，α 和 β 是 K_1 和 z_1 的相角. 将上述关系代入式(8-69) 可得

$$f[n] = |K_1|r^n[e^{j(\alpha+\beta n)} + e^{-j(\alpha+\beta n)}]u[n] \qquad (8-70)$$

或其等价形式为

$$f[n] = 2|K_1|r^n\cos[\alpha+\beta n]u[n] \qquad (8-71)$$

如果收敛域是 $|z| > |z_1| = r$.

3. $F(z)$ 有重极点

如果 $F(z)$ 在 $z = z_1 = a$ 处有 r 重极点，则 $\frac{F(z)}{z}$ 可展开为

$$\frac{F(z)}{z} = \frac{F_a(z)}{z} + \frac{F_b(z)}{z} = \frac{K_{11}}{(z-a)^r} + \frac{K_{12}}{(z-a)^{r-1}} + \cdots + \frac{K_{1r}}{(z-a)} + \frac{F_b(z)}{z} \qquad (8-72)$$

式中，$\frac{F_b(z)}{z}$ 是 $\frac{F(z)}{z}$ 除重极点 $z = a$ 外的项，在 $z = a$ 处，$F_b(z) \neq \infty$. 各系数 K_{1i} 可用下式求得

$$K_{1i} = \frac{1}{(i-1)!}\frac{d^{i-1}}{dz^{i-1}}\left[(z-a)^r\frac{F(z)}{z}\right]_{z=a} \qquad (8-73)$$

将求得的系数 K_{1i} 代入式(8-72)后,等号两端同乘以 z,得

$$F(z) = \frac{K_{11}z}{(z-a)^r} + \frac{K_{12}z}{(z-a)^{r-1}} + \cdots + \frac{K_{1r}z}{(z-a)} + F_b(z) \tag{8-74}$$

根据给定的收敛域和以下几个常用的变换式,可求得式(8-74)的逆 z 变换.

$$na^{n-1}u[n] \leftrightarrow \frac{z}{(z-a)^2}, |z| > |a| \tag{8-75}$$

$$-na^{n-1}u[-n-1] \leftrightarrow \frac{z}{(z-a)^2}, |z| < |a| \tag{8-76}$$

$$\frac{1}{2}n(n-1)a^{n-2}u[n] \leftrightarrow \frac{z}{(z-a)^3}, |z| > |a| \tag{8-77}$$

$$-\frac{1}{2}n(n-1)a^{n-2}u[-n-1] \leftrightarrow \frac{z}{(z-a)^3}, |z| < |a| \tag{8-78}$$

$$\frac{n(n-1)\cdots(n-m+1)}{m!}a^{n-m}u[n] \leftrightarrow \frac{z}{(z-a)^{m+1}}, m \geqslant 1, |z| > |a| \tag{8-79}$$

$$\frac{-n(n-1)\cdots(n-m+1)}{m!}a^{n-m}u[-n-1] \leftrightarrow \frac{z}{(z-a)^{m+1}}, m \geqslant 1, |z| < |a| \tag{8-80}$$

例 8-18 求象函数

$$F(z) = \frac{z^2(z+1)}{(z-1)^3}, \quad |z| > 1$$

的逆 z 变换.

解：将 $\frac{F(z)}{z}$ 展开为

$$\frac{F(z)}{z} = \frac{z^2+z}{(z-1)^3} = \frac{K_{11}}{(z-1)^3} + \frac{K_{12}}{(z-1)^2} + \frac{K_{13}}{(z-1)}$$

根据式(8-73)可求得

$$K_{11} = (z-1)^3 \frac{F(z)}{z}\bigg|_{z=1} = 2$$

$$K_{12} = \frac{d}{dz}\left[(z-1)^3 \frac{F(z)}{z}\right]\bigg|_{z=1} = 3$$

$$K_{13} = \frac{1}{2}\frac{d^2}{dz^2}\left[(z-1)^3 \frac{F(z)}{z}\right]\bigg|_{z=1} = 1$$

所以

$$F(z) = \frac{2z}{(z-1)^3} + \frac{3z}{(z-1)^2} + \frac{z}{(z-1)}$$

由于收敛域 $|z| > 1$,可得 $F(z)$ 的逆 z 变换为

$$f[n] = \left[\frac{2}{2!}n(n-1) + 3n + 1\right]u[n] = (n+1)^2 u[n]$$

8.4 z 域 分 析

与连续系统相对应,z 变换是分析线性离散系统有力的数学工具.与离散时间傅里叶变换相比,它的变换条件要求更宽松,应用的范围更广泛.z 变换将描述系统的时域差分方程变换为 z 域的代数方程,便于运算和求解;同时单边 z 变换将系统的初始状态自然地包含于象函数方程中,既

可分别求得零输入响应、零状态响应,也可求得系统的全响应.本节讨论 z 变换用于进行 LTI 离散系统分析.

8.4.1　差分方程的 z 域解

设 LTI 系统的激励为 $f[n]$,响应为 $y[n]$,描述 m 阶系统的后向差分方程的一般形式可写为

$$\sum_{j=0}^{m} a_{m-j} y[n-j] = \sum_{i=0}^{k} b_{k-i} f[n-i] \tag{8-81}$$

式中,$a_{m-j}(j=0,1,\cdots,m)$,$b_{k-i}(i=0,1,\cdots,k)$ 均为实数,其中 $a_m = 1$.设 $f[n]$ 是在 $n=0$ 时接入的,系统的初始状态为 $y[-1]$,$y[-2]$,$\cdots$,$y[-m]$.

令 $\mathscr{Z}\{y[n]\} = Y[z]$,$\mathscr{Z}\{f[n]\} = F[z]$.根据单边 z 变换的移位特性,$y[n]$ 右移 j 个单位的 z 变换为

$$\mathscr{Z}\{y[n-j]\} = z^{-j} Y[z] + \sum_{n=1}^{j} y[-n] z^{n-j} \tag{8-82}$$

如果 $f[n]$ 是在 $n=0$ 时接入的(或 $f[n]$ 为因果序列),那么在 $n<0$ 时,$f[n]=0$,即 $f[-1]=f[-2]=\cdots=f[-m]=0$,因而 $f[n-i]$ 的 z 变换为

$$\mathscr{Z}\{f[n-i]\} = z^{-i} F[z] \tag{8-83}$$

取式(8-81)的 z 变换,并将式(8-82)和式(8-83)代入,得

$$\sum_{j=0}^{m} a_{m-j} \left\{ z^{-j} Y[z] + \sum_{n=1}^{j} y[-n] z^{n-j} \right\} = \sum_{i=0}^{k} b_{k-i} z^{-i} F[z]$$

即

$$\left(\sum_{j=0}^{m} a_{m-j} z^{-j} \right) Y[z] + \sum_{j=0}^{m} a_{m-j} \left\{ \sum_{n=1}^{j} y[-n] z^{n-j} \right\} = \left(\sum_{i=0}^{k} b_{k-i} z^{-i} \right) F[z] \tag{8-84}$$

由式(8-84)可解得

$$Y[z] = \frac{M(z)}{A(z)} + \frac{B(z)}{A(z)} F(z) \tag{8-85}$$

式中,$M(z) = - \sum_{j=0}^{m} a_{m-j} \left\{ \sum_{n=1}^{j} y[-n] z^{n-j} \right\}$,$A(z) = \sum_{j=0}^{m} a_{m-j} z^{-j}$,$B(z) = \sum_{i=0}^{k} b_{k-i} z^{-i}$.$A(z)$ 与 $B(z)$ 是 z^{-1} 的多项式,它们的系数分别是差分方程的系数 a_{m-j} 和 b_{k-i}.$M(z)$ 也是 z^{-1} 的多项式,其系数仅与 a_{m-j} 和响应的各初始状态 $y[-1]$,$y[-2]$,$\cdots$,$y[-m]$ 有关,而与激励无关.

由式(8-85)可以看出,其第一项仅与初始状态有关,而与输入无关,因而是零输入响应 $y_{zi}[n]$ 的象函数,令为 $Y_{zi}(z)$;其第二项仅与输入有关,而与初始状态无关,因而是零状态响应 $y_{zs}[n]$ 的象函数,令为 $Y_{zs}(z)$.于是式(8-85)可以写为

$$Y[z] = Y_{zi}[z] + Y_{zs}[z] = \frac{M(z)}{A(z)} + \frac{B(z)}{A(z)} F(z) \tag{8-86}$$

式中,$Y_{zi}(z) = \dfrac{M(z)}{A(z)}$,$Y_{zs}(z) = \dfrac{B(z)}{A(z)}$.取式(8-86)的逆 z 变换,得系统的全响应

$$y[n] = y_{zi}[n] + y_{zs}[n] \tag{8-87}$$

式中

$$y_{zi}[n] = \mathscr{Z}^{-1}[Y_{zi}(z)] = \mathscr{Z}^{-1}\left[\frac{M(z)}{A(z)} \right]$$

$$y_{zs}[n] = \mathscr{Z}^{-1}[Y_{zs}(z)] = \mathscr{Z}^{-1}\left[\frac{B(z)}{A(z)} F(z) \right]$$

例 8 - 19 描述某离散时间系统的差分方程为

$$y[n] - 4y[n-1] + 3y[n-2] = f[n]$$

初始条件为 $y[-1] = 0, y[-2] = \dfrac{1}{2}, f[n] = 2^n u[n]$，求系统的零输入响应 $y_{zi}[n]$、零状态响应 $y_{zs}[n]$ 和全响应 $y[n]$.

解： 令 $y[n] \leftrightarrow Y(z), f[n] \leftrightarrow F(z)$. 对以上差分方程取 z 变换，得

$$Y[z] - 4\{z^{-1}Y[z] + y[-1]\} + 3\{z^{-2}Y[z] + y[-1]z^{-1} + y[-2]\} = F[z]$$

即

$$(1 - 4z^{-1} + 3z^{-2})Y[z] - (4 - 3z^{-1})y[-1] + 3y[-2] = F[z]$$

可见，经过 z 变换后，差分方程变换为代数方程. 由上式可解得

$$Y[z] = \frac{(4 - 3z^{-1})y[-1] - 3y[-2]}{(1 - 4z^{-1} + 3z^{-2})} + \frac{F[z]}{(1 - 4z^{-1} + 3z^{-2})}$$

$$= \frac{(4z^2 - 3z)y[-1] - 3z^2 y[-2]}{(z^2 - 4z + 3)} + \frac{z^2 F[z]}{(z^2 - 4z + 3)}$$

上式第一项是零输入响应的象函数 $Y_{zi}(z)$，第二项是零状态响应的象函数 $Y_{zs}(z)$. 将初始状态及 $F(z) = \mathscr{Z}\{2^n u[n]\} = \dfrac{z}{z-2}$ 代入，得

$$Y(z) = \frac{-\dfrac{3}{2}z^2}{(z-1)(z-3)} + \frac{z^3}{(z-1)(z-3)(z-2)} = Y_{zi}(z) + Y_{zs}(z)$$

式中

$$Y_{zi}(z) = \frac{-\dfrac{3}{2}z^2}{(z-1)(z-3)}, \quad Y_{zs}(z) = \frac{z^3}{(z-1)(z-3)(z-2)}$$

将 $\dfrac{Y_{zi}(z)}{z}$ 和 $\dfrac{Y_{zs}(z)}{z}$ 展开为部分分式，得

$$Y_{zi}(z) = \frac{3}{4}\frac{z}{(z-1)} - \frac{9}{4}\frac{z}{(z-3)}$$

$$Y_{zs}(z) = \frac{1}{2}\frac{z}{(z-1)} - 4\frac{z}{(z-2)} + \frac{9}{2}\frac{z}{(z-3)}$$

取上式的逆 z 变换，得零输入响应、零状态响应分别为

$$y_{zi}[n] = \left[\frac{3}{4} - \frac{9}{4}(3)^n\right]u[n]$$

$$y_{zs}[n] = \left[\frac{1}{2} - 4(2)^n + \frac{9}{2}(3)^n\right]u[n]$$

系统的全响应

$$y[n] = y_{zi}[n] + y_{zs}[n] = \left[\frac{5}{4} + \frac{9}{4}(3)^n - 4(2)^n\right]u[n]$$

与例 3 - 4 的结果完全一致.

例 8 - 20 若描述 LTI 系统的差分方程为

$$y[n] - y[n-1] - 2y[n-2] = f[n] + 2f[n-2]$$

已知 $y[-1] = 2, y[-2] = -\dfrac{1}{2}, f[n] = u[n]$. 求系统的零输入响应、零状态响应和全响应.

解： 令 $y[n] \leftrightarrow Y(z), f[n] \leftrightarrow F(z)$. 对以上差分方程取 z 变换，得

$$Y[z] - \{z^{-1}Y[z] + y[-1]\} - 2\{z^{-2}Y[z] + y[-2] + y[-1]z^{-1}\} = F[z] + 2z^{-2}F[z]$$

即　　　　　$(1 - z^{-1} - 2z^{-2})Y[z] - (1 + 2z^{-1})y[-1] - 2y[-2] = F[z] + 2z^{-2}F[z]$

可见,经过 z 变换后,差分方程变换为代数方程. 由上式可解得

$$Y[z] = \frac{(1 + 2z^{-1})y[-1] + 2y[-2]}{(1 - z^{-1} - 2z^{-2})} + \frac{1 + 2z^{-2}}{(1 - z^{-1} - 2z^{-2})}F[z]$$

$$= \frac{\left\{ y[-1] + 2y[-2] \right\}z^2 + 2y[-1]z}{z^2 - z - 2} + \frac{z^2 + 2}{z^2 - z - 2}F[z]$$

上式第一项是零输入响应的象函数 $Y_{zi}(z)$,第二项是零状态响应的象函数 $Y_{zs}(z)$. 将初始状态及

$F(z) = \mathscr{Z}\left\{ u[n] \right\} = \dfrac{z}{z - 1}$ 代入,得

$$Y(z) = \frac{z^2 + 4z}{(z - 2)(z + 1)} + \frac{z^3 + 2z}{(z - 2)(z + 1)(z - 1)} = Y_{zi}(z) + Y_{zs}(z)$$

式中

$$Y_{zi}(z) = \frac{z^2 + 4z}{(z - 2)(z + 1)}$$

$$Y_{zs}(z) = \frac{z^3 + 2z}{(z - 2)(z + 1)(z - 1)}$$

将 $\dfrac{Y_{zi}(z)}{z}$ 和 $\dfrac{Y_{zs}(z)}{z}$ 展开为部分分式,得

$$Y_{zi}(z) = \frac{2z}{(z - 2)} - \frac{z}{(z + 1)}$$

$$Y_{zs}(z) = \frac{2z}{(z - 2)} + \frac{1}{2}\frac{z}{(z + 1)} - \frac{3}{2}\frac{z}{(z - 1)}$$

取上式的逆变换,得零输入响应、零状态响应分别为

$$y_{zi}[n] = \left[2(2)^n - (-1)^n \right]u[n]$$

$$y_{zs}[n] = \left[2(2)^n + \frac{1}{2}(-1)^n - \frac{3}{2} \right]u[n]$$

系统的全响应

$$y[n] = y_{zi}[n] + y_{zs}[n] = \left[4(2)^n - \frac{1}{2}(-1)^n - \frac{3}{2} \right]u[n]$$

8.4.2　系统函数

如前所述,描述 m 阶 LTI 系统的后向差分方程为

$$\sum_{j=0}^{m} a_{m-j}y[n - j] = \sum_{i=0}^{k} b_{k-i}f[n - i] \tag{8-88}$$

设 $f[n]$ 是 $n = 0$ 时接入的,则其零状态响应的象函数

$$Y_{zs}(z) = \frac{B(z)}{A(z)}F(z) \tag{8-89}$$

式中,$F(z)$ 为激励 $f[n]$ 的象函数,$A(z)$、$B(z)$ 分别为

$$A(z) = \sum_{j=0}^{m} a_{m-j}z^{-j} = a_m + a_{m-1}z^{-1} + \cdots + a_1z^{-(m-1)} + a_0z^{-m} \tag{8-90}$$

$$B(z) = \sum_{i=0}^{k} b_{k-i}z^{-i} = b_k + b_{k-1}z^{-1} + \cdots + b_1z^{-(k-1)} + b_0z^{-k} \tag{8-91}$$

它们很容易由差分方程写出. 其中 $A(z)$ 称为方程式(8-88)的特征多项式,$A(z) = 0$ 的根称为特征根.

系统零状态响应的象函数 $Y_{zs}(z)$ 与激励象函数 $F(z)$ 之比称为系统函数，用 $H(z)$ 表示，即

$$H(z) = \frac{Y_{zs}(z)}{F(z)} = \frac{B(z)}{A(z)} \tag{8-92}$$

由描述系统的差分方程容易得出该系统的系统函数 $H(z)$，反之亦然．由式(8-90)、式(8-91)和式(8-92)可见，系统函数 $H(z)$ 只与描述系统的差分方程系数 a_{m-j}、b_{k-i} 有关，即只与系统的结构、参数等有关，而与系统的激励无关，与系统的初始状态也无关，它充分地描述了系统特性．

引入系统函数的概念后，零状态响应的象函数可写为

$$Y_{zs}(z) = H(z)F(z) \tag{8-93}$$

单位序列(样值)响应 $h[n]$ 是输入为 $\delta[n]$ 时系统的零状态响应，由于 $\delta[n] \leftrightarrow 1$，故由式(8-93)可知，单位序列响应 $h[n]$ 与系统函数 $H(z)$ 的关系是

$$h[n] \leftrightarrow H(z) \tag{8-94}$$

即系统的单位序列响应 $h[n]$ 与系统函数 $H(z)$ 是一个 z 变换对．

若输入为 $f[n]$，其象函数为 $F(z)$，则零状态响应 $Y_{zs}(k)$ 的象函数为式(8-93)．取其逆 z 变换，并由 n 域卷积定理，有

$$
\begin{aligned}
y_{zs}[n] &= \mathscr{Z}^{-1}[Y_{zs}(z)] = \mathscr{Z}^{-1}[H(z)F(z)] \\
&= \mathscr{Z}^{-1}[H(z)] * \mathscr{Z}^{-1}[F(z)] \\
&= h[n] * f[n]
\end{aligned} \tag{8-95}
$$

这正是时域分析中的重要结论．可见 n 域卷积定理将离散系统的时域分析与 z 域分析紧密相连，使系统分析方法更加丰富，手段更加灵活．

例 8-21 求一个单位延时的系统函数．

解： 若这个单位延时的激励是 $f[n]u[n]$（见图 8-9），那么它的响应是

$$y[n] = f[n-1]u[n-1]$$

这个方程的 z 变换为

$$Y[z] = \frac{1}{z}F[z] = H[z]F[z]$$

可得单位延时的系统函数是

$$H[z] = \frac{1}{z}$$

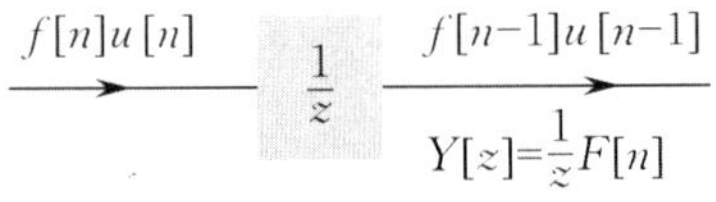

图 8-9 单位延时和它的系统函数

例 8-22 描述某 LTI 系统的方程为 $y[n] - \frac{1}{6}y[n-1] - \frac{1}{6}y[n-2] = f[n] + 2f[n-1]$，求系统的单位序列响应 $h[n]$．

解： 显然，零状态响应也满足上述差分方程．设初始状态均为零，对方程取 z 变换，得

$$Y_{zs}(z) - \frac{1}{6}z^{-1}Y_{zs}(z) - \frac{1}{6}z^{-2}Y_{zs}(z) = F(z) + 2z^{-1}F(z)$$

由上式得

$$H(z) = \frac{Y_{zs}(z)}{F(z)} = \frac{1 + 2z^{-1}}{1 - \frac{1}{6}z^{-1} - \frac{1}{6}z^{-2}} = \frac{z^2 + 2z}{z^2 - \frac{1}{6}z - \frac{1}{6}} = \frac{3z}{z - \frac{1}{2}} + \frac{-2z}{z + \frac{1}{3}}$$

取逆 z 变换,得单位序列响应为

$$h[n] = \left[3 \left(\frac{1}{2} \right)^n - 2 \left(-\frac{1}{3} \right)^n \right] u[n]$$

例 8-23　当输入 $f[n] = u[n]$ 时,某线性时不变离散系统的零状态响应为

$$y_{zs}[n] = [2 - (0.5)^n + (-1.5)^n] u[n]$$

求其系统函数和描述该系统的差分方程.

解:　分别求出 $f[n]$ 和 $y_{zs}[n]$ 的 z 变换

$$F(z) = \mathscr{Z}(u[n]) = \frac{z}{z-1}$$

$$
\begin{aligned}
Y_{zs}(z) &= \mathscr{Z}\{[2 - (0.5)^n + (-1.5)^n] u[n]\} \\
&= \frac{2z}{z-1} - \frac{z}{z-0.5} + \frac{z}{z+1.5} = \frac{z(2z^2 + 0.5)}{(z-1)(z-0.5)(z+1.5)}
\end{aligned}
$$

系统函数

$$H(z) = \frac{Y_{zs}(z)}{F(z)} = \frac{2z^2 + 0.5}{(z-0.5)(z+1.5)} = \frac{2z^2 + 0.5}{z^2 + z - 0.75}$$

可得

$$z^2 Y_{zs}(z) + z Y_{zs}(z) - 0.75 Y_{zs}(z) = 2z^2 F(z) + 0.5 F(z)$$

即

$$Y_{zs}(z) + z^- Y_{zs}(z) - 0.75 z^{-2} Y_{zs}(z) = 2F(z) + 0.5 z^{-2} F(z)$$

取逆 z 变换可得系统的差分方程为

$$y[n] + y[n-1] - 0.75 y[n-2] = 2f[n] + 0.5 f[n-2]$$

8.5　系统函数与系统特性

离散系统函数定义为系统零状态响应的 z 变换与激励的 z 变换之比,用 $H(z)$ 表示,系统函数 $H(z)$ 只与描述系统的差分方程系数 a_j、b_i 有关,即只与系统的结构、元件参数等有关,而与外界因素(激励、初始状态等)无关. z 变换建立了时域函数 $h[n]$ 与 $H(z)$ 之间的联系. 由于 $h[n]$ 与 $H(z)$ 之间存在一定的对应关系,故可从函数 $H(z)$ 的形式透视出 $h[n]$ 的内在性质.

8.5.1　系统函数的零点与极点

离散时间线性时不变系统的系统函数是复变量 z 的有理分式. 它是 z 的有理多项式 $B(z)$ 与 $A(z)$ 之比,即

$$H(z) = \frac{Y_{zs}(z)}{F(z)} = \frac{B(z)}{A(z)} = \frac{\sum\limits_{i=0}^{m} b_i z^i}{\sum\limits_{j=0}^{n} a_j z^j} \tag{8-96}$$

式中,系数 $a_j(j = 0, 1, \cdots, n)$,$b_i(i = 0, 1, \cdots, m)$ 均为实常数,其中 $a_n = 1$. $H(z)$ 称为离散系统的系统函数. 可见,根据描述系统的差分方程容易写出系统函数 $H(z)$. 系统函数只取决于系统本身,而与激励无关,与系统内部的初始状态也无关.

$A(z)$ 与 $B(z)$ 都是 z 的有理多项式,因而能求得多项式等于零的根. 其中,$A(z) = 0$ 的根 p_1,p_2,$\cdots$,p_n 称为系统函数 $H(z)$ 的极点;$B(z) = 0$ 的根 z_1,z_2,$\cdots$,z_m 称为系统函数 $H(z)$ 的零点. 这

样,将 $A(z)$ 与 $B(z)$ 分解因式后,式(8-96)可写为

$$H(z) = \frac{B(z)}{A(z)} = \frac{b_m \prod\limits_{i=1}^{m}(z-z_i)}{\prod\limits_{j=1}^{n}(z-p_j)} \qquad (8-97)$$

还可按以下方式定义:若 $\lim\limits_{z \to p_1} H(z) = \infty$,但 $[(z-p_1)H(z)]_{z=p_1}$ 等于有限值,则 $z = p_1$ 处有一阶极点.若 $[(z-p_1)^k H(z)]_{z=p_1}$ 直到 $k = n$ 时才等于有限值,则 $H(z)$ 在 $z = p_1$ 处有 n 阶极点.

极点 p_j 和零点 z_i 的值可能是实数、虚数或复数.由于 $A(z)$ 和 $B(z)$ 的系数都是实数,所以零点、极点若为虚数或复数,则必共轭成对.$H(z)$ 的极(零)点有以下几种类型:一阶实极(零)点,它位于 z 平面的实轴上;一阶共轭虚极(零)点,它们位于虚轴上并且对称于实轴;一阶共轭复极(零)点,它们对称于实轴,此外还有二阶和二阶以上的实、虚、复极(零)点.

我们可以用零极点分布图将 $H(z)$ 在复平面上画出来,与第7章类似,图中用"×"号表示极点位置,用圆圈"○"号表示零点位置.多阶零极点的阶数由位于记号旁的数字表示.显然,由定义可知一个 z 变换的收敛域不能包含任何极点.

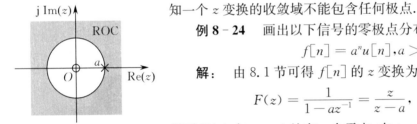

图 8-10 因果指数信号的零极点分布图

例 8-24   画出以下信号的零极点分布图:
$$f[n] = a^n u[n], a > 0$$

解: 由 8.1 节可得 $f[n]$ 的 z 变换为
$$F(z) = \frac{1}{1 - az^{-1}} = \frac{z}{z-a}, \qquad |z| > a$$

得到 $F(z)$ 在 $z_1 = 0$ 处有一个零点,在 $p_1 = a$ 处有一个极点,零极点分布图如图 8-10 所示.其中,极点 $p_1 = a$ 未包含在收敛域中.

8.5.2   系统函数与时域特性

由于系统函数 $H(z)$ 与单位冲激响应 $h[n]$ 是一对 z 变换式,因此,只要知道 $H(z)$ 在 z 平面中零点、极点的分布情况,就可预测该系统在时域方面 $h[n]$ 波形的特性.如果把 $H(z)$ 展开部分分式,$H(z)$ 的每个极点将决定一项对应的时间函数.具有一阶极点 $p_1, p_2, \cdots, p_k$ 的系统函数,其单位冲激响应形式为

$$h[n] = \mathscr{L}^{-1}[H(z)] = \mathscr{L}^{-1}\left[\sum_{i=1}^{k}\frac{K_i z}{z-p_i}\right] = \mathscr{L}^{-1}\left[\sum_{i=1}^{k}H_i(z)\right] = \sum_{i=1}^{k}h_i[n]$$

$$= \sum_{i=1}^{k}K_i(p_i)^n u[n] \qquad (8-98)$$

这里,p_i 可以是实数,也可以是成对的共轭复数形式.各项相应的幅值由系数 K_i 决定,而 K_i 与零点分布情况有关.

下面分析系统函数的极点与原函数波形的对应关系.离散系统的系统函数 $H(z)$ 的极点,按其在 z 平面上的位置可分为:单位圆内、单位圆上和单位圆外三类.

1. 极点在单位圆内

在单位圆 $|z| = 1$ 内的极点有实极点和共轭复极点两种.若系统函数有一个实极点 $p = a$,$|a| < 1$,则 $A(z)$ 有因子 $(z-a)$,其所对应的响应序列为 $Ka^n u[n]$.由于 $|a| < 1$,所以响应均按指数衰减,当 $n \to \infty$ 时,响应趋于零,另外,负极点会导致信号的符号交替,如图 8-11(a) 和图 8-11(b) 所示.

如有一对共轭极点 $p_{1,2} = re^{\pm j\beta}(|r| < 1)$，则 $A(z)$ 中有因子 $[z^2 - 2rz\cos\beta + r^2]$，其所对应的序列形式为 $Kr^n\cos(\beta n + \theta)u[n]$，式中，$K$、$\theta$ 为常数. 由于 $|r| < 1$，所以响应均按指数衰减，当 $n \rightarrow \infty$ 时，响应趋于零，如图 8 - 11(c) 所示.

在单位圆内的二阶及二阶以上极点，其所对应的响应当 $n \rightarrow \infty$ 时也趋近于零.

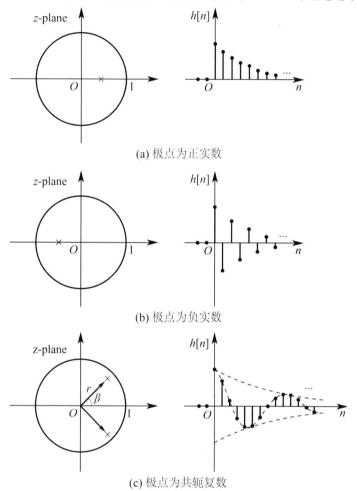

(a) 极点为正实数

(b) 极点为负实数

(c) 极点为共轭复数

图 8 - 11　极点在单位圆内

2. 极点在单位圆上

$H(z)$ 在单位圆 $|z| = 1$ 上的一阶极点 $p = 1$(或 -1)，对应 $A(z)$ 中的因子 $(z-1)$、$(z+1)$，它们所对应的序列分别为 $u[n]$、$(-1)^n u[n]$，其幅度不随 n 变化，如图 8 - 12(a) 和图 8 - 12(b) 所示.

$H(z)$ 在单位圆上的一阶极点 $p_{1,2} = e^{\pm j\beta}$，对应 $A(z)$ 中的因子 $[z^2 - 2z\cos\beta + 1]$，它所对应的序列为 $k\cos[\beta n + \theta]u[n]$，其幅度不随 n 变化，如图 8 - 12(c) 所示.

$H(z)$ 在单位圆上的 m 阶极点，其所对应的序列为 $K_j n^j u[n]$，$K_j n^j \cos(\beta n + \theta_j)u[n]$($j = 0, 1, \cdots, m-1$) 它们都随 n 的增大而增大.

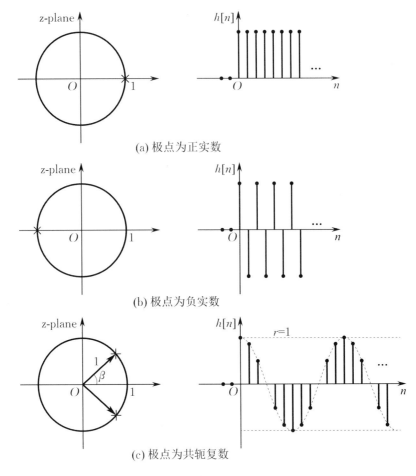

(a) 极点为正实数

(b) 极点为负实数

(c) 极点为共轭复数

图 8 - 12　极点为单位圆上

3. 极点在单位圆外

$H(z)$ 在单位圆外的单极点 $p = r(|r| > 1)$ 所对应的响应为 $Kr^n u[n]$,由于 $|r| > 1$,所以它们都随 n 的增大而增大,如图 8 - 13(a) 和图 8 - 13(b) 所示.

$H(z)$ 在单位圆外的共轭极点 $p_{1,2} = re^{\pm j\beta}(|r| > 1)$ 所对应的响应为 $kr^n\cos(\beta n + \theta)u[n]$,由于 $|r| > 1$,所以它们都随 n 的增大而增大,如图 8 - 13(c) 所示.

如有重极点,其所对应的响应也随 k 的增加而增大.

线性时不变离散系统的自由响应、单位序列(样值)响应等的序列形式由 $H(z)$ 的极点所确定.对于因果系统,$H(z)$ 在单位圆内的极点所对应的响应序列都是衰减的,当 n 趋于无限时,响应趋近于零.极点全部在单位圆内的系统是稳定系统.$H(z)$ 在单位圆上的一阶极点对应的响应序列的幅度不随 n 变化.$H(z)$ 在单位圆上的二阶及二阶以上极点或在单位圆外的极点,其所对应的序列都随 n 的增长而增大,当 n 趋于无限时,它们都趋近于无限大.这样的系统是不稳定的.

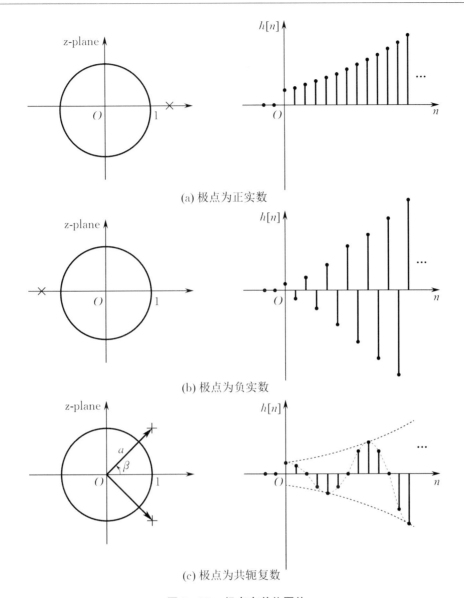

(a) 极点为正实数

(b) 极点为负实数

(c) 极点为共轭复数

图 8‑13　极点在单位圆外

8.5.3　系统函数与频响特性

离散线性时不变系统在时域中可用单位序列响应 $h[n]$ 或常系数线性差分方程来描述. 在频域中, 可用系统函数 $H(z)$ 或频率响应 $H(\mathrm{e}^{\mathrm{j}\Omega})$ 来表征.

对于离散系统, 设输入序列是频率为 Ω 的复指数序列, 即

$$f[n] = \mathrm{e}^{\mathrm{j}\Omega n}, \quad -\infty < n < \infty \tag{8-99}$$

线性时不变系统的单位序列响应为 $h[n]$, 利用卷积和, 得到系统的零状态响应为

$$y[n] = \sum_{m=-\infty}^{\infty} h[m]\mathrm{e}^{\mathrm{j}\Omega(n-m)} = \mathrm{e}^{\mathrm{j}\Omega n} \sum_{m=-\infty}^{\infty} h[m]\mathrm{e}^{-\mathrm{j}\Omega n} = \mathrm{e}^{\mathrm{j}\Omega n} H(\mathrm{e}^{\mathrm{j}\Omega}) \tag{8-100}$$

即式(8‑100)可表示成

$$y[n] = \mathrm{e}^{\mathrm{j}\Omega n} H(\mathrm{e}^{\mathrm{j}\Omega}) \tag{8-101}$$

其中
$$H(e^{j\Omega}) = \sum_{m=-\infty}^{\infty} h[m]e^{-j\Omega n} \tag{8-102}$$

$H(e^{j\Omega})$ 是 $h[n]$ 的傅里叶变换,称为系统的频率响应.它描述复指数序列通过线性时不变系统后,复振幅的变化.式(8-100)表明输入 $e^{j\Omega n}$,输出也含有 $e^{j\Omega n}$,且它被一个复值函数 $H(e^{j\Omega})$ 所加权.称这种输入信号为系统的特征函数,即 $e^{j\Omega n}$ 称为离散线性时不变系统的特征函数,而把 $H(e^{j\Omega})$ 称为特征值,它描述复指数序列通过离散线性时不变系统后,复振幅(包括幅度和相位)的变换.

当系统输入正弦序列时,则输出同频的正弦序列,其幅度受频率响应幅度 $|H(e^{j\Omega})|$ 加权,而输出的相位则为输入相位与系统相位响应之和.

设输入
$$f[n] = A\cos(\Omega_0 n + \varphi) = \frac{A}{2}[e^{j(\Omega_0 n+\varphi)} + e^{-j(\Omega_0 n+\varphi)}] = \frac{A}{2}e^{j\varphi}e^{j\Omega_0 n} + \frac{A}{2}e^{-j\varphi}e^{-j\Omega_0 n}$$

根据式(8-101), $\frac{A}{2}e^{j\varphi}e^{j\Omega_0 n}$ 的响应为
$$y_1[n] = H(e^{j\Omega_0})\frac{A}{2}e^{j\varphi}e^{j\Omega_0 n}$$

$\frac{A}{2}e^{-j\varphi}e^{-j\Omega_0 n}$ 的响应为
$$y_2[n] = H(e^{-j\Omega_0})\frac{A}{2}e^{-j\varphi}e^{-j\Omega_0 n}$$

根据系统的线性性质,得系统对正弦信号 $A\cos(\Omega_0 n + \varphi)$ 的输出为
$$y[n] = \frac{A}{2}[H(e^{j\Omega_0})e^{j\varphi}e^{j\Omega_0 n} + H(e^{-j\Omega_0})e^{-j\varphi}e^{-j\Omega_0 n}] \tag{8-103}$$

由于 $h[n]$ 是实序列,故 $H(e^{j\Omega_0})$ 的幅度为偶对称, $|H(e^{j\Omega_0})| = |H(e^{-j\Omega_0})|$.相角为奇对称,$\arg|H(e^{j\Omega_0})| = -\arg|H(e^{-j\Omega_0})|$.所以
$$y[n] = \frac{A}{2}[|H(e^{j\Omega_0})|e^{j\psi(\Omega)}e^{j\varphi}e^{j\Omega_0 n} + |H(e^{-j\Omega_0})|e^{j\psi(-\Omega_0)}e^{-j\varphi}e^{-j\Omega_0 n}]$$
$$= \frac{A}{2}|H(e^{j\Omega_0})|[e^{j\psi(\Omega)}e^{j\varphi}e^{j\Omega_0 n} + e^{-j\psi(\Omega)}e^{-j\varphi}e^{-j\Omega_0 n}]$$

即
$$y[n] = A|H(e^{j\Omega_0})|\cos[\Omega_0 n + \varphi + \psi(\Omega)] \tag{8-104}$$

由于
$$H(e^{j\Omega_0}) = |H(e^{j\Omega_0})|e^{j\psi(\Omega)} \tag{8-105}$$

可知,$H(e^{j\Omega})$ 是 Ω 的周期函数,周期为 2π.系统的频率响应 $H(e^{j\Omega})$ 就是系统函数 $H(z)$ 在单位圆上的值,即
$$H(e^{j\Omega}) = H(z)\big|_{z=e^{j\Omega}} \tag{8-106}$$

对于因果离散系统,如果系统函数 $H(z)$ 的极点均在单位圆内,那么它在单位圆上($|z|=1$)也收敛,式(8-97)所示的系统的频率响应函数为
$$H(e^{j\theta}) = H(z)\bigg|_{z=e^{j\theta}} = \frac{b_m\prod_{i=1}^{m}(e^{j\theta}-z_i)}{\prod_{i=1}^{n}(e^{j\theta}-p_i)} \tag{8-107}$$

式中,$\theta = \omega T_s$,ω 为角频率,T_s 为取样周期.

在 z 平面上,复数可用矢量表示,令

$$e^{j\theta} - z_i = B_i e^{j\varphi_i} \tag{8-108}$$

$$e^{j\theta} - p_i = A_i e^{j\phi_i} \tag{8-109}$$

式中,A_i、B_i 分别是差矢量的模,φ_i、ϕ_i 是它们的辐角,于是,式(8-107)可以写为

$$H(e^{j\Omega}) = |H(e^{j\Omega})| e^{j\psi(\Omega)} = \frac{b_m B_1 B_2 \cdots B_m e^{j(\varphi_1 + \varphi_2 + \cdots + \varphi_m)}}{A_1 A_2 \cdots A_m e^{j(\phi_1 + \phi_2 + \cdots + \phi_n)}} \tag{8-110}$$

式中,幅频响应为

$$|H(e^{j\theta})| = \frac{b_m B_1 B_2 \cdots B_m}{A_1 A_2 \cdots A_n} \tag{8-111}$$

相频响应为

$$\psi(\Omega) = \sum_{i=1}^{m} \varphi_i - \sum_{i=1}^{n} \phi_i \tag{8-112}$$

所以,系统的幅频特性是各个零点到单位圆上的向量长度之积,再除以各个极点到单位圆上的向量长度之积;相频特性是各个零点到单位圆上的向量辐角之和,再减去各个极点到单位圆上的向量辐角之和. 这样,利用式(8-111)和式(8-112)就能得到幅频和相频响应曲线.

当 Ω 从 0 变化到 2π 时,复变量 z 从 $z=1$ 沿单位圆逆时针方向旋转一周,各矢量的模和辐角也随之变化. 当旋转到某个极点 p_i 附近,使得相应向量的长度最短时,则该极点对此 Ω 处的幅频响应有增强的作用. 若极点 p_i 越靠近单位圆,则幅频响应在峰值附近越尖锐. 如果极点落在单位圆上,则峰值趋于无穷大. 零点的作用恰好相反.

例 8-25　设一阶系统的差分方程为 $y[n] = ay[n-1] + f[n]$,$|a| < 1$,其中,a 为实数,求系统的频率响应.

解:　将差分方程等式两端取 z 变换,可求得

$$H(z) = \frac{Y(z)}{F(z)} = \frac{z}{z-a}, \quad |z| > a$$

这是一个因果系统,可求出单位序列响应为

$$h[n] = a^n u[n]$$

该一阶系统的频率响应为

$$H(e^{j\Omega}) = H(z)\Big|_{z=e^{j\Omega}} = \frac{1}{1 - ae^{-j\Omega}} = \frac{1}{(1 - a\cos\Omega) + ja\sin\Omega}$$

幅度响应为

$$|H(e^{j\Omega})| = (1 + a^2 - 2a\cos\Omega)^{-\frac{1}{2}}$$

相位响应为

$$\arg[H(e^{j\Omega})] = -\arctan\left(\frac{a\sin\Omega}{1 - a\cos\Omega}\right)$$

零极点分布图、$h[n]$、$|H(e^{j\Omega})|$、$\arg[H(e^{j\Omega})]$ 如图 8-14 所示. 若要系统稳定,则要求极点在单位圆内,即要求实数满足 $|a| < 1$. 此时,若 $0 < a < 1$,则系统呈低通特性;若 $-1 < a < 0$,则系统呈高通特性.

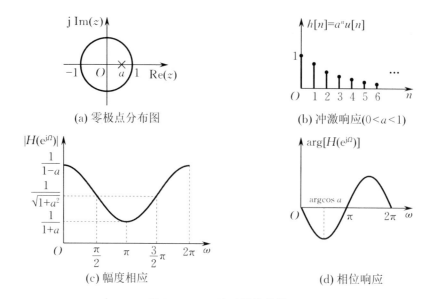

(a) 零极点分布图　　　　　　　　(b) 冲激响应(0<a<1)

(c) 幅度相应　　　　　　　　(d) 相位响应

图 8 - 14　一阶系统的特性

8.5.4　全通滤波器

全通滤波器定义为对所有频率具有常数幅度响应的系统，即

$$|H(\mathrm{e}^{\mathrm{j}\Omega})| = 1, \quad 0 \leqslant \Omega \leqslant \pi \tag{8-113}$$

全通滤波器最简单的例子一个就是纯延时系统，它的系统函数为

$$H(z) = z^{-k}$$

这样的系统会通过所有信号而不产生改变，只是延迟 k 个时间单元. 具有线性相位响应特性的系统称为平凡全通系统.

另一个全通滤波器的系统函数为

$$H(z) = \frac{a_N + a_{N-1}z^{-1} + \cdots + a_1 z^{-N+1} + z^{-N}}{1 + a_1 z^{-1} + \cdots + a_N z^{-N}} = \frac{\sum_{k=0}^{N} a_k z^{-N+k}}{\sum_{k=0}^{N} a_k z^{-k}}, \quad a_0 = 1 \tag{8-114}$$

其中，滤波系统所有 a_k 均为实数. 如果将多项式 $A(z)$ 定义为

$$A(z) = \sum_{k=0}^{N} a_k z^{-k}, \quad a_0 = 1$$

那么，式(8-114)可以表示为

$$H(z) = z^{-N} \frac{A(z^{-1})}{A(z)} \tag{8-115}$$

因为

$$|H(\mathrm{e}^{\mathrm{j}\Omega})| = H(z)H(z^{-1})\Big|_{z=\mathrm{e}^{\mathrm{j}\Omega}} = 1$$

所以，式(8-115)给出的是一个全通系统. 此外，如果 z_0 是 $H(z)$ 的极点，那么 $\frac{1}{z_0}$ 就是 $H(z)$ 的零点，即极点和零点互为倒数. 图8-15给出了典型的单极点、单零点滤波器和双极点、双零点滤波器的零极点模型.

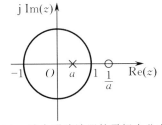
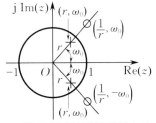

(a) 一阶全通滤波器的零极点分布　　　　(b) 二阶全通滤波器的零极点分布

图 8 - 15　一阶和二阶全通滤波器的零极点分布

具有实系数全通滤波器的系统函数的最普通形式,以极点和零点因子的方式表示为

$$H_{ap}(z) = \prod_{k=1}^{N_R} \frac{z^{-1} - \alpha_k}{1 - \alpha_k z^{-1}} \prod_{k=1}^{N_C} \frac{(z^{-1} - \beta_k)(z^{-1} - \beta_k^*)}{(1 - \beta_k z^{-1})(1 - \beta_k^* z^{-1})} \qquad (8\text{-}116)$$

其中,有 N_R 个实数的极点和零点,以及 N_C 个极点和零点的复共轭对.

8.5.5　系统的因果性与稳定性

离散因果系统的充分必要条件是:单位序列响应为

$$h[n] = 0, \quad n < 0 \qquad (8\text{-}117)$$

式 $(8\text{-}117)$ 给出了因果系统的时域特征. 在 8.1 中介绍了因果序列的 z 变换收敛域是在一个圆的外部. 显然,由于 $n < 0$ 时,$h[n]$ 的样点均为零,其系统函数 $H(z)$ 为 z 的负幂多项式,故其收敛域必定包含无穷远点. 即系统函数 $H(z)$ 的收敛域为

$$|z| > \rho_0 \qquad (8\text{-}118)$$

即其收敛域为半径等于 ρ_0 的圆外区域,换言之,$H(z)$ 的极点都在收敛圆 $|z| = \rho_0$ 内部. 因此,当且仅当系统函数的收敛域是半径为 ρ_0 的圆的外部(包含点 $z = \infty$)时,一个线性时不变系统是因果的.

线性时不变系统的稳定性可以用系统函数的特征项来表示. 离散系统是稳定系统的充分必要条件是

$$\sum_{n=-\infty}^{\infty} |h[n]| \leqslant M \qquad (8\text{-}119)$$

式中,M 为正常数. 即若系统的冲激序列响应是绝对可和的,则该系统是稳定的.

前面讨论离散时间傅里叶变换的收敛域时已经指出:只要信号绝对可和,它的傅里叶变换就存在. 也就是说,如果系统稳定,则单位序列响应 $h[n]$ 绝对可和,那么系统函数 $H(z)$ 的收敛域就包含单位圆.

实际上,因为

$$H(z) = \sum_{n=-\infty}^{\infty} h[n] z^{-n}$$

由此可知

$$|H(z)| \leqslant \sum_{n=-\infty}^{\infty} |h[n] z^{-n}| = \sum_{n=-\infty}^{\infty} |h[n]| |z^{-n}|$$

当在单位圆上计算时(即 $|z| = 1$),可得

$$|H(z)| \leqslant \sum_{n=-\infty}^{\infty} |h[n]|$$

因此，如果线性系统是 BIBO 稳定的，那么单位圆包含于 $H(z)$ 的收敛域内．其相反的结论也正确．一个线性时不变系统是 BIBO 稳定的，当且仅当系统函数的收敛域包含单位圆．

如果系统是因果的，稳定性的充要条件可简化为

$$\sum_{n=0}^{\infty} |h[n]| \leqslant M \tag{8-120}$$

对于既是稳定的又是因果的离散系统，其系统函数 $H(z)$ 极点都在 z 平面的单位圆内．其逆也成立，即若 $H(z)$ 的极点均在单位圆内，则该系统必是稳定的因果系统．

例 8 - 26   已知某离散时间系统函数为 $H(z) = \dfrac{z}{z^2 - \dfrac{7}{2}z + 3}$，画出其收敛域，讨论其因果性和稳定性，并说明原因．

解：   该系统函数有两个一阶极点，$p_1 = 2$，$p_2 = \dfrac{3}{2}$，收敛域可以有 3 种情况，如图 8 - 16 所示．

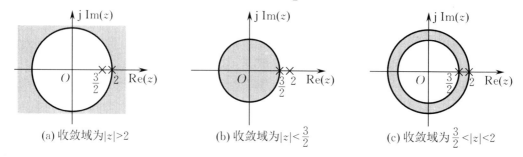

(a) 收敛域为 $|z| > 2$ (b) 收敛域为 $|z| < \dfrac{3}{2}$ (c) 收敛域为 $\dfrac{3}{2} < |z| < 2$

图 8 - 16   收敛域的 3 种情况

(1) 收敛域为 $|z| > 2$；因为收敛域不包含单位圆，故系统不稳定；因为收敛域包含无穷远点，故系统是因果系统．

(2) 收敛域为 $|z| < \dfrac{3}{2}$；因为收敛域包含单位圆，故系统稳定；因为收敛域不包含无穷远点，故系统是非因果系统．

(3) 收敛域为 $\dfrac{3}{2} < |z| < 2$；因为收敛域不包含单位圆，故系统不稳定；因为收敛域不包含无穷远点，故系统是非因果系统．

8.6   拉普拉斯变换与 z 变换的关系

一个信号 $f(t)$ 的双边拉普拉斯变换定义为

$$F(s) = \int_{-\infty}^{\infty} f(t) \mathrm{e}^{-st} \mathrm{d}t \tag{8-121}$$

如果对连续时间信号 $f(t)$ 进行理想采样后得到的信号为 $f_s(t)$．其拉普拉斯变换为

$$F_s(s) = \int_{-\infty}^{\infty} f_s(t) \mathrm{e}^{-st} \mathrm{d}t \tag{8-122}$$

由第 5 章可得抽样信号 $f_s(t)$ 为

$$f_s(t) = \sum_{n=-\infty}^{\infty} f(nT_s)\delta(t - nT_s) \tag{8-123}$$

式中，T_s 为取样周期．将式(8 - 123)代入式(8 - 122)，得

$$F_s(s) = \int_{-\infty}^{\infty} \sum_{n=-\infty}^{\infty} f(nT_s)\delta(t - nT_s)\mathrm{e}^{-st}\,\mathrm{d}t$$

$$= \sum_{n=-\infty}^{\infty} \int_{-\infty}^{\infty} f(nT_s)\delta(t - nT_s)\mathrm{e}^{-st}\,\mathrm{d}t$$

$$= \sum_{n=-\infty}^{\infty} f(nT_s)\mathrm{e}^{-snT_s} \qquad\qquad (8-124)$$

抽样序列 $f[n] = f(nT)$ 的双边 z 变换定义为

$$F(z) = \sum_{n=-\infty}^{\infty} f[n]z^{-n} \qquad\qquad (8-125)$$

比较式(8-125)和式(8-124),可以看出抽样序列的 z 变换等于其理想抽样信号的拉普拉斯变换,可得复变量 s 与 z 的关系是

$$\left.\begin{array}{l} z = \mathrm{e}^{sT_s} \\[2mm] s = \dfrac{1}{T_s}\ln z \end{array}\right\} \qquad\qquad (8-126)$$

这时,序列 $f(nT_s)$ 的 z 变换就等于取样信号 $f_s(t)$ 的拉普拉斯变换,即

$$F(z)\big|_{z=\mathrm{e}^{sT_s}} = F_s(s) \qquad\qquad (8-127)$$

式(8-126)和式(8-127)反映了连续时间系统与离散时间系统以及 s 域和 z 域的联系.

如果将 s 表示为直角坐标形式

$$s = \sigma + \mathrm{j}\omega$$

将 z 表示为极坐标形式

$$z = r\mathrm{e}^{\mathrm{j}\Omega}$$

将它们代入式(8-126),得

$$r = \mathrm{e}^{\sigma T_s} \qquad\qquad (8-128)$$

$$\Omega = \omega T_s \qquad\qquad (8-129)$$

即 z 的模 r 只与 s 的实部 σ 相对应,而 z 的相角只与 s 的虚部 ω 相对应.

(1) r 与 σ 的对应关系,$r = \mathrm{e}^{\sigma T_s}$.

$(\sigma < 0)$(s 平面的左半开平面)对应于 z 平面的单位圆内部($|z| = r < 1$);

$(\sigma = 0)$(s 平面 $\mathrm{j}\omega$ 轴)对应于 z 平面中的单位圆($|z| = r = 1$);

$(\sigma > 0)$(s 平面的右半开平面)对应于 z 平面的单位圆外部($|z| = r > 1$),其对应关系如图 8-17 所示.

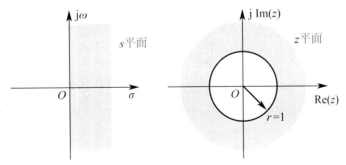

图 8-17　r 与 σ 的对应关系

(2) Ω 与 ω 的关系,$\Omega = \omega T_s$.

$\omega = 0$,s 平面上的实轴映射为 z 平面的正实轴($\Omega = 0$).原点($\sigma = 0, \omega = 0$)映射为 z 平面上

$z=1$ 的点 $(r=1,\Omega=0)$. s 平面上任一点 s_0 映射到 z 平面上的点为 $z=\mathrm{e}^{s_0 T_s}$.

$\omega=\omega_0$(常数), s 平面平行于实轴的直线对应于 z 平面始于原点辐角为 $\Omega=\omega_0 T_s$ 的辐射性.

另外,由式(8-129)可知,当 ω 由 $-\dfrac{\pi}{T}$ 增长到 $\dfrac{\pi}{T}$ 时, z 平面上辐角由 $-\pi$ 增长到 π. 也就是说,在 z 平面上,Ω 每变化 2π 相应于 s 平面上 ω 变化 $\dfrac{2\pi}{T}$. 因此,从 z 平面到 s 平面的映射是多值的,如图 8-18 所示. 在 z 平面上的一点 $z=r\mathrm{e}^{\mathrm{j}\Omega}$,映射到 s 平面将是无穷多点,即

$$s=\frac{1}{T}\ln z=\frac{1}{T}\ln r+\mathrm{j}\frac{\Omega+2m\pi}{T}, m=0,\pm 1,\pm 2,\cdots \qquad (8-130)$$

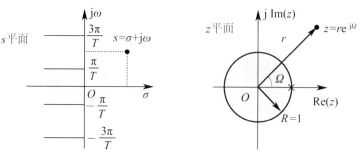

图 8-18 s 平面与 z 平面的多值对应关系

8.7 用 Matlab 进行离散时间系统的 z 域分析

8.7.1 z 变换与逆 z 变换

序列 $x[n]$ 的 z 变换定义为

$$X(z)=\mathscr{L}\{x[n]\}=\sum_{n=-\infty}^{\infty}x[n]z^{-n} \qquad (8-131)$$

单边 z 变换定义为

$$X(z)=\mathscr{L}\{x[n]\}=\sum_{n=0}^{\infty}x[n]z^{-n} \qquad (8-132)$$

Matlab 符号数学工具箱提供了计算离散时间信号单边 z 变换的函数 ztrans( )和逆 z 变换函数 iztrans( ),其调用格式为

$$z=\mathrm{ztrans}(x) \qquad (8-133)$$
$$x=\mathrm{iztrans}(z) \qquad (8-134)$$

式(8-134)中的 x 和 z 分别为时域表达式和 z 域表达式的符号表示,可通过 sym( )函数来定义.

例 8-27 试用 Matlab 求 $x[n]=(-a)^n u[n]$ 的 z 变换,并验证.

解： Matlab 计算程序如下:

```
syms a n z x;
z = ztrans((-a)^n)
z = simplify(z)
x = iztrans(z)
```

运行结果为

```
z = -z/a/(-z/a-1)
```

```
z = z/(z+a)
x = (-a)^n
```

8.7.2　基于 **Matlab** 部分分式展开法

如果信号的 z 域表示式 $X(z)$ 是有理函数,则进行逆 z 变换的一个方法是围线积分法(留数法),另一个方法是对 $X(z)$ 进行部分分式展开,然后求各简单分式的 z 变换. 设 $X(z)$ 的有理分式表示为

$$X(z) = \frac{b_0 + b_1 z^{-1} + \cdots + b_m z^{-m}}{1 + a_1 z^{-1} + \cdots + a_n z^{-n}} = \frac{B(z)}{A(z)} \tag{8-135}$$

Matlab 提供了函数 residuez() 可得到复杂有理分式 $X(z)$ 的部分分式展开式,其调用格式为

$$[r,p,k] = \text{residuez}(b,a) \tag{8-136}$$

其中,b,a 分别表示 $X(z)$ 的分子和分母多项式的系数向量;r 为部分分式的系数向量;p 为极点向量;k 为 $X(z)$ 中整式部分的系数. 若 $X(z)$ 为有理真分式,则 k 为 0.

例 8-28　试用 Matlab 命令对函数 $X(z) = \dfrac{z^2}{(z+1)(z-2)}$ 进行部分分式展开.

解：　Matlab 计算程序如下:

```
format rat;
b = [1,0,0];
a = [1,-1,-2];
[r,p,k] = residuez(b,a)
```

运行结果为

```
r =
     2/3
     1/3
p =
     2
    - 1
k =
     0
```

所以,$X(z)$ 的部分分式展开为 $X(z) = \dfrac{\frac{1}{3}z}{z+1} + \dfrac{\frac{2}{3}z}{z-2}$.

8.7.3　系统函数及其零极点

离散时间系统的系统函数定义为系统零状态响应的 z 变换与激励的 z 变换之比. 在 Matlab 中,$H(z)$ 零极点的计算可通过 roots() 函数,分步求出分子和分母多项式的根即可. 也可借助函数 tf2zp() 函数得到,tf2zp() 函数的调用格式为

$$[z,p,k] = \text{tf2zp}(b,a) \tag{8-137}$$

式中,b 与 a 分别表示 $H(z)$ 的分子与分母多项式的系数向量,z 和 p 分别表示零点和极点. 它的作用是将 $H(z)$ 的有理分式表示式转换为零极点增益形式,即

$$H(z) = k \frac{(z-z_1)(z-z_2)\cdots(z-z_m)}{(z-p_1)(z-p_2)\cdots(z-p_n)} \tag{8-138}$$

若要获得系统函数 $H(z)$ 的零极点分布图,可直接应用 zplane( ) 函数,其调用格式为

$$\text{zplane(b,a)} \tag{8-139}$$

其作用是在 z 平面上画出单位圆、零点和极点.

例 8-29　已知一离散因果线性时不变系统的系统函数为

$$H(z) = \frac{z^2 - 0.36}{z^2 - 1.52z + 0.68}$$

试用 Matlab 命令求该系统的零极点.

解:　Matlab 计算程序如下:

```
b = [1,0,-0.36];
a = [1,-1.52,0.68];
[z,p,k] = tf2zp(b,a);
zplane(b,a),grid on;
legend('零点','极点');
title('零极点分布图');
```

零极点分布图如图 8-19 所示.

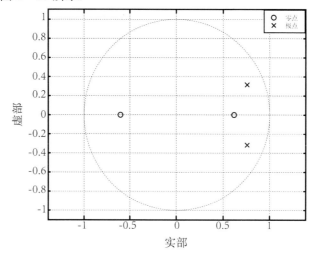

图 8-19　零极点分布图

8.7.4　离散时间线性时不变系统的频率特性分析

对于因果稳定的离散时间系统,如果激励序列为正弦序列 $x[n] = A\sin(n\omega)u[n]$,则系统的稳态响应为 $y_{zs}[n] = A|H(e^{j\omega})|\sin[n\omega + \varphi(\omega)]u[n]$. 其中,$H(e^{j\omega})$ 通常是复数. 离散时间系统的频率响应定义为

$$H(e^{j\omega}) = |H(e^{j\omega})|e^{j\varphi(\omega)} \tag{8-140}$$

其中,$|H(e^{j\omega})|$ 称为离散时间系统的复频特性;$\varphi(\omega)$ 称为离散时间系统的相频特性;$H(e^{j\omega})$ 是以 $\omega_s\left(\omega_s = \frac{2\pi}{T}\right)$ 为周期的周期函数. 因此,只要分析 $H(e^{j\omega})$ 在 $|\omega| \leqslant \pi$ 范围内的情况,便可知道系统的整个频率特性.

Matlab 提供了求离散时间系统频响特性的函数 freqz( ),其调用格式为

$$[\text{H,w}] = \text{freqz(b,a,N)} \tag{8-141}$$

和

$$[\text{H,w}] = \text{freqz(b,a,N,'whole')} \tag{8-142}$$

其中，b 和 a 分别表示 $H(z)$ 的分子和分母多项式的系数向量；N 为正整数，默认为 512；返回 w 包含 $[0, \pi]$ 范围内的 N 个频率等分点；返回值 H 则是离散时间系统频率响应 $H(e^{j\omega})$ 在 $0 \sim \pi$ 范围内 N 个频率处的值. 式(8-142)与式(8-141)的不同之处在于角频率的范围由 $[0, \pi]$ 扩展到 $[0, 2\pi]$.

例 8-30 试用 Matlab 命令绘制系统 $H(z) = \dfrac{z^2 - 0.96z + 0.9028}{z^2 - 1.56z + 0.8109}$ 的频率响应曲线.

解： Matlab 计算程序如下：

```
b = [1, -0.96, 0.9028];
a = [1, -1.56, 0.8109];
[H,w] = freqz(b,a,500,'whole');
Hm = abs(H);
Hp = angle(H);
subplot(2,1,1);
plot(w,Hm,'linewidth',2.5),grid on;
set(gca,'FontSize',20);
xlabel('\omega(rad/s)','fontsize',24);
ylabel('幅度','fontsize',24);
axis([0,2*pi,0,8]);
title('离散系统幅频特性曲线','fontsize',24);
subplot(2,1,2);
plot(w,Hp,'linewidth',2.5),grid on;
set(gca,'FontSize',20);
xlabel('\omega(rad/s)','fontsize',24);
ylabel('相位','fontsize',24);
axis([0,2*pi,-4,4]);
title('离散系统相频特性曲线','fontsize',24);
```

离散系统幅频和相频特性曲线如图 8-20 所示.

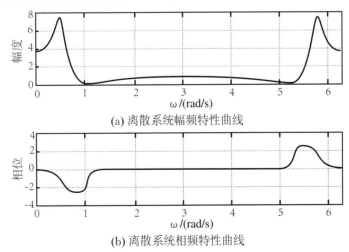

(a) 离散系统幅频特性曲线

(b) 离散系统相频特性曲线

图 8-20 离散系统幅频和相频特性曲线

习　题　8

一、练习题

1. 求下列序列的 z 变换，并注明收敛域：

$(1) f[n] = \left(\dfrac{1}{3}\right)^n u[n]$；　　　　　　　　　　　　$(2) f[n] = \left(-\dfrac{1}{3}\right)^{-n} u[n]$.

2. 设序列 $x[n] = (-1)^n u[n] + \alpha^n u[-n-n_0]$，若已知其 z 变换 $X(z)$ 的收敛域为 $1 < |z| < 2$，试给出复数 α 和整数 n_0 需满足的条件.

3. 设 $x[n]$ 是一个绝对可和的信号，且其 z 变换 $X(z)$ 是有理函数. 如果已知 $X(z)$ 在 $z = \dfrac{1}{2}$ 有一个极点，那么 $x[n]$ 可能是：(1) 一个有限长序列吗? (2) 一个左边序列吗? (3) 一个右边序列吗? (4) 一个双边序列吗?

4. 假设 $x[n]$ 的 z 变换的代数表达式为 $X(z) = \dfrac{1 - \dfrac{1}{4} z^{-2}}{\left(1 + \dfrac{1}{4} z^{-2}\right)\left(1 + \dfrac{5}{4} z^{-1} + \dfrac{3}{8} z^{-2}\right)}$，问 $X(z)$ 可能有几种不同的收敛域?

5. 设 $x[n]$ 的 z 变换 $X(z)$ 是有理函数，且 $X(z)$ 有一个极点在 $z = \dfrac{1}{2}$. 若 $x_1[n] = \left(\dfrac{1}{4}\right)^n x[n]$ 是绝对可和的，而 $x_2[n] = \left(\dfrac{1}{8}\right)^n x[n]$ 不是绝对可和的，试判断 $x[n]$ 是左边序列、右边序列还是双边序列?

6. 因果序列的 z 变换如下，求 $f(0), f(1), f(2)$：

$(1) F(z) = \dfrac{z^2}{(z-2)(z-1)}$；　　　　　　　　$(2) F(z) = \dfrac{z^2 + z + 1}{(z-1)\left(z + \dfrac{1}{2}\right)}$.

7. 求下列象函数的逆 z 变换：

$(1) F(z) = \dfrac{1}{1 - 0.5 z^{-1}}$，$|z| > 0.5$；　　　　$(2) F(z) = \dfrac{z^2}{z^2 + 3z + 2}$，$|z| > 2$.

8. 已知 $F(z) = \dfrac{2z^2 - 3z}{(z+1)(z-2)(z+3)}$，若收敛域分别为 $|z| < 2$ 和 $|z| < 3$ 两种情况，求对应的逆变换 $f[n]$.

9. 描述某线性时不变系统的差分方程为 $y[n] - y[n-1] - 2y[n-2] = f[n]$. 已知 $y[-1] = -1$，$y[-2] = \dfrac{1}{4}$，$f[n] = u[n]$，求该系统的零输入响应 $y_{zi}[n]$、零状态响应 $y_{zs}[n]$ 和全响应 $y[n]$.

10. 当输入 $f[n] = u[n]$ 时，某线性时不变系统的零状态响应为
$$y_{zs}[n] = 2[1 - (0.5)^n + (-1.5)^n] u[n]$$
求其系统函数和描述该系统的差分方程.

11. 当输入 $f[n] = u[n]$ 时，某线性时不变系统的零状态响应为
$$y_{zs}[n] = 2[1 - (0.5)^n] u[n]$$
求输入 $f[n] = \left(\dfrac{1}{2}\right)^n u[n]$ 时的零状态响应.

12. 已知某一阶线性时不变系统，
当初始状态 $y(-1) = 1$ 时，输入 $f_1[n] = u[n]$ 时，其全响应 $y_1[n] = 2u[n]$；
当初始状态 $y(-1) = -1$ 时，输入 $f_2[n] = 0.5nu[n]$ 时，其全响应 $y_2[n] = (N-1)u[n]$.
求输入 $f[n] = \left(\dfrac{1}{2}\right)^n u[n]$ 的零状态响应.

13. 已知描述系统的差分方程为 $y[n-1] + 2y[n] = x[n]$.
(1) 若 $y[-1] = 2$，求系统的零输入响应 $y_{zi}[n]$；

(2) 若输入 $x[n] = \left(\dfrac{1}{4}\right)^{n} u[n]$，求系统的零状态响应 $y_{zs}[n]$；

(3) 若输入 $x[n] = \left(\dfrac{1}{4}\right)^{n} u[n]$，初始状态 $y[-1] = 2$，求系统当 $n \geqslant 0$ 时的全响应.

14. 根据由零极点分布图对傅里叶变换的几何解释,确定下列每个 z 变换其对应的是否都有一个近似的低通、带通或高通特性:

(1) $X(z) = \dfrac{z^{-1}}{1 + \dfrac{8}{9} z^{-1}}$，$|z| > \dfrac{8}{9}$；　　　　　　　　(2) $X(z) = \dfrac{1}{1 + \dfrac{64}{81} z^{-2}}$，$|z| > \dfrac{8}{9}$.

15. 一个离散时间系统由下面的差分方程描述:

$$y[n] - \frac{1}{2} y[n-1] + \frac{1}{4} y[n-2] = f[n]$$

(1) 求所表示的因果线性时不变系统的系统函数;

(2) 若 $f[n] = \left(\dfrac{1}{2}\right)^{n} u[n]$，用 z 变换求 $y[n]$.

16. 对于由差分方程 $y[n] + y[n-1] = x[n]$ 所表示的因果离散系统:

(1) 求系统函数 $H(z)$ 及单位样值响应 $h[n]$，并说明系统的稳定性;

(2) 若系统起始状态为零,而且输入 $x[n] = 10u[n]$，求系统的响应 $y[n]$.

17. 已知系统函数及其收敛域,求系统的单位脉冲响应及系统性质:

(1) $H(z) = \dfrac{-\dfrac{3}{2} z^{-1}}{\left(1 - \dfrac{1}{2} z^{-1}\right)\left(1 - 2 z^{-1}\right)}$，　$2 < |z| \leqslant \infty$；

(2) $H(z) = \dfrac{-\dfrac{3}{2} z^{-1}}{\left(1 - \dfrac{1}{2} z^{-1}\right)\left(1 - 2 z^{-1}\right)}$，　$\dfrac{1}{2} < |z| < 2$.

18. 有一个因果线性时不变系统,其差分方程为

$$y[n] = y[n-1] + y[n-2] + x[n-1]$$

(1) 求该系统的系统函数,画出 $H(z)$ 的零极点分布图,指出收敛域;

(2) 求系统的单位序列响应.

19. 试根据所给的 z 变换 $X(z)$ 的表达式,确定以下各 $X(z)$ 在有限 z 平面上零点的个数及其在无穷远处的零点个数:

(1) $X(z) = \dfrac{z^{-1}\left(1 - \dfrac{1}{2} z^{-1}\right)}{\left(1 - \dfrac{1}{3} z^{-1}\right)\left(1 - \dfrac{1}{4} z^{-1}\right)}$；　　　(2) $X(z) = \dfrac{(1 - z^{-1})(1 - 2 z^{-1})}{(1 - 3 z^{-1})(1 - 4 z^{-1})}$；

(3) $X(z) = \dfrac{z^{-2}(1 - z^{-1})}{\left(1 - \dfrac{1}{4} z^{-1}\right)\left(1 + \dfrac{1}{4} z^{-1}\right)}$.

20. 对以下各稳定系统的系统函数,无须进行逆 z 变换,试判断系统的因果性.

(1) $H_1(z) = \dfrac{1 - \dfrac{4}{3} z^{-1} + \dfrac{1}{2} z^{-2}}{z^{-1}\left(1 - \dfrac{1}{2} z^{-1}\right)\left(1 - \dfrac{1}{3} z^{-1}\right)}$；　　(2) $H_2(z) = \dfrac{z - \dfrac{1}{2}}{z^{2} + \dfrac{1}{2} z - \dfrac{3}{16}}$；

(3) $H_3(z) = \dfrac{z + 1}{z + \dfrac{4}{3} - \dfrac{1}{2} z^{-2} - \dfrac{2}{3} z^{-3}}$.

二、Matlab 实验题

1. 试用 Matlab 的 residuez( ) 函数,求

$$X(z) = \frac{z\left(z^3 - 4z^2 + \dfrac{9}{2}z + \dfrac{1}{2}\right)}{\left(z - \dfrac{1}{2}\right)(z-1)(z-2)(z-3)}$$

的部分分式展开式.

2. 试用 Matlab 画出下列因果系统的系统函数零极点分布图,并判定系统的稳定性:

(1) $H(z) = \dfrac{2z^2 - 1.6z - 0.8}{z^3 - 2.5z^2 + 1.6z - 0.4}$;

(2) $H(z) = \dfrac{z-1}{z^3 - 0.6z^2 + 0.8z + 1}$.

3. 试用 Matlab 绘制系统 $H(z) = \dfrac{z^2}{z^2 - \dfrac{3}{4}z + \dfrac{1}{8}}$ 的频率响应曲线.

附录 A 常用的数学公式

A.1 三角函数公式

$$\cos^2\theta + \sin^2\theta = 1$$

$$\cos^2\theta = \frac{1}{2}(1 + \cos2\theta)$$

$$\sin^2\theta = \frac{1}{2}(1 - \cos2\theta)$$

$$\cos2\theta = 2\cos^2\theta - 1 = 1 - 2\sin^2\theta$$

$$\sin(\alpha \pm \beta) = \sin\alpha\cos\beta \pm \cos\alpha\sin\beta$$

$$\cos(\alpha \pm \beta) = \cos\alpha\cos\beta \mp \sin\alpha\sin\beta$$

$$\sin\alpha\sin\beta = -\frac{1}{2}\left[\cos(\alpha+\beta) - \cos(\alpha-\beta)\right]$$

$$\cos\alpha\cos\beta = \frac{1}{2}\left[\cos(\alpha+\beta) + \cos(\alpha-\beta)\right]$$

$$\sin\alpha\cos\beta = \frac{1}{2}\left[\sin(\alpha+\beta) + \sin(\alpha-\beta)\right]$$

$$e^{jx} = \cos x + j\sin x$$

A.2 集合级数

$$e^x = 1 + x + \frac{x^2}{2!} + \frac{x^3}{3!} + \frac{x^4}{4!} + \cdots$$

$$\sin(x) = x - \frac{x^3}{3!} + \frac{x^5}{5!} - \frac{x^7}{7!} + \cdots$$

$$\cos(x) = 1 - \frac{x^2}{2!} + \frac{x^4}{4!} - \frac{x^6}{6!} + \cdots$$

$$\sum_{n=0}^{M-1}\beta^n = \begin{cases} \dfrac{1-\beta^M}{1-\beta}, & \beta \neq 1 \\ M, & \beta = 1 \end{cases}$$

$$\sum_{n=k}^{l}\beta^n = \begin{cases} \dfrac{\beta^k-\beta^{l+1}}{1-\beta}, & \beta \neq 1 \\ l-k+1, & \beta = 1 \end{cases}$$

$$\sum_{n=0}^{\infty}\beta^n = \frac{1}{1-\beta}, |\beta| < 1$$

$$\sum_{n=k}^{\infty}\beta^n = \frac{\beta^k}{1-\beta}, |\beta| < 1$$

$$\sum_{n=-k}^{-\infty} \beta^n = \beta^{-k}\left(\frac{\beta}{1-\beta}\right),\ |\beta| > 1$$

$$\sum_{n=0}^{\infty} n\beta^n = \frac{1}{(1-\beta)^2},\ |\beta| < 1$$

A.3　定积分

$$\int_a^b x^n \, \mathrm{d}x = \frac{1}{n+1} x^{n+1} \bigg|_a^b,\ n \neq -1$$

$$\int_a^b \mathrm{e}^{cx} \, \mathrm{d}x = \frac{1}{c} \mathrm{e}^{cx} \bigg|_a^b$$

$$\int_a^b x \mathrm{e}^{cx} \, \mathrm{d}x = \frac{1}{c^2} \mathrm{e}^{cx} (cx - 1) \bigg|_a^b$$

$$\int_a^b \cos(cx) \, \mathrm{d}x = \frac{1}{c} \sin(cx) \bigg|_a^b$$

$$\int_a^b \sin(cx) \, \mathrm{d}x = -\frac{1}{c} \cos(cx) \bigg|_a^b$$

$$\int_a^b x \cos(cx) \, \mathrm{d}x = \frac{1}{c^2} (\cos(cx) + cx \sin(cx)) \bigg|_a^b$$

$$\int_a^b x \sin(cx) \, \mathrm{d}x = \frac{1}{c^2} (\sin(cx) - cx \cos(cx)) \bigg|_a^b$$

$$\int_a^b \mathrm{e}^{gx} \cos(cx) \, \mathrm{d}x = \frac{\mathrm{e}^{gx}}{g^2 + c^2} (g \cos(cx) + c \sin(cx)) \bigg|_a^b$$

$$\int_a^b \mathrm{e}^{gx} \sin(cx) \, \mathrm{d}x = \frac{\mathrm{e}^{gx}}{g^2 + c^2} (g \sin(cx) - c \cos(cx)) \bigg|_a^b$$

A.4　分部积分

$$\int_a^b u(x) \, \mathrm{d}v(x) = u(x)v(x) \big|_a^b - \int_a^b v(x) \, \mathrm{d}u(x)$$

附录 B 习题参考答案

习 题 1

一、练习题

1. $(1) -\dfrac{1}{2}$ $(2)\mathrm{j}$ $(3) -\mathrm{j}$ $(4)1+\mathrm{j}$

2. $(1)5 = 5\mathrm{e}^{\mathrm{j}0}$ $(2) -2 = 2\mathrm{e}^{\mathrm{j}\pi}$ $(3) -3\mathrm{j} = 3\mathrm{e}^{-\mathrm{j}\frac{\pi}{2}}$ $(4)1+\mathrm{j} = \sqrt{2}\,\mathrm{e}^{\mathrm{j}\frac{\pi}{4}}$ $(5)\dfrac{1+\mathrm{j}}{1-\mathrm{j}} = \mathrm{e}^{\mathrm{j}\frac{\pi}{2}}$

3. $(1)E = 1/4, P = 0$ $(2)E = \infty, P = 1$ $(3)E = 4/3, P = 0$ $(4)E = \infty, P = \dfrac{1}{2}$

4. $E = 4$

5. (1) 周期序列,$N = 10$ (2) 周期序列,$N = 24$ (3) 非周期序列
    (4) 周期序列,$N = 6$ (5) 非周期信号 (6) 非周期信号

6.

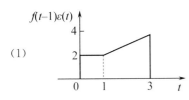 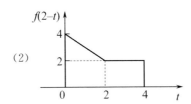

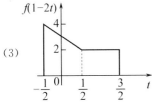 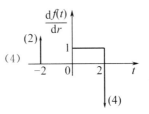

7. $(1)f(-t_0)$ $(2)f(t_0)$ $(3)1$ $(4)0$ $(5)\mathrm{e}^2 - 2$ $(6)\dfrac{\pi}{6} + \dfrac{1}{2}$

8. (1) 线性、时不变 (2) 线性、时变 (3) 线性、时变 (4) 线性、时不变

9. (1) 线性、时不变、因果、不稳定 (2) 线性、时变、非因果、稳定
    (3) 线性、时变、因果、不稳定 (4) 线性、时变、因果、不稳定

10. $A_1 = 3, t_1 = 0, A_2 = -3$ 和 $t_2 = 1$

11. $(1)u_\mathrm{C}''(t) + \dfrac{1}{RC}u_\mathrm{C}'(t) + \dfrac{1}{LC}u_\mathrm{C}(t) = \dfrac{1}{LC}u_\mathrm{S}(t)$

$(2)i_\mathrm{L}''(t) + \dfrac{1}{RC}i_\mathrm{L}'(t) + \dfrac{1}{LC}i_\mathrm{L}(t) = \dfrac{1}{L}u_\mathrm{S}'(t) + \dfrac{1}{RLC}u_\mathrm{S}(t)$

12. $(1)\delta(t) - 2\mathrm{e}^{-2t}u(t)$ $(2)0.5(1 - \mathrm{e}^{-2t})u(t).$

13. $y_3(t) = -\mathrm{e}^{-t} + 3\cos(\pi t), t \geqslant 0$

14. 略

15. (a) 正确 (b) 错误

16. $y(t) = 4 + 7\mathrm{e}^{-t} - 3\mathrm{e}^{-2t}, t \geqslant 0$

17. $y_3(t) = (3\mathrm{e}^{-t} + 4\mathrm{e}^{-2t})u(t) - 2(2\mathrm{e}^{-(t-1)} - 7\mathrm{e}^{-2(t-3)})u(t-1) + (2\mathrm{e}^{-(t-2)} - 7\mathrm{e}^{-2(t-2)})u(t-2)$

18. $y_2(t) = \delta(t) - ae^{-at}u(t)$

19. $y_2(t) = e^{-(t-1)}u(t-1) - e^{-(t-2)}u(t-2) + u(-t) - u(1-t)$

20. $y_1(t) = \cos(3t), y_2(t) = \cos(3t-1)$

二、Matlab 实验题（略）

习 题 2

一、练习题

1. $A = t - 5, B = t - 4$

2. $A = \dfrac{1}{1 - e^{-3}}$

3. $y_{zs}(t) = 2e^{-2t} - e^{-3t}, t \geqslant 0$

4. $y_{zi}(t) = 3e^{-t} - e^{-2t}, t \geqslant 0$

5. $(1)\, y_{zi}(t) = 4e^{-t} - 3e^{-2t}, t \geqslant 0$

$(2)\, y_{zs}(t) = \dfrac{1}{2}e^{-2t} - 2e^{-t} + 3/2, t > 0, y(t) = \left(2e^{-t} - \dfrac{5}{2}e^{-2t} + 3/2\right), t > 0$

6. $(1)\, y(0_+) = -5, y'(0_+) = 29$ $(2)\, y(0_+) = 1, y'(0_+) = 3$

7. $y_{zi}(t) = (2e^{-t} - e^{-3t})u(t), y_{zs}(t) = \left(\dfrac{1}{3} - \dfrac{1}{2}e^{-t} + \dfrac{1}{6}e^{-3t}\right)u(t).$

8. $h(t) = 0.5(e^{-t} - e^{-3t})u(t)$

9. $h(t) = e^{-(t-2)}u(t-2)$

10. $h(t) = \delta(t) - 3e^{-2t}u(t), g(t) = (-0.5 + 1.5e^{-2t})u(t)$

11. $h(t) = \delta'(t) - 2\delta(t) + 4e^{-2t}u(t), g(t) = \delta(t) - 2e^{-2t}u(t)$

12. $(1)\, h(t) = \dfrac{1}{2}(e^{-t} + e^{-3t}) \cdot \varepsilon(t), g(t) = \dfrac{2}{3} - \dfrac{1}{2}e^{-t} - \dfrac{1}{6}e^{-6t}, t > 0$

13. $f(t) = (e^{-t} - e^{-2t})u(t)$

14. $h(t) = (e^{-2t} + 2e^{-3t})u(t)$

15. $h(t) = u(t) - u(t-1)$

16. $h(t) = u(t-1) + u(t-2) - u(t-4) - u(t-5)$

17. $y(t) = (t-3)u(t-3) - (t-5)u(t-5)$

18. (1) 稳定 (2) 稳定

19. $h(t) = \dfrac{1}{2}e^{-2(t+1)}u(t+1)$

20. 略

二、Matlab 实验题（略）

习 题 3

一、练习题

1. $(1)\, (0.5)^n u[n]$ $(2)\, (-3)^{n-1}u[n]$

2. $(1)\, [2(-1)^n - 4(-2)^n]u[n]$ $(2)\, (2n+1)(-1)^n u[n]$

3. $(1)\, y_{zi}[n] = -2(2)^n u[n], y_{zs}[n] = [4(2)^n - 2]u[n]$

$(2)\, y_{zi}[n] = -2(-2)^n u[n], y_{zs}[n] = 0.5[(-2)^n + 2^n]u[n]$

4. $(1)\, h[n] = (-2)^{n-1}u[n-1]$ $(2)\, h[n] = 0.5[1 + (-1)^n]u[n]$

5. $N = 4$

6. $y[n] = \left[\dfrac{1}{4}\right]^{n-1}u[n-1]$

7. $f[n] = f_1[n] * f_2[n] = \{\cdots, 0, 1, 3, 4, 4, 4, 3, 1, 0, \cdots\}$

$\uparrow$

$n = 0$

8. $y[n]=\begin{cases} n-6, & 7\leqslant n\leqslant 11 \\ 6, & 12\leqslant n\leqslant 18 \\ 24-n, & 19\leqslant n\leqslant 23 \\ 0, & \text{其他} \end{cases}$

9. $h_2[n]$

10. $(1)\alpha=\dfrac{1}{4},\beta=1$　　　$(2)h[n]=\left[2\left(\dfrac{1}{2}\right)^n-\left(\dfrac{1}{4}\right)^n\right]u[n]$

11. (1) 不稳定　(2) 稳定

12. (1) 因果系统,稳定系统　(2) 因果系统,稳定系统
　　　(3) 非因果系统,不稳定系统　(4) 非因果系统,稳定系统
　　　(5) 因果系统,稳定系统　(6) 因果系统,不稳定系统

13. $h[n]=\left[\dfrac{1}{3}(-1)^n+\dfrac{2}{3}(2)^n\right]u[n]-\left[\dfrac{1}{3}(-1)^{n-2}+\dfrac{2}{3}(2)^{n-2}\right]u[n-2]$

14. $(1)y[n]=\delta[n]+3\delta[n-1]+4\delta[n-2]+3\delta[n-3]+\delta[n-4]$
　　　$(2)y[n]=-\delta[n]+\delta[n+1]+\delta[n+2]+2\delta[n+3]+\delta[n+4]$

15. $h[n]=2\delta[n]-\left(\dfrac{1}{2}\right)^n u[n],g[n]=\left(\dfrac{1}{2}\right)^n u[n]$

16. $h[n]=2\delta[n]-\left(\dfrac{1}{2}\right)^n u[n]$

17. $y_{zs}[n]=\left[\dfrac{2}{3}+\dfrac{1}{3}\left(-\dfrac{1}{2}\right)^n\right]u[n]$

18. $h[n]=\begin{cases} 0 & n<0 \\ n+1 & 0\leqslant n\leqslant 4 \\ 5 & n\geqslant 5 \end{cases}$

19. $y_{zs}[n]=2\cos\left[\dfrac{n\pi}{4}\right]$

20. $\Delta f[k]=\begin{cases} 0 & k<-1 \\ 1 & k=-1 \\ -\left(\dfrac{1}{2}\right)^{k+1} & k\geqslant 0 \end{cases},\Delta f[k]=\begin{cases} 0 & k<0 \\ 1 & k=0 \\ -\left(\dfrac{1}{2}\right)^k & k\geqslant 1 \end{cases},\sum_{i=-\infty}^{k}f[i]=\begin{cases} 0 & k<0 \\ 2-\left(\dfrac{1}{2}\right)^k & k\geqslant 0 \end{cases}$

二、Matlab 实验题(略)

习　题　4

一、练习题

1. $x(t)=4\cos\left(\dfrac{\pi}{4}t\right)+8\cos\left(\dfrac{3\pi}{4}t+\dfrac{\pi}{2}\right)$

2. $(1)\Omega=100\text{rad/s},T=\dfrac{2\pi}{100}\text{s}$　$(2)\Omega=2\text{rad/s},T=\pi\text{s}$

3. $f(t)=\dfrac{E}{2}-\dfrac{jE}{2\pi}e^{j\Omega_1 t}+\dfrac{jE}{2\pi}e^{-j\Omega_1 t}-\dfrac{jE}{4\pi}e^{j2\Omega_1 t}+\dfrac{jE}{4\pi}e^{-j2\Omega_1 t}-\cdots$

4. $f(t)=2+4\cos\omega_0 t+2\cos2\omega_0 t$

5. $\omega_0=\dfrac{\pi}{3}a_0=2,a_2=a_{-2}=\dfrac{1}{2},a_5=a^*_{-5}=-2j$

6. $a_k=\begin{cases} 0, & k=0 \\ e^{-jk\frac{\pi}{2}}\dfrac{3\sin\left(\frac{k\pi}{2}\right)}{k\pi}, & k\neq 0 \end{cases}$

7. $x_1(t)=\sqrt{2}\sin(\pi t),x_2(t)=-\sqrt{2}\sin(\pi t)$

8. $(1)F(-j\omega)e^{-j\omega}$　$(2)-je^{-j\omega}\dfrac{dF(-j\omega)}{d\omega}$　$(3)j\dfrac{1}{2}\dfrac{dF\left(j\frac{\omega}{2}\right)}{d\omega}$　$(4)-\left[\omega\dfrac{dF(j\omega)}{d\omega}+F(j\omega)\right]$

9. $(1)\dfrac{\sin(\omega_0 t)}{\pi t}$　　$(2)\dfrac{\sin(\omega_0 t)}{j\pi}$

10. $A = \dfrac{1}{3}, B = 3$

11. $y(t) = 0$

12. $(1)F(j\omega) = \dfrac{2\sin\left(\dfrac{\omega}{2}\right)}{\omega}\{1 - e^{-j\omega}\}e^{-j3\omega/2}$ 　 $(2)a_k = \dfrac{\sin\left(k\dfrac{\pi}{2}\right)}{k\pi}\{1 - e^{-jk\pi}\}e^{-j3k\frac{\pi}{2}}$

13. $x(t) = \dfrac{2\sin t}{\pi t}$

14. $f(t) = \dfrac{2}{\pi}\text{Sa}(t)$

15. S_1 不是线性时不变系统；S_2 是线性时不变系统；S_3 不是线性时不变系统

16. $\dfrac{d^2 y(t)}{dt^2} + \dfrac{dy(t)}{dt} + y(t) = x(t)$ 　 $(2)H(j\omega) = \dfrac{1}{-\omega^2 + j\omega + 1}$ 　 $(3)y(t) = -\cos(t)$

17. $(1)\varphi(\omega) = -\omega$ 　 $(2)X(j0) = 7$ 　 $(3)\displaystyle\int_{-\infty}^{\infty} X(j\omega)d\omega = 4\pi$ 　 $(4)\displaystyle\int_{-\infty}^{\infty} |X(j\omega)|^2 d\omega = 26\pi$

18. (1) 相邻谱线间隔为 $\omega_0 = 10^6 \pi(\text{rad/s})$；带宽为 $B = 2\pi \times 10^6(\text{rad/s})$；基波幅度为 $|F_1| = \dfrac{1}{\pi}$

　　　 (2) 相邻谱线间隔为 $\omega_0 = 5 \times 10^5 \pi(\text{rad/s})$；带宽为 $B = 10^6(\text{rad/s})$；基波幅度为 $|F_1| = \dfrac{3}{\pi}$

　　　 (3) 基波幅度之比为 $1:3$

19. $(1)\displaystyle\int_{-\infty}^{\infty}\left[\dfrac{\sin(t)}{t}\right]^2 dt = \pi$ 　 $(2)\displaystyle\int_{-\infty}^{\infty}\dfrac{dx}{(1+x^2)^2} = \dfrac{\pi}{2}$

20. $(1)f_1(t)$ 的傅里叶系数为 $F_n e^{-jn\Omega_0}$ 　 $(2)f_2(t)$ 的傅里叶系数为 F_{-n}

　　　 $(3)f_3(t)$ 的傅里叶系数为 $jn\Omega F_n$ 　 $(4)f_4(t)$ 的傅里叶系数为 F_n，信号周期为 $\dfrac{T}{a}$

二、Matlab 实验题（略）

习　题　5

一、练习题

1. $x(t) = e^{-4t}u(t)$

2. $y(t) = \sin(2t)$

3. $y_1(t) = y_2(t) = y_3(t) = \sin t$

4. $(1)h(t) = e^{-2t}u(t) - e^{-4t}u(t)$ 　 $(2)y(t) = \dfrac{1}{4}e^{-2t}u(t) - \dfrac{1}{2}te^{-2t}u(t) + t^2 e^{-2t}u(t) - \dfrac{1}{4}e^{-4t}u(t)$

5. $(1)\dfrac{d^2 y(t)}{dt^2} + 5\dfrac{dy(t)}{dt} + 6y(t) = \dfrac{dx(t)}{dt} + 4x(t)$ 　 $(2)h(t) = 2e^{-2t}u(t) - e^{-3t}u(t)$

6. $(1)H(j\omega) = \dfrac{Y(j\omega)}{X(j\omega)} = \dfrac{3(3+j\omega)}{(4+j\omega)(2+j\omega)}$ 　 $(2)h(t) = \dfrac{3}{2}(e^{-4t} + e^{-2t})u(t)$

　　　 $(3)\dfrac{d^2 y(t)}{dt^2} + 6\dfrac{dy(t)}{dt} + 8y(t) = 3\dfrac{dx(t)}{dt} + 9x(t)$

7. $(1)A = 1$ 　 $(2)\tau(\omega) = \dfrac{2}{1+\omega^2}$

8. $(1)H(j\omega) = \dfrac{1}{2+j\omega}$ 　 $(2)\tau(\omega) = \dfrac{2}{4+\omega^2}$ 　 $(3)y(t) = e^{-t}u(t) - e^{-2t}u(t), Y(j\omega) = \dfrac{1}{(1+j\omega)(2+j\omega)}$

9. $(1)H(j\omega) = \dfrac{3+2j\omega}{(1+j\omega)(10+j\omega)}$ 　 $(2)h(t) = \dfrac{1}{9}e^{-t}u(t) + \dfrac{17}{9}e^{-10t}u(t)$

10. $Y_{zs}(t) = 10\pi$

11. $(1)h(t) = h_1(t - t_0) = \delta(t - t_0) - 80\text{Sa}[80\pi(t - t_0)]$

　　　 $(2)y(t) = 0.2\cos 120\pi(t - t_0)$

12. $(1)F_n = \dfrac{3}{4}$ 　 $(2)F(j\omega) = \dfrac{3}{2}\pi\displaystyle\sum_{n=-\infty}^{\infty}\delta\left(\omega - \dfrac{3}{2}\pi n\right)$

　　　 $(3)Y(j\omega) = \dfrac{3}{2}\pi\left[\delta\left(\omega + \dfrac{3}{2}\pi\right)e^{j\frac{\pi}{4}} + \delta(\omega) + \delta\left(\omega - \dfrac{3}{2}\pi\right)e^{-j\frac{\pi}{4}}\right]$

13. $n > 8$

14. $Y(\mathrm{j}\omega) = \sum\limits_{k=-\infty}^{\infty} a_k X[\mathrm{j}(\omega - k\omega_0)]$

15. $(1)g(t) = 2\cos(2\omega_s t)$　(2) 更集中

16. $T_{\max} = \dfrac{\pi}{\omega_1 + \omega_2}$

17. $(1)600\,\mathrm{Hz}$　$(2)400\,\mathrm{Hz}$　$(3)200\,\mathrm{Hz}$　$(4)400\,\mathrm{Hz}$

18. $(1)\omega_0$　$(2)\omega_0$　$(3)2\omega_0$　$(4)3\omega_0$

19. $H(\mathrm{j}\omega) = \begin{cases} T, & |\omega| \leqslant \omega_c \\ 0, & 其他 \end{cases}$，式中 $\dfrac{\omega_0}{2} < \omega_c < \omega_s - \dfrac{\omega_0}{2}, \omega_s = \dfrac{2\pi}{T}$

20. $(1)f_{s\min} = \dfrac{100}{\pi}\mathrm{Hz}$　$(2)f_{s\min} = \dfrac{200}{\pi}\mathrm{Hz}$　$(3)f_{s\min} = \dfrac{100}{\pi}\mathrm{Hz}$　$(4)f_{s\min} = \dfrac{120}{\pi}\mathrm{Hz}$

二、Matlab 实验题（略）

习 题 6

一、练习题

1. $x1 + 2\sin\left(\dfrac{4\pi}{5}n + \dfrac{3\pi}{4}\right) + 4\sin\left(\dfrac{8\pi}{5}n + \dfrac{5\pi}{6}\right)$

2. 证明略. $A = 10, B = \dfrac{\pi}{5}, C = 0$

3. $H(\mathrm{e}^{\mathrm{j}\frac{\pi}{2}}) = H^*(\mathrm{e}^{\mathrm{j}\frac{3\pi}{2}}) = 2\mathrm{e}^{\mathrm{j}\frac{\pi}{4}}, H(\mathrm{e}^{\mathrm{j}0}) = H(\mathrm{e}^{\mathrm{j}\pi}) = 0$

4. S_1 不是线性时不变系统；S_2 不是线性时不变系统；S_3 是线性时不变系统

5. $x[n] = 2 + 4\sin\left[\left(\dfrac{4}{5}\pi n\right) + \dfrac{2}{3}\pi\right] + 2\sin\left[\left(\dfrac{8}{5}\pi n\right) + \dfrac{5}{6}\pi\right]$

6. (1) 是线性的　(2) 不是时不变的　$(3)y[n] = 2\delta[n] + \delta[n-1]$

7. $(1)2\cos\Omega$　$(2)2\mathrm{j}\sin(2\Omega)$

8. $(1)X_1(\mathrm{e}^{\mathrm{j}\Omega}) = (2\cos\omega)X(\mathrm{e}^{-\mathrm{j}\Omega})$　$(2)X_2(\mathrm{e}^{\mathrm{j}\Omega}) = \mathrm{Re}\{X(\mathrm{e}^{\mathrm{j}\Omega})\}$

$(3)X_3(\mathrm{e}^{\mathrm{j}\Omega}) = -\dfrac{\mathrm{d}^2}{\mathrm{d}\Omega^2}X(\mathrm{e}^{\mathrm{j}\Omega}) - 2\mathrm{j}\dfrac{\mathrm{d}}{\mathrm{d}\Omega}X(\mathrm{e}^{\mathrm{j}\Omega}) + X(\mathrm{e}^{\mathrm{j}\Omega})$

9. $(1)X_1(\mathrm{e}^{\mathrm{j}\Omega}) = \mathrm{e}^{-\mathrm{j}3\Omega}$　$(2)X_2(\mathrm{e}^{\mathrm{j}\Omega}) = 1 + \cos\Omega$

$(3)X_3(\mathrm{e}^{\mathrm{j}\Omega}) = \dfrac{1}{1 - a\mathrm{e}^{-\mathrm{j}\Omega}}$　$(4)X_4(\mathrm{e}^{\mathrm{j}\Omega}) = \dfrac{\sin\left(\dfrac{7}{2}\Omega\right)}{\sin\left(\dfrac{1}{2}\Omega\right)}$

10. $x[n] = \dfrac{\sin\Omega_0 n}{\pi n}$

11. $(1)F(\mathrm{e}^{\mathrm{j}\Omega}) = 2\pi\sum\limits_{k=-\infty}^{\infty}\delta(\Omega - \Omega_0 - 2k\pi)$

$(2)X(\mathrm{e}^{\mathrm{j}\Omega}) = \sum\limits_{k=-\infty}^{\infty}\pi\delta(\Omega - \Omega_0 - 2k\pi) + \sum\limits_{k=-\infty}^{\infty}\pi\delta(\Omega + \Omega_0 - 2k\pi)$

$(3)C(\mathrm{e}^{\mathrm{j}\omega}) = \mathrm{j}\pi\sum\limits_{k=-\infty}^{\infty}\delta(\Omega - \Omega_0 - 2k\pi) + \sum\limits_{k=-\infty}^{\infty}\delta(\Omega + \Omega_0 - 2k\pi)$

12. $(1)y[n] = a^n u[n] + 2a^{n-2}u[n-2]$

$(2)X(\mathrm{e}^{\mathrm{j}\Omega}) = 1 + 2\mathrm{e}^{-\mathrm{j}2\Omega}; H(\mathrm{e}^{\mathrm{j}\Omega}) = \dfrac{1}{1 - a\mathrm{e}^{-\mathrm{j}\Omega}}; Y(\mathrm{e}^{\mathrm{j}\Omega}) = \dfrac{1 + 2\mathrm{e}^{-\mathrm{j}2\Omega}}{1 - a\mathrm{e}^{-\mathrm{j}\Omega}}$

13. $(1)E = \dfrac{\Omega_0}{\pi}$　$(2)A = \dfrac{\pi^2}{8}$

14. $h_2[n] = -2\left(\dfrac{1}{4}\right)^n u[n]$

15. $(1)H(\mathrm{e}^{\mathrm{j}\Omega}) = \dfrac{1}{\left(1 - \dfrac{1}{2}\mathrm{e}^{-\mathrm{j}\Omega}\right)\left(1 + \dfrac{1}{3}\mathrm{e}^{-\mathrm{j}\Omega}\right)}$　$(2)h[n] = \dfrac{3}{5}\left(\dfrac{1}{2}\right)^n u[n] + \dfrac{2}{5}\left(-\dfrac{1}{3}\right)^n u[n]$

16. $(1)H(e^{j\Omega}) = \dfrac{\dfrac{4}{5}e^{-j\Omega}}{1-\dfrac{4}{5}e^{-j\Omega}}$ $(2)y[n]-\dfrac{4}{5}y[n-1]=\dfrac{4}{5}x[n-1]$

17. $(1)H(e^{j\Omega}) = \dfrac{1}{1+\dfrac{1}{2}e^{-j\Omega}}$ $(2)y[n]=\dfrac{1}{2}\left(\dfrac{1}{2}\right)^n u[n]+\dfrac{1}{2}\left(-\dfrac{1}{2}\right)^n u[n]$

18. $y[n]+\dfrac{1}{8}y[n-3]=2x[n]-x[n-1]$

19. $y(n) = \dfrac{\sin\left(\dfrac{\pi n}{4}\right)}{\pi n}$

20. $(1)H(e^{j\Omega}) = \dfrac{-3}{\left(1-\dfrac{1}{4}e^{-j\Omega}\right)}+\dfrac{4}{\left(1-\dfrac{1}{3}e^{-j\Omega}\right)},h(n)=-3\left(\dfrac{1}{4}\right)^n u(n)+4\left(\dfrac{1}{3}\right)^n u(n)$

$(2)y(n) = 3\left(\dfrac{1}{4}\right)^n u(n)-8\left(\dfrac{1}{3}\right)^n u(n)+6\left(\dfrac{1}{2}\right)^n u(n)$

二、Matlab 实验题(略)

习　题　7

一、练习题

1. $(1)\ \dfrac{1}{s(s+1)},Re[s]>0$ 　　　　　　$(2)\ \dfrac{2s+3}{s^2+1},Re[s]>0$

$(3)\ \dfrac{1}{(s+2)^2},Re[s]>-2$ 　　　　　$(4)\ \dfrac{2s+1}{s+1},Re[s]>-1$

2. 实部 $Re\{\beta\}>-3$,虚部没有限制

3. $(1)x(t)$不可能是有限持续期　$(2)x(t)$可能是左边信号

$(3)x(t)$不可能是右边信号　$(4)x(t)$可能是双边信号

4. 4 个

5. $x(t)$是一个双边信号

6. $Y(s) = \dfrac{e^{-5s}}{(s+2)(s-3)},-2<Re(s)<3$

7. $(1)\ \dfrac{s(s+2)e^{-\frac{s}{2}}}{(s^2-2s+4)}$　$(2)\ \dfrac{2}{4s^2+6s+3}.$

8. $(1)2,0$　$(2)3,1$

9. $(1)f(t) = \dfrac{1}{2}(e^{-2t}-e^{-4t})u(t)$　$(2)f(t)=(2e^{-t}-e^{-2t})u(t)$

$(3)f(t) = \delta(t)+(2e^{-t}-e^{-2t})u(t)$　$(4)f(t)=\left(\dfrac{2}{3}+e^{-2t}-\dfrac{2}{3}e^{-3t}\right)u(t)$

10. $x(t) = 4e^{-4t}u(t)-2e^{-3t}u(t)$

11. $(1)X(s) = \dfrac{s}{s^2+4},Re(s)>0$　$(2)Y(s)=\dfrac{2}{s^2+4},Re(s)>0$

12. $y(t) = \dfrac{1}{2}(1+e^{-2t})u(t)$

13. $y_{zi}(t) = (5e^{-2t}-4e^{-3t})u(t),y_{zs}(t)=\left(\dfrac{1}{2}-\dfrac{3}{2}e^{-2t}+e^{-3t}\right)u(t)$

14. $Y_{zi}(s) = \dfrac{s+8}{s^2+4s+3};Y_{zs}(s)=\dfrac{2s+1}{s^2+4s+3}\cdot\dfrac{1}{s+2},Y(s)=\dfrac{2s+1}{s^2+4s+3}\cdot\dfrac{1}{s+2}+\dfrac{s+8}{s^2+4s+3}$

15. $h(t) = (-2e^{-t}+3e^{-2t})u(t),g(t)=(-1+2e^{-t}-e^{-3t})u(t)$

16. $\alpha=-1,\beta=\dfrac{1}{2}$

17. (1) 在有限平面内有一个零点 $s=-2$;在无穷远处有一个零点

(2) 在有限平面内无零点;在无穷远处有一个零点

(3) 在有限平面内有一个零点 $s=1$;在无穷远处无零点

18. (1) 两个　(2)$\alpha > 0$

19. $H(s) = \dfrac{2}{s} - \dfrac{10}{s+1} + \dfrac{10}{s+2}, h(t) = (2 - 10\mathrm{e}^{-t} + 10\mathrm{e}^{-2t})u(t)$

20. (1) 低通　(2) 带通

二、Matlab 实验题(略)

习　题　8

一、练习题

1. (1) $\dfrac{3z}{3z-1}, |z| > \dfrac{1}{3}$　(2) $\dfrac{z}{z+3}, |z| > 3$

2. $|\alpha| = 2, n_0$ 可为任意整数

3. (1) 不可能是有限长序列　(2) 不可能是一个左边序列
　　 (3) 可能是一个右边序列　(4) 可能是一个双边序列

4. 有三种可能的收敛域,它们分别为 $0 \leqslant |z| < \dfrac{1}{2}, \dfrac{1}{2} < |z| < \dfrac{3}{4}, \dfrac{3}{4} < |z| \leqslant \infty$

5. $x[n]$ 一定是双边序列,不可能是左边序列,也不可能是右边序列

6. (1) $1, 3, 7$　(2) $1, \dfrac{3}{2}, \dfrac{9}{4}$

7. (1) $f[n] = \left(\dfrac{1}{2}\right)^n u[n]$　(2) $f[n] = [2(-2)^n - (-1)^n] u[n]$

8. (1) $1 < |z| < 2 : f[n] = \dfrac{5}{6}(-1)^n u[n] - \left[\dfrac{1}{15}(2)^n - \dfrac{9}{10}(-3)^n\right] u[-n-1]$

　　 (2) $2 < |z| < 3 : f[n] = \left[\dfrac{5}{6}(-1)^n + \dfrac{1}{15}(2)^n\right] u[n] + \dfrac{9}{10}(-3)^n u[-n-1]$

9. $y_{zi}[n] = \left[\dfrac{1}{2}(-1)^n - 2^n\right] u[n], y_{zs}[n] = \left[-\dfrac{1}{2} + \dfrac{1}{6}(-1)^n + \dfrac{4}{3}(2)^n\right] u[n]$

10. $H(z) = \dfrac{2z^2 + 0.5}{z^2 + z - 0.75}, y[n] + y[n-1] - 0.75y[n-2] = 2f[n] + 0.5f[n-2]$

11. $y_{zs}[n] = n\left(\dfrac{1}{2}\right)^{n-1} u[n]$

12. $y_3[n] = (n+1)\left(\dfrac{1}{2}\right)^n u[n]$

13. (1) $y_{zi}[n] = -\left(-\dfrac{1}{2}\right)^n u[n]$　(2) $y_{zs}[n] = \left[\dfrac{1}{6}\left(\dfrac{1}{4}\right)^n + \dfrac{1}{3}\left(-\dfrac{1}{2}\right)^n\right] u[n]$

　　 (3) $y[n] = \left[\dfrac{1}{6}\left(\dfrac{1}{4}\right)^n - \dfrac{2}{3}\left(-\dfrac{1}{2}\right)^n\right] u[n]$

14. (1) 高通　(2) 带通

15. (1) $H(z) = \dfrac{1}{1 - \dfrac{1}{2}z^{-1} + \dfrac{1}{4}z^{-2}}, |z| > \dfrac{1}{2}$　(2) $y[n] = \left(\dfrac{1}{2}\right)^n u[n] + \dfrac{2}{\sqrt{3}}\left(\dfrac{1}{2}\right)^n \sin\left(\dfrac{\pi n}{3}\right) u[n]$

16. (1) $h[n] = (-1)^n u[n]$, 不稳定　(2) $y[n] = 5[1 + (-1)^n] u[n]$

17. (1) $h[n] = \left(\dfrac{1}{2}\right)^n u[n] - 2^n u[n]$, 系统是因果不稳定系统

　　 (2) $h[n] = \left(\dfrac{1}{2}\right)^n u[n] + 2^n u[-n-1]$ 系统是非因果稳定系统

18. (1) $H(z) = \dfrac{z^{-1}}{1 - z^{-1} - z^{-2}}, |z| > \dfrac{1+\sqrt{5}}{2}$

　　 (2) $h[n] = -\dfrac{1}{\sqrt{5}}\left(\dfrac{1+\sqrt{5}}{2}\right)^n u[n] + \dfrac{1}{\sqrt{5}}\left(\dfrac{1-\sqrt{5}}{2}\right)^n u[n]$

19. (1) 在有限 z 平面有 1 个零点,在无穷远处有 1 个零点
　　 (2) 在有限 z 平面有 2 个零点,在无穷远处无零点
　　 (3) 在有限 z 平面有 1 个零点,在无穷远处有 2 个零点

20. (1) 非因果系统　(2) 因果系统　(3) 非因果系统

二、Matlab 实验题(略)

参 考 文 献

程耕国,陈华丽,2010. 信号与系统实验教程:MATLAB 版[M]. 北京:机械工业出版社.

程佩青,2015. 数字信号处理教程:经典版[M]. 4 版. 北京:清华大学出版社.

甘俊英,胡异丁,2007. 基于 MATLAB 的信号与系统实验指导[M]. 北京:清华大学出版社.

管致中,夏恭恪,孟桥,2004. 信号与线性系统:上[M]. 4 版. 北京:高等教育出版社.

贺超英,2017. MATLAB 应用与实验教程[M]. 3 版. 北京:电子工业出版社.

拉兹,2006. 线性系统与信号:第 2 版[M]. 刘树棠,王薇洁,译. 西安:西安交通大学出版社.

刘卫国,2017. MATLAB 程序设计与应用[M]. 3 版. 北京:高等教育出版社.

吴大正,2005. 信号与线性系统分析[M]. 4 版. 北京:高等教育出版社.

张永瑞,王松林,2004. 信号与系统学习指导书[M]. 北京:高等教育出版社.

郑君里,应启珩,杨为理,2011. 信号与系统:上[M]. 3 版. 北京:高等教育出版社.

BUCK J R,DANIEL M M,SINGER A C,2000. 信号与系统计算机练习:利用 MATLAB[M]. 刘树棠,译. 西安:西安交通大学出版社.

HAYKIN S,VEEN B V,2004. 信号与系统:第二版[M]. 林秩盛,黄元福,林宁,等译. 北京:电子工业出版社.

LEE E A,VARAIYA P,2006. 信号与系统结构精析[M]. 吴利民,杨瑞绢,王振华,等译. 北京:电子工业出版社.

OPPENHEIM A V,WILLSKY A S,NAWAB S H,2020. 信号与系统:第二版[M]. 刘树棠,译. 北京:电子工业出版社.

ROBERTS M J,2013. 信号与系统:使用变换方法和 MATLAB 分析:第 2 版[M]. 胡剑凌,朱伟芳,等译. 北京:机械工业出版社.